化工热力学

主　编　王敏炜
副主编　杜　军　罗　美

科学出版社
北　京

内 容 简 介

本书是江西省精品课程“化工热力学”的配套建设教材。本书共8章，包括：绪论，流体的 p-V-T 性质，流体的热力学性质及计算，流动系统的热力学原理与应用，化工过程热力学分析，溶液热力学基础，流体相平衡，化学反应平衡。

本书可作为高等学校化学工程与工艺专业的本科生教材，也可供从事化学、化工、轻工、材料和热能动力的教师、研究生和工程技术人员参考。

图书在版编目(CIP)数据

化工热力学/王敏炜主编．—北京：科学出版社，2015.2
ISBN 978-7-03-043521-7

Ⅰ.①化…　Ⅱ.①王…　Ⅲ.①化工热力学　Ⅳ.①TQ013.1

中国版本图书馆 CIP 数据核字(2015)第 040350 号

责任编辑：郑祥志 / 责任校对：张小霞
责任印制：赵　博 / 封面设计：迷底书装

科 学 出 版 社 出版
北京东黄城根北街 16 号
邮政编码：100717
http://www.sciencep.com

三河市骏杰印刷有限公司印刷
科学出版社发行　各地新华书店经销
*
2015年3月第　一　版　开本：787×1092　1/16
2016年7月第二次印刷　印张：15 3/4
字数：384 000

定价：36.00 元

(如有印装质量问题，我社负责调换)

前　言

在化学工程与工艺及其相关专业中，化工热力学属专业基础课程，既有承上启下的作用，又有其应用广泛的独特之处。化工过程的分析、控制以及化工装置的设计研究都离不开流体的热力学性质和相关的平衡数据，因此，化工热力学日益受到化学工程工作者的重视。随着高等教育改革的不断深化，我们深感现用教材篇幅过长，不适应当前化学工程与工艺及相关专业教学计划的需要。为此，本着少而精的原则(既能够帮助学生理解和深化热力学的基本概念、基本理论和基本方法，又能使学生主动把化工热力学知识运用到化学工程和工艺的设计、研究及控制中)，我们对教材的内容作了仔细的推敲和选择，力求能讲清基本概念、基本理论和基本方法，以期达到举一反三的效果，同时适当介绍本学科的最新进展，并通过例题的演算等措施提高本书的实用价值。希望学生通过本课程的学习，能具备有关流体的平衡热力学方面的知识，为后继课程奠定基础。

本书共分 8 章。第 1 章是绪论，第 2 章介绍流体的 p-V-T 性质，这是以后各章的基础。第 3、4 章是流体的热力学性质及计算、流动系统的热力学原理与应用。第 5 章是化工过程热力学分析，学生通过学习，能够综合运用热力学定律分析典型热力学过程的能量利用情况。第 6、7、8 章是溶液热力学基础、流体相平衡、化学反应平衡，这三章是热力学与传质过程、分离过程、反应过程间的联系纽带，为后续学习做准备。

本书第 1、5 章由王敏炜编写，第 2、3、4 章由杜军编写，第 6、7、8 章由罗美编写。由于编者水平有限，虽做了一些努力，但难免有取材不妥、叙述不清之处。希望广大读者多加关心、指正，以便再版时得以修正，使本书更加完善，编者预先致以深切的谢意。

王敏炜　杜　军　罗　美

2014 年 11 月于南昌

目　录

第1章　绪　　论

1.1　热力学的研究内容和性质

热力学究竟研究什么，这是要解决的第一个问题。从字面上看：热力学是研究热和力之间的关系，即研究热能和机械能相互转换的科学。实际上它的内容不局限于此，完整地说：热力学是研究自然界各种形式能量之间相互转换的规律，以及这种转换对物质性质影响的一门科学。热力学可应用于化学、物理、工程多方面，将其应用于化学工业领域便形成化工热力学。

热力学不管应用于何领域，它所依据的基本原理都是热力学三大定律：

热力学第一定律　关于能量转化和守恒；

热力学第二定律　关于热机效率；

热力学第零定律(热平衡定律)　关于温度的定性定义。

这些定律是根据无数的实验结果及观察所得的现象归纳出来的结论，具有很高的真实可靠性。至今没有一个实验结果违反这些定律。

热力学有两种不同的研究方法：宏观的和微观的。

宏观的——经典热力学。它不考虑物质内部微观粒子结构和运动规律，而是通过对大量宏观现象的直接观察与实验，总结出带有普遍性的规律，即热力学的基本定律，其优点是：可由物系的一些物化性质来计算另一些物化性质，且计算结果较准确。由于其不研究物质的结构，不考虑过程的机理，因此在许多问题上知其然，却不知其所以然，只能算得热力学函数的相对值。

微观的——统计热力学。通过分子运动理论及微观结构的研究，计算出分子的平均统计性质，可以算出状态函数的绝对值，但技术上处理起来比较复杂。

1.2　化工热力学与化学工程的关系

化工生产过程中要解决的有两类性质不同的问题：第一类是过程进行的可能限度，即平衡问题；第二类是过程趋向于平衡所需的时间，即系统达到平衡的速率。因为过程进行的速率一般取决于过程的推动力和阻力的相对大小，利用热力学理论固然可以推算出在一定条件下的推动力，但是其他关于决定反应速率的问题、决定平衡是否将在合理的时间内到达的问题，是化学动力学的课题。总的来说，化学工程包括了化工热力学，化工热力学是化学工程的理论基础。例如，化工原理(又称单元操作)，其中很多知识是以热力学为基础的，因为要涉及平衡问题；又如，反应工程，若不懂热力学，就不知道设计反应器，因为它与平衡有关，即与过程的限度有关。此外，传递现象(传质、传热、传动)也离不开热力学。传递的结果是达到平衡状态，而平衡问题是经典热力学的主要内容，因此也称平衡热力学。

1.3　化工热力学的作用

化工热力学是一门定性的学科，更是一门定量的学科。在定性方面，可以指导改进工艺参数，指引温度、压力宜高还是宜低，物料配比宜多还是宜少，反应或分离是否可能。在化工计算或设计中，主要可分为物料衡算、热量衡算和设备计算，在这些计算中，化工热力学方法是定量计算不可缺少的。物料衡算就是要确定物料量及组成，而化学平衡和相平衡都是确定组成的化工热力学方法，尤其是许多分离操作，必须由相平衡计算确定量和组成。在热量衡算中，为确定换热器及反应器的热负荷，需要不同温度、压力下的焓变，同温、同压下真实流体与理想气体的焓变，有化学反应时还要计算反应热。在冷冻操作中，也是由热力学计算并决定热功转换关系。在设备计算中，反应器体积计算离不开流体的 p-V-T 关系，热负荷是计算换热器尺寸的决定因素之一，而各种分离操作的设备计算也离不开相平衡计算。总之，化工热力学是化学工程和化学工艺的基石之一，离开化工热力学就没有定量的化学工程和现代的化学工艺。化学工业要发展，需要克服化学品对环境的制约，在解决此难题时，化工热力学也将起到重大作用。

化工热力学是化学工业中研究问题、解决问题的一个很有用的工具，但也有局限：

(1) 不能给出过程或变化的速率，只能指出变化的方向和限度，给出推动力，但实际过程中，有时虽然推动力很大，但可能进行得很慢，甚至观察不到，此时需要依靠催化剂。如果没有推动力，过程就不能进行。

(2) 热力学本身不可能在一系列可能的变化中分辨出哪一个最容易进行。例如：

$$CO+H_2 \longrightarrow HCHO\text{(甲醛)}$$

$$CO+2H_2 \longrightarrow CH_3OH\text{(甲醇)}$$

$$CO+3H_2 \longrightarrow CH_4+H_2O$$

从 600K、100atm① 下算出的平衡常数 K_a 可以看出，主要反应是甲烷化过程，但当选择适当的催化剂之后，可使其中某一反应为主，其他反应受到抑制，此为化学动力学研究的问题。

(3) 热力学计算中往往需要做一些假设和简化，故得出的结果是近似的、经验的。热力学本身只能说是“经验科学”，做经验判断。但这丝毫不影响它在化学工程中的应用。

1.4　名词和定义

1.4.1　体系与环境

在对一个现象或一个过程进行热力学分析时，为了明确讨论的对象，常将讨论涉及的一部分物质(或空间)从其余物质(或空间)中划分出来(这种划分可以按实际的边界，也可以是假想的)，其划分出来的部分称为体系，其余部分称为环境。

根据体系与环境的相互关系，热力学体系可分为：孤立体系(隔离体系)、封闭体系和敞开体系。

1.4.2　过程与循环

过程是指体系自一平衡态向另一平衡态的转换。按可逆程度，可分为可逆过程和不可逆

① atm 为非法定单位，$1atm=1.01325\times10^5Pa$。

过程;按过程中各种状态参数的变化规律,可分为等温过程、等压过程、等容过程、绝热过程等。

体系经过一系列的状态变化过程后,最后又回到最初状态,则这整个的变化称为循环或循环过程。

1.4.3 平衡状态

在没有外界影响的条件下,如果体系的宏观状态不随时间而变化,则体系所处状态称为平衡状态。

1.4.4 热力学变量

热力学变量可分为两类:

(1) 强度性质。这类性质的数值不随物质的总量而变,仅取决于物质本身的特性,如温度、压力等。

(2)广度性质。这类性质的数值与物质的数量成正比,如体积、质量等。单位数量的广度性质也是一种强度性质。

1.4.5 温度与热力学第零定律

温度是表征物体冷热的程度。要正确、定量地表示出物体的温度,必须对温度作出严格、科学的定义。温度概念的建立以及温度的定量测量都是以热平衡现象为基础的。

通过实验观察得知:当两个物体同时与第三个物体处于热平衡时,则这两个物体彼此之间也必然处于热平衡,这是热平衡定律,也称热力学第零定律。

根据热力学第零定律,处于同一热平衡状态的所有体系必定有某一宏观特性是彼此相同的。描述此宏观特性的参数称为温度。当然,这样的温度定义是定性的、不完全的。一个完全的温度定义还包括温度数值的表示法——温标。

国际单位制采用热力学温标 T(K)。热力学温标指定水的三相点为 273.15K。此外,还有摄氏温标 t(℃)、华氏温标 t(℉)与兰氏温标 T(°R),其换算关系为

$$t(℃)=T(\mathrm{K})-273.15$$

$$t(℃)=\frac{5}{9}[t(℉)-32]$$

$$t(℉)=T(°\mathrm{R})-459.67$$

1.4.6 热与功

热是通过体系的边界,体系与环境(或体系与体系)之间依靠温差而传递的能量。

功是由于温差以外的位差所引起的体系与环境之间传递的能量。

从定义中可知:

(1) 热和功都是传递的能量,只有在过程中才能显示出。

(2) 两者都不是体系的状态函数,其数值与过程的途径有关。

第 2 章　流体的 p-V-T 性质

流体通常包括气体和液体两大类。一般将流体的压力 p、温度 T、体积 V、热力学能 U、焓 H、熵 S、亥姆霍兹函数 A 和吉布斯函数 G 等通称为流体的热力学性质。其中压力、温度和体积的数据是可以直接测量的,其余性质的数据是不能直接测量的。研究流体的 p-V-T 性质的目的在于揭示流体平衡时压力、温度、体积、组成之间以及它们与其他热力学性质之间相互关系的规律。

2.1　纯物质的 p-V-T 相图

三维立体图 2-1 是纯物质的 p-V-T 关系图。三维曲面上的“固”、“液”和“气”分别代表固体、液体和气体的单相区;“固-汽”、“固-液”和“液-汽”分别表示固汽、固液和液汽平衡共存的两相区。

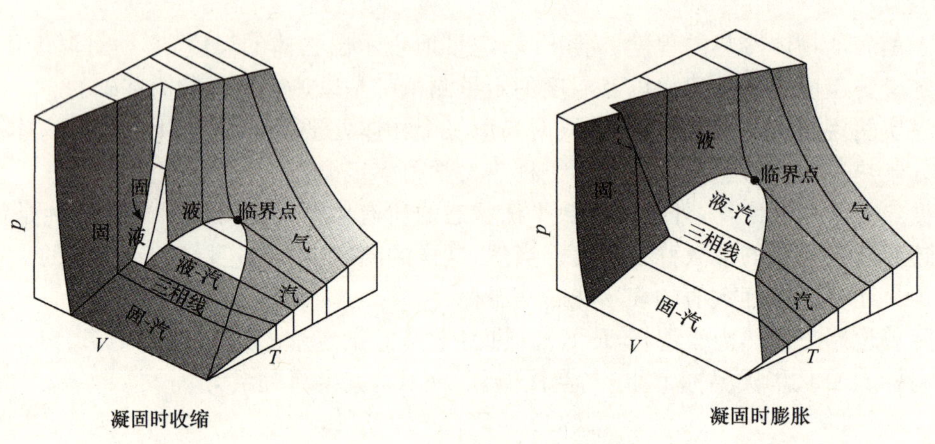

图 2-1　纯物质的 p-V-T 关系

图 2-2 为纯物质凝固时收缩的 p-V-T 相图在 p-T 上的投影图。该图中升华线、蒸发线、熔融线分别表示固汽、液汽、固液平衡关系。此图只显示了相的边界,而没有表达出体系的比容性质。图 2-3 为纯物质凝固时收缩的 p-V-T 相图在 p-V 上的投影图。其中 CA 为饱和液体线,CB 为饱和蒸汽线,C 点为等温线的拐点,在此点的状态是气相和液相不能分辨,它们的性质(主要是密度)完全一样,C 点称为临界点,临界点的 T_c、p_c、V_c 分别称为临界温度、临界压力、临界比容,其值因物质而异。

从图 2-3 上可看出,临界等温线在临界点的斜率和曲率都等于零,数学上可表达为

$$\left(\frac{\partial p}{\partial V}\right)_{T=T_c}=0 \tag{2-1}$$

$$\left(\frac{\partial^2 p}{\partial V^2}\right)_{T=T_c}=0 \tag{2-2}$$

根据上述两式,由流体的状态方程可以计算临界状态下的压力、体积和温度。

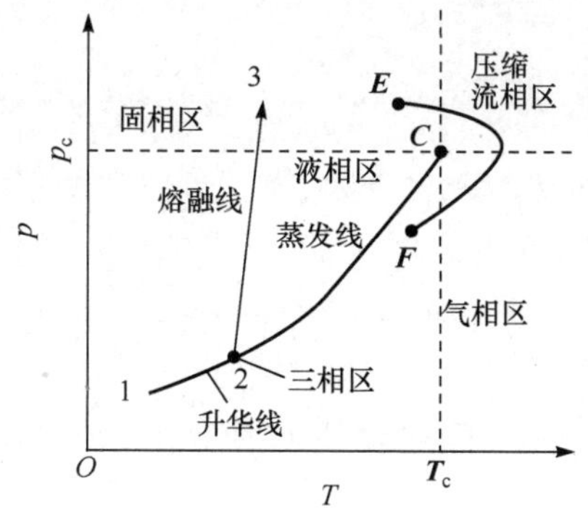

图 2-2　纯物质的 p-T 图

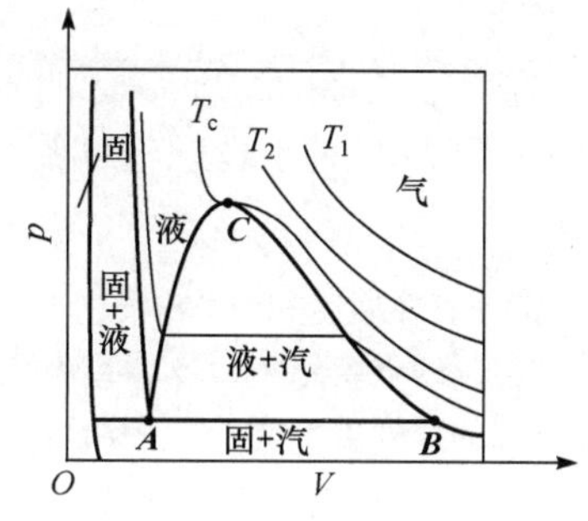

图 2-3　纯物质的 p-V 图

2.2　流体的状态方程

在单相区，如图 2-3 所示的气相区，关联 p-V-T 数学关系式是存在的。由相律可知，一定量纯态流体 p、V、T 三者中任意两个指定后，就确定了其状态。其函数方程称为状态方程，即

$$f(p,V,T)=0 \tag{2-3}$$

状态方程 $f(p,V,T)=0$ 就是用来关联平衡状态下流体的压力、体积和温度之间的关系。至今，文献中已发表的状态方程有 150 多种，这些方程大体可分为三类，即理论式、经验式和半经验式。

2.2.1　理想气体状态方程

1. 理想气体方程

理想气体方程数学表达式：

$$pV=nRT \quad 或 \quad pV_m=RT \tag{2-4}$$

式中，p 和 T 分别为压力和温度；V_m 为摩尔体积；R 为摩尔气体常量（其单位必须与 p-V-T 的单位相适应）。

理想气体是一个抽象的概念，它是以下述两点假设为前提：

(1) 分子间没有相互作用力。

(2) 分子的体积忽略不计，分子之间的碰撞和分子与器壁的碰撞是完全弹性的。

真实气体只有在低压和较高温度下才可近似地看成理想气体。

2. 理想气体混合物

理想气体混合物的特点是：每种气体分子不受其他分子存在的影响。其具有下列重要性质：

(1) 分压定律：

$$p_i= px_i \tag{2-5}$$

说明在理想气体混合物中，任一组分 i 的分压等于混合气体的总压力乘以该气体的摩尔分数。

(2) 分体积定律：

$$V_i=Vx_i \tag{2-6}$$

说明在理想气体混合物中，任一组分 i 的分体积等于混合气体的总体积乘以该气体的摩尔分

数。式中，V_i 为总压力 p 下 i 组分的分体积。

$$\frac{p_i}{p}=\frac{V_i}{V}=x_i \tag{2-7}$$

由式(2-7)可知，对于理想气体混合物，任一组分 i 的压力分数、体积分数和摩尔分数的数值相等。

例 2-1　试计算在温度 $T=328\text{K}$、总压力 $p=0.986\text{atm}$ 和相对湿度 $\varphi=70\%$ 时的湿空气的重度。已知在标准状态下干空气的重度 $\overline{\gamma_0}=1.293\ \text{kg}\cdot\text{m}^{-3}$。

解　湿空气的重度由 1m^3 空气中所含干空气质量和水蒸气质量之和来表示，即

$$\overline{\gamma_w}=\overline{\gamma_d}+\overline{\gamma_v}$$

在 55℃时，查得 $p^s_{H_2O}=0.1554\text{atm}$，所以湿空气中有

$$p_{H_2O}=0.7\times0.1554=0.109(\text{atm})$$

又 $p=p_d+p_{H_2O}=0.986\text{atm}$，所以

$$p_d=0.986-0.109=0.877(\text{atm})$$

由 $pV=\frac{m}{M}RT$ 得

$$\overline{M_d}=\frac{\overline{\gamma_0}}{p}RT=1.293\times0.082\times273/1=28.9(\text{kg}\cdot\text{kmol}^{-1})$$

对干空气　$p_dV=\frac{m_d}{\overline{M_d}}RT$　　$\overline{\gamma_0}=\frac{p_d\overline{M_d}}{RT}$

水蒸气　$p_{H_2O}V=\frac{m_{H_2O}}{\overline{M}_{H_2O}}RT$　　$\overline{\gamma_v}=\frac{p_{H_2O}\overline{M}_{H_2O}}{RT}$

所以

$$\overline{\gamma_w}=\frac{p_d\overline{M_d}+p_{H_2O}\overline{M}_{H_2O}}{RT}=\frac{0.877\times28.9+0.129\times18}{0.082\times328}=1.02(\text{kg}\cdot\text{m}^{-3})$$

2.2.2　立方型状态方程

如果一个状态方程能够描述液体和蒸汽的 p-V-T 行为，则它必须能够包含宽广的温度和压力范围。然而，它不能过分复杂以免导致应用时数值或分析上的困难。适用于多种用途的以摩尔体积三次方表示的多项式方程在通用性和简单性之间提供了一种折中方案。事实上，立方型状态方程最简单的方程能够表现液体和蒸汽二者的行为。

1. 范德华方程

范德华(van der Waals)在 1873 年首先提出了第一个有实用意义的状态方程：

$$\left(p+\frac{a}{V^2}\right)(V-b)=RT \tag{2-8}$$

或

$$p=\frac{RT}{V-b}-\frac{a}{V^2} \tag{2-9}$$

式中，a、b 为各种物质的特性常数。

式(2-8)与理想气体方程相比，对压力加了一项 $\frac{a}{V^2}$，这是由于分子之间的吸引力减小了分子的动能，故引入压力的校正项 $\frac{a}{V^2}$，有时称为内压或内聚压，它使实际压力低于理想气体的压

力。引入体积的校正项 b，是因为气体所占有空间的一部分被分子本身占有，所以分子运动的"自由空间"不等于气体所占有的空间，它使实际体积大于理想气体体积。

利用等温线通过临界点的斜率等于零，而临界点又是拐点这一事实，在该点

$$\left(\frac{\partial p}{\partial V}\right)_{T=T_c}=0 \qquad \left(\frac{\partial^2 p}{\partial V^2}\right)_{T=T_c}=0$$

使用上式，求出 a、b 和临界常数之间的关系为

$$a=\frac{27R^2T_c^{2.5}}{64p_c} \tag{2-10}$$

$$b=\frac{RT_c}{8p_c} \tag{2-11}$$

范德华方程是最简单、最重要的体积三次状态方程，此方程是既能代表液体性质、又能代表蒸汽性质的最低幂次方程。

但此方程由于误差较大，应用范围有限，目前已很少使用。但它形式简单，物理意义也较清楚，是一个半经验半理论式，后来的许多立方型状态方程都是在其基础上发展起来的。

2. R-K 方程

该方程于 1949 年提出①，应用简便，和其他两个常数的方程相比，有足够的精度，在工程计算中广泛使用，受到相当的重视，其表达形式为

$$p=\frac{RT}{V-b}-\frac{a}{T^{1/2}V(V+b)} \tag{2-12}$$

式中，常数 a 和 b 为各种物质所固有的数值，两个常数最好直接从实验数据用最小二乘法拟合求得，但在缺乏这些数据时，仍可根据临界点参数的数据来确定：

$$a=\frac{0.42748R^2T_c^{2.5}}{p_c} \tag{2-13}$$

$$b=\frac{0.08664RT_c}{p_c} \tag{2-14}$$

式(2-12)乘以 V/RT 经整理后，就可以把 R-K 方程表示为另一种形式：

$$Z=\frac{1}{1-h}-\frac{A}{B}\left(\frac{h}{1+h}\right) \tag{2-15}$$

$$h=\frac{b}{V}=\frac{Bp}{Z} \tag{2-16}$$

式中，$B=b/RT$；$A/B=a/(bRT^{1.5})$。

变量 A 和 B 是温度的函数，这种形式的 R-K 方程描述了气体沿着等温线变化的 p-V-T 性质，它的优点是 Z 及 h 为显函数，因而容易以迭代法解出 V。迭代法适用于计算机的计算，因而式(2-15)、式(2-16)是 R-K 方程的一种好的形式。这个计算方法的第一步是假设一个 Z 值，如 $Z=1$，按式(2-15)计算出 h 值。把此 h 值代入式(2-16)得到一个新的 Z 值。然后再用此新的 Z 值按照式(2-15)计算出又一个新的 h 值。这样，循此程序进行直到新的 h 和 Z 值在容许的误差范围之内。

① Redlich O, Kwong J N S. Chem Rev, 1949, 44: 223。

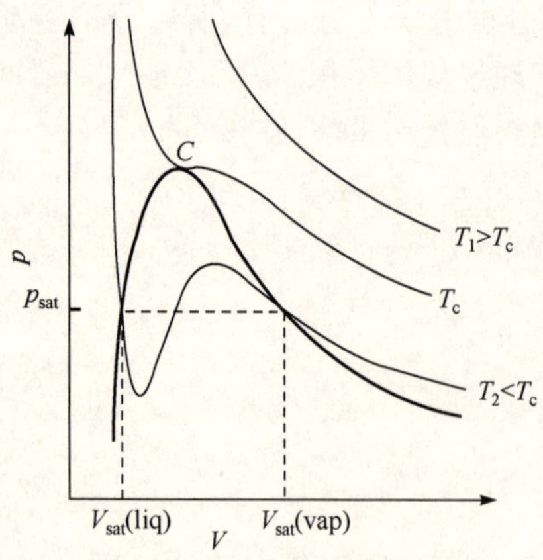

图 2-4　立方型方程的等温线

必须看到，此状态方程是 V 的三次方，如图 2-4 所示，因此在不同的 T、p 时，可以有三种解释：

(1) 在 $T>T_c$、p 下，V 有一个实根，两个虚根，与水平线只有一个交点，在高温时发生，这时物质为气体状态。

(2) 在确定的 $T=T_c$、$p=p_c$ 下，V 有三个重根，即 $V=V_c$，在临界点上，与水平线有三个重合的交点。

(3) 当 $T<T_c$、$p<p_c$ 时，V 有三个不同的实根，在低温时发生，在两相区内，最大的为气相根，即饱和蒸汽的比容积，最小的为液相根，即饱和液体的比容积，中间的根没有物理意义。

将不同 T、p 下的气相根和液相根分别连接起来，便得到饱和蒸汽线和液体线，它们的交点即为临界点。

例 2-2　1kmol CO_2 气体，$t=100℃$，$p=50\text{atm}$，求 V。实测值为 513L。

解　查表得 CO_2 的 $p_c=72.9\text{atm}$，$T_c=304.2\text{K}$，则

$$\frac{A}{B}=\frac{0.42748R^2T_c^{2.5}}{0.08664RT_cRT^{1.5}}=3.6347$$

$$\frac{bp}{RT}=\frac{0.08664T_cp}{p_cT}=0.08664\times 06858\div 1.226=0.04846$$

试差式：

$$Z=\frac{1}{1-h}-3.6347\left(\frac{h}{1+h}\right)$$

$$h=\frac{0.04846}{Z}$$

Z(假设)	h	Z(计算)
1	0.04846	0.8823
0.8823	0.05489	0.8690
0.8690	0.05577	0.8671
0.8671	0.05589	0.8668
0.8668	0.05590	0.8668

所以

$$Z=0.8668\qquad V=\frac{ZnRT}{p}=530.56\text{L}$$

$$误差=\frac{530.56-513}{530.56}=3.3\%$$

3. SRK 方程

R-K 方程较范德华方程有很大的进步，由 R-K 方程所得物质的 p-V-T 关系与实验结果很接近。但对某些气体(极性、氢键气体)，其计算结果与实验值仍有相当差距，为了提高该方程的计算精度，许多学者提出两种不同的处理方法。

第一，希望引进新的参数来提高精度，但降低了原方程的简明性和易算性。

第二，常数 $\Omega_a=0.42748$、$\Omega_b=0.08664$ 在 R-K 方程初提出时认为这是两个通用常数，实际上并不如此，它们不但随物质的性质而异，而且还是温度的函数，因此 a、b 也必然是温度的

函数，用这样的指导思想来修正 R-K 方程，其中成功的有索阿韦（Soave）于 1972 年提出的改进式①，在文献中称为 RKS 或 SRK 方程，其形式为

$$p=\frac{RT}{V-b}-\frac{a(T)}{V(V+b)} \tag{2-17}$$

式中

$$a(T)=a_c\alpha(T)=0.42748\frac{R^2T_c^2}{p_c}\alpha(T) \tag{2-18}$$

$$b=\frac{0.08664RT_c}{p_c}$$

$$[\alpha(T)]^{0.5}=1+m'(1-T_r^{0.5}) \tag{2-19}$$

$$m'=0.480+1.574\omega-0.176\omega^2 \tag{2-20}$$

式中，ω 为偏心因子，若已知物质临界常数和 ω 后，即可根据式(2-20)计算和关联容积性质。

经索阿韦改进后的 R-K 方程显示出很大的优越性，特别是用它来计算纯烃和烃类混合物系统的气液平衡具有较高的精度。当应用于气液平衡和剩余焓的计算时所得到的结果是相当精确的。索阿韦的工作对简单状态方程在烃加工工业中扩大应用方面做出了很大贡献。总的来说，SRK 方程主要用于非极性及微极性的化合物，可用于气相区，也可用于两相区，对极性及含有氢键的化合物（O、N、F 与 H 结合）偏差较大。

例 2-3　试分别用 R-K 方程、SRK 方程计算在 0℃、压力为 101.325MPa 时氮的压缩因子值（其实验值为 2.0685）。

解　从附录 1 中查得氮的临界常数为 $T_c=126.2\text{K}$，$p_c=3.394\text{MPa}$，$\omega=0.04$。

(1) 将 T_c、p_c 值代入式(2-13)和式(2-14)，得

$$a=\frac{0.42748\times8.314^2\times126.2^{2.5}}{3.394\times10^6}\text{Pa}\cdot\text{m}^6\cdot\text{K}^{0.5}\cdot\text{mol}^{-2}=1.558\text{Pa}\cdot\text{m}^6\cdot\text{K}^{0.5}\cdot\text{mol}^{-2}$$

$$b=\frac{0.08664\times8.314\times126.2}{3.394\times10^6}\text{m}^3\cdot\text{mol}^{-1}=2.678\times10^{-5}\ \text{m}^3\cdot\text{mol}^{-1}$$

代入式(2-12)，得

$$101.325\times10^5=\frac{8.314\times273.15}{V_m-2.6784\times10^{-5}}-\frac{1.5577}{273.15^{0.5}V_m\times(V_m+2.6784\times10^{-5})}$$

迭代解得

$$V_m=4.4269\times10^{-5}\ \text{m}^3\cdot\text{mol}^{-1}\qquad Z=\frac{pV_m}{RT}=1.9752$$

$$误差=(2.0685-1.9752)/2.0685\times100\%=4.51\%$$

(2) 将 ω 值代入式(2-20)得

$$m'=0.480+1.574\omega-0.176\omega^2=0.543$$

$$[\alpha(T)]^{0.5}=1+m'(1-T_r^{0.5})=1+0.543\times\left[1-\left(\frac{273.15}{126.2}\right)^{0.5}\right]=0.744$$

由式(2-18)得

$$a(T)=a_c\alpha(T)=0.42748\frac{R^2T_c^2}{p_c}\alpha(T)=7.6818\times10^{-2}\text{Pa}\cdot\text{m}^6\cdot\text{mol}^{-2}$$

由式(2-14)得

① Soave G. Chem Eng Sci，1972，27：1197。

$$b=\frac{0.08664RT_c}{p_c}=2.6784\times10^{-5}\text{ m}^3\cdot\text{mol}^{-1}$$

将上述值代入式(2-17)得

$$101.325\times10^5=\frac{8.314\times273.15}{V_m-2.6784\times10^{-5}}-\frac{7.681\times10^{-2}}{V_m\times(V_m+2.6784\times10^{-5})}$$

迭代解得

$$V_m=4.492\times10^{-5}\text{ m}^3\cdot\text{mol}^{-1}\qquad Z=\frac{pV_m}{RT}=2.004$$

$$误差=(2.0685-2.004)/2.0685\times100\%=3.12\%$$

比较(1)与(2)的计算结果,说明索阿韦的修正式提高了计算的精度。

4. P-R 方程

R-K 方程是两参数方程中既简单又精确的方程,用于计算等温下纯组分及混合物的体积和热力学性质,可获得相当精确的结果,但是当应用于纯组分的饱和蒸汽压和多组分的气液平衡计算时,其准确性通常很差,部分原因在于 R-K 方程未能如实地反映温度的影响。因此,1976 年彭(Peng)和鲁滨逊(Robinson)提出了一个新的两参数方程,简称 P-R 方程①,其表达式为

$$p=\frac{RT}{V_m-b}-\frac{a(T)}{V_m(V_m+b)+b(V_m-b)}\tag{2-21}$$

式中

$$b=b(T_c)=\frac{0.07780RT_c}{p_c}\tag{2-22}$$

$$a(T)=a(T_c)\alpha(T_r,\omega)\tag{2-23}$$

其中

$$a(T_c)=0.45727\frac{R^2T_c^2}{p_c}\tag{2-24}$$

$\alpha(T_r,\omega)$是对比温度 T_r 和偏心因子 ω 的函数,对所有的物质而言,P-R 方程中的温度函数可用 SRK 方程同样的方法得到,即 α 与 T_r 的关系可用下式关联:

$$[\alpha(T_r,\omega)]^{0.5}=1+m(1-T_r^{0.5})\tag{2-25}$$

式中,m 为每一种物质所固有的特征常数,是根据一些烃类物质从正常沸点到临界点的蒸气压数据求得,并且它与偏心因子 ω 进行关联,得其关联式为

$$m=0.37464+1.54226\omega-0.26992\omega^2\tag{2-26}$$

此方程在计算饱和蒸汽压、气液相密度和汽液平衡中具有较好的精度。按式(2-21)算出的饱和蒸汽压、气相密度、焓差及液相密度均比 R-K 方程有显著的改进。但不适用于量子气体(如 H_2)及强极性气体(如 NH_3)等。值得提出的是,SRK 方程和 P-R 方程在预计蒸汽压时显示出优点,其重要原因是它们有很好的温度函数 α。在预计稠密区的摩尔体积方面,P-R 方程比 SRK 方程更优越。

例 2-4 试用 P-R 方程计算 1kmol 甲烷在 166.7K 时进行等温压缩,当其终态体积为 0.619m³ 时,应加的压力为多少?已知文献值为 1.72MPa。

---

① Peng D Y, Robinson D B. Ind Eng Chem Fundam, 1976, 15: 59。

解　从附录 1 查得甲烷的临界常数为 $T_c=190.6\text{K}$，$p_c=4.599\text{MPa}$，$\omega=0.008$，则

$$T_r=T/T_c=166.7/190.6=0.8746$$

$$a(T_c)=0.45727\frac{8.314^2\times190.6^2}{4.599\times10^6}=0.2497(\text{Pa}\cdot\text{m}^6\cdot\text{mol}^{-2})$$

$$b=\frac{0.07780\times8.314\times190.6}{4.599\times10^6}=2.681\times10^{-5}(\text{m}^3\cdot\text{mol}^{-1})$$

$$m=0.37464+1.54226\omega-0.26992\omega^2=0.3931$$

$$[\alpha(T_r,\omega)]^{0.5}=1+m(1-T_r^{0.5})=1+0.3931\times(1-0.8746^{0.5})=1.0255$$

$$a(T)=a(T_c)\alpha(T_r,\omega)=0.2497\times1.0255=0.2626(\text{Pa}\cdot\text{m}^6\cdot\text{mol}^{-2})$$

$$p=\frac{RT}{V_m-b}-\frac{a(T)}{V_m(V_m+b)+b(V_m-b)}=1.71\text{MPa}$$

范德华方程的引力参数 a 与温度无关。后来的研究发现，参数不仅与温度有关，而且严重影响着方程的计算精度和应用范围。因而从 R-K 方程起，便出现了 a 与温度的关系，把 a 看作是只与临界常数有关的 a_c 和与温度有关的 $\alpha(T)$ 两者的乘积。a_c 在各方程中差别不大，$\alpha(T)$ 的表达形式十分雷同，一般均与对比温度 T_r 和偏心因子 ω 相关。在 $T<T_c$ 时，$\alpha(T)$ 随温度升高而减小，直到 $T=T_c$ 时到达最小值。这从物理意义上也能得到解释，温度升高使引力减小，从而使引力产生的压力贡献变小。但 $\alpha(T)$ 值还是很敏感的，稍有改变对计算结果就有较大影响。

2.2.3　维里方程

理想气体是建立在某些假设基础上的气体模型，而真实气体的行为不同于理想气体，真实气体状态方程必须符合的条件是：

(1) $p\to0$ 时，$pV\to RT$

(2) $\left(\frac{\partial p}{\partial V}\right)_{T=T_c}=0$；$\left(\frac{\partial^2 p}{\partial V^2}\right)_{T=T_c}=0$

从图 2-3 可知在气相区，沿着等温线，当压力增加，摩尔体积减小，于是人们设想气体或蒸汽的 pV 乘积非常接近常数，这就启示人们沿着等温线可以用 p 的幂级展开式来表达气体的 p-V-T 关系。荷兰莱顿(Leiden)大学的昂纳斯(Onnes)在 1901 年首先提出了维里方程，其表达式为

$$pV=a+bp+cp^2+\cdots \tag{2-27}$$

如果令 $b=aB'$，$c=aC'$，则上述方程变为

$$pV=a(1+B'p+C'p^2+\cdots) \tag{2-28}$$

式中，a、B'、C' 等对一定的温度和一定的物质来说是常数。

维里方程是无穷数列，但在实践中发现只要有限的几项就能成功的代表 p-V-T 的实验数据。在低压时，只要用两项就能得到满意的结果。一般来说，压力越大，需要的项数就越多。

1. 维里方程的两种形式

若维里方程中的常数 a 用 RT 来代替，当 $p\to0$ 时，$pV\to RT$，则其变为

$$Z=pV/RT=1+B'p+C'p^2+\cdots\quad(\text{压力多项式}) \tag{2-29}$$

式中，比值 pV/RT 称为压缩因子，用 Z 表示。还有另一种表示式也是常用的，即

$$Z=1+\frac{B}{V}+\frac{C}{V^2}+\frac{D}{V^3}+\cdots\quad(\text{体积多项式}) \tag{2-30}$$

两组系数的关系为：$B'=\dfrac{B}{RT}$，$C'=\dfrac{C-B^2}{(RT)^2}$，$D'=\dfrac{D-3BC+2B^3}{(RT)^3}$等。

这两个方程称为维里展开式，依次把 B'、B 称为第二维里系数，C'、C 称为第三维里系数等。对一定的物质来说，这些系数仅是温度的函数。

到现在为止，已经提出了许多气体状态方程，但只有维里方程具有坚实的理论基础，统计力学的方法可以推出维里方程，并给维里系数提供物理意义。例如，第二维里系数 B 表示气体的 p-V-T 性质由于两个分子之间的相互作用引起与理想气体的偏差，第三维里系数 C 表示因三个分子之间的相互作用所产生的偏差等。由于两分子之间的相互作用力比三分子之间的相互作用力大许多倍，而三分子之间的作用力又比四分子之间的作用力大许多倍，因此更高阶的项对 Z 的影响迅速下降，即维里方程是收敛很快的方程。当然，在压力很高时，更高的维里系数也很重要。

2. 维里方程的简化形式

在工程上，维里方程应用于低压和中压的气体和蒸汽，不需要多于两项或三项便可得到满意的近似值。

将维里方程的压力多项式取两项，且将 $B'=\dfrac{B}{RT}$代入得

$$Z=1+B'p=1+\frac{Bp}{RT} \tag{2-31}$$

维里方程的体积多项式也可截取两项，用于低压情况，如

$$Z=\frac{pV}{RT}=1+\frac{B}{V} \tag{2-32}$$

经验表明，以上两式具有同等的精确度，在大多数情况下用式(2-31)更为方便。因为它可以直接解出体积，并可以精确地表示低于临界温度，压力达 15atm 左右的蒸汽的 p-V-T 性质。随温度升高，压力的适用范围也随之扩大。当压力超过 15atm 和高达 50atm 左右时，维里方程取三项即可得到满意的结果(当 $p>0.5p_c$ 时不适用)。

第二维里系数 B 的值与气体的性质和温度有关，许多气体的 B 值已由实验做了测定，但当查不到数据时，B 值还可进行估算，以后将对此进行讨论。

关于第三维里系数，虽然文献中也提出了某些气体的数据，但比第二维里系数的数据要少得多，而对超过第三维里系数的系数值目前知道得很少，因此超过三项的维里展开式变得不适用了。所以对于更高的压力，通常采用另外的一些方程。

2.3 对比态原理及其应用

2.3.1 对比态原理

鉴于接近临界点时，所有的气体都显示出相似性质的事实，人们采用临界温度、临界压力和临界体积作为起点来衡量流体的温度、压力和体积，设：

$$T_r=T/T_c \tag{2-33}$$

$$p_r=p/p_c \tag{2-34}$$

$$V_{m,r}=V_m/V_{m,c}=1/\rho_r \tag{2-35}$$

式中，T_r、p_r、$V_{m,r}$、ρ_r 分别称为对比温度、对比压力、对比摩尔体积、对比密度。

已知在相同的温度和压力下，不同气体的比容或摩尔体积是不同的，但是实验表明在相同的对比压力和对比温度下，不同气体的对比体积是近似相同的，这一实验事实首先被范德华利用，他对气态和液态的所有物质提出：

$$V_{m,r}=f_r(p_r,T_r) \tag{2-36}$$

这就是范德华对比态原理，即两种（或几种）物质有两种对比参数相同时，则第三个对比参数就一定相同。运用对比态原理来研究气体的 p-V-T 关系可得出普遍化的真实气体方程。凡是组成、结构、分子大小相近的物质都能比较严格的遵守对比态原理。当已知一种物质的某种性质时，往往可以用这个原理相当精确地确定另一结构与之相近的物质的该性质。据此，范德华导出普遍化范德华方程：

$$\left(p_r+\frac{3}{V_{m,r}^2}\right)(3V_{m,r}-1)=8T_r \tag{2-37}$$

式(2-37)中没有任何特殊参数，成为对任何气体都可使用的方程。换言之，对于不同的气体，若 p_r 和 T_r 相同，则 V_m 也必相同，在数学上可用式(2-38)表示：

$$f(p_r,T_r,V_{m,r})=0 \tag{2-38}$$

式(2-38)应该说是最原始的对比态原理的数学表达式，但这只是个近似的方程，特别是在低压时不适用，暴露出它的局限性。

众所周知，在低压下，任何气体的状态方程都应该归结为理想气体方程，如果用对比态参数表示理想气体方程，则为

$$p_r p_c V_{m,r} V_{m,c}=RT_r T_c \tag{2-39}$$

令

$$Z_c=\frac{p_c V_{m,c}}{RT_c} \tag{2-40}$$

式中，Z_c 称为临界压缩因子。将式(2-40)代入式(2-39)后，得

$$p_r V_{m,r}=\frac{T_r}{Z_c} \tag{2-41}$$

若式(2-38)成立，必须要求 Z_c 是个通用常数。但对不同的气体而言，Z_c 并不是个常数，这就表明式(2-37)只能在低压下应用，它只是个近似的方程。

2.3.2　普遍化状态方程

式(2-37)以对比参数作为独立变数，消去了物质的特有常数，即范德华常数 a、b，其他状态方程也可作同样处理，如 R-K 方程的对比状态方程可写成：

$$Z=\frac{1}{1-h}-\frac{4.934}{T_r^{1.5}}\left(\frac{h}{1+h}\right) \tag{2-42}$$

$$h=\frac{0.08664p_r}{ZT_r} \tag{2-43}$$

如果 V 值已知，则取下式更为方便：

$$h=\frac{b}{V}=\frac{0.0867RT_c}{Vp_c}$$

在给定的 T_r、p_r 下，将式(2-42)与式(2-43)用于 Z 的迭代计算十分简便。先将 Z 的初值为 1，用式(2-43)求出 h，然后用式(2-42)求出一个新的 Z，循此程序反复迭代，直至前后两次求出的 Z 值之差小于预定的偏差。注意此迭代计算不能用于液相。

SRK 方程的普遍化式为

$$Z=\frac{1}{1-h}-\frac{4.9340Fh}{1+h} \tag{2-44}$$

$$F=T_r^{-1}[1+S(1-T_r^{0.5})]^2 \tag{2-45}$$

$$S=0.480+1.57\omega-0.176\omega^2 \tag{2-46}$$

$$h=\frac{0.08664p_r}{ZT_r} \tag{2-47}$$

式(2-44)对于已知 T_r、p_r 求 Z 的迭代计算也十分方便。从附录 1 查到有关物质的 T_c、p_c 与 ω 的值，按式(2-45)与式(2-46)先求出 F 与 S，然后与 R-K 普遍化方程的迭代计算方法完全相同，在式(2-44)与式(2-47)之间进行迭代，直至收敛。

例 2-5　试分别用 R-K 方程和 SRK 方程的普遍化式计算 360K、1.541MPa 下异丁烷蒸气的压缩因子。已知由实验数据求出的 $Z_{实}=0.7173$。

解　从附录 1 查得异丁烷的 $T_c=408.1$K，$p_c=3.65$MPa，$\omega=0.176$，则

$$p_r=1.541/3.65=0.4222 \qquad T_r=360/408.1=0.88214$$

(1) 用 R-K 方程：

取 Z 的初值 $Z_0=1$，经 8 次迭代得到 $Z=0.7449$，与实验值比较相对误差为 3.85%。

(2) 用 SRK 方程：

已知 $\omega=0.176$，$T_r=0.88214$，代入式(2-46)与式(2-45)求得 S 与 F：

$$S=0.7516 \qquad F=0.88214^{-1}\times[1+0.7516\times(1-0.9392)]^2=1.240$$

取 Z 的初值 $Z_0=1$，经过 9 次迭代得到 $Z=0.7322$，与实验值比较，相对误差为 2.08%。

2.3.3 两参数普遍化压缩因子图

普遍化状态方程还可用来制作普遍化的 Z-p_r 图，如图 2-5～图 2-7 所示。可以应用这些图进行 p-V-T 计算。这类图可以根据普遍化状态方程制作，也可以由实验测定的各种气体的 p、V、T 精确数据制作而成。

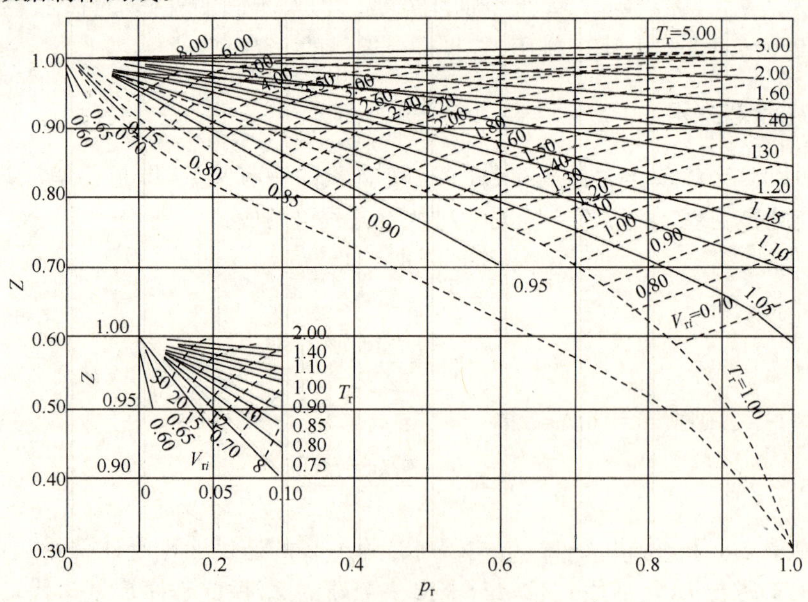

图 2-5　两参数普遍化压缩因子图(低压段)

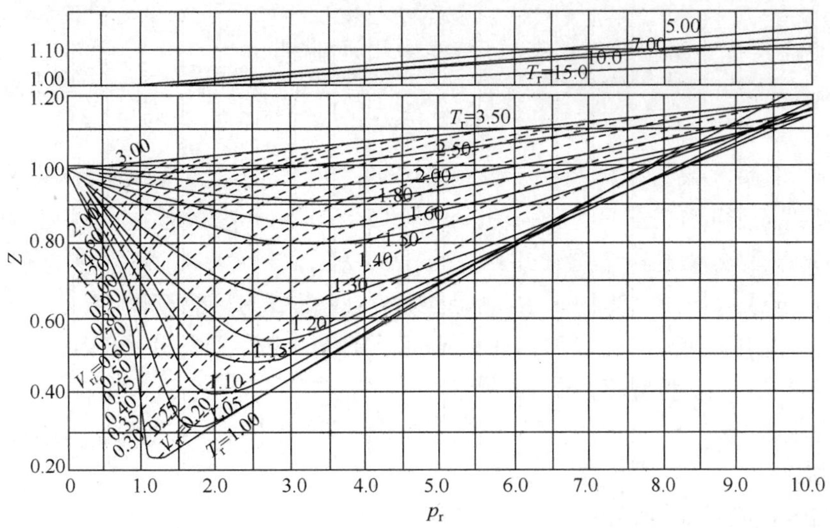

图 2-6　两参数普遍化压缩因子图(中压段)

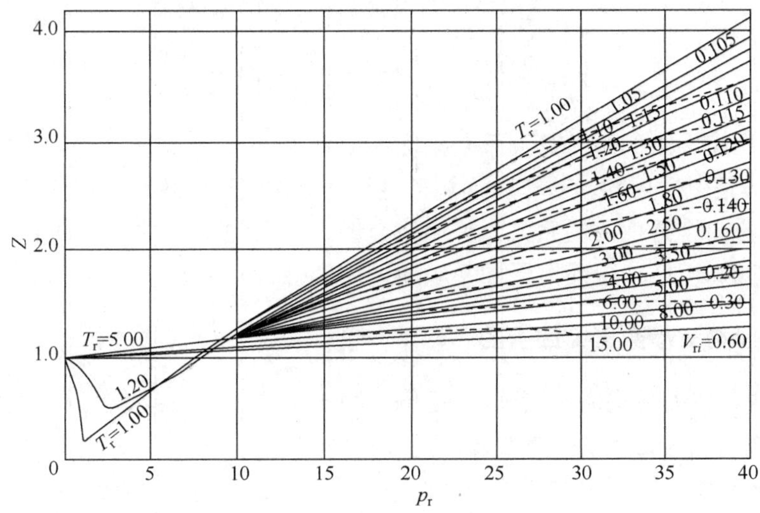

图 2-7　两参数普遍化压缩因子图(高压段)

根据对比态原理,在数学上,普遍化状态方程可以表达成下述形式:

$$V_{m,r}=f_1(p_r,T_r)$$

当用对比态原理计算压缩因子 Z 时,由 V_r 和 Z 定义,可作如下处理:

$$V_{m,r}=\frac{V_m}{V_{m,c}}=\frac{ZRT}{pV_{m,c}}=\frac{ZRTp_c}{Z_cRT_cp}=\frac{ZT_r}{Z_cp_r}$$

式中,$Z_c=\dfrac{p_cV_c}{RT_c}$。联立式 $V_{m,r}=f_1(p_r,T_r)$可得

$$Z=f_2(p_r,T_r,Z_c) \tag{2-48}$$

把 Z/Z_c 作为 p_r 和 T_r 的函数,是对比态原理的一个重要应用。多数真实气体的实验数据表明,其临界压缩因子 Z_c 在 0.25~0.31 的范围。若不要求十分精确,则可认为 Z_c 为一常数,这一函数关系就简化为 Z 与 p_r 和 T_r 的两参数关系式:

$$Z=f_3(p_r, T_r) \tag{2-49}$$

式(2-49)通常称为修正的对比态原理，根据此原理，有

$$Z=Z_c\frac{p_rV_r}{T_r}\quad \text{（两参数普遍化压缩因子关系式）}$$

利用上式，由实验数据计算 Z，并以 Z 对(p_r, T_r)标绘，即以 Z 为纵坐标，以 p_r 为横坐标绘出等对比温度线，便得出如图 2-5、图 2-6 和图 2-7 所示的两参数普遍化压缩因子图，注意这三个图的适用范围，分析这三个图可知：

(1) 在 $p_r\to 0$ 时，任何气体的 $Z\to 1$，这是因为气体已成为理想气体。

(2) 当气体温度较低($T_r<2.5$)而压力又不太高($p_r<8.5$)时，分子间引力起主要作用，因此 $Z<1$，且当压力一定时，温度越低，Z 值越小。

(3) 压力较高($p_r>8.5$)时，分子间的斥力和分子占有体积占主要地位，因此 $Z>1$，且随 p_r 增高而增加。

(4) 在临界点附近，Z 值最小。

注意，使用这三个图求 H_2、He、Ne 等量子气体的 Z 值时，应用：

$$p_r=\frac{p}{p_c+0.8106}\quad (p\text{ 及 }p_c\text{ 单位用 MPa}) \tag{2-50}$$

$$T_r=\frac{T}{T_c+8}\quad (T\text{ 及 }T_c\text{ 的单位用 K}) \tag{2-51}$$

如前所述，压缩因子的两参数关系是把临界压缩因子 Z_c 看成常数而得出的。它对球形对称分子(如 CH_4)是较适用的。对非球形弱极性分子，误差不是很大，但有时候误差也很可观。因此，式(2-49)是一个近似的关系式。许多研究者认为在对比状态方程中除了 T_r、p_r 外，有必要引入第三个参数，以便使压缩因子图精确地适用于各种气体。

2.3.4　偏心因子与三参数压缩因子图

为了克服两参数关系式的不精确性，把偏心因子 ω 作为第三参数引入，ω 作为第三参数而建立的普遍化关系式是近年来的重要发现。

根据物质饱和蒸气压与温度间的关系：

$$\frac{dp}{p}=\frac{\Delta H_V}{RT^2}dT \tag{2-52}$$

积分得

$$\lg p=-\frac{\Delta H_V}{2.303R}\cdot\frac{1}{T}+a \tag{2-53}$$

因此，物质的对比蒸汽压的对数与对比温度的倒数有近似线性关系，可以将此关系写为

$$\lg p_r^s=a-\frac{b}{T_r} \tag{2-54}$$

式中，p_r^s 为对比饱和蒸汽压；T_r 为对比温度。蒸汽压曲线终止于临界点，在临界点，$T_r=p_r=1$，此时，对比蒸气压方程在临界点变成 $a=b$。

因此，对比蒸汽压方程变为

$$\lg p_r^s=a\left(1-\frac{1}{T_r}\right) \tag{2-55}$$

当 $\lg p_r^s$ 对 $\frac{1}{T_r}$ 作图，得到一条直线时，a 就是对比蒸汽压线的负斜率。

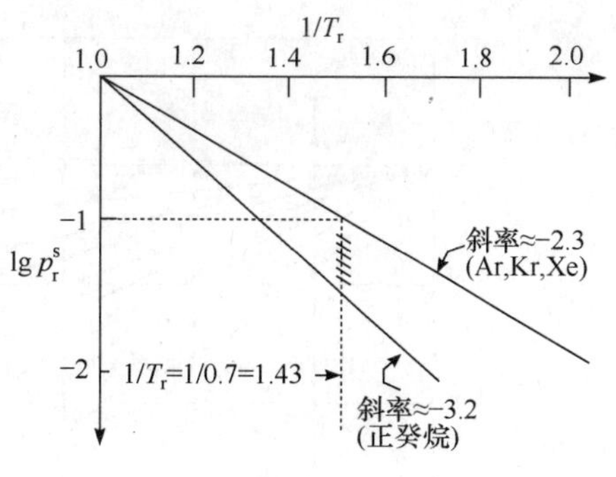

图 2-8　对比蒸气压和温度的近似关系

按照对比状态原理，如果这一原理准确的话，所有物质应该具有相同的对比蒸气压线，斜率 a 对所有物质也应该都一样。但是观察到的情况不是这样，而是每种物质都有一定的斜率 a(图 2-8)。由此可见 $\lg p_r^s$ 和 $1/T_r$ 的直线关系仅是近似的，把斜率 a 作为普遍化关系式中的第三参数，很难达到足够的精度。

皮策(Pitzer)注意到氩、氪、氙的数据都位于同一条对比蒸汽压线上，并且注意到这条线通过 $\lg p_r^s=-1$ 和对比温度 $T_r=0.7$ 这一点，从图 2-8 可以明显看到，其他流体对比蒸气压线的位置可以用在 $T_r=0.7$ 处的纵坐标 $\lg p_r^s$ 值与氩、氪、氙的 $\lg p_r^s$ 值的差来确定，皮策就把这个差值定义为偏心因子 ω，即

$$\omega=-\lg(p_r^s)_{T_r=0.7}-1.00 \tag{2-56}$$

因为 p_r^s 的值<1，故取其常用对数以人为的扩大其绝对值，取“−”号以便使 ω 得正值。球形分子物质 $\omega=0$，非球形分子物质可根据 p_c、T_c 及 $T_r=0.7$ 时的 p_r^s 求出。

皮策的三参数对比状态关系式是三参数关系式中较好的一个，最近已广泛用于工程计算。其函数式为 $Z=f(p_r,T_r,\omega)$，这个三参数关系式说明所有具有相同 ω 值的流体，当它们在相同的对比温度 T_r 和对比压力 p_r 时，它们的 Z 值相同，皮策还提出了压缩因子 Z 的关系式：

$$Z=Z^0+\omega Z^1 \tag{2-57}$$

式中，Z^0 和 Z^1 为 T_r 和 p_r 二者的复杂函数。对于氩、氪、氙来说，其 $\omega=0$，故式(2-57)中的第二项为零，这些气体的 $Z^0=Z$，是 T_r 和 p_r 的函数。因此，普遍化关系 $Z^0=f^0(T_r,p_r)$ 是根据这些惰性气体的 p-V-T 实验数据而建立的。

式(2-57)表示在给定 T_r 和 p_r 值时，Z 和 ω 呈一种简单的线性关系，在一定的 T_r 和 p_r 值下，以 Z 的实验数据对 ω 作图，果真得到一条直线，这些直线的斜率提供了普遍化函数 $Z^1=f^1(p_r,T_r)$ 的 Z^1 值。

图 2-9～图 2-12 也可作为两参数的普遍化状态关系图单独使用，除简单流体外，对于非简单流体的估算，其精度显然要比三参数低。含有偏心因子的关系式，其精度高于两参数普遍化方法。对于非极性与弱极性的气体三参数普遍化方法能够提供可靠的结果，误差小于 3%；应用于强极性气体，误差达 5%～10%；对于量子气体(如氢、氦等)，普遍化关系一般只能用于估算初值。应当注意的是，普遍化关系并不能用来取代 p-V-T 的可靠实验数据。

李(Lee)和凯斯勒(Kesler)推广了皮策等提出的关联方法，并提出了三参数对应态原理的解析表达式：

$$Z=Z^0+\frac{\omega}{\omega^r}(Z^r+Z^0) \tag{2-58}$$

式中，Z 为流体的压缩因子；Z^0 为简单流体的压缩因子；Z^r 为参考流体的压缩因子；$\omega^r=0.3978$。

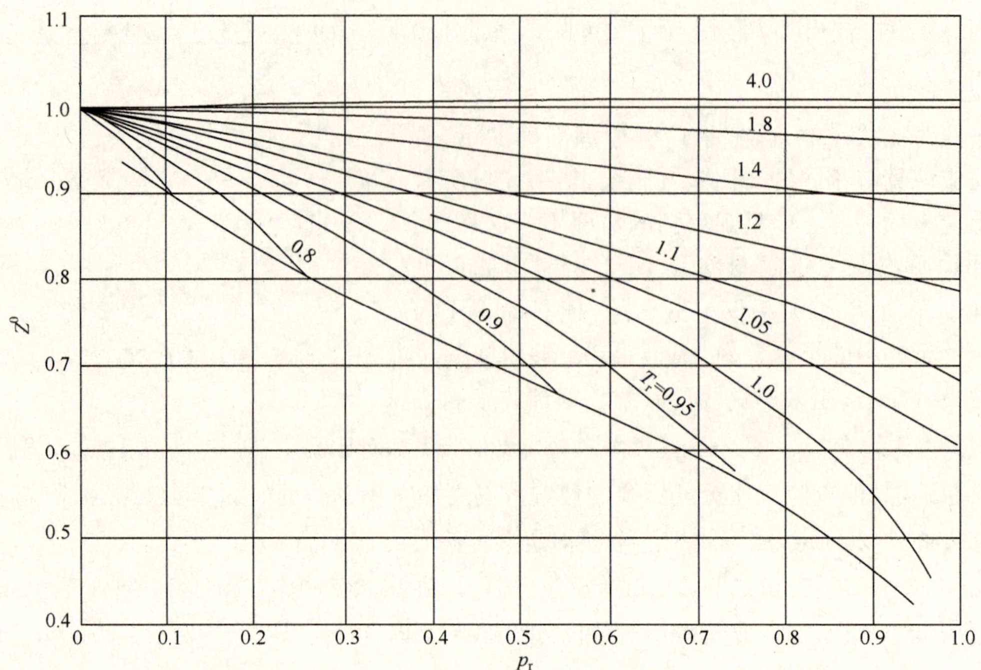

图 2-9　Z^0 普遍化图(p_r<1)

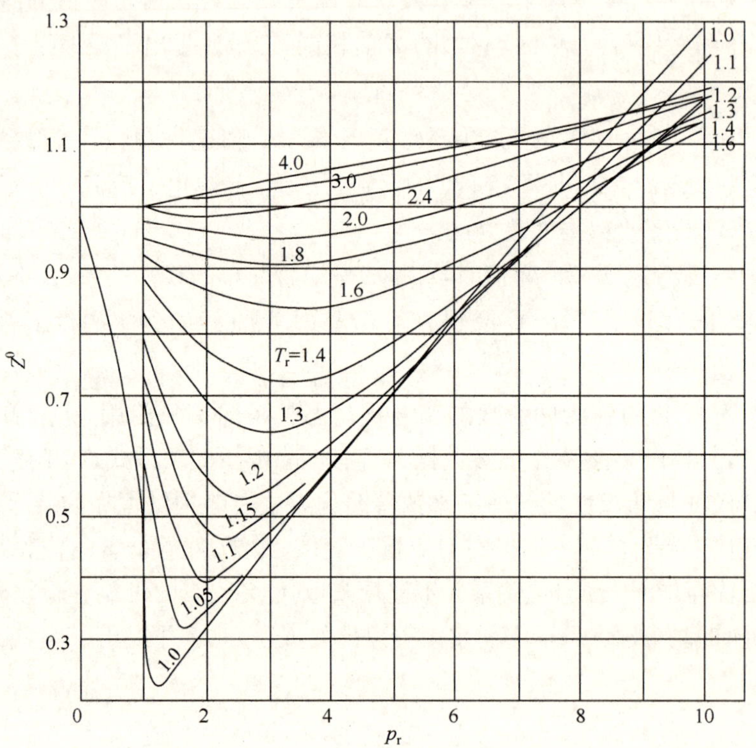

图 2-10　Z^0 普遍化图(p_r>1)

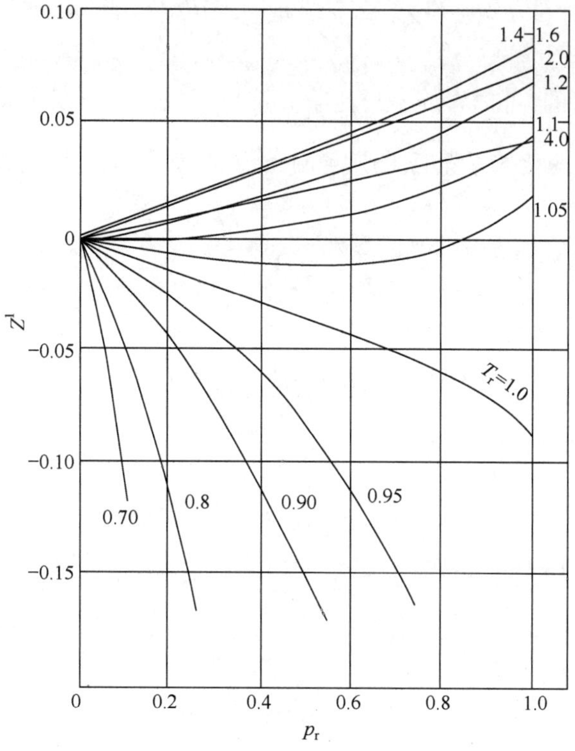

图 2-11　Z^1 普遍化图($p_r<1$)

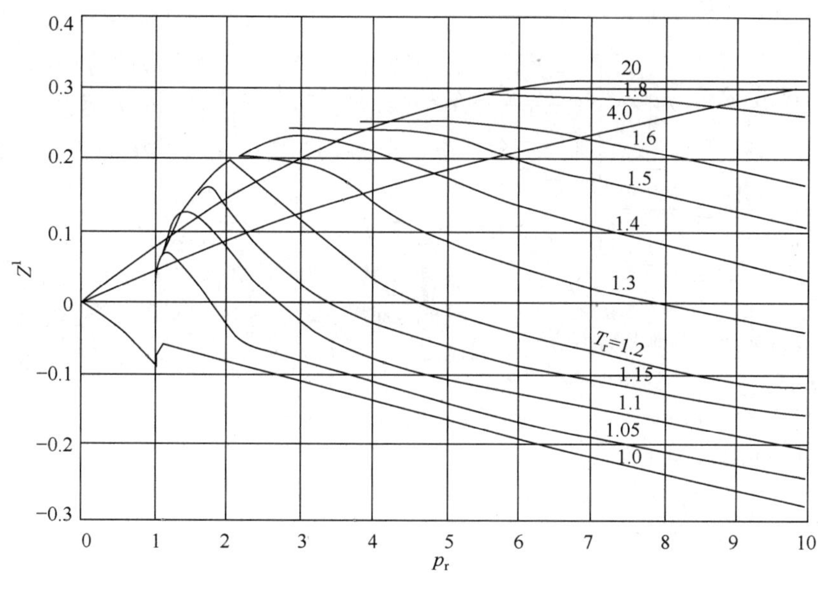

图 2-12　Z^1 普遍化图($p_r>1$)

2.3.5　普遍化第二维里系数关系式

由于普遍化压缩因子计算法需要查阅，精度不够，皮策就第二维里系数提出了简单的关系式。它是以最简单的维里方程式(2-31)为根据的，该式可写成：

$$Z=1+\frac{Bp}{RT}=1+\frac{Bp_c}{RT_c}\frac{p_r}{T_r} \tag{2-59}$$

变量$\frac{Bp_c}{RT_c}$是无因次的，可以看成是对比第二维里系数。对于某特定的气体来说，B 仅是温度的函数，任何 B 的普遍化关系都应当只与对比温度有关，而与对比压力无关。因此，皮策① 提出了如下的关系式：

$$\frac{Bp_c}{RT_c}=B^0+\omega B^1 \tag{2-60}$$

将式(2-60)代入式(2-59)，得

$$Z\approx 1+B^0\frac{p_r}{T_r}+\omega B^1\frac{p_r}{T_r} \tag{2-61}$$

将式(2-61)与式(2-57)进行比较，得

$$Z^0=1+B^0\frac{p_r}{T_r}\qquad Z^1=B^1\frac{p_r}{T_r} \tag{2-62}$$

同样，B^0 和 B^1 只是对比温度的函数②，可用下列关系式表示：

$$B^0=0.083-\frac{0.422}{T_r^{1.6}} \tag{2-63}$$

$$B^1=0.139-\frac{0.172}{T_r^{4.2}} \tag{2-64}$$

前已论及，只有在低压下 Z 与 p_r 才有线性关系，故式(2-31)仅在中低压下是正确的。同理，普遍化维里系数关系式(2-62)、式(2-63)、式(2-64)也只在较低的压力下适用。既然式(2-57)和式(2-59)都能用于普遍化的计算，两式是否存在各自的适用范围，这可用图 2-13 来说明。图中的虚线表示饱和线，在分界线上、下方分别为式(2-59)和式(2-57)的适用范围。从给定条件下得出 p_r 和 T_r 值的坐标点落在分界线的上方或下方来决定采用式(2-59)还是式(2-57)。若不用图 2-13，埃利奥特(Elliott)和利拉(Lira)还提出用不等式来判断，若 $T_r>0.686+0.439p_r$ 或 $V_r>2.0$ 时，则使用式(2-59)；否则式(2-59)不再适用。

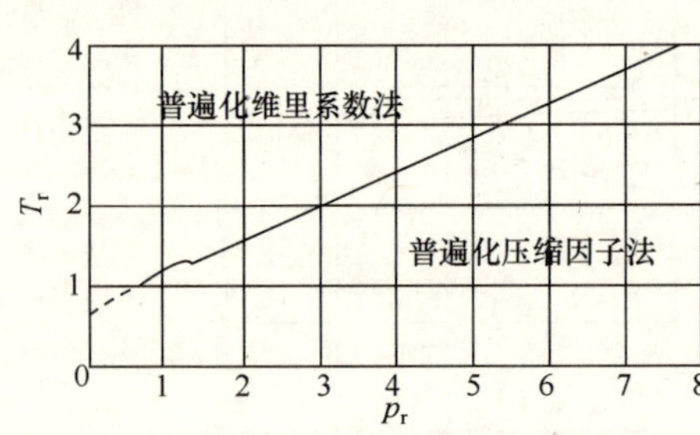

图 2-13　各种普遍化方法的使用范围

例 2-6　计算在 340atm 和 138℃下，1mol 丙烷占有的体积，并与实验值 0.0990L · mol^{-1} 比较。

解　查得丙烷的临界常数与偏心因子为：$T_c=369.8$K，$p_c=41.9$atm，$\omega=0.152$，得

$$T_r=(138+273)/369.8=1.11\qquad p_r=340/41.9=8.1$$

由图 2-13 知，应用三参数普遍化压缩因子图，查图 2-7、图 2-9 得 $Z^0=1.028$，$Z^1=-0.16$，有

$$Z=Z^0+\omega Z^1=1.028+0.152\times(-0.16)=1.004$$

$$V=\frac{nZRT}{p}=\frac{1\times1.004\times0.08205\times411}{340}=0.09955(\text{L}\cdot\text{mol}^{-1})$$

① Pitzer K S, Curl Jr R F. J Am Chem Soc, 1957, 79: 2369。

② Van Ness H C, Abbott M M. Classical Thermodynamics of Nonelectrolyte Solution. New York: Mc Graw-Hill, 1982: 132-133。

$$误差=(0.09955-0.099)/0.099=0.56\%$$

例 2-7　计算正丁烷在 460K 和 1.520MPa 条件下的摩尔体积。

解　查得 $T_c=425K, p_c=37.5atm=3.8MPa, \omega=0.193$，算得

$$T_r=460/425=1.08 \qquad p_r=1.520/3.800=0.4$$

由图 2-13 知，应用普遍化第二维里系数关系式

$$B^0=0.083-\frac{0.422}{T_r^{1.6}}=0.083-\frac{0.422}{1.08^{1.6}}=-0.29$$

$$B^1=0.139-\frac{0.172}{T_r^{4.2}}=0.139-\frac{0.172}{1.08^{4.2}}=0.014$$

$$Z=1+\frac{Bp_c p_r}{RT_c T_r}=1-0.287\times\frac{0.4}{1.08}=0.894$$

$$V=\frac{nZRT}{p}=\frac{0.894\times 8.314\times 10^6\times 460}{1.52\times 10^6}=2250(cm^3\cdot mol^{-1})$$

2.4　真实气体混合物的 p-V-T 关系

在化工过程设计中，处理的物系往往是多组分的真实气体混合物，如合成氨的工艺。至于石油炼制及石油化工中气体的种类就更为复杂。目前，在 p-V-T 方面虽已有不少数据，但设计所需的 p-V-T 数据仍然很缺乏，混合物的实验数据更少。通过关联从纯物质的 p-V-T 关系来预测混合物的性质，只有掌握有关气体混合物的 p-V-T 计算方法，才能保证设计的精度。

气体混合物的非理想性有两方面的原因：一方面是纯气体的非理想性；另一方面是混合作用的非理想性。

真实气体混合物的 p-V-T 行为的计算方法很多，并在继续不断地发展，本节仅介绍几种常用且又不复杂的方法。

2.4.1　阿玛格定律和普遍化压缩因子图联用

假设阿玛格(Amagat)分体积定律适用于真实气体混合物，则气体混合物的体积应为各组分分别在混合物的温度及总压力下测得的体积之和。

$$V=\sum V_i=\frac{Z_{mix}nRT}{p}$$

式中，V_i 为纯组分 i 在混合物的 T、p 下的体积；Z_{mix} 为混合物的压缩因子。

$$V_i=\frac{Z_i n_i RT}{p}$$

式中，Z_i 为组分 i 在混合气体的 T、p 下的压缩因子。

$$Z_{mix}=\sum_{i=1}^{n} y_i Z_i \tag{2-65}$$

阿玛格定律和普遍化压缩因子图联用，一般在 $p>30.3MPa$ 的高压下才是正确的。

2.4.2　道尔顿定律和普遍化压缩因子图联用

假设道尔顿(Daton)定律适用于真实气体混合物，则混合气体的总压力为

$$p=\sum p_i=\frac{Z_m nRT}{V}$$

$$p_i=\frac{Z_i n_i RT}{V}=\frac{Z_i y_i}{Z_m}p\ (\text{分压}\ p_i=py_i)$$

以上两式可得

$$Z_{mix}=\sum_{i=1}^{n} y_i Z_i \tag{2-66}$$

式中，p_i 为纯组分 i 的压力，即在混合气体的温度下，组分 i 单独占有全部体积时所具有的压力(不同于分压的概念)；Z_i 为纯组分 i 的压缩因子，代表物质的量为 n_i 的组分 i 在与混合气体同样温度下占有整个体积 V 时的压缩因子，由 $T_{r,i}=T/T_{c,i}$ 及 $p_{r,i}=p_i/p_{c,i}$ 查普遍化 Z 图得；Z_{mix} 为混合气体的压缩因子。

道尔顿定律和普遍化压缩因子图联用，仅在低压时比较精确，而当压力大于 5MPa 时则不适用。

2.4.3 虚拟临界常数法

虚拟临界常数法是把混合物视为假想的纯物质，从而可将纯物质的对比态计算方法应用到混合物上。为了确定方程参数，首先必须确定混合物的临界常数。凯(Kay)提出的虚拟临界常数法规定虚拟临界温度和虚拟临界压力为

$$T_{c,mix}=\sum y_i T_{c,i} \tag{2-67}$$

$$p_{c,mix}=\sum y_i p_{c,i} \tag{2-68}$$

$$M_{mix}=\sum y_i M_i \tag{2-69}$$

式中，$T_{c,mix}$ 为虚拟临界温度；$p_{c,mix}$ 为虚拟临界压力；y_i 为组分 i 的摩尔分数，这是一个简单的直线摩尔平均法。知道了虚拟临界常数，混合物即可作为单一的组分进行计算。应该注意的是，虚拟临界常数只是数学上的比例参数，不像真实临界常数那样具有确切的物理意义。经验表明，用虚拟临界常数计算真实气体混合物的热力学性质，对工程需要来说精确度是足够的，因而获得了广泛应用。

这套规则简便易行，工程计算中常被采用。按照凯的规则，计算 $T_{c,mix}$ 的适用条件为：当所有组分的临界温度比值 $T_{c,i}/T_{c,j}$ 均在 0.5～2 时，它和其他更复杂的规则计算出的误差小于 2%。

例 2-8 某合成氨厂原料气的配比为 $n_{N_2}:n_{H_2}=1:3$，进合成塔前的压力为 40.532MPa，温度为 300℃，求摩尔体积(文献值 $Z_m=1.1155$)。(1) 用理想气体方程；(2) 用阿玛格定律与普遍化 Z 图；(3) 用虚拟临界常数法。

解 (1) 理想气体方程：

$$V_m=\frac{RT}{p}=\frac{8.314\times10^3\times(300+273.15)}{40.532\times10^6}=0.1176\text{m}^3\cdot\text{kmol}^{-1}$$

$$\text{误差}=(1-1.1155)/1.1155=-10.35\%$$

(2) 阿玛格定律与普遍化 Z 图联用：

由临界常数求出 H_2、N_2 的 T_r、p_r

$$T_{r,H_2}=573.2/(33.2+8)=13.91 \qquad p_{r,H_2}=40.532/(1.3+0.8106)=19.2$$

$$T_{r,N_2}=573.2/126.2=4.54 \qquad p_{r,N_2}=40.532/3.39=11.96$$

由图 2-7 查得 $Z_{H_2}=1.15$，$Z_{N_2}=1.2$，所以

$$Z_{mix}=1.15\times0.75+1.2\times0.25=1.163$$

$$V_m=\frac{1.163\times 8.314\times 10^3\times(300+273.15)}{40.532\times 10^6}=0.1367(m^3\cdot kmol^{-1})$$

$$误差=(1.163-1.1155)/1.1155=4.26\%$$

（3）虚拟临界常数法：

$$T_{c,mix}=0.75\times(33.2+8)+0.25\times 126.2=62.5(K)$$

$$p_{c,mix}=0.75\times(1.3+0.8106)+0.25\times 3.39=2.432(MPa)$$

$$T_{r,m}=573.2/62.5=9.17\quad p_{r,m}=40.532/2.432=16.7$$

查图 2-7 得

$$Z_m=1.17(三参数\ Z\ 图的压力范围不够)$$

$$误差=(1.17-1.1155)/1.1155=4.88\%$$

2.4.4 气体混合物的状态方程

状态方程应用于气体混合物时，还需要知道组成与状态方程中常数之间的关系。除维里方程以外，大多数的状态方程至今还没有一个正确的理论依据来建立这种关系，而主要依靠经验或半经验的混合规则（参数混合法、常数混合法、函数混合法）以提供近似的关系。注意每种方程有规定的混合规则。

1. 维里方程

用维里方程或第二维里系数关系式计算真实气体的 p、V、T 关系时，也是把混合物虚拟为一种纯气体，将混合维里系数 B 按纯气体的方法进行计算。如前所述，维里方程中的第二维里系数 B 反映两个分子交互作用的影响。对于纯气体 i，仅有一种情况，即 i-i 分子交互作用。但对于含有 i、j 组元的二元混合物，则有三种类型的两分子交互作用，即 i-i、j-j、i-j，因此混合物的第二维里系数与组成关系为

$$B_m=\sum_i\sum_j(y_iy_jB_{ij})\tag{2-70}$$

式中，i、j 均代表混合物中任一组分，若 $i=j$ 则为纯组分；y 为气体混合物的摩尔分数。对于二元混合物，$i=1$、2，$j=1$、2。式(2-70)的展开式为

$$B_{mix}=y_1^2B_{11}+2y_1y_2B_{12}+y_2^2B_{22}\tag{2-71}$$

式中，B_{11} 和 B_{22} 为纯组分的系数；B_{12} 为交叉系数，由混合物的性质或由关联式求得。B_{11} 和 B_{12} 仅是温度的函数。

B_{ij} 为两分子间相互作用。$B_{i=j}$ 表示两个同种物质分子间相互作用的 B，即纯物质。$B_{i\neq j}$ 表示两个不同种类的分子间相互作用的 B，即交叉第二维里系数。

皮策等提出的式(2-61)已由普劳斯尼茨（Prausnitz）推广应用于混合物，他们将式(2-61)改写为

$$B_{ij}=\frac{RT_{c,ij}}{p_{c,ij}}(B^0+\omega_{ij}B^1)\tag{2-72}$$

式中，$B^0=0.083-\dfrac{0.422}{T_{r,ij}^{1.6}}$；$B^1=0.139-\dfrac{0.172}{T_{r,ij}^{4.2}}$。

式(2-71)中的交叉系数可用式(2-72)求得。普劳斯尼茨对 $T_{c,ij}$、$p_{c,ij}$、$\omega_{c,ij}$ 提出下列混合规则：

$$T_{r,ij}=T/T_{c,ij}\tag{2-73}$$

$$T_{c,ij}=(T_{c,i}T_{c,j})^{1/2}(1-k_{ij})\tag{2-74}$$

式中，$k_{ij}=0.01\sim0.2$，近似计算 $k_{ij}=0$。

$$p_{c,ij}=Z_{c,ij}RT_{c,ij}/V_{c,ij} \tag{2-75}$$

$$Z_{c,ij}=(Z_{c,i}+Z_{c,j})/2 \tag{2-76}$$

$$V_{c,ij}=(V_{c,ij}{}^{1/3}+V_{c,ij}{}^{1/3})/2 \tag{2-77}$$

$$\omega_{ij}=(\omega_{ij}+\omega_{ij})/2 \tag{2-78}$$

当 $i=j$ 时，上述方程都简化为纯物质的相应值；当 $i\neq j$ 时，由式(2-73)～式(2-78)计算出混合物的参数。当由式(2-72)计算 B_{ij} 时，计算 B^0 和 B^1 的对比温度要用 $T/T_{c,ij}$。求得 B_{ij} 后，再代入式(2-71)或式(2-70)，求出 B_m。然后代入式(2-31)，混合物的压缩因子用下式求得：

$$Z_m\approx1+\frac{B_mp}{RT}$$

2. R-K 方程

R-K 方程式(2-12)用于混合物，可写为

$$p=\frac{RT}{V_m-b_m}-\frac{a_m}{T^{1/2}V_m(V_m+b_m)}$$

式中，$b_m=\sum_i(y_ib_i)$；$a_m=\sum_i\sum_j(y_iy_ja_{ij})$；$b_i=\frac{0.0867RT_{c,i}}{p_{c,i}}$；$a_{ij}=\frac{0.4278R^2T_{c,ij}^{2.5}}{p_{c,ij}}$。

$T_{c,ij}$、$p_{c,ij}$ 计算方法同前：

$$T_{c,ij}=(T_{c,i}T_{c,j})^{0.5}\qquad p_{c,ij}=\frac{Z_{c,ij}RT_{c,ij}}{V_{c,ij}}$$

求出 a_m 和 b_m 后就可以用式(2-42)、式(2-43)迭代计算。也可用下式求 Z_m：

$$Z_m=\frac{1}{1-h}-\frac{a_m}{b_mRT^{1.5}}\left(\frac{h}{1+h}\right)$$

$$h=\frac{b_m}{V}=\frac{b_mp}{Z_mRT}$$

2.5 液体 p-V-T 关系

对液体的理论研究远不如对气体研究那样深入，液体的体积，在一般压力和温度下易于进行实验测定，除临界点附近外，压力和温度，特别是压力对液体的体积的影响很小。为此，必须研究适于工程计算的液体 p-V-T 性质的计算方法。

三次方的状态方程(如范德华方程和 R-K 方程)虽然能定性地描述液相 p-V-T 性质，但不宜作定量的处理。Benedict-Webb-Rubin 方程虽然可应用于气相也可应用于液相，但对每个流体都必须估算八个常数，使用起来比较复杂。对液体开发的技术和方程，一般必须能够适合工程计算所需的方程。

液体摩尔体积的计算方法有图表法、结构加合法、状态方程法和普遍化法。下面就状态方程法、普遍化法和结构加合法作介绍。

2.5.1 液体的状态方程

许多气体状态方程，如 SRK 方程、P-R 方程等，虽然能较好地计算饱和液体摩尔体积，但

对整个液相区的 p-V-T 性质仅能作定性描述。因此饱和液体摩尔体积 V_m^{SL} 的计算经常使用精度较高的经验关联式。

1. 泰特方程

泰特(Tait)方程用于液体，可以给出很准确的结果，其形式为

$$V_m^L = V_{m,0}^L - D\ln\left(\frac{p+E}{p_0+E}\right) \tag{2-79}$$

式中，D、E 在给定温度下为常数；V_m^L、p_0 为指定温度下该液体在参比态时的体积和压力。此方程可用于很高的压力。

2. 拉克特方程[①]

拉克特(Rackett)方程形式为

$$V^s = V_c Z_c^{(1-T_r)^{0.2857}} \tag{2-80}$$

式中，V^s 为饱和液体的摩尔体积。只要一个临界常数，即可计算不同温度下饱和液体的摩尔体积。对强极性物质同样适用，其最大误差为 7%左右，一般为 1%～2%。

2.5.2　普遍化关联式

此法是以对比态原理为基础，可用于任何液体，结果相当精确。但在临界点附近由于温度和压力对液体密度的影响大大增加，精确度下降。

定义液体的对比密度为

$$\rho_r = \frac{\rho}{\rho_c} = \frac{V_{c,m}}{V_m} \tag{2-81}$$

式中，ρ_c、$V_{c,m}$为物质的临界密度和临界体积。

若已知物质的临界密度，可以从给定的 T_r、p_r 由图 2-14 读得 ρ_r，乘以 ρ_c 后得所求液体的密度。

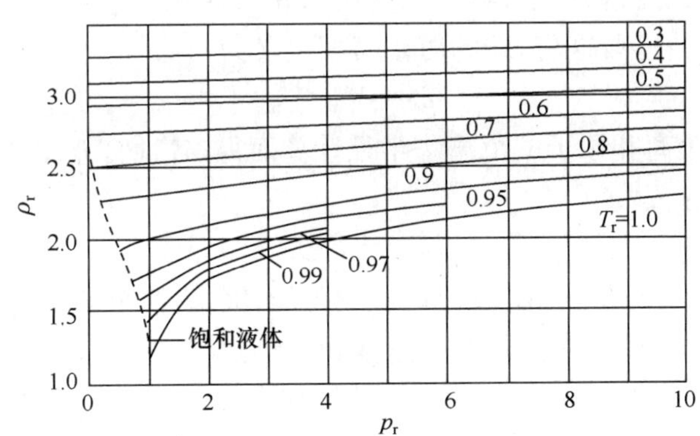

图 2-14　液体的普遍化关联

在一般情况下，ρ_c 不易查到，且不准确，可从式(2-81)导得另一种方程 $V_{m,2}$：

---

① Rackett H G. J Chem Eng Data，1970，15：514。

$$V_{m,2}=V_{m,1}\frac{\rho_{r,1}}{\rho_{r,2}} \tag{2-82}$$

式中，$V_{m,2}$为需要计算的液体摩尔体积；$V_{m,1}$为已知的液体摩尔体积；$\rho_{r,1}$、$\rho_{r,2}$分别为条件 1 和条件 2 下从图 2-14 查得的对比密度。

利用式(2-82)，只要知道某液体在某一条件下的体积，即可求出该液体在任何条件下的体积，此法需要的数据易于得到，计算的结果也相当精确。

例 2-9 (1) 估算 310K 饱和液氨的摩尔体积，实验值 29.14cm³/mol。

(2) 估算 310K 和 100atm 液氨的摩尔体积，实验值 28.6 cm³/mol。

解 (1) 用 Rackett 方程：

查附录 1 得 NH_3 的 $T_c=405.6K$，$V_c=72.5\ cm^3\cdot mol^{-1}$，$Z_c=0.242$，得

$$T_r=310/405.6=0.764 \quad V^s=V_cZ_c^{(1-T_r)^{0.2857}}=28.34(cm^3\cdot mol^{-1})$$

$$误差=(29.14-28.34)/29.14=2.7\%$$

(2) 用普遍化关联式：

$$T_r=0.764 \quad p_r=p/p_c=100/111.3=0.9$$

根据 T_r、p_r，由图 2-14 读得 $\rho_r=2.42$，则

$$V=\frac{V_c}{\rho_r}=72.5/2.42=29.96(cm^3\cdot mol^{-1})$$

$$误差=(29.96-28.6)/28.6=4.8\%$$

也可由已知的 V^s 求 V，对于 $T_r=0.764$ 的饱和液体，由图 2-14 查得 $\rho_r^s=2.34$，则

$$V=V^s\frac{\rho_r^s}{\rho_r}=29.14\times\frac{2.34}{2.42}=28.18(cm^3\cdot mol^{-1})$$

$$误差=(28.6-28.18)/28.6=1.5\%$$

2.5.3 结构加合法

邦迪(Bondi)和西姆金(Simkin)曾建立了一套新参数①，目的是以此来取代大相对分子质量化合物的临界常数，因为这种化合物尚未到达临界点就已经分解。没有临界数据，就无法应用前面介绍的方法进行计算，这里，新的对比密度定义为

$$\rho_r^*=V_m^*/V_m \tag{2-83}$$

式中，V_m^* 由分子键的距离和原子的范德华半径计算而得，各种官能团的增量列于表 2-1。

新的对比温度则定义为

$$T_r^*=T/T^* \tag{2-84}$$

式中，$T^*=E^0/3CR$，E^0 为 $V_{m,r}^*=1.70$ 时的蒸发内能，$3C$ 为每个分子的外自由度数。E^0 也可以用结构加合法来计算。此方法虽然有理论基础，但通常把它用于从一个已知实验点求算另一条件下的液体体积或密度。先由表 2-1 按结构加合法求得 V_m^*，由已知某温度下的液体密度值，按式(2-83)求出 ρ_r^*，通过 ρ_r^* 和 T_r^* 之间的关联式：

$$\rho_r^*=0.726-0.249T_r^*-0.019(T_r^*)^2 \tag{2-85}$$

求得 T_r^*，然后由式(2-84)求得 T^*。按新的所需条件确定出新的 T_r^* 值，再由式(2-85)计算出 ρ_r^*，然后就可以由式(2-83)算出所需条件下的液体体积。

---

① Bondi A，Simkin D J. AIChEJ，1960，6：191。

表 2-1 计算 V_m^* 所需的官能团增量

基团、原子、环		增量/($cm^3 \cdot mol^{-1}$)
	$-\overset{\vert}{\underset{\vert}{\mathrm{C}}}-$	3.33
	$-\overset{\vert}{\mathrm{C}}H_2$	10.23
芳香族基团	$\diagdown\!\!\!=$CH（芳环）	5.54
芳香族基团	$\diagdown\!\!\!=$C—	8.06
芳香族基团	$\diagdown\!\!\!=$C—（缩合）	4.74
不饱和基团	═C(H)	8.47
不饱和基团	═CH_2	11.94
不饱和基团	≡C—	6.87
不饱和基团	≡C—H	10.42
不饱和基团	≡C—（在双炔中）	6.65
醚中氧（与碳相连）		5.20
羟基（与碳相连）		8.04
羰基	$-\overset{\vert}{\mathrm{C}}$═O（与碳相连）	11.70
脂肪伯胺	—NH_2（与碳相连）	10.54
脂肪仲胺	>NH（与碳相连）	8.08
脂肪叔胺	$-\overset{\vert}{\underset{\vert}{\mathrm{N}}}$（与碳相连）	4.33
腈基	N≡C—（与碳相连）	14.70
硝基	—NO_2	16.8
硫醚中硫	—S—（与碳相连）	10.8
硫醇	—SH（与碳相连）	14.8

基团、原子、环		增量/($cm^3 \cdot mol^{-1}$)
	$-\overset{\vert}{\underset{\vert}{\mathrm{C}}}H$	6.78
	—CH_3	13.67
	CH_4	17.12
氟	与链烷相连，一元	5.72
氟	与链烷相连，二元、三元	6.20
氟	与全氟链烷相连	6.00
氟	与苯环相连	5.8
氯	与链烷相连，一元	11.62
氯	与链烷相连，二元、三元及多氯链烷	12.24
氯	与乙烯基相连	11.65
氯	与苯环相连	12.0
溴	与链烷相连，一元	14.40
溴	与链烷相连，二元、三元及多溴链烷	14.60
溴	与苯环相连	15.12
碘	与链烷相连，一元	19.18
碘	与苯环相连	19.64
	呋喃环	37.50
	吡啶环	46.18
	吡咯环	39.76
	咔唑环	93.10

* 对于典型的氢键系统 O…H，两个原子之间的距离等于 0.278nm，每个氢键应在增量中减去 1.05。

习　题

1. 一个绝热刚性容器，总容积为 V_t，温度为 T，被一个体积可以忽略的隔板分为左、右两室。两室装有不同的理想气体。突然将隔板移走，使容器内的气体自发达到平衡。计算该过程的 Q、W、ΔU、ΔS、最终的 T 和 p。设最初压力是：(1) 两室均为 p_0；(2) 左室为 p_0，右室是空。
2. 一个 240m^3 的房间，室内空气参数为 98kPa 和 23℃，相对湿度为 50%。求：(1) 干空气的质量；(2) 水蒸气的质量。
3. 容积为 2.5m^3 的刚性容器中含有 5kg、75℃的湿蒸汽。现在水被慢慢地加热，试确定容器中水被完全蒸发时的温度。在 T-V 图上如何表示该过程？
4. 一个 1m^3 的容器含有压力为 0.6MPa 的水蒸气 2.841kg。试确定水蒸气的温度，采用：(1) 理想气体状态方程；(2) 范德华状态方程；(3) 水蒸气表。

5. 某封闭刚性容器内含水蒸气的压力为15bar①，温度为240℃。由于对环境的散热而降温。试确定：(1) 刚开始出现冷凝的压力；(2) 当温度降到100℃时产生凝液的质量分数；(3) 在终态时饱和水的体积分数。
6. 用维里方程估算0.5MPa、373.15K时的等摩尔分数的甲烷(1)、乙烷(2)、戊烷(3)混合物的摩尔体积(实验值5975$cm^3 \cdot mol^{-1}$)。已知373.15K时的维里系数如下(单位$cm^3 \cdot mol^{-1}$)：$B_{11}=-20$，$B_{22}=-241$，$B_{33}=-621$，$B_{12}=-75$，$B_{13}=-122$，$B_{23}=-399$。
7. 通过维里方程计算每克二氧化碳在310K和8bar下的体积，并将其与实验值70.58cm^3相比较。维里系数用$Bp_c/RT_c=B^0+\omega B^1$计算，其中$B^0=0.083-0.422/T^{1.6}$，$B^1=0.139-0.172/T^{4.2}$。
8. 在50℃，60.97MPa时，由0.401(摩尔分数)的氮气和0.599(摩尔分数)的乙烯组成混合气体，试用下列4种方法求算混合气体的摩尔体积，已知$Z_{实}=1.40$。(1)理想气体方程；(2)阿玛格定律和压缩因子图；(3)虚拟临界常数(凯法则)；(4)混合物第二维里系数。
9. 离心式CO_2压缩机四段入口条件为42℃、8.05MPa，出口条件为124℃、15.78MPa。求压缩过程的焓变和熵变。
10. 当外压由0.1MPa增至10MPa时，苯的熔点由5.50℃增加至5.78℃。已知苯的熔化潜热是127.41$J \cdot g^{-1}$，估计苯在熔化过程中的体积变化。

① bar为非法定单位，1bar=100kPa。

第 3 章　流体的热力学性质及计算

3.1　纯流体的热力学性质

纯流体的热力学性质是指纯物质流体的热力学性质，具体包括流体的温度、压力、比容、比热容、焓、熵等。这些性质都是化工过程的计算以及化工装置设计中不可缺少的重要依据。

热力学函数就测量情况可以分为可直接测量的热力学函数和不能直接测量的热力学函数。压力、比容与温度可以直接测得，而焓、熵、热力学能等则必须通过与可测函数的关系来计算。因此，找出这两类性质之间的关系式是非常重要的。这类关系式通常以微分方程表示，称为热力学函数的基本微分方程。

3.1.1　均相流体系统的热力学基本方程

热力学性质之间存在着各种函数关系，这些函数关系式是计算热力学性质的基础。根据热力学第一定律和第二定律，对定量、定组成的均相流体系统，在非流动条件下可得到如下关系式：

$$\mathrm{d}U = T\mathrm{d}S - p\mathrm{d}V \tag{3-1}$$

对热力学函数定义式 $H=U+pV$ 及 $A=U-TS$ 取微分并将式(3-1)代入，得

$$\mathrm{d}H = T\mathrm{d}S + V\mathrm{d}p \tag{3-2}$$

$$\mathrm{d}A = -p\mathrm{d}V - S\mathrm{d}T \tag{3-3}$$

而 $G=H-TS$，对其取微分并将式(3-2)代入，得

$$\mathrm{d}G = V\mathrm{d}p - S\mathrm{d}T \tag{3-4}$$

式(3-1)～式(3-4)是最基本的关系式，所有其他的函数关系式均由此导出，这组方程有时也称为微分能量表达式。

若要计算两个状态之间的 U、H、A 或 G 的变化值，原则上可以由热力学基本关系式(3-1)～式(3-4)的积分获得。从数学的角度分析，右边的积分需要 p、V、T、S 之间的函数关系；从应用角度看，相率规定了系统只有两个自由度，一般把 p、V、T 中的两个作为独立变量。所以，找到 U、S、H、A 和 G 等函数与 p-V-T 之间的关系对实际应用很重要。

以式(3-4)的吉布斯(Gibbs)函数 G 为例，若要以 T、p 为独立变量，只有将 S 和 V 表达成为 T、p 的函数，即

$$S = S(T, p) \tag{3-5}$$

$$V = V(T, p) \tag{3-6}$$

才能将 G 表达成 T、p 的函数：

$$G = G(T, p) \tag{3-7}$$

如何得到式(3-5)～式(3-7)的关系式呢？可以推测，在 T、p 一定的条件下，对于均相封闭系统，V 及其他函数 U、S、H、A 和 G 都能确定下来。原则上，作为独立变量也不一定只取

T、p,而可以取 8 个变量(p、V、T、U、H、S、A、G)中的任何两个。但以(T,p)和(T,V)为独立变量最有实际意义,因为在介绍的状态方程中,既有将 p 作为显函数的,即

$$p=p(T,V) \tag{3-8}$$

也有以 V 为显函数的,即

$$V=V(T,p) \tag{3-9}$$

式(3-8)和式(3-9)是物质世界中特别有趣的 p-V-T 关系。除了其实验数据已经有了大量的积累,并达到了相当高的准确度外,其解析关系式的状态方程也日益成熟,状态方程作为反映系统特性的模型是理所当然的。

3.1.2 点函数间的数学关系式

对一个一定量的单组分的单相系统,若系统的三种性质为 x、y、z,则存在下述关系式:

$$z=f(x,y) \tag{3-10}$$

微分得

$$\mathrm{d}z=\left(\frac{\partial z}{\partial x}\right)_y \mathrm{d}x+\left(\frac{\partial z}{\partial y}\right)_x \mathrm{d}y \tag{3-11}$$

或

$$\mathrm{d}z=M\mathrm{d}x+N\mathrm{d}y \tag{3-12}$$

如果 x、y、z 都是点函数,且 z 是 x、y 的连续函数,$M\mathrm{d}x+N\mathrm{d}y$ 是函数 $z(x,y)$ 的全微分,则 M 与 N 之间有

$$\left(\frac{\partial M}{\partial y}\right)_x=\left(\frac{\partial N}{\partial x}\right)_y \tag{3-13}$$

式(3-13)有两种意义:

(1) 在进行热力学研究时,如遇到式(3-12)的方程形式,则可根据式(3-13)来检定 $\mathrm{d}z$ 是否是一全微分。如果 $\mathrm{d}z$ 是一全微分,则在数学上 z 是点函数,在热力学上 z 就是系统的状态函数。

(2) 如果根据任何独立的推论,预知 z 是系统的一种性质(状态函数),则 $\mathrm{d}z$ 是一全微分,式(3-13)将给出一种求得 x 与 y 之间数学关系的方法。

在热力学里经常遇到式(3-12)类型的方程,其中的 $\mathrm{d}z$ 并不一定是全微分,在这时,式(3-13)的必要条件是有帮助的。

在点函数与其导数之间含有另一种关系(称为循环关系式),即

$$\left(\frac{\partial z}{\partial x}\right)_y\left(\frac{\partial x}{\partial y}\right)_z\left(\frac{\partial y}{\partial z}\right)_x=-1 \tag{3-14}$$

当需要将变量加以变化时,这一方程是很有用的。使用式(3-14)能够将任一简单变量用其他两个变量表示出来。此式很容易记,只需将 3 个变量按照上下外的次序循环。

3.1.3 麦克斯韦关系式

根据偏微分原理,当变量 F 为 x、y 的连续函数时,对 F 的全微分式可写为

$$\mathrm{d}F=\left(\frac{\partial F}{\partial x}\right)_y \mathrm{d}x+\left(\frac{\partial F}{\partial y}\right)_x \mathrm{d}y=M\mathrm{d}x+N\mathrm{d}y \tag{3-15}$$

如果 x、y、F 均是点函数，则必定存在倒易关系：

$$\left(\frac{\partial M}{\partial y}\right)_x=\left(\frac{\partial N}{\partial x}\right)_y \tag{3-16}$$

由此可得到著名的麦克斯韦(Maxwell)关系式：

$$\left(\frac{\partial T}{\partial V}\right)_S=\left(\frac{\partial p}{\partial S}\right)_V \tag{3-17}$$

$$\left(\frac{\partial T}{\partial p}\right)_S=\left(\frac{\partial V}{\partial S}\right)_p \tag{3-18}$$

$$\left(\frac{\partial p}{\partial T}\right)_V=\left(\frac{\partial S}{\partial V}\right)_T \tag{3-19}$$

$$\left(\frac{\partial V}{\partial T}\right)_p=-\left(\frac{\partial S}{\partial p}\right)_T \tag{3-20}$$

麦克斯韦关系式的重要意义在于将不能直接测量的热力学性质表达为可以直接测量的 p-V-T 的函数，从而可以用实验数据来计算热力学性质。式(3-1)～式(3-4)不仅是推导麦克斯韦关系式的基础，也是推导其他热力学性质之间关系式的前提。

为了方便对照，现将几组常见的关系式列于表 3-1 中。

表 3-1　几组常见的关系式对照表

函数	独立变量	微分式	麦克斯韦关系式	系数关系式
$\Delta U=Q-W$	$U=f(S,V)$	$dU=TdS-pdV$	$\left(\frac{\partial T}{\partial V}\right)_S=\left(\frac{\partial p}{\partial S}\right)_V$	$\left(\frac{\partial U}{\partial V}\right)_S=-p,\left(\frac{\partial U}{\partial S}\right)_V=T$
$H=U+pV$	$H=f(S,p)$	$dH=TdS+Vdp$	$\left(\frac{\partial T}{\partial P}\right)_S=\left(\frac{\partial V}{\partial S}\right)_p$	$\left(\frac{\partial H}{\partial P}\right)_S=V,\left(\frac{\partial H}{\partial S}\right)_p=T$
$A=U-TS$	$A=f(V,T)$	$dA=-pdV-SdT$	$\left(\frac{\partial p}{\partial T}\right)_V=\left(\frac{\partial S}{\partial V}\right)_T$	$\left(\frac{\partial A}{\partial T}\right)_V=-S,\left(\frac{\partial A}{\partial V}\right)_T=-p$
$G=H-TS$	$G=f(p,T)$	$dG=Vdp-SdT$	$\left(\frac{\partial V}{\partial T}\right)_p=-\left(\frac{\partial S}{\partial p}\right)_T$	$\left(\frac{\partial G}{\partial T}\right)_p=-S,\left(\frac{\partial G}{\partial p}\right)_T=V$

3.1.4　热力学函数的一阶导数间关系的推导

人们常用 8 个热力学量(p、V、T、U、H、S、A、G)来描述单组分系统，那么偏导数的总数等于从 8 个热力学量取 3 个的排列数，即 $A_8^3=336$。

每一个热力学量都可以用其他两个量的函数表示。336 个导数中任何一个都可视作其他 3 个导数的函数。导数间此种关系式十分繁杂，怎样导出所需要的关系式却极为重要。推导方法比较多，以下介绍几种常用的方法。

1. *微分法*

直接用微分运算求导的方法，最基本也较直观，随时随地可以进行。但其缺点是对较复杂的或比较不显见的推导困难较大，要依靠数学上的灵活技巧，花费时间多。

例 3-1　推出 $\left(\frac{\partial U}{\partial T}\right)_V$ 和 $\left(\frac{\partial U}{\partial T}\right)_p$ 两个导数的表达式，并证明它们是不相等的。

解

$$U=f(V,T)$$

写成全微分式为

$$dU=\left(\frac{\partial U}{\partial T}\right)_V dT+\left(\frac{\partial U}{\partial V}\right)_T dV$$

根据等容热容的定义和式(3-1)，上式可写为

$$dU=C_V dT+\left[T\left(\frac{\partial S}{\partial V}\right)_T-p\right]dV$$

将式(3-19)代入上式，得

$$dU=C_V dT+\left[T\left(\frac{\partial p}{\partial T}\right)_V-p\right]dV$$

$$\left(\frac{\partial U}{\partial T}\right)_V=C_V\left(\frac{\partial T}{\partial T}\right)_V+\left[T\left(\frac{\partial p}{\partial T}\right)_V-p\right]\left(\frac{\partial V}{\partial T}\right)_V=C_V$$

$$\left(\frac{\partial U}{\partial T}\right)_p=C_V\left(\frac{\partial T}{\partial T}\right)_p+\left[T\left(\frac{\partial p}{\partial T}\right)_V-p\right]\left(\frac{\partial V}{\partial T}\right)_p=C_V+\left[T\left(\frac{\partial p}{\partial T}\right)_V-p\right]\left(\frac{\partial V}{\partial T}\right)_p$$

由此可见

$$\left(\frac{\partial U}{\partial T}\right)_V\neq\left(\frac{\partial U}{\partial T}\right)_p$$

微分法只需运用基本的微分概念和运算，但数学上要求较熟练、仔细，尤其是对较复杂、繁长的或难度较大的推导，数学上要求更高。然而，微分法是热力学关系式推导的原理所在，且对普通的关系式并不太困难，因此，一般还是可行的。

2. 雅可比行列式法

雅可比(Jacobian)行列式是与转换变量相联系的行列式，在热力学恒等式的系列推导中，它是个方便的方法。

令 α 和 β 表示一组自变量，转化为其他一组由 x 和 y 表达的自变量。此转化式可表达为

$$x=x(\alpha,\beta) \tag{3-21}$$

$$y=y(\alpha,\beta) \tag{3-22}$$

当 α 和 β 的特性已知时，可用一简化的符号表示为

$$J(\alpha,\beta)=\frac{\partial(x,y)}{\partial(\alpha,\beta)} \tag{3-23}$$

雅可比行列式一些有用的性质是

$$\frac{\partial(x,y)}{\partial(\alpha,\beta)}=-\frac{\partial(y,x)}{\partial(\alpha,\beta)}=\frac{\partial(y,x)}{\partial(\beta,\alpha)}=-\frac{\partial(x,y)}{\partial(\beta,\alpha)} \quad \text{或} \quad J(x,y)=J(y,x) \tag{3-24}$$

$$\frac{\partial(x,x)}{\partial(\alpha,\beta)}=0 \quad \text{或} \quad J(x,x)=0 \tag{3-25}$$

$$\frac{\partial(x,y)}{\partial(u,v)}\cdot\frac{\partial(u,v)}{\partial(\alpha,\beta)}=\frac{\partial(x,y)}{\partial(\alpha,\beta)} \tag{3-26}$$

$$\frac{\partial(x,y)}{\partial(\alpha,\beta)}\cdot\frac{\partial(\alpha,\beta)}{\partial(x,y)}=1 \tag{3-27}$$

$$\left(\frac{\partial x}{\partial y}\right)_z=\frac{\partial(y,z)}{\partial(x,z)}=\frac{J(y,z)}{J(x,z)} \tag{3-28}$$

$$\frac{\partial(x,\alpha)}{\partial(\beta,\alpha)}=M\frac{\partial(y,\alpha)}{\partial(\beta,\alpha)}+N\frac{\partial(z,\alpha)}{\partial(\beta,\alpha)} \tag{3-29}$$

对于组成不变的封闭系统，如果只做膨胀功，当应用上述雅可比行列式方法后，在 p、V、T、S

四个变量之间，可得下面两个重要的关系式：

$$J(p,V)=J(T,S) \tag{3-30}$$

$$J(p,T)J(S,V)=J(S,T)J(p,V)-J(S,p)J(T,V) \tag{3-31}$$

式(3-31)常用于消去不希望保留的变量。

以上介绍的雅可比行列式的8个性质可以将由 p、V、T、U、H、S、A、G 等热力学函数按任何形式组合起来的偏导数表达为仅含 p、V、T 的偏导数及 C_p 的函数。这里式(3-29)、式(3-30)、式(3-31)三个性质最为重要。

例 3-2 试用 p-V-T 关系及 C_p 表示 $\left(\frac{\partial V}{\partial T}\right)_S$

解

$$\left(\frac{\partial V}{\partial T}\right)_S=\frac{\partial(V,S)}{\partial(T,S)}=\frac{\partial(V,S)}{\partial(T,p)}\Big/\frac{\partial(T,S)}{\partial(T,p)}=\frac{\left(\frac{\partial V}{\partial T}\right)_p\left(\frac{\partial S}{\partial p}\right)_T-\left(\frac{\partial S}{\partial T}\right)_p\left(\frac{\partial V}{\partial p}\right)_T}{\left(\frac{\partial S}{\partial p}\right)_T}$$

因为 $\left(\frac{\partial S}{\partial p}\right)_T=-\left(\frac{\partial V}{\partial T}\right)_p$，$\left(\frac{\partial S}{\partial T}\right)_p=\frac{C_p}{T}$，所以

$$\left(\frac{\partial V}{\partial T}\right)_S=\left(\frac{\partial V}{\partial T}\right)_p+\frac{\frac{C_p}{T}\left(\frac{\partial V}{\partial p}\right)_T}{\left(\frac{\partial V}{\partial T}\right)_p}$$

3.2 热力学性质的计算

通过上面的讨论可知要计算化学系统的有关热力学性质，必须具有下列两类数据：

(1) 理想气体状态的热容数据。很多气体和液体的热容都在101.325kPa下进行测定，目前均已换算成100kPa下的数据并用 $C_p^{\circ}\approx C_{p,\mathrm{m}}$。

(2) p-V-T 数据，包括气体、饱和液体和饱和蒸汽的 p-V-T 关系，这些数据可以列表或压缩成压缩因子图。还常用到各种热力学函数的数值，这些数值，有的可以从手册上查到，但手册所载数据有限，通常需进行计算。

在不能直接测量的热力学函数中，焓和熵是最基础的两个热力学性质，只要能求出焓和熵，其他几个热力学函数均能根据其定义式由焓和熵即 p-V-T 数据求得。

在热力学性质的计算中，首先要考虑在理想气体的状态下，温度对该热力学性质的影响，然后在等温条件下，考虑压力对焓、熵的影响。对于焓和熵等热力学性质，综合考虑后，就可以算出该物质在其他压力和温度下的熵、焓等热力学性质。

3.2.1 焓

dH 可表示为 p、V 和 T 中任何两个的函数，但以 T、p 表示的函数关系式最为简单，因而取 $H=H(T,p)$，故 H 的全微分可表示为

$$\mathrm{d}H=\left(\frac{\partial H}{\partial T}\right)_p\mathrm{d}T+\left(\frac{\partial H}{\partial p}\right)_T\mathrm{d}p \tag{3-32}$$

因为

$$\left(\frac{\partial H}{\partial T}\right)_p=C_p$$

所以
$$dH=C_p dT+\left(\frac{\partial H}{\partial p}\right)_T dp \tag{3-33}$$

因为 $dH=TdS+Vdp$，在恒温下，式(3-33)除以 dp，得
$$\left(\frac{\partial H}{\partial p}\right)_T=T\left(\frac{\partial S}{\partial p}\right)_T+V \tag{3-34}$$

将麦克斯韦关系式 $\left(\frac{\partial V}{\partial T}\right)_p=-\left(\frac{\partial S}{\partial p}\right)_T$ 代入式(3-34)，得
$$\left(\frac{\partial H}{\partial p}\right)_T=-T\left(\frac{\partial V}{\partial T}\right)_p+V \tag{3-35}$$

将式(3-35)代入式(3-32)，得
$$dH=C_p dT+\left[V-T\left(\frac{\partial V}{\partial T}\right)_p\right]dp \tag{3-36}$$

理想气体状态方程 $V=nRT/p$ 恒压下以 V 对 T 求导，得
$$\left(\frac{\partial V}{\partial T}\right)_p=\frac{nR}{p}$$
代入式(3-35)，得
$$dH^{id}=C_p^{id}dT \tag{3-37}$$
式中，上角标 id 表示理想气体的热力学性质。积分式(3-37)，得
$$H_2^{id}-H_1^{id}=\int_{T_1}^{T_2}C_p^{id}dT \tag{3-38}$$

3.2.2 熵

熵也可表示为 p、V、T 中任意两个的函数。通常，将其表示为 T 和 p 的函数，即 $S=S(T,p)$，故 S 的全微分可表示为
$$dS=\left(\frac{\partial S}{\partial T}\right)_p dT+\left(\frac{\partial S}{\partial p}\right)_T dp \tag{3-39}$$

将麦克斯韦关系式(3-20)代入式(3-39)，得
$$dS=\left(\frac{\partial S}{\partial T}\right)_p dT-\left(\frac{\partial V}{\partial T}\right)_p dp \tag{3-40}$$

因为 $dH=TdS+Vdp$，将式(3-40)在恒压下除以 dT，得
$$\left(\frac{\partial H}{\partial T}\right)_p=T\left(\frac{\partial S}{\partial T}\right)_p$$

而 $\left(\frac{\partial H}{\partial T}\right)_p=C_p$，故
$$\left(\frac{\partial S}{\partial T}\right)_p=\frac{C_p}{T}$$
代入式(3-40)，得
$$dS=\frac{C_p}{T}dT-\left(\frac{\partial V}{\partial T}\right)_p dp \tag{3-41}$$

理想气体状态方程 $V=nRT/p$，$\left(\frac{\partial V}{\partial T}\right)_p=\frac{nR}{p}$，故
$$dS^{id}=C_p^{id}\frac{dT}{T}-nR\frac{dp}{p} \tag{3-42}$$

积分式(3-42)得

$$S_2^{id}-S_1^{id}=\int_{T_1}^{T_2}C_p^{id}\mathrm{d}\ln T-\int_{p_1}^{p_2}nR\,\mathrm{d}\ln p=C_p^{id}\ln\frac{T_2}{T_1}-nR\ln\frac{p_2}{p_1} \tag{3-43}$$

利用式(3-38)和式(3-43),可直接由 p、V、T 及 C_p^{id} 计算焓、熵的性质变化。若选定一基准态,并令基准态的焓、熵值为零,则可求得任一状态相对于基准态的焓、熵值,由此可计算其他热力学性质。

3.2.3 C_p 和 C_V 的关系式

根据定义

$$C_V=\left(\frac{\partial U}{\partial T}\right)_V=T\left(\frac{\partial S}{\partial T}\right)_V \tag{3-44}$$

由式(3-40),得

$$C_V=C_p-T\left(\frac{\partial V}{\partial T}\right)_p\left(\frac{\partial p}{\partial T}\right)_V \tag{3-45}$$

或

$$C_p-C_V=T\left(\frac{\partial V}{\partial T}\right)_p\left(\frac{\partial p}{\partial T}\right)_V \tag{3-46}$$

对理想气体,服从 $pV=nRT$,故

$$\left(\frac{\partial V}{\partial T}\right)_p=\frac{nR}{T}\quad\left(\frac{\partial p}{\partial T}\right)_V=\frac{nR}{V}$$

代入式(3-46),得

$$C_p^{id}-C_V^{id}=\frac{(nR)^2T}{pV}=nR \tag{3-47}$$

式中,C_V^{id} 为理想气体的恒容热容。C_p^{id}、C_V^{id} 为温度的函数。

3.3 剩余性质

3.3.1 自由焓可作为母函数

定组成、均相流体的基本关系式[式(3-1)~式(3-4)]表示 U、H、A 和 G 等热力学性质分别为一对特定变量的函数,式(3-4)说明了 G 是 p 和 T 的函数,即 $G=G(T,p)$。

由于变量 p 和 T 是可直接测量或者控制的,因此,自由焓 G 是有最大可应用价值的热力学性质。

另一个基本性质关系式则根据下述恒等式得出:

$$\mathrm{d}\left(\frac{G}{RT}\right)=\frac{1}{RT}\mathrm{d}G-\frac{G}{RT^2}\mathrm{d}T \tag{3-48}$$

将式(3-4)代入,结合 $G=H-TS$,整理后得

$$\mathrm{d}\left(\frac{G}{RT}\right)=\frac{V}{RT}\mathrm{d}p-\frac{H}{RT^2}\mathrm{d}T \tag{3-49}$$

式(3-49)的优点是式中各项均为无量纲项。与式(3-4)比较,右边出现的是焓而不是熵。由于式(3-4)与式(3-49)过于一般化,故在实际应用时,要加上限制条件。为此,根据全微分是偏微分之和的原理,由式(3-49)直接可得

$$\frac{V}{RT}=\left[\frac{\partial(G/RT)}{\partial p}\right]_T \tag{3-50}$$

$$\frac{H}{RT}=-T\left[\frac{\partial(G/RT)}{\partial T}\right]_p \tag{3-51}$$

$\frac{G}{RT}$是T、p的函数，只要用简单求导的方法就可得到$\frac{V}{RT}$、$\frac{H}{RT}$之值。其余的性质可通过定义式求得，如$\frac{S}{R}=\frac{H}{RT}-\frac{G}{RT}$，$\frac{U}{RT}=\frac{H}{RT}-\frac{pV}{RT}$。

虽然已导出式(3-49)(或G)与变量T、p的关系，经过某些数学处理得出所有其他的热力学性质，从这个意义上说，G被视为各热力学函数的母函数。遗憾的是目前尚无法用实验方法直接测量得出$\frac{G}{RT}$(或G)的值，从此观点出发，根据G直接导出的各种方程缺乏其使用价值。经过研究，希望引进一个相近而又易于求值的性质来解决上述遗憾。

3.3.2 剩余性质的引入

剩余性质又称剩余函数，其定义为

$$G^R=G-G^* \tag{3-52}$$

剩余自由焓的物理意义为在相同温度T和压力p下真实气体与理想气体的自由焓的差值。在此应该注意以下两点：

第一，不同书籍对G^R的定义略有不同，如在史密斯(Smith)、范内斯(Van Ness)和阿博特(Abbott)的书中用的是式(3-52)，而在凯尔(Kyle)①的书中用的是

$$G^R=G^*-G \tag{3-53}$$

式(3-52)与式(3-53)的形式基本一致，但相差一个负号。因此在计算中，一旦选用一种形式，不应再有更改。

第二，G^R等是个假想的性质变化或不可能发生的变化，对一个物质而言，在相同的温度和压力下，真实气体和理想气体同时存在是不可能的，因此这是个假想的性质变化。但将式(3-52)用于计算过程，只要能保持计算过程的连贯性就是合理的。我们知道，可以通过任何途径来计算不同状态下的热力学性质变化。当然，也可用相似的方法定义出其他的性质，如剩余体积：

$$V^R=V-V^* \tag{3-54}$$

$$V^R=V-\frac{RT}{p}$$

由于$V=ZRT/p$，剩余体积和Z可以进行关联：

$$V^R=\frac{RT}{p}(Z-1) \tag{3-55}$$

按此，可以写出剩余性质的通式：

$$M^R=M-M^* \tag{3-56}$$

式中，M泛指单位物质的量的热力学性质，如U、V、H、S或G等。式(3-49)也适用于理想气体，即

① Kyle B G. Chemical and Process Thermodynamics. New Jersey: Prentice-Hall Inc, 1984: 93。

$$d\left(\frac{G^*}{RT}\right)=\frac{V^*}{RT}dp-\frac{H^*}{RT^2}dT \tag{3-57}$$

式(3-49)减去式(3-57)，得

$$d\left(\frac{G^R}{RT}\right)=\frac{V^R}{RT}dp-\frac{H^R}{RT^2}dT \tag{3-58}$$

式(3-58)可应用于恒定组成的流体，是各剩余性质之间的基本关系式。根据式(3-58)可得

$$\frac{V^R}{RT}=\left[\frac{\partial(G^R/RT)}{\partial p}\right]_T \tag{3-59}$$

$$\frac{H^R}{RT}=-T\left[\frac{\partial(G^R/RT)}{\partial T}\right]_p \tag{3-60}$$

另外，根据自由焓的定义式 $G=H-TS$，对于理想气体有 $G^*=H^*-TS^*$，两者之差为

$$G^R=H^R-TS^R$$

由此式可给出剩余熵

$$\frac{S^R}{R}=\frac{H^R}{RT}-\frac{G^R}{RT} \tag{3-61}$$

从上述推导过程可见，G^R 仍是其他剩余性质的母函数。而且还可将其与实验数据进行关联，由式(3-58)可得

$$d\left(\frac{G^R}{RT}\right)=\frac{V^R}{RT}dp \quad (\text{恒 } T)$$

积分上式，压力从零至压力 p，则

$$\frac{G^R}{RT}=\int_0^p\frac{V^R}{RT}dp \quad (\text{恒 } T)$$

零压时即为理想气体状态。因此，当压力趋近于零时，$\frac{G^R}{RT}$也为零。结合式(3-55)，可得

$$\frac{G^R}{RT}=\int_0^p(Z-1)\frac{dp}{p} \quad (\text{恒 } T) \tag{3-62}$$

遵循式(3-60)的关系，将式(3-62)对温度求偏导，则有

$$\frac{H^R}{RT}=-T\int_0^p\left(\frac{\partial Z}{\partial T}\right)_p\frac{dp}{p} \quad (\text{恒 } T) \tag{3-63}$$

将式(3-62)、式(3-63)代入式(3-61)，得

$$\frac{S^R}{R}=-T\int_0^p\left(\frac{\partial Z}{\partial T}\right)_p\frac{dp}{p}-\int_0^p(Z-1)\frac{dp}{p} \quad (\text{恒 } T) \tag{3-64}$$

$\frac{H^R}{RT}$和$\frac{S^R}{R}$都为无量纲项，H^R 和 S^R 的单位取决于摩尔气体常量 R 单位的选择。至此，已顺利地推出以 p、T 为独立变量的 V^R、S^R、H^R 和 G^R 的表达式。

3.3.3 剩余性质和偏离性质的异同

偏离性质也称偏离函数，指的是研究态和某一参考点的热力学函数的差值。对纯流体泛

指热力学性质的偏离函数，定义①如下：

$$M^D=M(T,p)-M^*(T,p_0,\text{ig}) \tag{3-65}$$

式(3-65)也可写成如下形式：

$$M^R=M(T,p)-M^*(T,p,\text{ig}) \tag*{(3-56)$'$}$$

对比式(3-65)和式(3-56)′，除等号右边的压力项外，其余均相同。p_0 指的是理想气体的压力，虽然 p_0 的取值没有限制，但习惯上有两种方式：一是取单位压力 $p_0=1$，其单位与 p 相同；二是取所研究状态时的压力，即 $p_0=p$。因此，采用第二种取法时，$M^D=M^R$（以 T、p 为独立变量时）。其余情况下，两种函数虽然都是热力学性质的差值，但数值却有所不同，而其功能却是类似的。

3.3.4 用状态方程求剩余性质

真实气体热力学性质的计算，关键在于分析压力对这些热力学函数的影响。但很多气体状态方程都以 T、V 为自变量，取 $p=p(T,V)$ 的形式，这时可先将方程改为 $V=V(T,p)$ 的形式，然后进行计算。

1. 维里方程

由第 2 章可知，可用第二维里系数 B 来表示压缩因子，即

$$Z-1=\frac{Bp}{RT} \tag{2-31}$$

将式(2-31)代入式(3-62)后，可得

$$\frac{G^R}{RT}=\int_0^p\left(\frac{B}{RT}\right)\mathrm{d}p=\frac{Bp}{RT} \tag{3-66}$$

将式(3-66)对 T 微分，并结合式(3-60)，则

$$\frac{H^R}{RT}=-T\left(\frac{p}{R}\right)\left(\frac{\mathrm{d}B}{T\mathrm{d}T}-\frac{B}{T^2}\right)=\frac{p}{R}\left(\frac{B}{T}-\frac{\mathrm{d}B}{\mathrm{d}T}\right) \tag{3-67}$$

将式(3-66)和式(3-67)代入式(3-61)，得

$$\frac{S^R}{R}=-\frac{p}{R}\frac{\mathrm{d}B}{\mathrm{d}T} \tag{3-68}$$

式(3-66)～式(3-68)仍是用二项截断维里方程导出的剩余性质的计算方程，或者也可以说是用第二维里系数描述的剩余性质的函数表达式，适用于较低压力下计算剩余性质。

范内斯和阿博特②给出了由三项截断维里方程导出的 H^R 和 S^R 的表达式：

$$H^R=RT^2\left[\left(\frac{B}{T}-\frac{\mathrm{d}B}{\mathrm{d}T}\right)\rho+\left(\frac{C}{T}-\frac{\mathrm{d}C}{2\mathrm{d}T}\right)\rho^2\right] \tag{3-69}$$

$$S^R=-RT\left[\left(\frac{B}{T}+\frac{\mathrm{d}B}{\mathrm{d}T}\right)\rho+\frac{1}{2}\left(\frac{C}{T}+\frac{\mathrm{d}C}{\mathrm{d}T}\right)\rho^2\right]+R\ln Z \tag{3-70}$$

按式(3-61)，则 G^R 的表达式为

$$G^R=RT(2B\rho+1.5C\rho^2)-RT\ln Z \tag{3-71}$$

---

① 胡英. 化工热力学//时钧，汪家鼎，余国琮，等. 化学工程手册(上卷). 2 版. 北京：化学工业出版社，1996：2-20。

② Van Ness H C, Abbott M M. Classical Thermodynamics of Nonelectrolyte Solution. New York: Mc Graw-Hill, 1982：128-129。

式中，C 为第三维里系数；ρ 为密度。由于 C 的引入，式(3-69)～式(3-71)可在较高的压力下应用。

2. 立方型状态方程

第 2 章中介绍的 R-K 方程、SRK 方程和 P-R 方程无一不是以 V、T 为独立变量的方程，运用此类以 p 为显函数的表达式是有原因的，用常见的例子加以说明。例如，在 100℃ 和 101.3kPa下的水会有两个完全不同的平衡态：饱和蒸汽和液态水。在恒定压力和温度下，体积显函数表达式只能给出一个体积 V 值，但在同样的 p、T 下，能适用于气液两相的压力显函数表达式却能给出两个体积值。这对用状态方程计算平衡问题至关重要。但要以 p 为显函数表达式来计算剩余性质，如用式(3-62)～式(3-64)会有困难，必须将式(3-61)～式(3-64)转化成以 T、$V(\rho)$为独立变量的函数式。

从实用角度看，用 T、ρ 为独立变量似乎更为方便，可以通过以下方式进行转换：

$$p=\frac{ZRT}{V}=\rho ZRT \tag{3-72}$$

在等温下进行微分

$$\mathrm{d}p=RT(\rho\mathrm{d}Z+Z\mathrm{d}\rho)\quad(\text{恒 } T)$$

并用$\frac{p}{\rho Z}=RT$ 代入上式，改写为

$$\frac{\mathrm{d}p}{p}=\frac{\mathrm{d}Z}{Z}+\frac{\mathrm{d}\rho}{\rho}\quad(\text{恒 } T) \tag{3-73}$$

将式(3-72)代入式(3-62)，得

$$\frac{G^R}{RT}=\int_0^\rho(Z-1)\frac{\mathrm{d}\rho}{\rho}+Z-1-\ln Z \tag{3-74}$$

式(3-73)在等温下积分，当 $p\to0$ 时，$\rho\to0$。史密斯、范内斯和阿博特已给出了$\frac{H^R}{RT}$的 T 和 ρ 的函数式，即

$$\frac{H^R}{RT}=-T\int_0^\rho\left(\frac{\partial Z}{\partial T}\right)_\rho\frac{\mathrm{d}\rho}{\rho}+Z-1 \tag{3-75}$$

再从式(3-61)结合式(3-74)和式(3-75)可得$\frac{S^R}{R}$的表达式：

$$\frac{S^R}{R}=-T\int_0^\rho\left(\frac{\partial Z}{\partial T}\right)_\rho\frac{\mathrm{d}\rho}{\rho}-\int_0^\rho(Z-1)\frac{\mathrm{d}\rho}{\rho}+\ln Z \tag{3-76}$$

式(3-74)～式(3-76)给出了以 ρ、T 为独立变量的剩余性质表达式。

若用立方型状态方程计算剩余性质，必须坚持各种具体的状态方程结合式(3-74)～式(3-76)进行，但具体的立方型状态方程形式众多，可以得出许多不同的剩余性质的函数表达式，不仅表现形式不够集中，查阅也不方便，因此在史密斯等的著作中采用了通式来表达立方型状态方程，具体形式为

$$p=\frac{RT}{V-b}-\frac{a(T)}{(V+\varepsilon b)(V+\sigma b)} \tag{3-77}$$

针对不同的状态方程，式中的参数会有所不同，见表 3-2。若将式(3-77)乘以$\frac{V-b}{p}$，则可写为

$$V=\frac{RT}{p}+b-\frac{a(T)}{p}\frac{V-b}{(V+\varepsilon b)(V+\sigma b)} \tag{3-78}$$

式(3-78)可以用解析法求解，但一般迭代法更为常见。

从式(3-74)～式(3-76)知，要用立方型状态方程计算剩余性质，需要有相关的表达式。若将式(3-78)除以 ρRT，并用 $1/\rho$ 代替 V，则得

$$Z=\frac{1}{1-\rho b}-q\frac{\rho b}{(1+\varepsilon\rho b)(1+\sigma\rho b)} \tag{3-79}$$

式中

$$q=\frac{a(T)}{bRT}=\frac{\Omega_a\alpha(T_r)}{\Omega_b T_r} \tag{3-80}$$

表 3-2 常用的立方型状态方程中的参数在式(3-78)～式(3-80)中的相应数值

立方型状态方程	$\alpha(T_r)$	σ	ε	Ω_a	Ω_b	Z_c
范德华方程	1	0	0	27/64	1/8	3/8
R-K 方程	$T_r^{-0.5}$	1	0	0.42748	0.08664	1/3
SRK 方程	$\alpha_{SRK}(T_r,\omega)$	1	0	0.42748	0.08664	1/3
P-R 方程	$\alpha_{P\text{-}R}(T_r,\omega)$	$1-\sqrt{2}$	$1-\sqrt{2}$	0.45724	0.07999	0.30740

有了式(3-79)，就可相应地写出$\left(\frac{\partial Z}{\partial T}\right)_\rho$的表达式，从而由式(3-74)～式(3-76)推导出用立方型状态方程通式来计算剩余性质的方程。

$$\frac{G^R}{RT}=Z-1-\ln(Z-\beta)-qI \tag{3-81}$$

$$\frac{H^R}{RT}=Z-1+\left[\frac{\mathrm{d}\ln\alpha(T_r)}{\mathrm{d}\ln T_r}-1\right]qI \tag{3-82}$$

$$\frac{S^R}{R}=\ln(Z-\beta)+\frac{\mathrm{d}\ln\alpha(T_r)}{\mathrm{d}\ln T_r}qI \tag{3-83}$$

式中，除 q 由式(3-80)表达外，其余参数为

$$\beta=\frac{bp}{RT}=\Omega_b\frac{p_r}{T_r} \tag{3-84}$$

I 可分为两种情况：

当 $\varepsilon\neq\sigma$ 时

$$I=\frac{1}{\sigma-\varepsilon}\ln\left(\frac{1+\sigma\rho b}{1+\varepsilon\rho b}\right)=\frac{1}{\sigma-\varepsilon}\ln\left(\frac{Z+\sigma\beta}{Z+\varepsilon\beta}\right) \tag{3-85}$$

当 $\varepsilon=\sigma$ 时

$$I=\frac{\rho b}{1+\varepsilon\rho b}=\frac{\beta}{Z+\varepsilon\beta} \tag{3-86}$$

自此，可按式(3-81)～式(3-83)用立方型状态方程计算流体的剩余性质。

例 3-3　使用 R-K 方程估算 25MPa 和 410K 时 CO_2 的 H^R、S^R 和 G^R。

解　查附录 1 得 CO_2 的 $p_c=7.375\text{MPa}$，$T_c=304.2\text{K}$，$\omega=0.225$，则

$$p_r=25/7.375=3.3898 \quad T_r=410/304.2=1.3478$$

从表 3-2 知 $\alpha(T_r)=T_r^{-0.5}$，$\Omega_a=0.42748$，$\Omega_b=0.08664$，则

由式(3-80)得

$$q=\frac{0.42748}{0.08664\times 1.34778^{1.5}}=3.1533$$

由式(3-84)得

$$\beta=0.08664\times\frac{3.3898}{1.3478}=0.2179$$

从式(3-78)可导出 Z 的表达式，如式(1)所示：

$$Z=1+\beta-q\beta\frac{Z-\beta}{(Z-\varepsilon\beta)(Z+\sigma\beta)} \tag{1}$$

然后将 q、β 的数值代入式(1)，又因题意规定采用 R-K 方程，故 $\varepsilon=0$，$\sigma=1$，则

$$Z=1+0.2179-3.1533\times 0.2179\frac{Z-0.2179}{Z(Z+0.2179)} \tag{2}$$

用迭代法来求解方程(2)，经数次迭代后，得 $Z=0.7031$

由于

$$\ln\alpha(T_r)=\ln T_r^{-0.5}=-0.5\ln T_r$$

微分得

$$\frac{\mathrm{d}\ln\alpha(T_r)}{\mathrm{d}\ln T_r}=-0.5$$

因 $\varepsilon\neq\sigma$，按式(3-85)，有

$$I=\frac{1}{1-0}\ln\frac{0.7031+0.2179}{0.7031}=0.2700$$

得到参数 β、Z、q、I 和 $\frac{\mathrm{d}\ln\alpha(T_r)}{\mathrm{d}\ln T_r}$ 等的数值后，可分别用式(3-81)～式(3-83)计算 H^R、S^R 和 G^R。

$$\frac{H^R}{RT}=0.7031-1+(-0.5-1)\times 3.1533\times 0.2700=-1.574$$

$$H^R=-1.574\times 8.314\times 410=5365.4(\text{J}\cdot\text{mol}^{-1})$$

$$\frac{S^R}{R}=\ln(0.7031-0.2179)+(-0.5)\times 3.1533\times 0.2700=-1.1489$$

$$S^R=-1.1489\times 8.314=-9.557(\text{J}\cdot\text{mol}^{-1}\cdot\text{K}^{-1})$$

$$\frac{G^R}{RT}=-0.7031-1-\ln(0.7031-0.2179)-3.1533\times 0.2700=-0.4751$$

$$G^R=-0.4751\times 8.314\times 410=-1449(\text{J}\cdot\text{mol}^{-1})$$

验算

$$S^R=\frac{H^R-G^R}{T}=\frac{-5365.4-(-1449)}{410}=-9.552(\text{J}\cdot\text{mol}^{-1}\cdot\text{K}^{-1})$$

与由式(3-83)计算的结果相符。

3.4　气体热力学性质普遍化关联

在工程计算中，特别是计算高压下的热力学函数时常缺乏所需的 p-V-T 实验数据，即所

需物质的图表，在这种情况下，可借助近似的方法来处理。而且，前面提及的普遍化压缩因子 Z 的关联方法也可应用于剩余性质的计算。

式(3-75)和式(3-76)用对比参数

$$p=p_c p_r \quad T=T_c T_r \quad dp=p_c dp_r \quad dT=T_c dT_r$$

代入，就可转化为普遍化的形式：

$$\frac{H^R}{RT}=-nT_r^2\int_0^{p_r}\left(\frac{\partial Z}{\partial T_r}\right)_{p_r}\frac{dp_r}{p_r} \tag{3-87}$$

$$\frac{S^R}{R}=-nT_r\int_0^{p_r}\left(\frac{\partial Z}{\partial T_r}\right)_{p_r}\frac{dp_r}{p_r}-n\int_0^{p_r}(Z-1)\frac{dp_r}{p_r} \tag{3-88}$$

式(3-87)和式(3-88)涉及的变量只有 Z、T_r 和 p_r，因此对于任何给定的 T_r 和 p_r，根据普遍化压缩因子 Z 的数据，就可以由式(3-87)和式(3-88)求出 H^R/RT 和 S^R/R 的值。

3.4.1 由普遍化压缩因子关系求焓和熵

与普遍化压缩因子的关系相对应，当 $V_{m,r}<2$ 时(图 2-13 的曲线下方范围)，应该找出用压缩因子表示的 H^R 和 S^R 的普遍化关系式。

对于 Z 的关联，基于式 $Z=Z^0+\omega Z^1$，恒压下，对 T_r 求偏导，得

$$\left(\frac{\partial Z}{\partial T_r}\right)_{p_r}=\left(\frac{\partial Z^0}{\partial T_r}\right)_{p_r}+\omega\left(\frac{\partial Z^1}{\partial T_r}\right)_{p_r}$$

将前面导出的表达式 $\left(\frac{\partial Z}{\partial T_r}\right)_{p_r}$ 代入式(3-87)与式(3-88)，得

$$\frac{H^R}{RT_c}=-nT_r^2\int_0^{p_r}\left(\frac{\partial Z^0}{\partial T_r}\right)_{p_r}\frac{dp_r}{p_r}+-n\omega T_r^2\int_0^{p_r}\left(\frac{\partial Z^1}{\partial T_r}\right)_{p_r}\frac{dp_r}{p_r} \tag{1}$$

$$\frac{S^R}{R}=-nT_r\int_0^{p_r}\left[T_r\left(\frac{\partial Z^0}{\partial T_r}\right)_{p_r}+Z^0-1\right]\frac{dp_r}{p_r}-n\omega\int_0^{p_r}\left[T_r\left(\frac{\partial Z^1}{\partial T_r}\right)_{p_r}+Z^1-1\right]\frac{dp_r}{p_r} \tag{2}$$

式(1)、式(2)中的积分仅与积分上限 p_r 及对比温度 T_r 有关。其中，$\left(\frac{\partial Z^0}{\partial T_r}\right)_{p_r}$ 与 $\left(\frac{\partial Z^1}{\partial T_r}\right)_{p_r}$ 可由图 2-9～图 2-12 用图解或计算的方法求出。为便于书写，将式(1)与式(2)中的第一项积分值分别用 $(H^R)^0/RT_c$ 和 $(S^R)^0/R$ 表示，第二项积分值相应地用 $(H^R)^1/RT_c$ 和 $(S^R)^1/R$ 表示，于是可写成如下的剩余焓和剩余熵的表达式：

$$\frac{H^R}{RT_c}=\frac{(H^R)^0}{RT_c}+\omega\frac{(H^R)^1}{RT_c} \tag{3-89}$$

$$\frac{S^R}{R}=\frac{(S^R)^0}{R}+\omega\frac{(S^R)^1}{R} \tag{3-90}$$

将 $\frac{(H^R)^0}{RT_c}$、$\frac{(H^R)^1}{RT_c}$、$\frac{(S^R)^0}{R}$ 和 $\frac{(S^R)^1}{R}$ 算出，以 p_r、T_r 作参数，即可绘出相应的普遍化图。下面就是普遍化热力学性质图，如图 3-1～图 3-8 所示，将这些图与式(3-89)和式(3-90)联合应用

就可以求出 H^R 和 S^R 的值。显然，此方法是以皮策提出的三参数对应态原理为基础，它们适用于图 2-13 曲线以下范围内的 T_r 和 p_r 值。

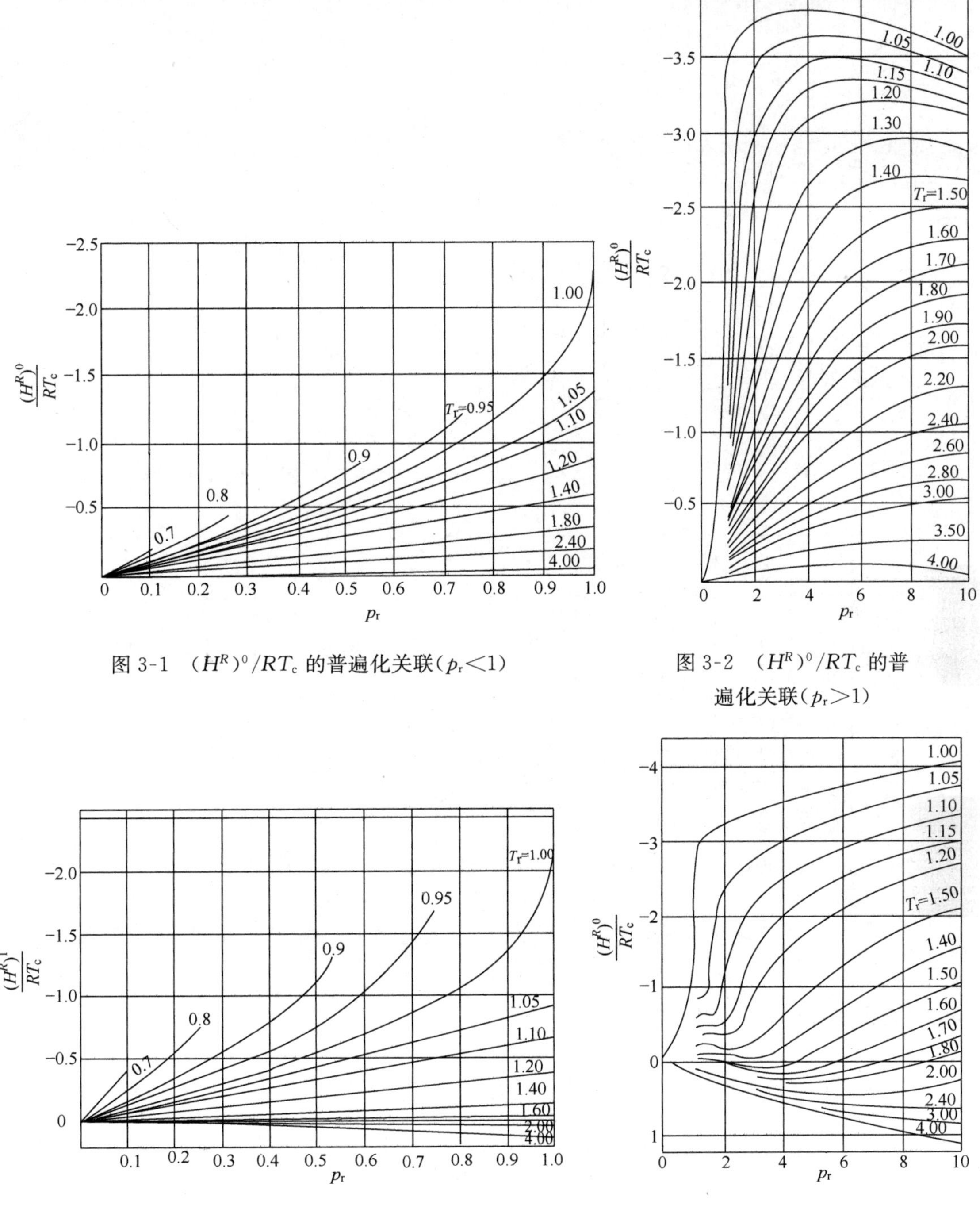

图 3-1　$(H^R)^0/RT_c$ 的普遍化关联($p_r<1$)

图 3-2　$(H^R)^0/RT_c$ 的普遍化关联($p_r>1$)

图 3-3　$(H^R)^1/RT_c$ 的普遍化关联($p_r<1$)

图 3-4　$(H^R)^1/RT_c$ 的普遍化关联($p_r>1$)

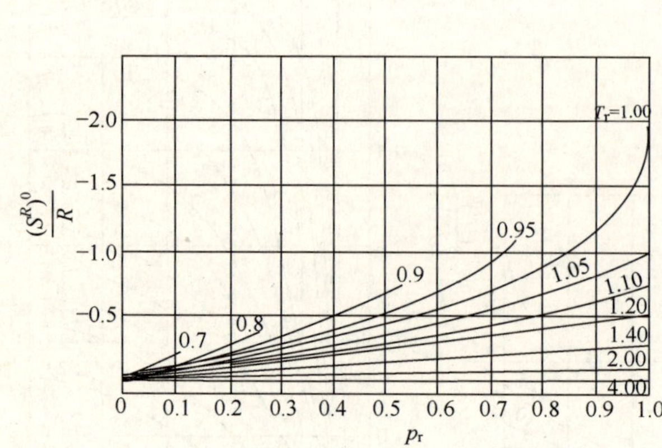

图 3-5　$(S^R)^0/R$ 的普遍化关联($p_r<1$)

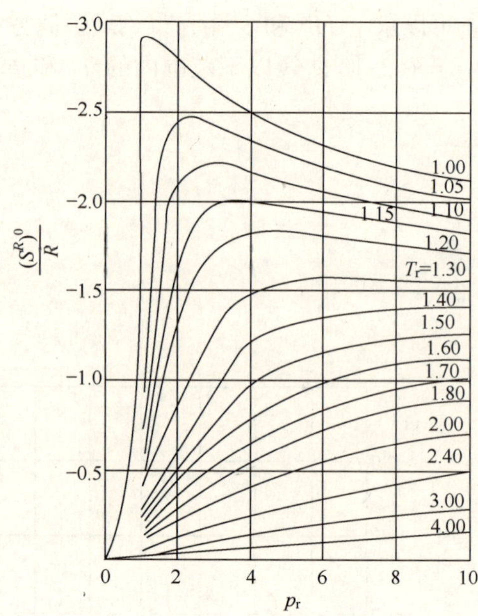

图 3-6　$(S^R)^0/R$ 的普遍化关联($p_r>1$)

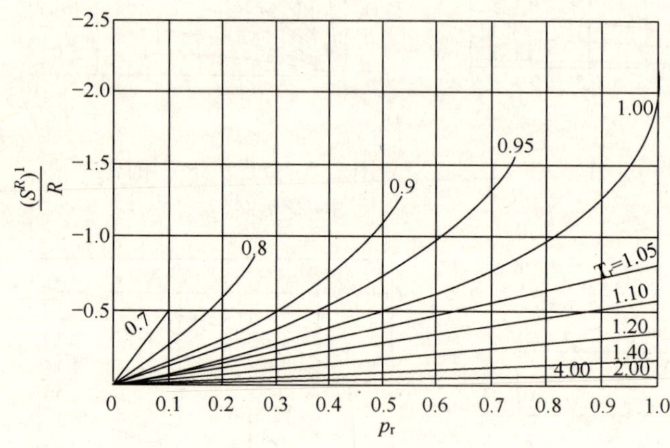

图 3-7　$(S^R)^1/R$ 的普遍化关联($p_r<1$)

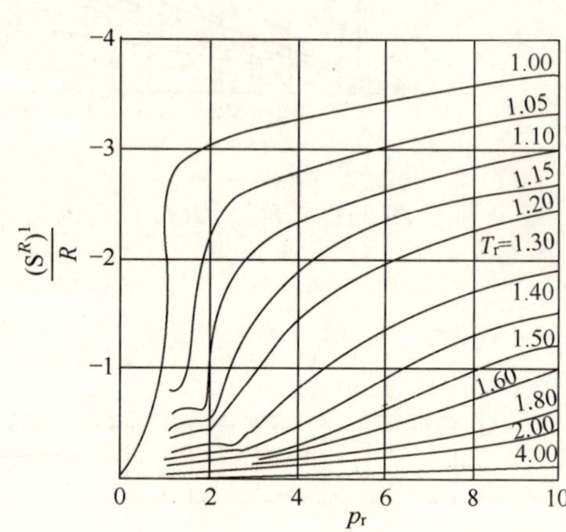

图 3-8　$(S^R)^1/R$ 的普遍化关联($p_r>1$)

3.4.2　由普遍化维里系数计算焓与熵

与普遍化压缩因子关联相似，复杂的函数关系式使$\frac{(H^R)^0}{RT_c}$、$\frac{(H^R)^1}{RT_c}$、$\frac{(S^R)^0}{R}$和$\frac{(S^R)^1}{R}$无法用简单的方程表达，但在低压下普遍化维里系数对 Z 的关联方法对于剩余性质仍然适用。皮策提出的三参数对比态关系式就第二维里系数在有限压力范围内可表示为

$$Z=1+B^0\frac{p_r}{T_r}+\omega B^1\frac{p_r}{T_r}$$

由此式可导出

$$\left(\frac{\partial Z}{\partial T_r}\right)_{p_r}=p_r\left(\frac{\mathrm{d}B^0/\mathrm{d}T_r}{T_r}-\frac{B^0}{T_r^2}\right)+\omega p_r\left(\frac{\mathrm{d}B^1/\mathrm{d}T_r}{T_r}-\frac{B^1}{T_r^2}\right)$$

将以上两式代入式(3-87)、式(3-88),得

$$\frac{H^R}{RT_c}=-nT_r\int_0^{p_r}\left[\left(\frac{dB^0}{dT_r}-\frac{B^0}{T_r}\right)+\omega\left(\frac{dB^1}{dT_r}-\frac{B^1}{T_r}\right)\right]dp_r$$

$$\frac{S^R}{R}=-n\int_0^{p_r}\left(\frac{dB^0}{dT_r}+\omega\frac{dB^1}{dT_r}\right)dp_r$$

由于 B^0 和 B^1 仅是温度的函数,在恒温下对上两式积分,得

$$\frac{H^R}{RT_c}=np_r\left[\left(B^0-T_r\frac{dB^0}{dT_r}\right)+\omega\left(B^1-T_r\frac{dB^1}{dT_r}\right)\right] \tag{3-91}$$

$$\frac{S^R}{R}=-np_r\left(\frac{dB^0}{dT_r}+\omega\frac{dB^1}{dT_r}\right) \tag{3-92}$$

B^0 和 B^1 与温度的关系由式(2-63)和式(2-64)给出,对它们求导也比较简单。下面的式子可直接应用于式(3-91)和式(3-92)的计算。

$$B^0=0.083-\frac{0.422}{T_r^{1.6}} \tag{2-63}$$

$$\frac{dB^0}{dT_r}=\frac{0.675}{T_r^{2.6}} \tag{3-93}$$

$$B^1=0.139-\frac{0.172}{T_r^{4.2}} \tag{2-64}$$

$$\frac{dB^1}{dT_r}=\frac{0.722}{T_r^{5.2}} \tag{3-94}$$

图 2-13 原本表示维里系数与压缩因子关联的偏差情况,它也适用于判别基于第二维里系数与压缩因子关联的剩余性质之间的偏差情况。所有其他的关联方法与基于压缩因子关联的剩余性质相比计算精度均较低,尤其对于强极性分子和缔合分子,精度更低。

根据 H^R 及 S^R 普遍化关联式,结合理想气体热容,可以求出任何温度和压力下的焓和熵值。设某系统从状态 1 变到状态 2,可以写出两个状态的焓值:

$$H_2=H_0^{id}+C_{p,mH}^{id}(T_2-T_{su})+H_2^R$$

$$H_1=H_0^{id}+C_{p,mH}^{id}(T_1-T_{su})+H_1^R$$

过程的焓变为上述两式之差,即

$$\Delta H=C_{p,mH}^{id}(T_2-T_1)+H_2^R-H_1^R \tag{3-95}$$

$$\Delta S=C_{p,mS}^{id}\ln\frac{T_2}{T_1}-nR\ln\frac{p_2}{p_1}+S_2^R-S_1^R \tag{3-96}$$

式(3-95)和式(3-96)右边诸项可以与系统从初始状态到达最终状态的计算路径进行联系,如图 3-9 所示。实际过程是 1→2,可以设想用三步计算途径来实现 1→2。$1\to1^{id}$ 表示在 T_1 和 p_1 下由真实气体转化为理想气体,这是虚拟的,其焓变和熵变为 $H_1^{id}-H_1=H_1^R$,$S_1^{id}-S_1=S_1^R$。$1^{id}\to2^{id}$ 是理想气体从状态 $1^{id}(T_1,p_1)$ 到状态 $2^{id}(T_2,p_2)$,此过程的焓变和熵变为

$$\Delta H^{id}=H_2^{id}-H_1^{id}=C_{p,mH}^{id}(T_2-T_1) \tag{3-97}$$

$$\Delta S^{id}=S_2^{id}-S_1^{id}=C_{p,mS}^{id}\ln\frac{T_2}{T_1}-nR\ln\frac{p_2}{p_1} \tag{3-98}$$

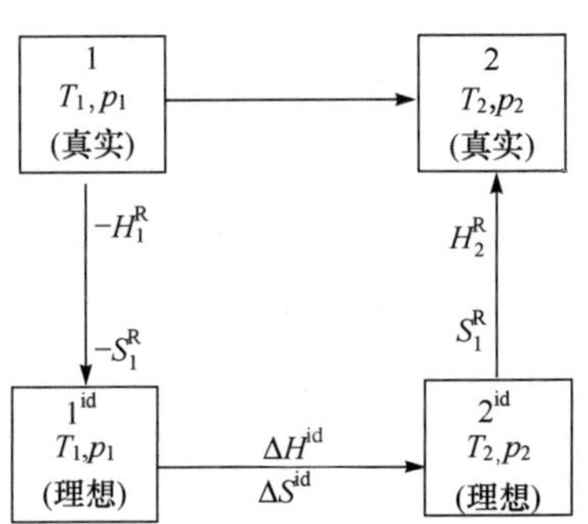

图 3-9 ΔH 和 ΔS 的计算途径

最后 $2^{id}\rightarrow 2$，在 T_2 和 p_2 下由理想气体回到真实气体，这也是虚拟的过程，其焓变和熵变为 $H_2-H_2^{id}=H_2^R$，$S_2-S_2^{id}=S_2^R$。将3个过程的焓变和熵变相加，即为式(3-95)和式(3-96)。

例 3-4 用普遍化关联式计算1kmol的1,3-丁二烯，当其以2.53MPa及400K压缩至12.67MPa及550K时的 ΔH、ΔS、ΔV。已知理想气体状态时，$C_p^*=22.738+222.796\times10^{-3}T-73.879\times10^{-6}T^2(\text{kJ}\cdot\text{kmol}^{-1}\cdot\text{K}^{-1})$

解

$$
\begin{array}{ccccc}
\begin{array}{c}\text{真实气体}\\ 400\text{K},2.53\text{MPa}\end{array} & & \xrightarrow{\quad\Delta H,\Delta S\quad} & & \begin{array}{c}\text{真实气体}\\ 550\text{K},12.67\text{MPa}\end{array}\\
\Big\downarrow{\scriptstyle -H_1^R,\ -S_1^R} & & & & \Big\uparrow{\scriptstyle H_2^R,\ S_2^R}\\
\begin{array}{c}\text{理想气体}\\ 400\text{K},2.53\text{MPa}\end{array} & \xrightarrow{\Delta H_p^*,\Delta S_p^*} & \begin{array}{c}\text{理想气体}\\ 550\text{K},2.53\text{MPa}\end{array} & \xrightarrow{\Delta H_T^*,\Delta S_T^*} & \begin{array}{c}\text{理想气体}\\ 550\text{K},12.67\text{MPa}\end{array}
\end{array}
$$

查得1,3-丁二烯：$T_c=425\text{K}$，$p_c=4.33\text{MPa}$，$\omega=0.195$，则

$$T_{r,1}=0.941\quad p_{r,1}=0.585$$

(1) 求 H_1^R，S_1^R（普遍化第二维里系数法）：

$$B^0=0.083-\frac{0.422}{0.941^{1.6}}=-0.383\quad B^1=0.139-\frac{0.172}{0.941^{4.2}}=-0.084$$

$$Z_1=1+(B^0+\omega B^1)\frac{p_{r,1}}{T_{r,1}}=1+[-0.383+0.195\times(-0.084)]\times\frac{0.585}{0.941}=0.752$$

$$V_1=\frac{Z_1RT_1}{p_1}=0.998(\text{m}^3\cdot\text{kmol}^{-1})$$

$$\frac{dB^0}{dT_r}=\frac{0.675}{T_r^{2.6}}=0.793\qquad\frac{dB^1}{dT_r}=\frac{0.722}{T_r^{5.2}}=0.996$$

$$\frac{H_1^R}{RT_1}=p_{r,1}\left[\left(\frac{B^0}{T_{r,1}}-\frac{dB^0}{dT_{r,1}}\right)+\omega\left(\frac{B^1}{T_{r,1}}-\frac{dB^1}{dT_{r,1}}\right)\right]=-0.817$$

$$H_1^R=-0.817\times8.314\times400=-2.717\times10^3(\text{kJ}\cdot\text{kmol}^{-1})$$

$$\frac{S_1^R}{R}=-p_{r,1}\left(\frac{dB^0}{dT_{r,1}}+\omega\frac{dB^1}{dT_{r,1}}\right)=-0.569$$

$$S_1^R=-0.569\times8.314=-4.731(\text{kJ}\cdot\text{kmol}^{-1}\cdot\text{K}^{-1})$$

(2) 求 ΔH_p^*，ΔS_p^*：

$$\Delta H_p^*=\int_{T_1}^{T_2}C_p^*dT=16763.7(\text{kJ}\cdot\text{kmol}^{-1})$$

$$\Delta S_p^*=\int_{T_1}^{T_2}\frac{C_p^*}{T}dT=35.4(\text{kJ}\cdot\text{kmol}^{-1}\cdot\text{K}^{-1})$$

(3) 求 ΔH_T^*，ΔS_T^*：

$$\Delta H_T^*=0$$

$$\Delta S_T^*=-R\ln\frac{p_2}{p_1}=-8.314\times\ln\frac{12.67}{2.53}=-13.38(\text{kJ}\cdot\text{kmol}^{-1}\cdot\text{K}^{-1})$$

(4) 求 H_2^R，S_2^R：

$$T_{r,2}=1.294\quad p_{r,2}=2.929$$

用普遍化压缩因子法，查图得

$$\frac{(H_2^R)^0}{RT_c}=-2.3\quad\frac{(H_2^R)^1}{RT_c}=-0.3\quad\frac{(S_2^R)^0}{R}=-1.35\quad\frac{(S_2^R)^1}{R}=-0.45$$

$$Z^0=0.63\quad Z^1=0.2\quad Z_2=0.63+0.195\times0.2=0.669$$

$$\frac{H_2^R}{RT_c}=\frac{(H_2^R)^0}{RT_c}+\omega\frac{(H_2^R)^1}{RT_c}=-2.35$$

$$\frac{S_2^R}{R}=\frac{(S_2^R)^0}{R}+\omega\frac{(S_2^R)^1}{R}=-1.43$$

$$H_2^R=-8303.6\text{kJ}\cdot\text{kmol}^{-1}$$

$$S_2^R=-11.89\text{kJ}\cdot\text{kmol}^{-1}\cdot\text{K}^{-1}$$

$$V_2=\frac{Z_2RT_2}{p_2}=0.24\text{m}^3\cdot\text{kmol}^{-1}$$

$$\Delta H=-H_1^R+\Delta H_p^*+\Delta H_T^*+H_2^R=11177.1\text{kJ}\cdot\text{kmol}^{-1}$$

$$\Delta S=-S_1^R+\Delta S_p^*+\Delta S_T^*+S_2^R=\Delta S=14.86\text{kJ}\cdot\text{kmol}^{-1}\cdot\text{K}^{-1}$$

$$\Delta V=V_2-V_1=-0.747\text{m}^3\cdot\text{kmol}^{-1}$$

3.5　液体的焓变和熵变的计算

虽然式(3-75)和式(3-76)只适用于气体,但剩余性质对液体也同样适用。式(3-56)应用于气体计算 H 和 S 时,包含着复杂计算的剩余性质项 H^R 和 S^R,其值是比较小的。它们相对于数值较大的 H^{id} 和 S^{id} 而言,只是一个修正值。然而对于液体,剩余性质的方法却丧失了上述优点,这是由于液体的 H^R 和 S^R 包含了汽化过程较大的焓变和熵变量,因此对液体通常采用下面介绍的方法计算焓变和熵变。

流体体积膨胀系数 β 的定义为

$$\beta=\frac{1}{V}\left(\frac{\partial V}{\partial T}\right)_p \tag{3-99}$$

式(3-20)和式(3-35)用 β 表达时可消去 $\left(\frac{\partial V}{\partial T}\right)_p$ 项,即

$$\left(\frac{\partial S}{\partial p}\right)_T=-\beta V \tag{3-100}$$

$$\left(\frac{\partial H}{\partial p}\right)_T=(1-\beta T)V \tag{3-101}$$

对于液体,当状态远离临界点时,其体积较小,β 也较小。通常压力对液体的焓、熵和内能等影响较小。对于不可压缩流体,β 值可视为 0,此时 $\left(\frac{\partial S}{\partial p}\right)_T$ 也为 0,即熵和压力无关。但要注意,由式(3-101)可见,不可压缩流体的焓与压力 p 有关。

如果式(3-36)和式(3-41)中的 $\left(\frac{\partial V}{\partial T}\right)_p$ 用 β 代入,可得

$$\mathrm{d}H=C_p\mathrm{d}T+(1-\beta T)V\mathrm{d}p \tag{3-102}$$

$$\mathrm{d}S=C_p\frac{\mathrm{d}T}{T}-\beta V\mathrm{d}p \tag{3-103}$$

人们通常用上述两式的积分求出液体的焓变和熵变。由于液体的 β 和 V 是 p 的弱函数,积分时可取适当的平均值作简化计算。

3.6　两 相 系 统

图 2-2 为纯物质的 p-T 图,图中的曲线 2C 代表气液的相界面。每当越过此线时,意味着

在等温和等压下发生了相变。导致广度热力学性质的摩尔值(或比值)发生剧烈变化,这在图 2-3中看得更为清晰,即饱和蒸汽压的摩尔体积值比饱和液体体积值要大得多,对于其他的广度性质(如 H 和 S)都会有相似的情况。但也有例外,在汽化过程时,等温和等压条件下,两相中的 G 值是不变的,即按时相平衡的判据理应如此,纯物质的汽化乃是单元组分的相平衡,无疑可写为

$$G^{L}=G^{V} \tag{3-104}$$

式中,G^{L} 和 G^{V} 分别代表液相和蒸汽相(也可称为气相)的摩尔自由焓。在平衡系统中要特别关注 G 的作用,同时也要充分理解 G 之所以会不变的原因。

3.6.1 克拉贝龙方程

根据式(3-104)作如下推导。

根据 G 的定义,可写出

$$G^{V}=H^{V}-TS^{V} \quad 和 \quad G^{L}=H^{L}-TS^{L}$$

在平衡条件下,上两式相减,得

$$\Delta G^{LV}=\Delta H-T\Delta S^{LV} \tag{3-105}$$

式中,ΔG^{LV}、ΔH^{LV}、ΔS^{LV}分别为汽化自由焓、汽化焓、汽化熵。

此外,还应表示出 ΔS^{LV}和 ΔV^{LV}间的关系。对平衡态时的微分变化,借助式(3-4)可写出

$$\mathrm{d}G^{V}=V^{V}\mathrm{d}p-S^{V}\mathrm{d}T \quad 和 \quad \mathrm{d}G^{L}=V^{L}\mathrm{d}p-S^{L}\mathrm{d}T$$

上两式相减,得

$$\mathrm{d}G^{LV}=\Delta V^{V}\mathrm{d}p-\Delta S^{V}\mathrm{d}T \tag{3-106}$$

根据式(3-104),对单元组合汽液平衡下的任何状态,可得

$$\mathrm{d}\Delta G^{LV}=0 \tag{3-107}$$

结合式(3-106)和式(3-107),得

$$\frac{\mathrm{d}p^{s}}{\mathrm{d}T}=\frac{\Delta S^{LV}}{\Delta V^{LV}} \tag{3-108}$$

式中,$p^{s}=p$。因 $\Delta G^{LV}=0$,则由式(3-105)得

$$\Delta H^{LV}=T\Delta S^{LV} \tag{3-109}$$

故式(3-108)也可写为

$$\frac{\mathrm{d}p^{s}}{\mathrm{d}T}=\frac{\Delta H^{LV}}{T\Delta V^{LV}} \tag{3-110}$$

式(3-110)即为著名的克拉贝龙(Clapeyron)方程,该式定量地表达了单元组合在平衡时的温度和压力的依赖关系。进一步说,$\frac{\mathrm{d}p^{s}}{\mathrm{d}T}$是单元组合 p-T 图中相界面曲线的斜率,而式(3-110)表达了此斜率和相变焓与温度以及相变体积变化的关系。以上的推导虽以单元组合的汽液平衡作为例子,但对于气固相平衡也可得出类似的方程。

汽化过程的相变体积变化,ΔV^{LV}可用 $\Delta Z^{LV}=Z^{V}-Z^{L}$ 来表示,因为在饱和条件下,汽化过程的压缩因子变化 ΔZ^{LV}可写为

$$\Delta Z^{LV}=\frac{p}{RT}\Delta V^{LV} \tag{3-111}$$

式(3-111)与式(3-110)结合可写为

$$\frac{\mathrm{d}\ln p^{s}}{\mathrm{d}(1/T)}=-\frac{\Delta H^{LV}}{R\Delta Z^{LV}} \tag{3-112}$$

式(3-110)和式(3-112)都是克拉贝龙方程的表达形式，可用来从蒸汽压和体积数据求算汽化焓，或从汽化焓与体积数据求算蒸汽压。

若将 $\Delta H^{LV}/\Delta Z^{LV}$ 设为常数，且与温度无关，则式(3-112)便可积分化简得

$$\ln p^{s}=A-\frac{B}{T} \tag{3-113}$$

式中，A 为积分常数；$B=\frac{\Delta H^{LV}}{R\Delta Z^{LV}}$。

因 $V^{V}\gg V^{L}$，故 $V^{LV}=V^{V}$，则 $\Delta Z^{LV}=Z^{V}$，若再假设蒸汽具有理想气体行为，则 $Z^{V}=1$。将这些条件用于式(3-112)，化简后得

$$\frac{\mathrm{d}p^{s}}{\mathrm{d}T}=\frac{p^{s}\Delta H^{LV}}{RT^{2}} \tag{3-114}$$

因此，式(3-113)与式(3-114)都是近似式，是克拉贝龙方程的不同表现形式，当然克拉贝龙方程只适用于低压情况。

3.6.2　蒸汽压估算

蒸汽压是重要的热力学数据，在化工工艺设计和化学工程计算中经常涉及，虽然已积累了许多物质的蒸汽压数据，因工艺和实验条件的范围日益扩大，新物质的不断涌现，蒸汽压的估算还是不可缺少。

文献中估算蒸汽压的方法很多，波林(Poling)等的专著[①][②]对此作了很好的归纳和概括，可资参考。

1988 年，安托万(Antoine)提出了著名且应用广泛的方程，其形式为

$$\ln p^{s}=A+\frac{B}{T+C} \tag{3-115}$$

式中有三个常数，若 C 等于零，则该式恢复到式(3-113)。运用安托万方程时要注意 p^{s} 和 T 的单位，同时也要根据 p^{s} 前是自然对数还是常用对数决定 A、B 和 C 的数值。

3.6.3　汽化焓估算

在许多不论是以混合物的分离还是以反应为主的单元操作过程中，常用涉及热流计算，其中必然会有纯物质的汽化焓估算。

由此可知，包括汽化焓的潜热数据也属于重要的热力学数据，除了需要实测数据外，估算方法的掌握也是重要的环节。

1. 由对比态原理估算 ΔH^{LV}

式(3-114)还可写为

$$\frac{\Delta H^{LV}}{RT_{c}}=-\Delta Z^{LV}\frac{\mathrm{d}\ln p^{s}}{\mathrm{d}(1/T_{r})} \tag{3-116}$$

---

① Poling B E，Prausnitz J M，O'Connell J P. 气液物性估算手册. 赵红玲，等译. 北京：化学工程出版社，2005：168-183。

② Biazus T F，Cezaro A M，Borges G R，et al. J Chem Thermodynamics，2008，40：437。

式中，$\frac{\Delta H^{LV}}{RT_c}$称为对比汽化焓，运用对比态原理，则可写出

$$\frac{\Delta H^{LV}}{RT_c}=\frac{T_r}{R}(\Delta S^{LV(0)}+\omega\Delta S^{LV(1)}) \tag{3-117}$$

由式(3-117)知，$\frac{\Delta H^{LV}}{RT_c}$应是 ω 和 T_r 的函数，波林等的专著给出了$\frac{\Delta H^{LV}}{RT_c}$的近似分析式：

$$\frac{\Delta H^{LV}}{RT_c}=7.08(1-T_r)^{0.354}+10.95\omega(1-T_r)^{0.456} \tag{3-118}$$

据此只要输入 T_c 和 ω 的数据，就可近似地估算出 $0.6<T_r<1.0$ 范围内任何温度时的 ΔH^{LV}。

2. 标准沸点下的汽化焓

在众多设计计算中经常用到标准沸点时纯物质的汽化焓 ΔH_b^{LV}，也能由此来推算或关联其他热力学性质。最近穆莱罗(Mulero)和卡查迪尼亚(Cachadina)[①]用文献中不同的方程估算了 1591 种纯流体的 ΔH_b^{LV}，其中有 426 种是非极性流体，且将所有化合物归并在 83 个亚族之内，还对估算结果作了相应的分析。所选用的方程可分为三类：第一类是以 p_c、T_b、T_c 为参数；第二和第三类分别以 T_b、M 和 T_b、W_p 为参数。参数的运用和 ΔH_b^{LV} 估算研究的历史有关，众所周知，热力学性质的估算经常以临界性质为参数，现要计算 T_b 时的 ΔH_b^{LV}，自然也会采用下面的普通化关联式：

$$\Delta H_b^{LV}=f(p_c,T_b,T_c) \tag{3-119}$$

已研究的大部分关联式属于这一类。由于在工业过程的研究开发中常会涉及一些独特的化合物，但缺乏其临界性质的实验数据。若用第一类关联式来估算 ΔH_b^{LV}，就需要其临界常数，但双重估算会大大降低 ΔH_b^{LV} 的估算精度。为了方便 ΔH_b^{LV} 的估算，维特瑞(Vetere)提出用 M 和 T_b 作为参数计算。这就出现了第二类的估算方程，其通式可写为

$$\Delta H_b^{LV}=T_b\left(A+B\ln T_0+C\frac{T_b}{M}+D\frac{T_b^2}{M}\right) \tag{3-120}$$

为了进一步改善估算数据，维特瑞将$\frac{T_b^{1.72}}{M}$定义为分子的极性度，并用 W_p 来表示：

$$W_p=\frac{T_b^{1.72}}{M} \tag{3-121}$$

意味着可用该参数来度量分子的极性大小，据此可得出通式为

$$\Delta H_b^{LV}=T_b(A_1+B_1\ln T_b+C_1W_p) \tag{3-122}$$

汽化焓随着温度升高而下降，当达到临界温度时，汽化焓下降到零。若有了较正确的估算值，则可运用沃斯顿(Waston)方程[②]来估算其他温度下的汽化焓：

$$\Delta H_T^{LV}=\Delta H_b^{LV}\left(\frac{1-T_r}{1-T_b}\right)^n \tag{3-123}$$

式中，ΔH_T^{LV} 为要求温度 T 下的汽化焓；n 通常取 0.38。若已知某温度 T_1 时的 ΔH_1^{LV}，也能运

① Muleo A, Cachadina I. Thermochimica Acta, 2006, 443: 37。

② Thek R E, Steil L I. AIChE J, 1966, 12: 599; 1967, 13: 626。

用式(3-123)估算另一温度 T_2 时的 ΔH_2^{LV}。

习　题

1. 常压下非常纯的水可以过冷却至 0℃以下。一些−5℃的水由于受到干扰而开始结晶，结晶过程进行得很快，可以认为系统是绝热的，试求凝固分率和过程的熵变化。已知冰的熔化热为 334.4J · g^{-1}，水在−5～0℃时的热容为 4.22J · g^{-1} · K^{-1}。
2. 一个直径为 0.5m 的弹性气球内含气体压力 115kPa。对球加热使直径增大到 0.62m，过程中球内压力与球直径成正比。试确定气体做的功。
3. 某气体被压缩，从 $p_1=1$bar、$V_1=0.09m^3$ 到 $p_2=3$bar、$V_1=0.03m^3$，过程中压力和体积是线性关系。求对体积所做的功。
4. 已知 20℃的水的 $\left(\dfrac{\partial V}{\partial T}\right)_p=2.07\times10^{-4}cm^3\cdot g^{-1}\cdot K^{-1}$，$\left(\dfrac{\partial V}{\partial p}\right)_T=4.9\times10^{-5}cm^3\cdot g^{-1}\cdot bar^{-1}$，$\rho=0.998g\cdot cm^{-3}$，求 $\left(\dfrac{\partial H}{\partial p}\right)_T$ 和 $\left(\dfrac{\partial p}{\partial T}\right)_V$。
5. 空气稳定流经喷管，进口密度为 $\rho_1=2.21kg\cdot cm^{-3}$，速度为 $30m\cdot s^{-1}$，出口密度为 $\rho_2=0.762kg\cdot cm^{-3}$，速度为 $180m\cdot s^{-1}$。如果喷管进口面积为 $80cm^2$，求：(1)质量流量；(2)喷管出口面积。
6. 室内维持压力为 1atm、温度为 24℃。由于室外 5℃的冷空气渗透进入，使室内暖空气被迫以 $150m^3\cdot h^{-1}$ 的速率流到室外。试确定由质量传递引起的房间净能量损失速率。
7. 某气体经历了由三个过程组成的循环。过程 1-2 是 pV=常数的压缩过程，从 $p_1=68.948$kPa、$V_1=0.113268m^3$ 到 $p_2=344.74$kPa。过程 2-3 是等容过程，直到 $p_3=p_1$。过程 3-1 是等压过程。在 p-V 图上示意各过程并求循环净功。
8. 对 40 名学生的教室用冷量 5kW 的窗式空调器。每个静坐的人员散热 $360kJ\cdot h^{-1}$，室内有 100W 灯泡 10 只，室外传入热量 150 000$kJ\cdot h^{-1}$，如果室温要维持在 21℃，需要几台空调器？
9. 密闭锅中的水被加热同时被叶轮搅拌。过程中给水传热 30kJ，对环境空气散热 5kJ，搅拌功 500J。如果系统初始能量是 10kJ，求系统终态能量。
10. 0.5443kg 的水蒸气在活塞-气缸装置中经历了多变指数 $n=2$ 的多变过程。初态参数为 $p_1=3477$kPa，$V_1=0.1062m^3\cdot kg^{-1}$，$u_1=3171.036kJ\cdot kg^{-1}$；终态参数为 $u_1=2304.089kJ\cdot kg^{-1}$。过程中蒸汽散热 361.79kJ，不计动能和势能，求蒸汽做功量和终态比体积。
11. 一活塞-气缸装置内初始含 $0.5m^3$、200kPa 的饱和水蒸气。这时活塞静止在定位销上。活塞的质量需要 300kPa 的压力才能使它运动。现对蒸汽慢慢加热直到体积加倍。(1)在 p-V 图上表示该过程；(2)确定终温；(3)过程做功；(4)总传热量。

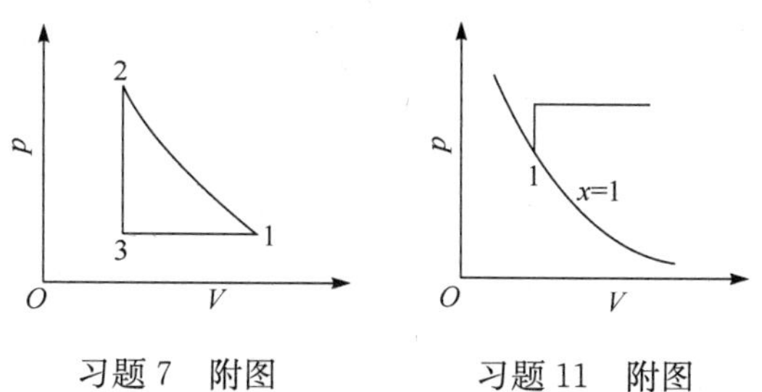

习题 7　附图　　　　习题 11　附图

12. 一水泵每小时从水井抽出 1892kg 的水到储水池，水井深 61m，储水池的水位离地面 18.3m，水泵用功率 3.7kW 的马达驱动，在抽水过程中，只耗用该马达功率的 45%。储水池进、出水的质量完全相等，储水池内的水位不变，从而确保水做稳态流动。在冬天，井水温度为 4.5℃，为防止储水池输出管路发生冻结现象，在水的输入管路上安装一台加热器对水进行加热，使水温保持在 7.2℃，试计算此加热器所需净输入的热量。

13. 初态压力为 p_1，温度 T_1 为 298K，体积 V_1 为 5L，1mol 的理想气体，其等压热容为 $5R/2$，经历如下可逆变化：(1)等温压缩到初始体积的一半，即 $V_2=V_1/2$，其压力为 p_2，如习题 13 附图中的过程 a；(2)再在等容下冷却到初态压力 p_1，温度为 T_2，如习题 13 附图中的过程 b。试计算：(i) p_1、p_2 和 T_3，以及 a、b 过程的 Q、W、ΔU、ΔS、ΔH、ΔG；(ii)估计过程 c 的 ΔU、Q、W 与过程 a、b 之和的 ΔU、Q、W 两者的大小。

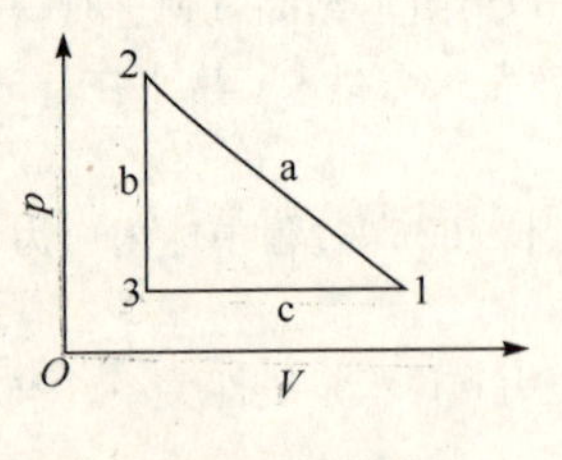

习题 13　附图

14. 在 505K 下湿水蒸气的质量体积为 41.70cm^3 · g^{-1}，由水蒸气性质表计算：(1)该水蒸气的干度；(2)该水蒸气的焓和熵。

15. 一个刚性绝热容器含有 1kg 氧气，参数为 15℃和 300kPa。另一个不绝热的刚性容器含有 2m^3 氮气，参数为 50℃和 500kPa。它们通过阀门连接。打开阀门后两气体混合。如果均匀混合物终温是 25℃，求：(1)容器中的终压；(2)传热量；(3)过程熵产，取 $T_0=25$℃。

16. 将 100kg、90℃的热水和 100kg、20℃的冷水混合到一起，假定混合在绝热条件下进行，且水的热容为一常数。试求混合过程总熵的变化。

17. 直径为 8mm 的碳钢球被退火，首先在炉膛中被加热到 900℃，然后再在 35℃的环境中慢慢地冷却到 100℃。如果每小时有 2500 个碳钢球被退火，试确定：(1)这些球给空气的传热量；(2)由于球对空气热损失引起的熵产速率(碳钢 $\rho=7833$kg · m^{-3}，$C_p=0.465$kJ · kg^{-1} · K^{-1})。

18. 参数为 200kPa 和 20℃的水以 2.5kg · s^{-1} 的流量进入混合室与参数为 200kPa 和 300℃的过热水蒸气混合。混合室对温度为 25℃的环境空气散热量为 600kJ · min^{-1}。混合物离开混合室的参数为 200kPa 和 60℃。求：(1)过热水蒸气的质量流量；(2)混合过程中的熵产速率。

19. 某化工厂加氢工段要求以 1kg · h^{-1} 的速率将氢气从初压为 0.15MPa，初温为 20℃的状态，加压至 2.5MPa 的固定床反应器中，试分别求按等温压缩、绝热压缩和多变压缩过程的功耗。设多变指数 $m=1.20$。若反应器温度为 150℃，问出压缩机的氢气应采取何种措施来达到反应器的温度。

第 4 章　流动系统的热力学原理与应用

4.1 引　　言

前面几章介绍了封闭系统的热力学原理，并运用于均相系统和非均相系统中热力学的物性计算。本章将重点介绍稳定流动过程及其热力学原理，其理论基础是热力学第一定律和第二定律，通过对化工过程的能量转化、传递、使用和损失情况进行分析，揭示能量消耗、大小、原因和部位，为改进工艺过程、提高能量利用率指出方向和方法。

化工生产需要消耗各种形式的能量，由热力学基本原理可知，能量不仅有数量，而且有质量(品位)。例如，1kJ 功和 1kJ 热，从热力学第一定律来看，它们数量上是相等的，但是从热力学第二定律来看，它们的质量不相当，功可以全部转化为热，而热通过热机只能部分变为功，最大的热机效率是可逆机效率，所以说功的质量高于热。

自然界的能量可分为低级能量和高级能量。理论上完全可以转化为功的能量称为高级能量，如机械能、电能、水力能和风能等；理论上不能完全转化为功的能量称为低级能量，如热能、热力学内能和焓等。在化工生产中，从高级能量贬质为低级能量的现象普遍存在，例如，常见的传热过程，蒸汽从高温热贬质到低温热，做功能力将有所损耗，这点是不可避免的。合理的使用方法是高压蒸汽用于高温、高压情况，然后贬质到中压蒸汽进行利用，最后减压至低压状态作为生活用热。

因此，研究化工过程中的能量变化，既要节约用能、降低能量消耗，又要经济合理的用能，热力学的基本原理为人们指引了方向。

4.2 热力学第一定律

4.2.1 封闭系统的热力学第一定律

一切物体都具有能，能是物质固有的特性。通常，能量可分为两大类：一类是系统蓄积的能量，如动能、势能和热力学能，它们都是系统状态的函数；另一类是过程中系统和环境传递的能量，常见的有功和热量，它们不是状态函数，而与过程有关。热量是温度差引起的能量传递，而做功是势差引起的能量传递。因此，热和功是两种本质不同且与过程传递方式有关的能量形式。

能量的形式不同，但是可以相互转化或传递，在转化或传递的过程中，能量的数量是守恒的，这就是热力学第一定律，即能量转化和守恒定律。

在封闭系统非流动过程中的热力学第一定律数学表达式为

$$\Delta U = Q - W \tag{4-1}$$

热力学状态函数(有些是差值)可以借助于热力学原理，结合适当的模型和基础数据得到。热力学第一定律建立起热和功的关系。如果可以得到实际过程中传递的热量，那么实际过程的做功能力就可知了。封闭系统内，克服恒定外压所做的体积功的计算公式为

$$\delta W = p_{外}\,\mathrm{d}V \tag{4-2}$$

对于可逆过程，则式(4-2)变为

$$W_{\text{rev}}=\int_{V_1}^{V_2}p\mathrm{d}V \tag{4-3}$$

式中，p 为系统的压力。

由此可见，只有可逆功可以采用适当的状态方程进行积分计算，除此之外，只能通过热力学第一定律间接得到。

化工生产中经常遇到的是稳定流动过程，下面主要讨论稳定流动过程的能量平衡问题。

4.2.2 稳定流动系统的热力学第一定律

稳定流动状态指的是在考察的时间内，沿着流体流动的途径所有各点的质量流量都相等，且不随时间而变化，能流速率也不随时间而变化，即所有质量和能量的流率均为常量。此时敞开体系内各点状态不因时间而异，且敞开体系内没有质量和能量累积的现象。

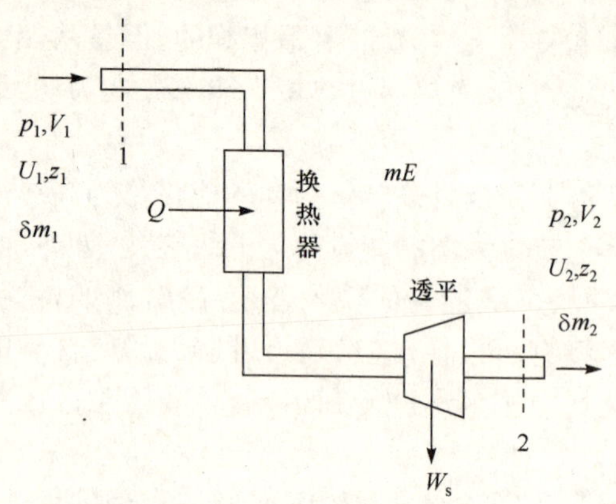

图 4-1　稳定流动系统示意图

图 4-1 为稳定流动系统示意图。流体(液体或气体)从截面 1 通过设备流到截面 2，在截面 1 处流体进入设备所具有的状况用下标 1 表示，此处距基准面的高度为 z_1，流动平均速度 u_1，比容 V_1，压力 p_1 以及热力学能 U_1 等。同样在截面 2 处流体流出所具有的状况用下标 2 表示。在研究稳流过程的能量衡算时，经常用单位质量(1kg 或 1kmol)流体作为计算基准。可以假定在流动过程中有单位质量流体与前后相邻流体的流速是相同的，即与前后相邻的流体没有质量交换。但是与外界有能量交换，如在换热器中吸热，在透平中对外做功，因此，可将它视为一个流动的封闭体系。在能量衡算时可将计算基准和所取的系统合为一体，使处理问题比较简便。

考察的基准是单位质量的流体，以 1kg 流体为计算基准，带入、带出能量的形式为动能 $u^2/2$，势能 gz 和热力学能 U。

稳定流动系统的热力学第一定律表达式为：

$$\Delta U+\frac{\Delta u^2}{2}+g\Delta z=Q-W \tag{4-4}$$

式中，g 为重力加速度；Q 和 W 为单位质量流体由环境吸收的热量和对系统所做的功。

式(4-4)中的功 W 并非图 4-1 中的轴功 W_s，轴功是表示流体流经设备的运动机构时通过轴传递的功。流体流经设备时除了做轴功之外，流体还会随着不同截面，以及温度、压力的变化而膨胀和压缩产生流动功。

若截面 1 的面积为 A_1，作用力为 p_1A_1，流体单位质量的体积为 V_1，则作用长度为 V_1/A_1，所做功为

$$W_1=p_1A_1\frac{V_1}{A_1}=p_1V_1$$

同理，截面 2 有

$$W_2=p_2V_2$$

pV 通常称为流动功。流体所做功是轴功和净流动功之和，即

$$W=W_s+p_2V_2-p_1V_1 \tag{4-5}$$

将式(4-5)代入式(4-4)，且因为 $H=U+pV$，所以得到

$$\Delta H+\frac{\Delta u^2}{2}+g\Delta z=Q-W_s \tag{4-6}$$

式中，Δ 表示从截面 1 到截面 2 的变化。按照 SI 单位制，每一项的单位是 $J\cdot kg^{-1}$。式(4-6)为稳定流动过程的热力学第一定律数学表达式。它在工程上应用较为广泛。工厂生产中，设备正常运转时往往可以用稳流过程来描述。在开停车、更换工况或发生事故时，一般属非稳流过程。

式(4-6)写成微分形式，即

$$dH+udu+gdz=\delta Q-\delta W_s \tag{4-7}$$

在热力学的许多应用中，动能和势能与其他能量相比是较小的，若略去不计，式(4-6)变为

$$\Delta H=Q-W_s \tag{4-8}$$

根据式(4-7)可以推导出可逆条件下轴功的表达式为

$$W_{s,rev}=-\int_{p_1}^{p_2}Vdp \tag{4-9}$$

请注意，式(4-8)与式(4-3)是不一样的热力学变量，它们可以在 p-V 图上表示出来，如图 4-2 所示，其中 1-2 为等温线。

$$\int_{V_1}^{V_2}pdV = 面积_{A12B}$$

$$-\int_{p_1}^{p_2}Vdp = 面积_{C12D}$$

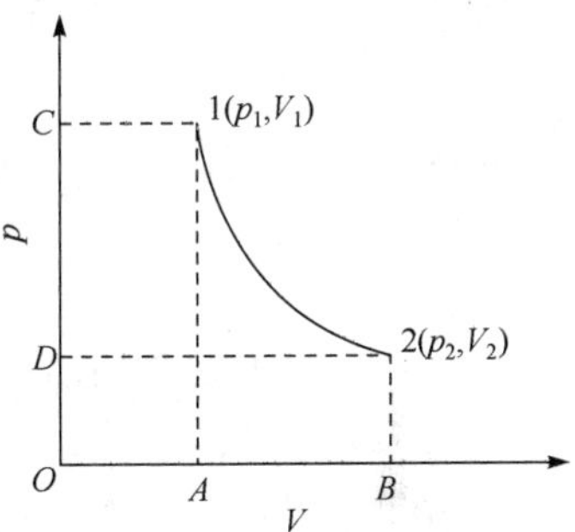

图 4-2 功在 p-V 图上的示意

例 4-1 将 90℃的热水，以 $12m^3\cdot h^{-1}$ 的速率从储罐 1 输送到高度为 15m 的储罐 2，热水泵的电动机功率为 1.5kW，并且热水经过一个冷却器，放出热量的速率为 $2.5\times10^6 kJ\cdot h^{-1}$，试问：储罐 2 中水的温度是多少？

解 此例题是稳定流动过程式(4-6)的应用，水在储罐的流动速率很慢，可以忽略动能变化，其他能量项单位为 $kJ\cdot kg^{-1}$。

从附录 2 中可查得，90℃时水的密度为 $965.3kg\cdot m^{-3}$，则水的质量流率为

$$965.3\times12=11583.6(kg\cdot h^{-1})$$

得到放出的热量

$$Q=-\frac{2.5\times10^6}{11583.6}=-215.8(kJ\cdot kg^{-1})$$

轴功

$$W_s=-\frac{1.5\times3600}{11583.6}=-0.466(kJ\cdot kg^{-1})$$

势能

$$g\Delta z=9.8\times15\times10^{-3}=0.147(kJ\cdot kg^{-1})$$

将上述各项代入式(4-6)，得到

$$\Delta H=Q-W_s-g\Delta z=-215.8+0.466-0.147=-215.48(kJ\cdot kg^{-1})$$

从饱和水性质表中查得 90℃时饱和液体的焓 $H_1=376.92kJ\cdot kg^{-1}$，则

$$H_2=\Delta H+H_1=-215.48+376.92=161.44(kJ\cdot kg^{-1})$$

从水性质表中内插查到此时的温度约为 38.5℃。

1. 稳流过程能量平衡式的简化形式及其应用

1）机械能平衡式

机械能平衡式是与外界无热、无轴功交换的不可压缩流体的稳流过程的能量平衡式。

将 $\Delta H=\Delta U+\Delta(pV)$ 代入式(4-6)，得

$$\Delta U+\Delta(pV)+g\Delta z+\frac{1}{2}\Delta u^2=Q-W_s \tag{4-10}$$

因与外界无热、无轴功交换，所以

$$Q=0 \qquad W_s=0$$

对于不可压缩流体，假定流动过程是非黏性理想流体的流动过程，则无摩擦损耗存在。这也意味着没有机械能转变为内能，即流体的温度和压力都不变，因而内能也不变：

$$\Delta U=0$$

对于不可压缩流体，V 是常量，因此

$$\Delta(pV)=V\Delta p=\Delta p/\rho$$

式中，ρ 为流体密度。将上述两式代入式(4-10)，得

$$\frac{1}{2}\Delta u^2+g\Delta z+\frac{\Delta p}{\rho}=0 \tag{4-11}$$

式(4-11)即为著名的伯努利(Bernoulli)方程，或称其为机械能平衡式。它是稳流过程能量平衡式在特定条件下的简化形式。

2）绝热稳定流动方程

绝热稳定流动方程是与外界无热、无轴功交换的可压缩流体的稳流过程的能量平衡式。

工程上常遇到绝热稳定流动过程，如气体通过管道、喷管、扩压管、节流装置等。这些设备虽然有热绝缘层，但是实际上仍有热流传递，在一般情况下，这些热流很小，可以忽略不计。又由于气体通过这些设备装置时的位高基本不变，因此式(4-6)可以简化为

$$m\Delta h+\frac{1}{2}m\Delta u^2=0 \tag{4-12}$$

式(4-12)为绝热稳定流动方程。

(1) 喷管与扩压管。压力沿着流动方向降低，从而使流速增大的部件称为喷管。降低流速，提高流体压力的部件称为扩压管。上述定义对于亚音速和超音速流动都适用。根据式(4-12)可以计算流体的终温、质量流量、出口截面积等。故式(4-12)是喷管与扩压管的设计依据。

(2) 节流装置。流体通过节流装置（如孔板、阀门、多孔塞等）后压力下降，但动能无明显变化。这是由于通道截面积不变，流体在单位面积上的质量流量不变（见图 4-3）。另外，在压力变化不是很大的情况下，比容变化变小，因而流体的线速度近似于常量，即 $\frac{1}{2}\Delta u^2\approx 0$，则式(4-12)变为

$$\Delta H\approx 0 \tag{4-13}$$

因此，节流过程为等焓过程。节流膨胀后往往会使流体的温度下降，经常在制冷过程中应用。

例 4-2 丙烷气体在 2MPa、400K 时稳流经过一节流装置后减压至 0.1MPa。试求丙烷节流后的温度与节流过程的熵变。

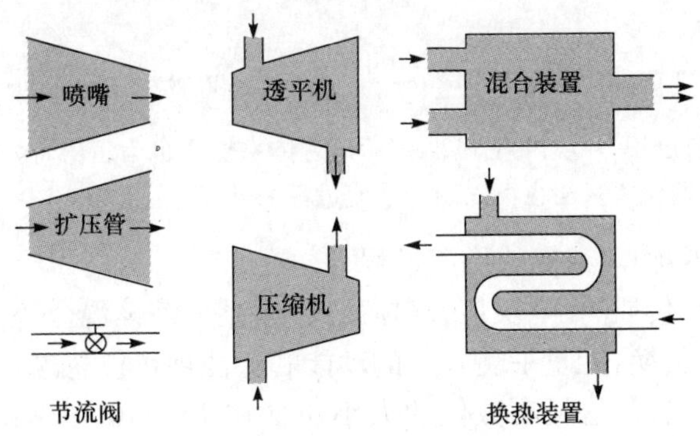

图 4-3　常见的过程装置

解　对于等焓过程，过程焓变可写为

$$\Delta H = C_{p,mH}^{*}(T_2 - T_1) + H_2^R - H_1^R = 0$$

已知终压为 0.1MPa，假定此状态下丙烷为理想气体，即 $H_2^R = 0$，由上式可给出

$$T_2 = \frac{H_1^R}{C_{p,mH}^{*}} + T_1 \tag{1}$$

查附录 1，得丙烷的 $T_c = 369.8\text{K}$，$p_c = 4.25\text{MPa}$，$\omega = 0.152$，可以求出初态：

$$T_{r,1} = 400/369.8 = 1.0817 \qquad p_{r,1} = 2.0/4.25 = 0.4706$$

根据 $T_{r,1}$、$p_{r,1}$ 的值，从图 2-13 判断，拟用普通化第二维里系数进行关联，计算得

$$B^0 = 0.289 \qquad \frac{dB^0}{dT_r} = 0.550 \qquad B^1 = 0.015 \qquad \frac{dB^1}{dT_r} = 0.480$$

则由式(3-91)得

$$H_1^R = 8.314 \times 369.8 \times (-0.452) = -1390(\text{J} \cdot \text{mol}^{-1})$$

现在要设法求出式(1)中的 $C_{p,mH}^{*}$。从附录 2 可查到

$$C_p^{*}/R = 1.213 + 28.785 \times 10^{-3} T - 8.824 \times 10^{-6} T^2$$

第一次估算可以假定 $C_{p,mH}^{*}$ 值等于初温 400K 下的 C_p^{*} 的值。将 $T = 400\text{K}$，$R = 8.314\text{J} \cdot \text{mol}^{-1} \cdot \text{K}^{-1}$ 代入上式，则有

$$C_{p,mH}^{*} \approx 94.074(\text{J} \cdot \text{mol}^{-1} \cdot \text{K}^{-1})$$

由式(1)求得

$$T_2 = \frac{-1390}{94.074} + 400 = 385.2(\text{K})$$

显然，近似估算结果，节流过程温度变化较小。

现在，可以用算数平均温度求出较为精准的 $C_{p,mH}^{*}$ 值

$$T_{am} = \frac{400 + 385.2}{2} = 392.6(\text{K})$$

$$C_{p,mH}^{*} \approx 92.734(\text{J} \cdot \text{mol}^{-1} \cdot \text{K}^{-1})$$

用式(1)重新计算 T_2，得 $T_2 = 385.0\text{K}$

由于 $S_2^R = 0$，因而丙烷的熵变可以用下式表示：

$$\Delta S = C_{p,mH}^{*} \ln \frac{T_2}{T_1} - R\ln \frac{p_2}{p_1} - S_1^R$$

因为温度变化很小，所以

$$C_{p,mS}^{*} \approx C_{p,mH}^{*} = 92.734(\text{J} \cdot \text{mol}^{-1} \cdot \text{K}^{-1})$$

然后由式(3-92)求得

$$S_1^R = -2.437(\text{J} \cdot \text{mol}^{-1} \cdot \text{K}^{-1})$$

于是

$$\Delta S=92.734\ln\frac{385}{400}-8.314\ln\frac{0.1}{2}+2.437=23.80(\mathrm{J\cdot mol^{-1}\cdot K^{-1}})$$

熵变为正值。对于绝热过程，环境没有熵变，因而孤立体系熵变也为正值，这表明节流过程是不可逆的。此例说明，第 3 章介绍的普遍化关联法也可以用于节流过程的计算。

3) 与外界有大量热、轴功交换的稳流过程

化工生产中的传热、传质、化学反应，气体压缩与膨胀，液体混合等都属此情况。由于系统与外界有大量热和轴功交换，能量平衡式中的动能和势能项可以忽略。

在许多工程应用中，各种能量项数值的大小通常在 $10\sim100\mathrm{kJ\cdot kg^{-1}}$ 的范围内。当动能为 $1\mathrm{kJ\cdot kg^{-1}}$ 时，其流速为 $45\mathrm{m\cdot s^{-1}}$。当势能值为 $\mathrm{kJ\cdot kg^{-1}}$ 时，其位高为 102m。在许多工业装置中都没有这样大的速度和位高变化。一般情况下，动能、势能与热、功相比，可以忽略，因此式(4-10)在化工过程能量衡算中应用极广。

倘若过程是绝热的，则式(4-10)还可简化为

$$\Delta H=-W_s \tag{4-14}$$

式(4-14)表明，在绝热情况下，流体与外界交换轴功的负值等于流体的焓变。可以利用式(4-14)求得绝热压缩或膨胀过程的轴功。

对于无轴功交换，但有热交换的化工过程，如传热、化学反应以及其他(如精馏、蒸发、溶解、吸收、结晶、萃取等)物理过程，式(4-10)可简化为

$$\Delta H=Q \tag{4-15}$$

式(4-15)表明，系统与外界交换的热量等于焓变。这是热量衡算的基本式。

例 4-3　300℃、4.5MPa 下乙烯气流在透平机中绝热膨胀到 0.2MPa。试求绝热、可逆膨胀(等熵膨胀)过程产出的轴功。(1)用理想气体方程；(2)用普遍化关联法，计算乙烯的热力学性质。

解　该过程乙烯的焓变和熵变可用式(3-95)和式(3-96)进行计算

$$\Delta H=C^*_{p,\mathrm{m}H}(T_2-T_1)+H_2^{\mathrm{R}}-H_1^{\mathrm{R}} \tag{3-95}$$

$$\Delta S=C^*_{p,\mathrm{mS}}\ln\frac{T_2}{T_1}-nR\ln\frac{p_2}{p_1}+S_2^{\mathrm{R}}-S_1^{\mathrm{R}} \tag{3-96}$$

式中，$p_1=4.5\mathrm{MPa}$；$p_2=0.2\mathrm{MPa}$；$T_1=(300+273.15)\mathrm{K}=573.15\mathrm{K}$。

(1) 假定乙烯是理想气体，则

$$\Delta H=C^*_{p,\mathrm{m}H}(T_2-T_1)$$

$$\Delta S=C^*_{p,\mathrm{mS}}\ln\frac{T_2}{T_1}-nR\ln\frac{p_2}{p_1}$$

对于等熵过程，$\Delta S=0$，后一式变为

$$\frac{C^*_{p,\mathrm{mS}}}{R}\ln\frac{T_2}{T_1}=\ln\frac{p_2}{p_1}=\ln\frac{0.2}{4.5}=-3.1135$$

因而

$$T_2=\exp\left(\frac{-3.1135}{C^*_{p,\mathrm{mS}}/R}+6.3511\right) \tag{1}$$

由于 $\dfrac{C^*_{p,\mathrm{mS}}}{R}=A+BT_{\mathrm{lm}}+T_{\mathrm{am}}T_{\mathrm{lm}}\left[C+\dfrac{D}{(T_1T_2)^2}\right]$；根据附录 2 可查得式(1)中乙烯气体的 $\dfrac{C^*_{p,\mathrm{mS}}}{R}$ 有关数据(其中 $D=0$)，则

$$\frac{C^*_{p,\mathrm{mS}}}{R}=A+BT_{\mathrm{lm}}+CT_{\mathrm{am}}T_{\mathrm{lm}} \tag{2}$$

式中，$A=1.424$；$B=14.394\times10^{-3}$；$C=-4.392\times10^{-6}$。则

$$T_{am}=\frac{T_1+T_2}{2}\qquad T_{lm}=\frac{T_1-T_2}{\ln(T_2/T_1)}$$

上述诸式中，仅 T_2 为未知数。用迭代法由式(1)和式(2)可求出 T_2，先假定一初值 T_2，用式(2)求出 $\frac{C_{p,mS}^*}{R}$，然后用式(1)求出 T_2。再将此新的 T_2 代入式(2)，如此反复迭代，直至收敛。其结果为

$$T_2=370.79\text{K}$$

于是

$$W_{s,等熵}=-(\Delta H)_s=-C_{p,mH}^*(T_2-T_1)$$

由于 $\frac{C_{p,mH}^*}{R}=A+BT_{am}+\frac{C}{3}(4T_{am}^2-T_1T_2)+\frac{D}{(T_1T_2)}$，当 $D=0$ 时，则得

$$\frac{C_{p,mH}^*}{R}=A+BT_{am}+\frac{C}{3}(4T_{am}^2-T_1T_2)\tag{3}$$

先求算 T_{am}

$$T_{am}=\frac{573.15+370.79}{2}=471.9(\text{K})$$

再由式(3)计算 $\frac{C_{p,mH}^*}{R}$，得

$$\frac{C_{p,mH}^*}{R}=7.224$$

因而

$$W_{s,等熵}=-7.224\times8.314\times(370.79-573.15)=12154(\text{J}\cdot\text{mol}^{-1})$$

(2) 乙烯为真实气体。

乙烯的 $T_c=282.4\text{K}$，$p_c=5.04\text{MPa}$，$\omega=0.085$，则初态时：

$$T_{r,1}=573.15/282.4=2.032\qquad p_{r,1}=45/50.4=0.893$$

根据 $T_{r,1}$、$p_{r,1}$，按图 2-13 判断，拟用普遍化第二维里系数法进行关联。由式(2-63)、式(2-64)、式(3-93)和式(3-94)，可得

$$B^0=-0.053\quad B^1=0.130\quad \frac{dB^0}{dT_r}=\frac{0.675}{T_r^{2.6}}=0.107\quad \frac{dB^1}{dT_r}=\frac{0.722}{T_r^{5.2}}=0.018$$

由式(3-91)和式(3-92)可得

$$\frac{H_1^R}{RT_c}=p_{r,1}\left[\left(\frac{B^0}{T_{r,1}}-\frac{dB^0}{dT_{r,1}}\right)+\omega\left(\frac{B^1}{T_{r,1}}-\frac{dB^1}{dT_{r,1}}\right)\right]=-0.234$$

$$H_1^R=-0.234\times8.314\times282.4=-550(\text{J}\cdot\text{kmol}^{-1})$$

$$\frac{S_1^R}{R}=-p_{r,1}\left(\frac{dB^0}{dT_{r,1}}+\omega\frac{dB^1}{dT_{r,1}}\right)=-0.097$$

$$S_1^R-0.097\times8.314=-0.806(\text{J}\cdot\text{mol}^{-1}\cdot\text{K}^{-1})$$

为了初步估算 S_2^R，先假定 $T_2=370.79\text{K}$，此值为方法(1)计算的结果，于是可求出 $T_{r,2}$ 和 $p_{r,2}$：

$$T_{r,2}=370.79/282.4=1.313\qquad p_{r,2}=0.2/5.04=0.040$$

由式(3-93)和式(3-94)求得

$$\frac{dB^0}{dT_r}=\frac{0.675}{T_r^{2.6}}=0.332\qquad \frac{dB^1}{dT_r}=\frac{0.772}{T_r^{5.2}}=0.175$$

再由式(3-92)求得

$$S_2^R=-0.115\text{J}\cdot\text{mol}^{-1}\cdot\text{K}^{-1}$$

倘若膨胀过程是等熵的，则由式(3-96)给出

$$0=C_{p,mS}^*\ln\frac{T_2}{573.15}-8.314\ln\frac{0.2}{4.5}+0.806-0.115$$

由此式可得

$$T_2=\exp\left(\frac{-26.557}{C_{p,mS}^*}+6.3511\right)$$

与方法(1)相同,用迭代法求出 T_2,其结果为

$$T_2=365.79\text{K}$$

为了重新求出 S_2^R,要使用下述数据

$$T_{r,2}=1.295 \quad p_{r,2}=0.040$$

$$\frac{dB^0}{dT_r}=\frac{0.675}{T_r^{2.6}}=0.345 \quad \frac{dB^1}{dT_r}=\frac{0.722}{T_r^{5.2}}=0.188$$

$$S_2^R=-0.120\text{J}\cdot\text{mol}^{-1}\cdot\text{K}^{-1}$$

此 S_2^R 与原先估算值相差甚小,不必重新求 T_2。现在可从上述结果求得 H_2^R,因为

$$B^0=-0.196 \quad B^1=0.081$$

故由式(3-91)可求出

$$H_2^R=-62\text{J}\cdot\text{mol}^{-1}$$

然后用式(3-95)可得

$$(\Delta H)_s=C_{p,mH}^*(365.79-573.15)-62+550$$

$C_{p,mH}^*$ 的求法同方法(1),但此处 $T_{am}=467.47\text{K}$。最后可得到

$$C_{p,mH}^*=59.843\text{J}\cdot\text{mol}^{-1}\cdot\text{K}^{-1}$$

$$(\Delta H)_s=11920\text{J}\cdot\text{mol}^{-1}$$

$$W_{s,等熵}=-(\Delta H)_s=-11920\text{J}\cdot\text{mol}^{-1}$$

比较方法(1)与(2)的结果可知,乙烯作为真实气体时,所产出的轴功要比其作为理想气体时小。

2. 轴功

1) 可逆轴功 $W_{s,r}$ 的计算

无任何摩擦损耗的轴功称为可逆轴功。在此情况下,流体经产功或耗功装置时,没有机械功耗散为热量的损失。

对于 1kg 定组成的流体,热力学基本关系式(3-2)可写为

$$dH=TdS+VdP$$

此式既可用于静止的封闭系统,又可用于流动的封闭系统。

对于可逆的状态变化,应有

$$TdS=\delta Q$$

式中,δQ 为系统与外界交换的热量。将此关系式代入式(3-2),有

$$dH=\delta Q+Vdp$$

上式积分后即得

$$\Delta H=Q+\int_{p_1}^{p_2}Vdp$$

将上式代入式(4-6),可得

$$-W_{s,r}=\int_{p_1}^{p_2}Vdp+\frac{1}{2}\Delta u^2+g\Delta z$$

对于产功或耗功过程(或设备),一般可以忽略动能和势能的变化,则

$$-W_{s,r}=\int_{p_1}^{p_2}Vdp \tag{4-16}$$

式(4-16)为可逆轴功的计算式。对于耗功过程,可逆轴功是消耗的最小功;对于产功过程,可逆轴功是产生的最大功。

对于液体,V 可近似地视为常量,式(4-16)可简化为

$$-W_{s,r}=V\Delta p \quad 或 \quad -W_{s,r}=V\mathrm{d}p \tag{4-17}$$

对于气体,当进出设备的压力变化很小时(如鼓风机)也可用式(4-17)求出 $W_{s,r}$,但式中的 V 要用进出口平均压力下的体积。

2) 实际轴功的计算

计算实际轴功时应考虑存在的摩擦损耗。实际过程中,流体分子之间存在内摩擦,轴与轴承之间、气缸与活塞之间等都有机械摩擦,因此,必定有一部分机械功耗散为热能。对于产功设备,实际轴功小于可逆轴功

$$W_s<W_{s,r}$$

对于耗能设备,实际轴功则大于可逆轴功(指绝对值)

$$|W_s|>|W_{s,r}|$$

实际轴功与可逆轴功之比称机械效率 η_m。

对于产功设备

$$\eta_m=\frac{W_s}{W_{s,r}} \tag{4-18a}$$

对于耗能设备

$$\eta_m=\frac{W_{s,r}}{W_s} \tag{4-18b}$$

各类设备的机械效率可以由实验测定。其值为 0～1,一般为 0.6～0.8。若已知 η_m 和 $W_{s,r}$,就可以求出实际轴功。

例 4-4 某化工厂用蒸汽透平带动事故泵。动力装置流程如图 4-4 所示,水进入给水泵的压力为 0.09807MPa,温度为 15℃。水被加压到 0.687MPa(绝)后进入锅炉,将水加热成饱和水蒸气。水蒸气由锅炉进入透平,并在透平中进行膨胀做功。排出的水蒸气(称乏汽)压力为 0.09807MPa。水蒸气透平输出的功主要用于带动事故泵,有一小部分用于带动给水泵。若透平机和给水泵都是绝热、可逆操作的,问有百分之几的热能转化为功(用于事故泵的功)?

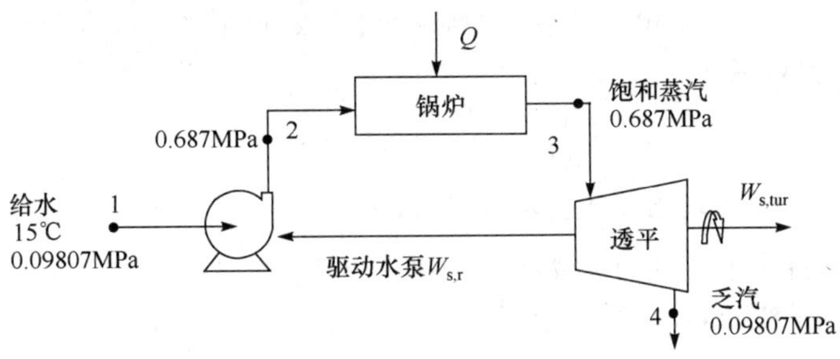

图 4-4　动力装置流程示意图

解　计算基准取 1kg 水。

给水泵轴功可用式(4-17)进行计算

$$-W_{s,r}=V\mathrm{d}p$$

查附录 3(水蒸气表)可知 15℃水的饱和蒸汽压为 1.7051kPa、比容为 0.001$\mathrm{m^3\cdot kg^{-1}}$,因此

$$W_{s,r}=-V(p_2-p_1)=-0.001\times(0.687-0.09801)\times10^3=-0.5890(\mathrm{kJ\cdot kg^{-1}})$$

对给水泵作能量衡算可根据式(4-8)

$$\Delta H=Q-W_{s,r}$$

水泵绝热操作 $Q=0$,因此

$$\Delta h=h_2-h_1=-W_{s,r}=0.5890(kJ\cdot kg^{-1})$$

倘若知道进入水泵时水的焓 h_1,则可从上式求出 h_2,即进入锅炉的液体水的焓。15℃饱和水的焓 $h_{饱和水}$ 可以从水蒸气表中查到

$$h_{饱和水}=62.99kJ\cdot kg^{-1}$$

h_1 和 $h_{饱和水}$ 的关系为

$$h_1=h_{饱和水}+\int_{p_0}^{p_1}\left(\frac{\partial H}{\partial p}\right)_T dp \tag{1}$$

式中,$p_0=1.7051kPa$,$p_1=98.07kPa$。

由于

$$\left(\frac{\partial H}{\partial p}\right)_T=V-T\left(\frac{\partial V}{\partial T}\right)_p$$

用 p-V-T 数据进行积分计算表明,式(1)右边积分项的值很小,可以忽略,因此

$$h_1\approx h_{饱和水}=62.99(kJ\cdot kg^{-1})$$

$$h_2=62.99+0.5890=63.58(kJ\cdot kg^{-1})$$

锅炉出口为 687kPa 的饱和水蒸气,从水蒸气表中查得 $h_3=2763kJ\cdot kg^{-1}$,$S_3=6.70kJ\cdot kg^{-1}\cdot K^{-1}$。

可根据式(4-6)对锅炉进行能量衡算

$$\Delta H=Q-W_s \quad W_s=0$$

$$Q=H_3-H_2=2763-63.58=2699(kJ\cdot kg^{-1})$$

每千克水通过锅炉吸热 2699kJ。

按题意透平机是在绝热、可逆条件下操作的,因此是等熵过程

$$S_4=S_3=6.70(kJ\cdot kg^{-1}\cdot K^{-1})$$

已知 $p_4=0.09807MPa$,根据 S_4 和 p_4 之值从水蒸气的数据表可查得 $h_4=2425kJ\cdot kg^{-1}$

根据式(4-10)对透平机进行能量衡算

$$\Delta H=Q-W_{s,tur}$$

由于 $Q=0$(透平机绝热操作),所以

$$W_{s,tur}=-\Delta H=h_3-h_4=2763-2425=338(kJ\cdot kg^{-1})$$

其中一部分轴功用于水泵,因而提供给事故泵的轴功为

$$W_s=338-0.5890=337.4(kJ\cdot kg^{-1})$$

W_s 与 Q 之比,称为热效率 η_T:

$$\eta_T=\frac{W_s}{Q}=\frac{337.4}{2699}=0.1250=12.5\%$$

由此可见,只有 12.5%的热转化为功,此功用于事故泵。

例 4-5 人体心脏是化学能转化为机械能的器官,它消耗氧气,产生二氧化碳。已测得心肌氧耗量为 $8.33\times10^{-8}m^3\cdot s^{-1}$,当量氧热值为 $2.019\times10^4kJ\cdot m^{-3}$(氧气)。人体的血流量为 $8.33\times10^{-5}m^3\cdot s^{-1}$,血液通过心脏血压升高 13.33kPa。试求人体心脏能量转化(化学能转化为机械能)的效率。(心脏能量平衡示意如图 4-5 所示)

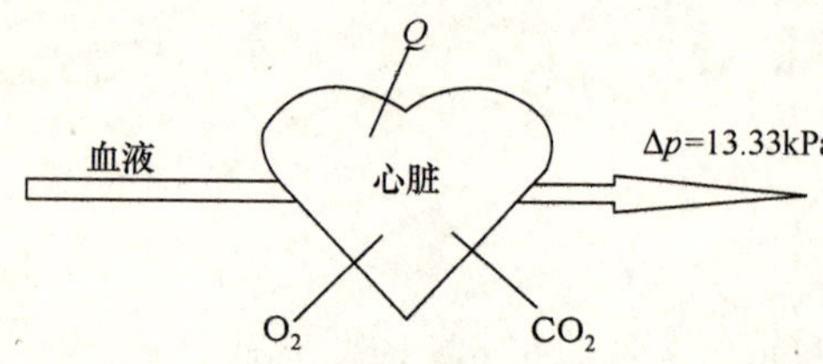

图 4-5 心脏能量平衡示意图

解 人体心脏能量平衡计算包括以下几项:

(1) 泵送血液做机械功 W_s;

(2) 泵送血液时,心肌中储存的化学能转化为机械能;

(3) 由于化学能转化为机械能的效率小于 1,因此有部分化学能耗散为热量 Q。

根据稳流过程热力学第一定律，即式(4-10)，有

$$\Delta H=Q-W$$

ΔH 为系统(心脏)的焓变，它代表系统总能量的变化。对于心脏，假定温度不变，则总能量的变化就是化学能的变化 ΔC，因此式(4-10)变为

$$\underset{(-)}{\Delta C}=\underset{(-)}{Q}-\underset{(+)}{W_s} \tag{1}$$

式(1)中，Q 为负值，W_s 为正值，故 ΔC 必为负值。由式(1)可知，就绝对值而言，Q 和 W_s 之和等于 ΔC。

ΔC 应是心肌氧耗量与当量氧热值的乘积：

$$-\Delta C=1.682\times10^{-3}\,\text{kJ}\cdot\text{s}^{-1}=1.682\,\text{J}\cdot\text{s}^{-1}$$

(1) 假定泵送血液做机械功的过程是可逆的(无摩擦损耗)，按式(4-17)，则有

$$W_s\approx W_{s,r}=-V\Delta p=-8.33\times10^{-5}\times13.33\times10^3=-1.111(\text{J}\cdot\text{s}^{-1})$$

注意，上述计算式的系统是血液。对血液而言，此机械功应为负号，因血压升高需要外界对其做功。但对心脏而言，是对外做功，故在式(1)中 W_s 应取正值，即 $1.111\text{J}\cdot\text{s}^{-1}$。

(2) 心脏化学能转化为机械功的效率为

$$\eta=\frac{|W_s|}{|\Delta C|}=\frac{1.111}{1.682}=0.6605=66.05\%$$

(3) 根据能量衡算式(1)，可求得心脏化学能耗散为热量 Q：

$$Q=\Delta C+W_s=-1.682+1.111=-0.571(\text{J}\cdot\text{s}^{-1})$$

计算结果表明，人体心脏是一个十分有效的化学能-机械能转化器。由例(4-5)可知，热力学第一定律也可用于生物系统。原则上，对人体每一个器官(子系统)的功能都可进行能量分析。例如，心脏和肌肉做机械功；肝脏犹如一个化学反应器，在其中合成高能化合物；在胃酸腺中进行浓缩过程；在肾管中逆着浓度降输送物质等。完成这些任务的物理或化学过程中能量转化的形式各异，其转化效率也各不相同。

3. 热量平衡

无轴功交换，仅有热交换过程的能量衡算称为热量衡算。稳流过程热量衡算的基本关系式为

$$\Delta H=Q$$

确定化工生产过程的工艺条件、设备尺寸、热载体用量、热损失及热量分布等都需要进行热量衡算。由于不存在脱离物质的热量，因此热量衡算往往是在物料衡算的基础上进行的，或者两者相互交叉进行。物料衡算与热量衡算是生产技术管理的基础，为节能提供依据的前提。

1) 热量衡算的一般方法

热量衡算的实质是按能量守恒定律把各股物流所发生的各种热效应关联起来。分析化工生产过程各种热效应时，经常遇到的不外乎是几种基本热效应的叠加或综合。这些基本的热效应发生于：

(1) 物流的温度变化(显热变化)。

(2) 物流的相变化(潜热变化)。

(3) 两种或多种物流相互溶解。

(4) 系统中的化学反应。

作热量衡算(物料衡算也同样)首先要取一个系统，此系统可以是一个设备，也可以是一组设备，甚至是生产过程的全套设备。系统的选择视热量衡算的任务而定。系统确定之后，还要选取计算基准。系统和计算基准的选择十分重要，选得恰当可以简化计算。工程上常用的计

算基准有两种：

(1) 以单位质量、单位体积或单位物质的量的产品或原料为计算基准。对于固体或液体常用单位质量(1000kg)；对于气体常用单位体积($Nm^3$①)或单位物质的量(1mol 或 1kmol)。

(2) 以单位时间产品或原料量为计算基准。例如，以 $t \cdot d^{-1}$、$kg \cdot h^{-1}$、$m^3 \cdot h^{-1}$、$kmol \cdot h^{-1}$为计算基准。

对于连续操作的设备用上述两种皆可，对于间歇操作的设备宜用(1)。热量衡算有时还要选定基准温度，同时还要设计途径。为便于计算，往往将初态至终态的全过程分解为几个分过程，总焓变 ΔH 为各分过程焓变 ΔH_i 之和，即

$$\Delta H = \sum_i \Delta H_i \tag{4-19}$$

2) 热量衡算实例

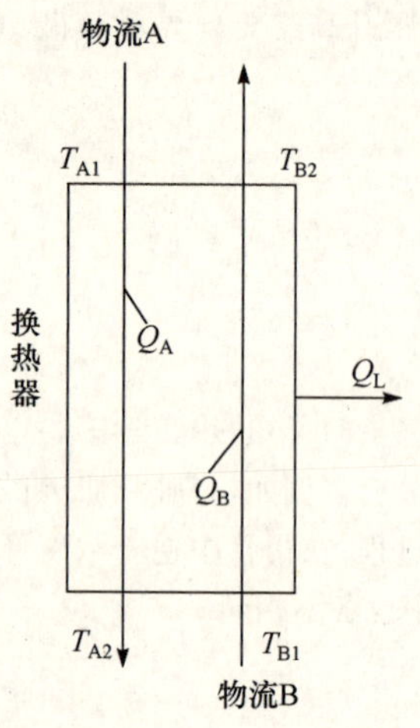

图 4-6　换热器热量平衡示意图

可借助热量衡算来计算各种化工设计的热损失，如图 4-6 中的换热器使热流体 A 的温度自 T_{A1}降至 T_{A2}，同时使冷流体 B 的温度自 T_{B1}升至 T_{B2}。热、冷流体均无相变化和化学反应发生，其压力也不变化，T_A 和 T_B 均高于大气(环境)的温度。已知热、冷流体的流量各为 m_A 和 m_B($kmol \cdot h^{-1}$)，在有关温度范围的平均等压热容为 $C_{p,mH}^A$、$C_{p,mH}^B$($kJ \cdot kmol^{-1} \cdot K^{-1}$)。此换热器的热损失可作如下计算。

先画出换热器示意图(图 4-6)。选定换热器为系统，以每小时为计算基准，以便进行热量衡算。根据热量衡算的基本式(4-15)，对于换热器有

$$\Delta H_{换热器} = Q_L \tag{4-20}$$

式中，$\Delta H_{换热器}$为热、冷流体通过换热器的焓变；Q_L 为热损失。

$$\Delta H_{换热器} = \Delta H_A + \Delta H_B \tag{4-21}$$

式中，ΔH_A 和 ΔH_B 分别为热、冷流体的焓变。已知有关温度范围内的平均等压热容，忽略压力变化，则有

$$\Delta H_A = m_A C_{p,mH}^A (T_{A2} - T_{A1}) \tag{4-22a}$$

$$\Delta H_B = m_B C_{p,mH}^B (T_{B2} - T_{B1}) \tag{4-22b}$$

将式(4-21)和式(4-22)代入式(4-20)，可得

$$Q_L = m_A C_{p,mH}^A (T_{A2} - T_{A1}) - m_B C_{p,mH}^B (T_{B2} - T_{B1}) \tag{4-23}$$

设热流体放出的热量为 Q_A，冷流体吸收的热量为 Q_B，则

$$Q_A = \Delta H_A \quad Q_B = \Delta H_B$$

将上述两式代入式(4-21)，然后再代回式(4-20)，可得热损失 Q_L 的计算式：

$$Q_A + Q_B = Q_L \tag{4-24}$$

假如 Q_L 为已知数(工厂里可能有经验数据)，则也可利用式(4-23)或式(4-24)求出其他未知的参数，如 T_{A1}和 T_{A2}、T_{B1}和 T_{B2}、m_A 和 m_B 等。总之，一个方程可解出一个未知数，此未

① Nm^3 为标准立方米，是非法定单位。

知数视具体情况而定。

式(4-24)为化工生产技术人员所常用,但式(4-24)对热力学第一定律在敞开体系稳流过程的应用未受人注意。

又如,合成氨厂的氨合成塔出口气体通常称为循环气。循环气中约含百分之十几的氨气。为了分离其中的氨,将其通过氨冷器,如图 4-7 所示,使循环气中的氨进行冷凝以分离出来。在氨冷器中循环气从蛇形盘管通过,其流量为 m_G,温度从 T_{G1} 降至 T_{G2}。蛇形管外部有液态氨进行汽化(从循环气吸热),其流量为 m_A。经过氨冷器的循环气温度从 T_{A1} 降至 T_{A2}。由于液氨汽化的温度低于大气环境的温度,因此大气环境有热量 Q_L 泄入氨冷器。若对氨冷器作热量衡算,可求出 Q_L。

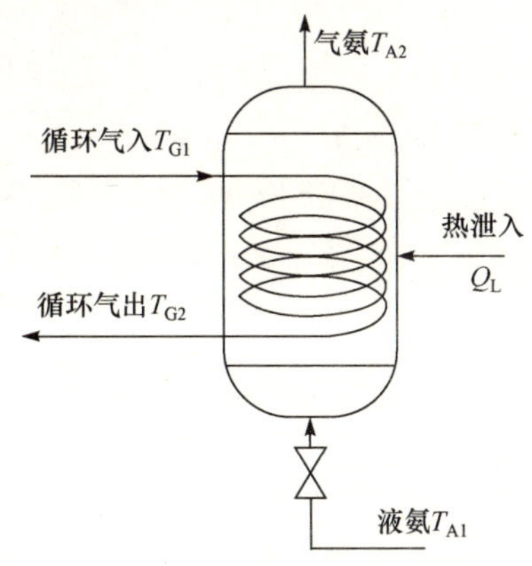

图 4-7　换热器热量平衡示意图

取氨冷器为系统,计算每小时内冷凝下来的氨量、汽化的液氨量和热泄入量。

根据热量衡算基本式(4-15),对氨冷器有

$$\Delta H_{氨冷器}=Q_L \tag{4-25}$$

$$\Delta H_{氨冷器}=\Delta H_G+\Delta H_A \tag{4-26}$$

式中,ΔH_G 和 ΔH_A 分别为循环气和液氨的焓变;Q_L 为热泄入量。

$$\Delta H_G=m_G C_{p,mH}^G (T_{G2}-T_{G1})+m_L \Delta H_L \tag{4-27a}$$

式中,$C_{p,mH}^G$ 为循环气的平均等压热容;m_L 为循环气中冷凝下来的氨量;ΔH_L 为单位质量氨冷凝焓变(负值)。

$$\Delta H_A=m_A C_{p,mH}^A (T_{A2}-T_{A1})+m_A \Delta H_A \tag{4-27b}$$

式(4-27b)右边第一项是液氨升温焓变,$C_{p,mH}^A$ 为液氨的平均等压热容。第二项中 ΔH_A 是单位质量液氨在 T_{A2} 下的汽化焓变(正值),m_A 为汽化的液氨量。

将式(4-26)和式(4-27)代入式(4-25),得

$$Q_L=m_G C_{p,mH}^G (T_{G2}-T_{G1})+m_L \Delta H_L+m_A C_{p,mH}^A (T_{A2}-T_{A1})+m_A \Delta H_A \tag{4-28}$$

只要得到 $C_{p,mH}^G$ 和 $C_{p,mH}^A$ 以及 ΔH_L 和 ΔH_A 的数据,即可用式(4-28)求出 Q_L。如果 Q_L 已知,则可由式(4-28)求出其他参数。

例 4-6　用 20%过剩空气燃烧甲烷,甲烷和空气都在 25℃进入燃烧炉。试求燃烧所能达到的最高温度。

解　甲烷燃烧反应为

$$CH_4(g)+2O_2(g)\longrightarrow CO_2(g)+2H_2O(g)$$

根据附录 4 中标准生成热 $\Delta H_f^\ominus$ 数据,可以求得 25℃、0.10133MPa 下的化学反应焓变(标准反应热)$\Delta H_{298}^\ominus$,即

$$\Delta H_{298}^\ominus=-393510+2\times(-241830)-(-74850)=-802320(J)$$

假定燃烧过程是绝热的,热损失 $Q_L=0$,则式(4-25)可简化为

$$\Delta H=0$$

为了求得反应物的最终温度,在初终态之间可设计任意途径。取 1mol CH_4 作为计算基准。

理论需要 O_2 的物质的量(mol)=2.0

过剩 O_2 的物质的量(mol)=0.2×2.0=0.4

进入的 N_2 的物质的量(mol)=2.4×(79/21)=9.03

离开燃烧炉的气体包括 1mol CO_2、2mol $H_2O(g)$、0.4mol O_2 和 9.03mol N_2。

根据式(4-19),有

$$\Delta H_{298}^{\ominus}+\Delta H_{p}^{\ominus}=\Delta H=0$$

上式左边两项为

$$\Delta H_{298}^{\ominus}=-802320\text{J}$$

$$\Delta H_{p}^{\ominus}=\sum n_i C_{p,\text{mH},i}^{*}(T_2-298.15)$$

式中,$\sum$ 包括所有的气体产物。由于平均等压热容与终温 T_2 有关,因此要用迭代法求出 T_2。上述三式联立可解出 T_2:

$$T_2=\frac{802320}{\sum n_i C_{p,\text{mH},i}^{*}}+298.15 \tag{1}$$

根据热容公式$\dfrac{C_{p,\text{mH}}^{*}}{R}=A+BT_{\text{am}}+\dfrac{C}{3}(4T_{\text{am}}^{2}-T_1T_2)+\dfrac{D}{T_1T_2}$,由附录 2 的数据可知,此燃烧过程气体产物热容中的 $C=0$,可得

$$\sum n_i C_{p,\text{mH},i}^{*}=R\left[\sum n_i A_i+\left(\sum n_i B_i\right)T_{\text{am}}+\frac{\sum n_i D_i}{T_1T_2}\right]$$

由附录 2 的数据可求得

$$\sum_i n_i A_i=1\times5.457+2\times3.470+0.4\times3.639+9.03\times3.280=43.471$$

同样

$$\sum_i n_i B_i=9.502\times10^{-3}\qquad \sum_i n_i D_i=0.645\times10^{5}$$

因而

$$\sum_i n_i C_{p,\text{mH},i}^{*}=8.314\times\left(43.471+9.502\times10^{-3}T_{\text{am}}+\frac{-0.645\times10^{5}}{T_1T_2}\right) \tag{2}$$

将 $T_1=298.15\text{K}$,$T_2\geqslant298.15\text{K}$ 的初值代入式(2) 求出$\sum n_i C_{p,\text{mH},i}^{*}$,并以此值代回式(1) 求出 T_2。继续在式(1) 和式(2) 之间进行迭代,最后求得

$$T_2=2066\text{K}(1793℃)$$

例 4-7 高温常压下用水蒸气催化转化甲烷,制造合成气(主要成分是 CO 和 H_2),其反应式为

$$CH_4(g)+H_2O(g)\longrightarrow CO(g)+3H_2(g) \tag{1}$$

主要副反应是水煤气的变换反应:

$$CO(g)+H_2O(g)\longrightarrow CO_2(g)+H_2(g) \tag{2}$$

若水蒸气与甲烷的物质的量比为 2,反应时向转化炉供热使产物达到 1300K,则甲烷会完全转化。此时产物中 CO 的含量为 17.4%(物质的量分数)。已知反应物预热到 600K 入炉,试求需要向转化炉提供的热量。

解 先求出两个反应的标准反应热。反应式(1)的 $\Delta H_{298}^{\ominus}=206160\text{J}$,反应式(2)的 $\Delta H_{298}^{\ominus}=-41160\text{J}$。反应式(1)加反应式(2)可得反应式(3),即

$$CH_4(g)+2H_2O(g)\longrightarrow CO_2(g)+4H_2(g) \tag{3}$$

反应式(3)的 $\Delta H_{298}^{\ominus}=165000\text{J}$。反应式(1)、反应式(2)和反应式(3)三个反应式中只有两个反应是独立的,第三个反应可以由其他两个反应组合而成。采用下列两个反应式计算较简便:

$$CH_4(g)+H_2O(g)\longrightarrow CO(g)+3H_2(g)\qquad \Delta H_{298}^{\ominus}=206160\text{J}$$

$$CH_4(g)+2H_2O(g)\longrightarrow CO_2(g)+4H_2(g)\qquad \Delta H_{298}^{\ominus}=165000\text{J}$$

首先确定两反应式中甲烷各自转化的分率。以进入转化炉时 1mol 甲烷和 2mol 水蒸气为计算基准,倘若式(1)反应掉 $x$mol 甲烷,则式(3)反应掉$(1-x)$mol 甲烷。反应产物的物质的量(mol)如下:

$CO: x$

$H_2: 3x+4(1-x)=4-x$

$CO_2: 1-x$

$H_2O: 2-x-2(1-x)=x$

合计：5mol 反应产物

已知产物中 CO 的含量为 $x/5=0.174$，则 $x=0.870$。根据选择的计算基准，有 0.870mol 甲烷按式(1)进行反应，0.130mol 甲烷按式(3)进行反应。反应产物中各组分的量为

CO 物质的量(mol)$=x=0.870$

H_2 物质的量(mol)$=4-x=3.13$

CO_2 物质的量(mol)$1-x=0.130$

H_2O 物质的量(mol)$=x=0.870$

为了便于计算，要设计一个从 600K 的反应物转化到 1300K 的产物的途径。25℃的标准反应热是可以利用的数据，为此，设计如图 4-8 所示的计算途径。虚线代表实际途径，其焓变为 ΔH。

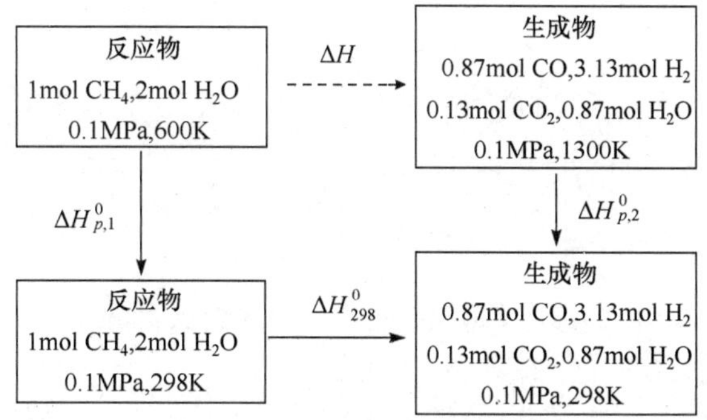

图 4-8　甲烷转化热量衡算步骤示意图

根据式(4-19)，有

$$\Delta H=\Delta H_{p,1}^{\ominus}+\Delta H_{298}^{\ominus}+\Delta H_{p,2}^{\ominus}$$

反应式(1)转化 0.87mol 甲烷，反应式(3)转化 0.13mol 甲烷，所以

$$\Delta H_{298}^{\ominus}=0.87\times 206160+0.13\times 165000=200809(\mathrm{J})$$

反应物从 600K 冷却到 298K 的焓变：

$$\Delta H_{p,1}^{\ominus}=\sum n_i C_{p,\mathrm{m}H,i}^{*}(298.15-600)$$

式中，$C_{p,\mathrm{m}H,i}^{*}$ 按式 $\dfrac{C_{p,\mathrm{m}H}^{*}}{R}=A+BT_{\mathrm{am}}+\dfrac{C}{3}(4T_{\mathrm{am}}^{2}-T_1T_2)+\dfrac{D}{(T_1T_2)}$ 计算。由此得

$$\Delta H_{p,1}^{0}=(1\times 44.026+2\times 34.826)(-301.85)=-34314(\mathrm{J})$$

同样，产物从 298K 加热到 1300K 的焓变为

$$\begin{aligned}\Delta H_{p,2}^{\ominus}&=\sum n_i C_{p,\mathrm{m}H,i}^{*}(1300-298.15)\\&=(0.87\times 31.702+3.13\times 29.994+0.13\times 49.83+0.87\times 38.742)\times 1001.85\\&=161944(\mathrm{J})\end{aligned}$$

所以

$$\Delta H=\Delta H_{p,1}^{\ominus}+\Delta H_{298}^{\ominus}+\Delta H_{p,2}^{\ominus}=-34314+200809+161944=328439(\mathrm{J})$$

根据式(4-15)，最后求得转化炉所需的热量为

$$Q=\Delta H=328.439(\mathrm{kJ})$$

4.3 热力学第二定律和熵平衡

4.3.1 热力学第二定律

这里对热力学第二定律只作简要的介绍，物理化学中已有详尽的叙述，常见的第二定律表述如下：

(1) 克劳修斯(Clausius)说法：热不可能自动从低温物体传给高温物体。

(2) 开尔文(Kelvin)说法：不可能从单一热源吸热使之完全变为有用的功而不引起其他变化。

上面表达的实质是“自发过程都是不可逆的”。克劳修斯的说法说明了热传导过程的不可逆性，而开尔文说法则描述了功转化为热的过程的不可逆性。

4.3.2 熵及熵增原理

热力学第二定律揭示了热和功之间的转化规律，热机的效率 η 定义为热机循环过程中高温热源吸收的热量 Q_1 与所做的功 W 之比值：

$$\eta=\frac{W}{Q_1} \tag{4-29}$$

按照热力学第一定律，系统从热源吸收的热只能部分转化为功，即 $W<Q_1$，所以热机的实际效率 $\eta<1$，而只有卡诺(Carnot)循环的效率最高。

卡诺定律：所有工作于同温热源和同温冷源之间的热机，以可逆热机效率最高。而且可以推论，工作于同温热源与同温冷源之间的可逆机，其效率相等，与工作介质(工质)无关。

卡诺热机的效率为

$$\eta=\frac{W}{Q_1}=\frac{|Q_1|-|Q_2|}{Q_1}=\frac{T_1-T_2}{T_1}=1-\frac{T_2}{T_1} \tag{4-30}$$

熵的定义为可逆热温熵，即

$$\mathrm{d}S=\frac{\delta Q_{\mathrm{rev}}}{T} \tag{4-31}$$

积分式(4-31)得到熵变：

$$\Delta S=S_2-S_1=\int_1^2\frac{\delta Q_{\mathrm{rev}}}{T} \tag{4-32}$$

对可逆的等温过程，$\Delta S=\frac{\delta Q_{\mathrm{rev}}}{T}$ 或 $\delta Q_{\mathrm{rev}}=T\Delta S$，如可逆汽化过程的 $\Delta S=\frac{\Delta H^{\mathrm{vap}}}{T}$；对绝热可逆过程，则 $\Delta S=0$，称为等熵过程；对非可逆过程，ΔS 用状态函数的性质来计算。

熵的微观物理意义是系统的混乱程度大小的度量，单位是 $\mathrm{J\cdot K^{-1}}$。封闭系统中进行任何过程，都有

$$\mathrm{d}S\geqslant\frac{\delta Q}{T} \tag{4-33}$$

这就是热力学第二定律的数学表达式。

孤立系统，$\delta Q=0$，则式(4-33)变为

$$\mathrm{d}S\geqslant 0 \quad 或 \quad \Delta S\geqslant 0 \tag{4-34}$$

式(4-34)为熵增原理的数学表达式。若将系统和环境看作一个大系统，它即为孤立系统，则总熵变等于封闭系统熵变 ΔS 和环境熵变 ΔS_0 之和：

$$\Delta S_t = \Delta S + \Delta S_0 \geqslant 0 \tag{4-35}$$

熵增原理：自发进行的不可逆过程只能向着总熵增加的方向进行，最终趋向平衡态。此时总熵变达到最大值，即 $\Delta S_t = 0$ 达到了过程的终点。熵增原理提供了判断过程进行的方向和限度的依据。需要注意的是，判断的依据是总熵变而不是系统的熵变。

4.3.3　封闭系统的熵平衡

实际过程的不可逆性引起能量品质的损耗，这是热力学第一定律无法计算的。建立熵平衡关系可以精确地衡量过程的能量利用效率。式(4-33)用于可逆过程为等号，而用于不可逆过程为大于号，即系统的熵变大于热温熵，因为不可逆过程中，有序的能量耗散为无序的热能(如摩擦等)，并被系统吸收而导致系统熵的增加，这部分熵常称为熵产生，记为 ΔS_g，它不是系统的性质，而是与系统的不可逆过程有关，过程的不可逆程度越大，熵产生量 ΔS_g 越大，但可逆过程则无熵产生。将式(4-33)改写为如下的等式，引入熵产生变量 dS_g：

$$dS = \frac{\delta Q}{T} + dS_g \tag{4-36}$$

其积分形式为

$$\Delta S = \int_1^2 \frac{\delta Q}{T} + \Delta S_g \tag{4-37}$$

上面两式均为封闭系统的熵平衡式。

4.3.4　稳定流动系统的熵平衡

图 4-9 是敞开系统熵平衡示意图。设有 i 股物料流入系统，其质量为 m_i，流入系统的熵之和为 $\sum_i m_i S_i$；同时有 j 股物料流出系统，质量为 m_j，流出系统熵之和为 $\sum_j m_j S_j$。如果有热量流入或流出系统，则必定伴有相应的熵变化，即 $\int \frac{\delta Q}{T}$ 流入系统，该熵变常称为熵流，记为 ΔS_f 或为

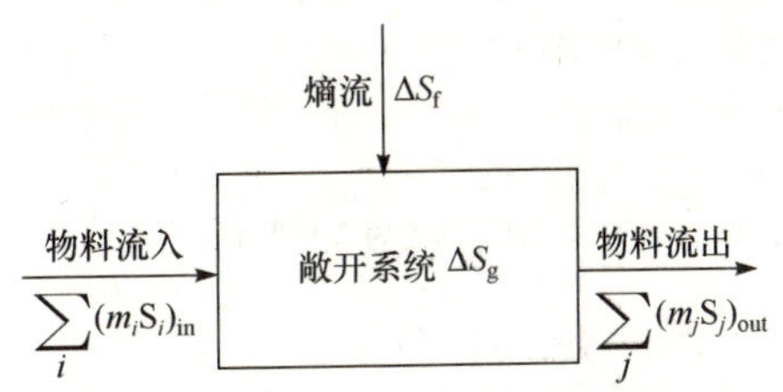

图 4-9　敞开系统熵平衡示意图

$$dS_f = \frac{\delta Q}{T} \tag{4-38}$$

由于传递的能量可正、可负、可零，因此熵流也可正、可负、可零。

需注意的是，功的传递不会引起熵流，这是熵的定义决定的。但是功的传递进入系统可引起系统的熵变。

敞开系统的熵平衡方程为

$$S_{t+\delta t} - S_t = \Delta S_f + \Delta S_g + \sum_i m_i S_i - \sum_j m_j S_j \tag{4-39}$$

式中，左边为系统熵的积累；t 为某一时刻。对于封闭系统，式(4-39)即为式(4-37)：

$$S_{t+\delta t} - S_t = \Delta S = \Delta S_f + \Delta S_g$$

对于敞开的稳流过程，由于系统状态不随时间变化，则系统熵的累积 $S_{t+\delta t} - S_t = 0$，

式(4-39)变为

$$\Delta S_f + \Delta S_g + \sum_i m_i S_i - \sum_j m_j S_j = 0 \tag{4-40}$$

工程上常用式(4-40)计算稳流过程的熵产生 ΔS_g。对于某些特定的过程,有如下简化式:

对绝热稳流过程,且只有单股流体,有 $m_i = m_j = m$,则 $\Delta S_g = m(S_j - S_i) = 0$。

对可逆绝热的稳流过程,$\Delta S_g = 0$,$\Delta S_f = 0$,则有 $\sum_i m_i S_i = \sum_j m_j S_j$,若单股物料,有 $S_i = S_j$,即为常见的等熵过程。

4.4 热力学图表及其应用

化工过程进行热力学分析时需要流体热力学性质的信息,虽然用第 3 章介绍的一系列普遍化曲线图可方便地进行一般计算,但是在实际生产和设计中,常借助于热力学图表。人们对某些常用物质制作了综合的热力学性质图,由给定条件可直接从图中查到某些热力学性质,常用的热力学性质图有 *T-S* 图(温-熵图)、*H-S* 图(焓-熵图)、*p-H* 图(压-焓图)等。这些热力学性质图都是根据实验所得到 *p*、*V*、*T* 数据、汽化潜热和热容数据,经过一系列微分、积分等运算绘制而成的。如果能够完全使用实验数据直接制作图线,当然是最精确的,但是实验数据往往是不完整的,这时可以通过状态方程等计算方法来进行补充和引申。对于完全没有实验数据的物质,也可以通过状态方程的计算来制作热力学性质图表。

为了用最简便的形式提供不同温度、压力下物质的热力学性质数据,可以用数据表格,也可以用图形。数据表格的形式较为精确,但使用时经常需要内插,比较麻烦,目前只有少数物质已经制成表格(如附录 3 水蒸气表)。热力学性质图虽然读数不如表格准确,但使用十分方便,而且容易看出其变化的趋势,因此进行过程热力学分析一般都使用热力学性质图。在这些图上,一般都有等压、等容、等熵、等焓等曲线。下面将以 *T-S* 图为例说明其构成、性质与应用。

4.4.1 *T-S* 图的构成和性质

图 4-10 为氨的 *T-S* 图,图中左下方的拱形曲线为饱和曲线,该曲线的左半边为饱和液体曲线,右半边为饱和蒸气曲线。在示意图 4-11 上,曲线 *C-2-A* 称为饱和液体曲线;曲线*C-3-B* 称为饱和蒸汽曲线。在相同温度下,气相和蒸汽区的熵总是比液相大,因此饱和蒸汽曲线在熵值大的半边。饱和蒸汽和饱和液体两条曲线的汇合点 *C* 为临界点。饱和液体曲线左边、临界温度以下的区域为液相区;饱和蒸汽曲线右边、临界温度以下为蒸汽区;临界温度以上的区域为气相区。

饱和曲线下面为汽液共存区,也称为湿蒸汽区。两相共存区中的水平线与汽、液饱和曲线的交点表示互为平衡的汽、液两个相,它们的温度、压力均相等。水平线的长度表示气液相变化的熵变,此熵变与其热力学温度的乘积为汽化热。随着液体温度的升高,汽化热逐渐下降;直到临界点,汽化热等于零。汽液相平衡线(图 4-11 中 23 线段)上的任何一点都为汽液混合物。汽液量之比可以根据杠杆规则求得。例如,图 4-11 中两相区的 *m* 点,蒸汽量/液体量=2*m* 线段/3*m* 线段。湿蒸汽中所含饱和蒸汽的质量分数称为干度 *x*。有些 *T-S* 图上标有等干度线,如图 4-11 上的 *x* 等干度线。在等干度线上的湿蒸汽具有相同的干度。

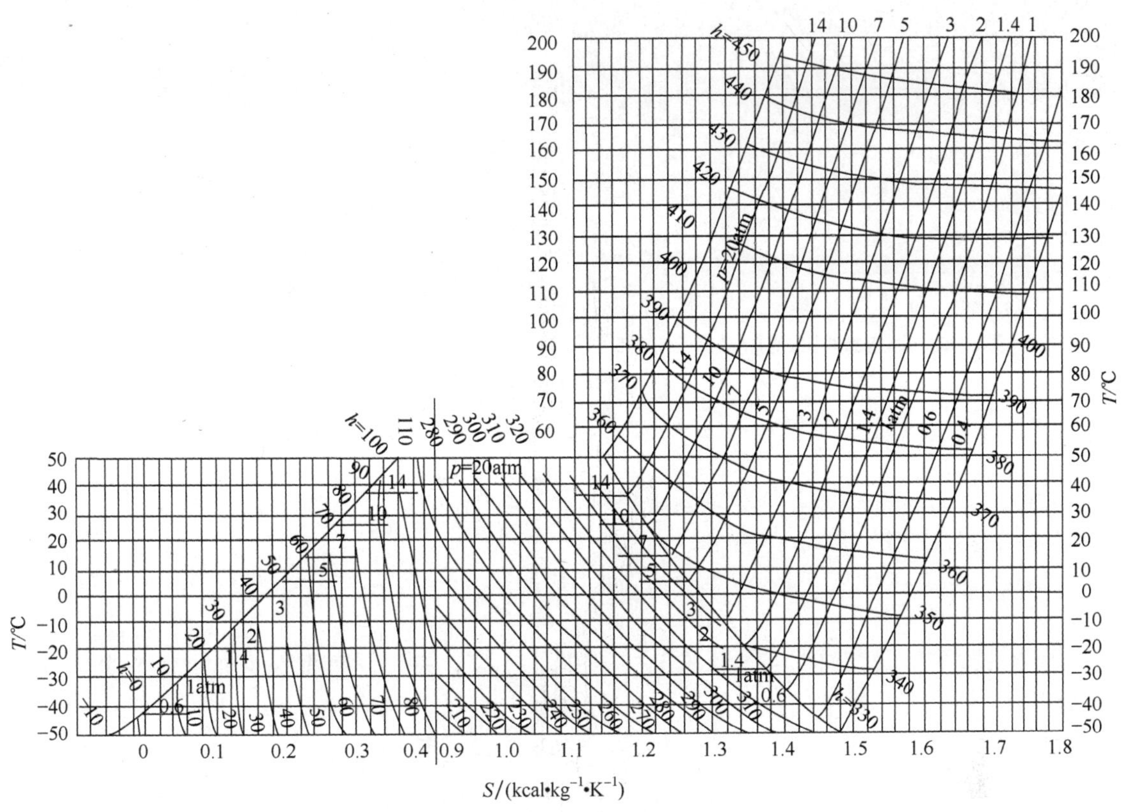

图 4-10　氨的 T-S 图(可供查算)

在 T-S 图上还标有一系列从左下角往右上角偏斜的近乎平行的曲线,为等压线。在饱和液体曲线左边、临界点以下的曲线为液体等压线,其他均为气体等压线。在两相区内等压线是水平的。高压线处于系列线的左边,低压线在右边。这是因为在同一温度下,高压下的熵值较低压下的小。等压线由左往右偏斜,是因为压力一定时,随着温度的升高,气体和液体的熵值也随之增高。

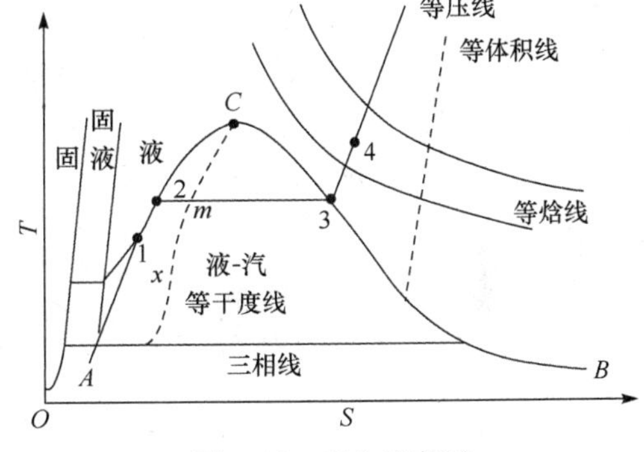

图 4-11　T-S 示意图

在等压线之间有一系列等焓线。它们是由各等压线上焓值相等的点联结起来形成的。湿蒸汽的焓可以根据等焓线求出,也可以由湿蒸汽中所含饱和蒸汽与饱和液体的焓值按它们的含量百分数加和求得,即

$$h_{\mathrm{m}}=h_{\mathrm{g}}x+(1-x)h_{\mathrm{l}} \tag{4-41}$$

式中,h_{m} 为湿蒸汽的比焓(每 1kg 物料的焓);h_{g} 和 h_{l} 分别为组成湿蒸汽的饱和蒸汽和饱和液体的比焓;x 为湿蒸汽的干度。同样,对于湿蒸汽的熵也可按式(4-42)计算:

$$s_{\mathrm{m}}=s_{\mathrm{g}}x+(1-x)s_{\mathrm{l}} \tag{4-42}$$

1. 等压线

在同一温度下,考虑熵值随压力的变化量,由麦克斯韦关系式可知:

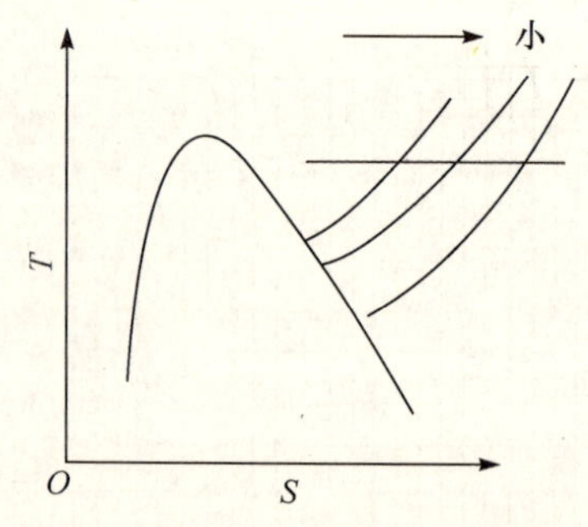

图 4-12　T-S 图中等压线变化规律

$$\left(\frac{\partial S}{\partial p}\right)_T=-\left(\frac{\partial V}{\partial T}\right)_p$$

对气相而言，当 p 一定时，V 与 T 成正比，即

$$\left(\frac{\partial V}{\partial T}\right)_p>0 \quad \left(\frac{\partial S}{\partial p}\right)_T<0$$

也就是说，在 T 一定时，S 值随压力增加而减小。而当压力一定时，T 升高，体积增大，系统的混乱程度增加，S 增大。因此，在 T-S 图(图 4-12)中，等压线由左下向右上倾斜，高压线位于低压线的左上方。

2. 等体积线

有些 T-S 图上还标有等体积线[图 4-11 中的虚线]。在同一温度下，考虑熵值随体积的变化量，由麦克斯韦关系式可知：

$$\left(\frac{\partial S}{\partial V}\right)_T=\left(\frac{\partial p}{\partial T}\right)_V$$

对于任何气体，在体积一定时，随温度上升，压力一定增加。根据麦克斯韦关系式，在温度一定时，随体积增加，熵值增加。所以，较大的等体积线位于熵值较大的一边。同理，在体积一定时，随温度升高，气体分子的动能增加，其剧烈运动将导致熵增大。

因此，如图 4-13 所示，等体积线随温度增大，由左下向右上倾斜，较大的等体积线位于较小的等体积线右侧。在两相区，等体积线是斜的，这是因为饱和蒸汽的比容比饱和液体的大。

3. 等焓线

由于 $dH=TdS+Vdp$，当焓值一定时，熵值增大，则压力减小，因此，结合等压线走势，等焓线为左上方往右下方偏斜。当压力恒定时，如图 4-14 所示，温度越高，焓值越大，所以焓值大的等焓线在上面，小的在下面。压力不太高时，在同一温度下，压力大的的焓一般较压力低的小，因此在压力不太高时等焓线从左上方向右下方偏斜。但当压力很高时，分子间以排斥力为主，等焓线就从左下方向右上方偏斜。

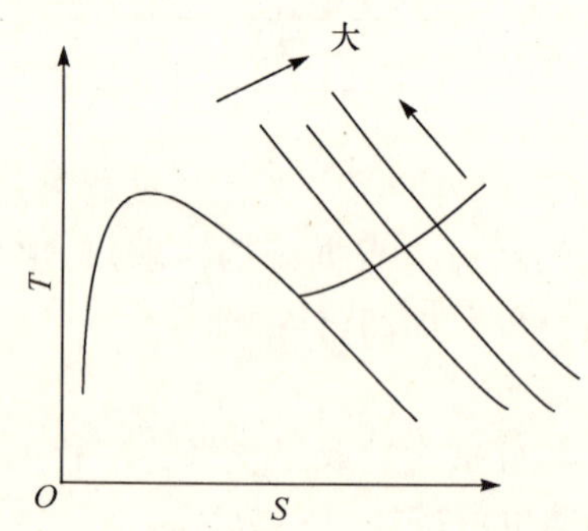

图 4-13　T-S 图中等体积线变化规律

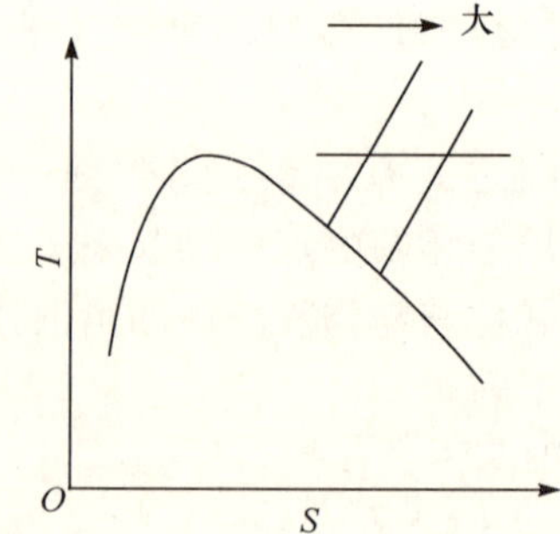

图 4-14　T-S 图中等焓线变化规律

T-S 图概括了物质性质的变化规律。当物质状态确定后，其热力学性质均可从 T-S 图上查得。对于单组分物系，根据相律，给定两个参数后，其性质就完全确定，因此，该状态在 T-S

图中的位置也就确定。对单组分两相共存物质，因其自由度为一，确定状态只需给定一个参数，它是饱和曲线上的一点。倘若还要确定两相共存物系中汽液相对量，即确定在汽液平衡线上的位置，还需规定一个广度性质的独立参数，因为强度性质 T 和 p 二者之间只有一个为独立参数。若已知汽液相对量及另一独立参数，则该物系在 T-S 图中的位置随之而定。反之，若已知某物系在两相区的位置，则可以利用 T-S 图求出汽液相对量。

既然 T-S 图给出了物质热力学性质的变化规律，状态一旦确定，则 p、T、H 和 S 等均为定值。无论过程可逆与否，只要已知物系变化的途径和初终状态，其过程均可用 T-S 图来描述，同时这些状态函数的变化值也可直接从 T-S 图上求得。

4. 等压加热和冷却过程

如图 4-15 所示，某物系在压力 p_1 下由 T_1 加热到 T_4，此过程在等压线上由线段 1→4 表示。这时物系与外界所交换的热量 Q_p 应为

$$Q_p = \Delta H = \int_{S_1}^{S_4} T\mathrm{d}S \text{（积分值可用 1234}BA\text{ 所围面积来表示）}$$

若是等压冷却，积分也沿同一等压线，只是方向相反。

5. 节流膨胀过程

节流膨胀是等焓过程，所以节流过程可在等焓线上表示出来，如图 4-16 所示。状态 1（p_1，T_1）的高压气体节流至低压 p_2 时，将沿等焓线进行，直至与 p_2 等压线相交，其过程由线段 1→2 表示。膨胀后气体的温度降至 T_2，可直接从图上读出。由于节流过程与外界无热和功交换，$\Delta S_{\text{sur}}=0$，根据式(4-32)或式(4-35)，有

$$\Delta S_{\text{g}}=\Delta S_{\text{t}}=\Delta S_{\text{sys}}=S_2-S_1$$

由图 4-16 可见，节流后，$S_2>S_1$，说明节流过程确实是一个不可逆过程。若膨胀前物流温度较低，如图 4-16 上的点 3，则等焓膨胀至低压 p_2 后，状态点位于 4，处在两相区，这时它就自动分离为汽、液两相。汽液比可按杠杆规则求得，汽/液$=\overline{46}/\overline{54}$。

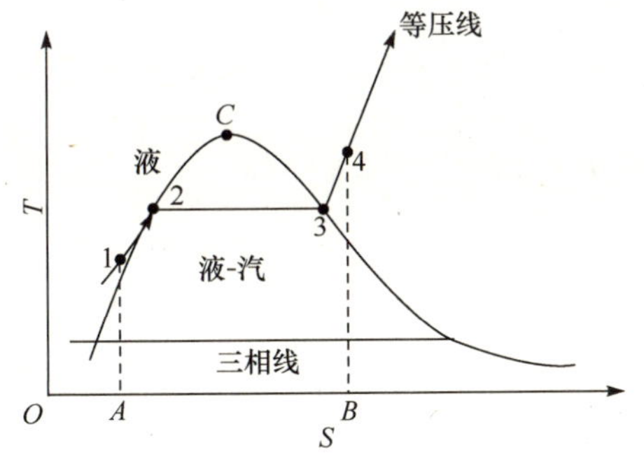

图 4-15　T-S 图中等压线变化规律

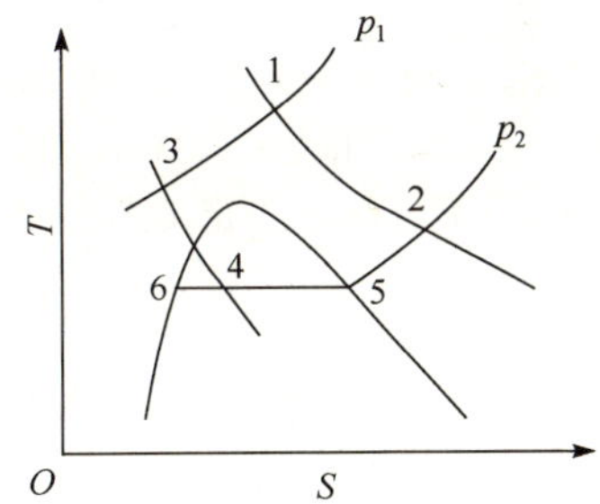

图 4-16　T-S 图中等焓变化规律

6. 等熵膨胀或压缩过程

可逆绝热膨胀过程是等熵过程，在 T-S 图上可用垂直于横坐标的线段表示，如图 4-17 所示。物系由状态 1（T_1，p_1）等熵膨胀至 p_2，垂直线段 12 与 p_2 等压线的交点 2 即为过程的终态。这时可以直接读出膨胀后物系的温度 T_2。根据热力学第一定律，可逆绝热膨胀功 $W_{\text{s,r}}$ 为

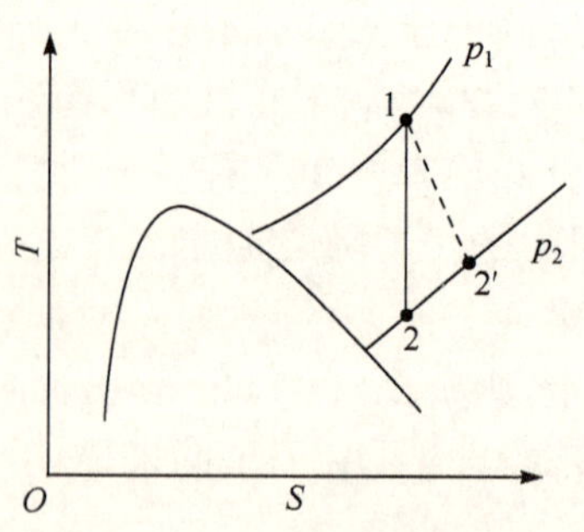

图 4-17　T-S 图中等熵膨胀变化规律

$$W_{s,r}=-(\Delta H)_s=H_1-H_2 \quad 或 \quad w_{s,r}=-(\Delta h)_s=h_1-h_2$$

不可逆绝热膨胀功 W_s 为

$$W_s=H_1-H_{2'} \quad 或 \quad w_s=h_1-h_{2'}$$

一般情况下，膨胀后的温度是未知的，因此无法直接用焓差求出不可逆膨胀功。通常利用等熵膨胀效率 η_S 求出 W_s。η_S 的定义式为

$$\eta_S=\frac{W_s}{W_{s,r}}=\frac{\Delta H_{1\to2'}}{-\Delta H_{1\to2}}=\frac{H_1-H_{2'}}{H_1-H_2}$$

或

$$\eta_S=\frac{w_s}{w_{s,r}}=\frac{h_1-h_{2'}}{h_1-h_2} \tag{4-43}$$

η_S 值可由实验测定，其值通常为 0.6～0.8，已知 $W_{s,r}$ 和 η_S 就可以求出 w_s，即

$$w_s=\eta_s\times w_{s,r} \quad 或 \quad W_s=\eta_s\times W_{s,r} \tag{4-43a}$$

由于绝热膨胀过程是不可逆的，一部分机械功耗散为热，并被流体本身吸收，因此膨胀后流体的温度 $T_{2'}$ 比 T_2 高，况且流体的熵 $s_{2'}$ 也大于 s_2，即不可逆绝热膨胀过程内部有熵产生。

等熵压缩与等熵膨胀是类似的，同样可以用等熵线表示，但其方向相反，如图 4-18 所示。1→2 为可逆绝热压缩过程；1→2′为不可逆绝热压缩过程。压缩过程的等熵效率为

$$\eta_S=\frac{w_{s,r}}{w_s}=\frac{h_1-h_2}{h_1-h_{2'}} \tag{4-44}$$

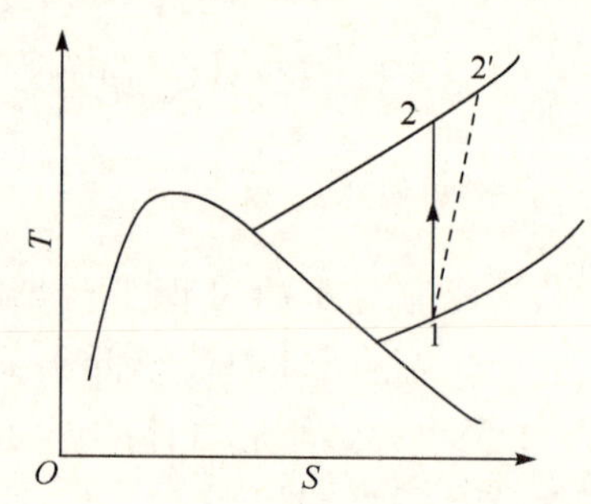

图 4-18　T-S 图中等熵压缩变化规律

例 4-8　氨气体压缩机入口温度为−8℃，压力为 0.30399MPa，绝热压缩后终压为 1.4186MPa。已知压缩机的等熵效率为 0.80，试求：(1)每千克氨气的可逆绝热压缩功；(2)每千克氨气的不可逆绝热压缩功；(3)每千克氨气经不可逆绝热压缩产生的熵。

解　查图 4-10 得 $h_1=1443.5\text{kJ}\cdot\text{kg}^{-1}$，$s_1=s_2=5.5438\text{kJ}\cdot\text{kg}^{-1}\cdot\text{K}^{-1}$，$h_2=1665.2\text{kJ}\cdot\text{kg}^{-1}$。

(1) 根据热力学第一定律，可逆绝热压缩功耗为

$$w_{s,r}=-\Delta h_{1\to2}=h_1-h_2=1443.5-1665.2=-221.7(\text{kJ}\cdot\text{kg}^{-1})$$

(2) 根据压缩过程 η_S 的定义式(4-43)，得

$$w_s=\frac{w_{s,r}}{\eta_S}=\frac{-221.7}{0.8}=-277.1(\text{kJ}\cdot\text{kg}^{-1})$$

(3) 求熵产生量。先要求出不可逆压缩至终态时的熵 s_2，由式(4-44)得

$$\eta_S=\frac{h_1-h_2}{h_1-h_{2'}}$$

已知 η_S、h_1、h_2 的值，立即求得

$$h_{2'}=1720.9(\text{kJ}\cdot\text{kg}^{-1})$$

根据 $h_{2'}$ 和 p_2 从图 4-10 可查得

$$s_{2'}=5.6484\text{kJ}\cdot\text{kg}^{-1}\cdot\text{K}^{-1} \qquad T_{2'}=401.15\text{K}$$

根据式(4-31)，绝热稳流过程产生的熵 Δs_g 为

$$\Delta s_g=s_{2'}-s_2=5.6484-5.5438=0.1046(\text{kJ}\cdot\text{kg}^{-1}\cdot\text{K}^{-1})$$

由计算结果可见，不可逆绝热压缩功耗比可逆绝热压缩功耗大。另外，从图 4-10 查到，可逆绝热压缩至

终压时，T_2 为 109℃，而不可逆绝热压缩到终压时 $T_{2'}$ 为 128℃，$T_{2'}>T_2$。这是由于不可逆过程有一部分机械功耗散为热，此热量被氨气本身吸收，导致氨气温度上升，熵值增大。

4.4.2 焓熵图

焓熵图（*H-S* 图）即莫理耳图（Mollier 图），这是为了纪念该图的创制人而命名的。图 4-19 为 *H-S* 示意图。构成 *H-S* 图和构成 *T-S* 图所使用的数据是相同的。图中有饱和曲线（包括饱和液体和饱和蒸气曲线）、等温线和等压线。等温线和等压线在两相区内是倾斜的，而在 *T-S* 图上是水平。这是因为 *H-S* 图纵坐标是焓，饱和蒸气的焓大于饱和液体的焓。*H-S* 图与*T-S* 图十分相似，它包含的数据也是工程计算、分析最常用的，且应用也很广泛。从它查得的焓的数据较 *T-S* 图更为准确，尤其对于等熵过程和等焓过程，应用 *H-S* 图最为方便。因此它对喷管、扩压管、压缩机、透平机及换热器等设备的计算、分析都很实用。

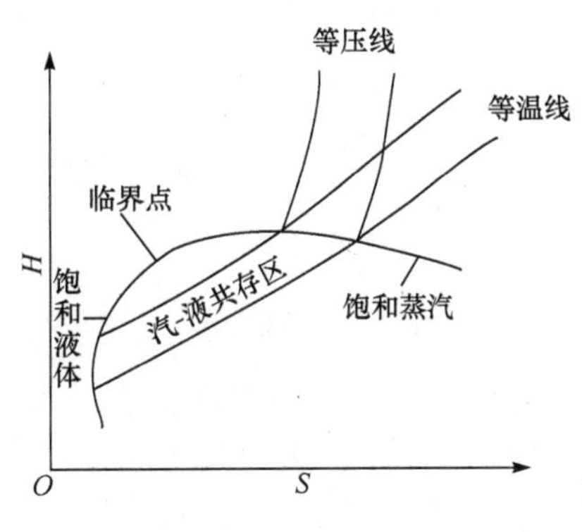

图 4-19 *H-S* 示意图

4.4.3 压焓图

图 4-20 为 *p-H* 示意图。在制冷循环的设计和操作中很有用，因为制冷循环中各个理想过程均可以用线段表示。两相区内水平线的长度表示汽化热的数据。由于汽化潜热随着压力增高而变小，所以当趋近临界点时，这些水平线变得越来越短。

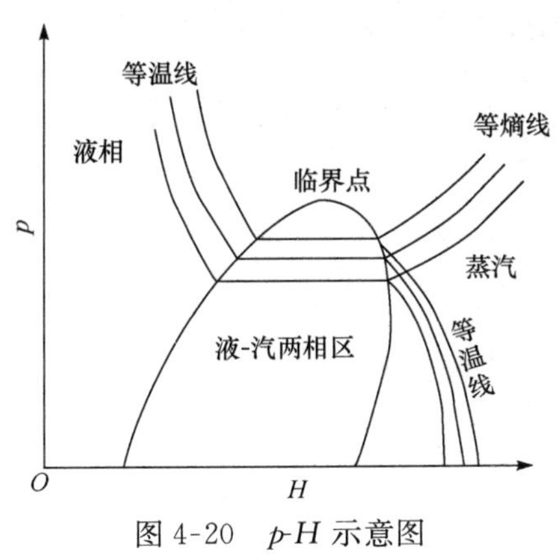

图 4-20 *p-H* 示意图

在液相区内等温线几乎是垂直的，这是因为压力对焓的影响很小。在过热蒸汽区，等温线陡峭下降，在低压区又接近于垂直，这同样是因为压力对稀薄蒸汽焓的影响很小。

过去常用的制冷剂是氟氯碳类化合物，或称氟利昂，它们会破坏臭氧层，并使全球气候暖化，给生态环境和人类健康带来多方面的危害。现采用环保制冷剂，如 R-134a（1，1，1，2-四氟乙烷，$CH_2F—CF_3$）来代替氟利昂。较早出版的《化工热力学》中介绍的大都是氟利昂的 *p-H* 图，鉴于氟利昂用作制冷剂正日益减少，故应介绍 R-134a 的 *p-H* 图。

4.5 气体的压缩与膨胀

4.5.1 气体的压缩

由于气体的不可压缩性，其热力学性质随压力变化不大，压缩过程所消耗的功和传递的热量容易进行近似计算。下面主要介绍气体压缩过程的变化规律及能量分析。

在封闭系统中，气体的压缩和膨胀涉及体积功的计算，这在前面已经介绍过。对于稳流过程，压缩过程的理论轴功计算可用式（4-10）：

$$W_s=\Delta H-Q$$

该式具有普遍意义，可用于任何介质的可逆和不可逆过程。

对可逆过程的轴功，使用合适的状态方程，代入式(6-7)积分即可。

对于理想气体，若在等温或绝热条件下，上述计算式还可以进一步简化，这些在物理化学教材中已经作了较多的介绍，这里不再叙述。

实际压缩过程都是不可逆过程，压缩所需要的功 W_s，肯定要比可逆轴功 $W_{s,rev}$ 大(指绝对值)，这部分损失功是流体的流动过程损耗和机械传动部分的损耗所造成的。

4.5.2 气体的膨胀

工业上通常利用高压气体的节流膨胀和做外功的绝热膨胀来获得低温和冷量。膨胀过程、压缩过程对热和功计算的基本原理是一样的。下面分别介绍这两个膨胀过程。

1. 绝热节流膨胀

当气体在管道流动时，遇到节流元件，如阀门、孔板等，由于局部阻力，气体压力显著降低，称为节流现象。由于过程进行得很快，可以认为是绝热的，即 $Q=0$ 且不对外做功，即 $W_s=0$。节流前后的速度变化也不大，动能和势能变化可以忽略不计，根据稳定流动的能量方程式(4-10)可知，绝热节流过程

$$\Delta H=0$$

绝热节流过程是等焓过程。节流时存在摩擦阻力损耗，故节流过程是不可逆过程，节流后熵值一定增加。

流体节流时，由于压力变化而引起的温度变化称为节流效率，或焦耳-汤姆孙(Joule-Thomson)效应。微小压力变化与所引起的温度变化的比值，称为微分节流效率系数，以 μ_J 表示，即

$$\mu_J=\left(\frac{\partial T}{\partial p}\right) \tag{4-45}$$

由热力学基本关系式可知，μ_J 可以从 p-V-T 关系和 C_p 性质来计算，即

$$\mu_J=\frac{T\left(\frac{\partial V}{\partial T}\right)_p-V}{C_p} \tag{4-46}$$

对于理想气体，由于 $pV=RT$，代入式(4-46)可得 $\mu_J=0$，即理想气体绝热节流后温度不变。对于真实气体，如图 2-4 所示，可能存在以下三种情况：

$\mu_J>0$，节流后温度降低称冷效应；

$\mu_J=0$，节流后温度不变称零效应；

$\mu_J<0$，节流后温度升高称热效应。

同一气体在不同状态下节流，μ_J 有可能为正、为负或为零。

零效应的状态点称为转换点，转换点的温度称为转换温度。转换点的轨迹称为转换曲线。它可以从状态方程和 C_p^{ig} 来预测。大多数气体的转换温度都较高，它们可以在室温下产生致冷效应。少数气体(如氦、氖、氢等)的转换温度低于室温，欲使其节流后产生冷效应，必须在节流前进行预冷。表 4-1 列出某些气体的最高转换温度。

表 4-1　某些气体的最高转换温度

名称	氦	氢	氮	一氧化碳	空气	氧	甲烷
T/K	约 39	204	604	644	650	771	953

压力变化所引起的温度变化(ΔT_H)，称为积分节流效应。实际节流时多用此指标。

$$\Delta T_H = T_2 - T_1 = \int_{p_1}^{p_2} \mu_J \mathrm{d}p \tag{4-47}$$

将真实气体状态方程关系式代入式(4-47)即可积分求算。常见气体如空气、氨、氟利昂等，人们已经积累了一些常用的热力学性质图表，直接利用这些图表也比较便利。如图 4-21 所示 T-S 图，根据节流前状态(p_1，T_1)，找出点 1，由点 1 沿等焓线交节流后压力 p_2 的等压线得点 2，点 2 对应的温度即为节流后的温度。

如果节流前压力为 p_3，节流膨胀到气液两相区 4，从 T-S 图上不仅可以读出 ΔT_H，而且可以计算液化的气体量。

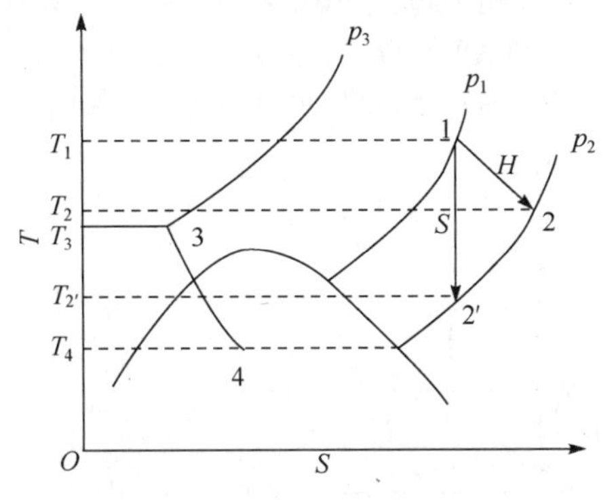

图 4-21　T-S 图中气体膨胀变化规律

2. 绝热可逆膨胀

流体从高压向低压做绝热膨胀时，如果在膨胀机中进行，则对外做轴功。如果过程是可逆的，就是等熵膨胀过程。

在等熵膨胀过程中，当压力有微小的变化时所引起的温度变化称为微分等熵效应系数，以 μ_S 表示：

$$\mu_S = \left(\frac{\partial T}{\partial p}\right)_S \tag{4-48}$$

由热力学关系式容易导得

$$\mu_S = \frac{T\left(\frac{\partial V}{\partial T}\right)_p}{C_p} \tag{4-49}$$

式中，$C_p>0$，$T>0$，$\left(\frac{\partial V}{\partial T}\right)_p>0$，因此，$\mu_S$ 永远为正值。这表明在其他任何条件下进行等熵膨胀，气体温度必定是降低的，总是得到制冷效应。

压力变化所引起的温度变化称为积分等熵膨胀效应 ΔT_S：

$$\Delta T_S = T_2 - T_1 = \int_{p_1}^{p_2} \mu_S \mathrm{d}p \tag{4-50}$$

等熵膨胀过程也可在 T-S 图上表示，如图 4-21 所示，膨胀前的状态为 1(T_1，p_1)，由此点沿等熵线(作垂线)与膨胀后的压力 p_2 的等压线相交，即为膨胀后的状态 2′。等熵膨胀的积分温度效应 $\Delta T_S = T_{2'}\text{-}T_1$，即可由 T-S 图直接读出。

等熵膨胀的冷冻量要比节流膨胀的冷冻量大，所超过的数值相当于等熵膨胀对外所做的轴功。同样的压差，产生的温度降比节流膨胀大(见例 4-9)。

实际上对外做轴功的绝热膨胀并不是可逆的，因此不是等熵过程，而是向着熵增大的方向进行，它介于等焓和等熵膨胀之间。实际膨胀机所做的轴功小于可逆膨胀所做的轴功。

由上述讨论可知，从热力学角度出发，就其温度降、冷冻量和回收轴功来说，做外功的绝热膨胀要比节流膨胀优越。但绝热节流膨胀也有它的好处，它所需的设备很简单，只需一个节流阀，便于调节且可直接得到液体。

例 4-9 将 1MPa、75℃的 R22 通过下列两个途径降压到 0.2MPa。将过程定性地表示在 *T-S* 图上，试查 ln*p*-*H* 图确定终态的温度：(1)绝热节流膨胀；(2)绝热可逆膨胀。若该两个过程在封闭系统中进行，试计算系统对外所做的功分别是多少？

解 这两个过程可以定性地表示在图 4-22 中。

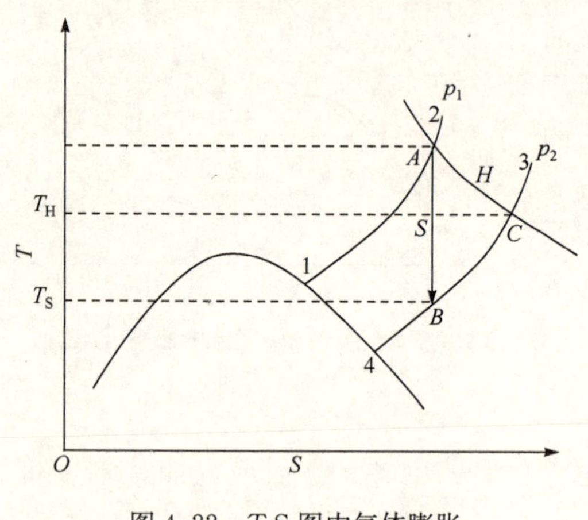

图 4-22 *T-S* 图中气体膨胀

在图 4-22 中，1-2 和 3-4 是两条等压线，而 *A-C* 是等焓线，*A-B* 是等熵线，若 *A* 是初态，绝热节流膨胀(等焓过程)的终点是 *C*，而绝热可逆膨胀(等熵过程)的终点是 *B*。从 *T-S* 图可知，在初、终态的压力相同的条件下，等熵膨胀的终态温度较等焓膨胀的终态温度更低，即 $T_S<T_H$。这一结论可从下列的定量计算得到证实。

查 R22 的 ln*p*-*H* 图，知其初态的焓和熵分别是

$H_1=455\text{kJ}\cdot\text{kg}^{-1}\quad S_1=1.85\text{kJ}\cdot\text{kg}^{-1}\cdot\text{K}^{-1}$

(1) 绝热节流膨胀是等焓过程，其终态是

$$H_2=H_1=455\text{kJ}\cdot\text{kg}^{-1}\quad p_2=0.2\text{MPa}$$

由此从 ln*p*-*H* 图上确定终态的温度是

$$T_H=65℃$$

(2) 绝热可逆膨胀是等熵过程，其终态是

$$S_2=S_1=1.85\text{kJ}\cdot\text{kg}^{-1}\cdot\text{K}^{-1}\quad p_2=0.2\text{MPa}$$

由此从 ln*p*-*H* 图上确定终态的温度是

$$T_S=-4℃$$

稳流系统绝热过程所做的膨胀功为

$$W_s=H_2-H_1$$

初态的 $p_1=1\text{MPa}$，从 ln*p*-*H* 图可查到 $H_1=455\text{kJ}\cdot\text{kg}^{-1}$。

终态的有关性质是：

a. 绝热节流膨胀，$\Delta H=0$，$W_s=0$。

b. 绝热可逆膨胀，$p_2=0.2\text{MPa}$，并查 ln*p*-*H* 图可以得 $H_2=410\text{kJ}\cdot\text{kg}^{-1}$，故 $W_s=(410-455)\text{kJ}\cdot\text{kg}^{-1}=-45\text{kJ}\cdot\text{kg}^{-1}$。

比较结果，可以得到如下结论(具有一定的普遍性)：

过程	降温能力(在 $\mu_J>0$ 的区域)	做功能力
绝热节流膨胀	较小	较小
绝热可逆膨胀	较大	较大

4.6 水蒸气动力循环

化工生产需要机械动力和热能。通常，大型化工企业是用矿物燃料燃烧作为热源产生高压水蒸气，或者直接利用某些放热化学反应系统的反应热作为热源，利用它们的“余热”作为水

蒸气动力装置的能源来产生动力和提供热量，对于节约热量和降低成本具有重大的意义。例如，大型氨厂利用工艺过程本身释放的热量产生高压水蒸气，可以直接用于过程加热或用水蒸气透平机产生机械动力来驱动压缩机、泵、发电机等。本节介绍水蒸气动力循环(steam power cycle)过程，并应用 T-S 图进行热力学分析。

4.6.1　卡诺循环

物理化学教材已经详细介绍过卡诺热机，它是可逆操作、效率最高的热机。卡诺热机由两个等温过程和两个等熵过程组成。在高温 T_H 等温过程中，有 $|Q_H|$ 热量被热机循环工质吸收；在低温 T_L 等温过程中有 $|Q_L|$ 热量被热机循环工质排放出去。循环过程做出的净功 W_N 为

$$\underset{(+)}{W_N}=\underset{(+)}{W_{s,tur}}+\underset{(-)}{W_{s,pump}} \tag{4-51}$$

根据热力学第一定律，取热机为敞开体系，则有

$$\Delta H=Q-W_N$$

循环过程的 $\Delta H=0$，故

$$\underset{(+)}{W_N}=Q=\underset{(+)}{Q_H}+\underset{(-)}{Q_L}=|Q_H|-|Q_L| \tag{4-52}$$

卡诺循环的热效率 η_c 为

$$\eta_c=\frac{W_H}{Q_H}=\frac{Q_H+Q_L}{Q_H}=1+\frac{Q_L}{Q_H} \tag{4-53}$$

对于可逆热机有

$$\frac{Q_L}{Q_H}=-\frac{T_L}{T_H} \tag{4-54}$$

将式(4-54)代入式(4-53)，则得

$$\eta_c=1-\frac{T_L}{T_H} \tag{4-55}$$

从式(4-54)可见，卡诺热机的效率与循环工质的性质无关，只与吸热温度(高温源温度 T_H)和排热温度(低温源温度 T_L)有关。

显然，当 T_H 升高，T_L 降低时，η_c 增大。虽然实际热机各过程均不可逆，但其效率仍然与平均的吸热和排热温度有关。当平均吸热温度升高，平均排热温度降低时，热效率增大。

图 4-23 表示一个最简单的水蒸气动力装置。目前，广泛应用的蒸汽动力装置的工作介质(简称工质)是水。水在锅炉中产生高压水蒸气；高压蒸汽在透平中进行接近于绝热的膨胀，对外产功；从透平排出的水蒸气(称乏汽)经冷凝器凝结为液态水，由水泵送回锅炉。透平产出的功 $W_{s,tur}$ 要比水泵所需要的功 $W_{s,pump}$ 大得多。整个动力装置产出的净功 W_N 是锅炉吸收的热 $|Q_H|$ 与冷凝器排放的热 $|Q_L|$ 的绝对值之差(代数值之和)，即为式(4-52)。水经过每个设备的性质变化可以用 T-S 图来表示。图 4-24 为卡诺循环在 T-S 图上的表现，四条路径组成循环过程。卡诺循环是一个特殊的循环，它的每一个过程都是可逆过程。步骤 1→2 表示在 T_H 温度下等温吸热，在 T-S 图上用水平线表示，由饱和液体变成饱和蒸汽，该过程也为恒压过程。步骤 2→3 是饱和蒸汽的可逆绝热膨胀过程，即等熵过程，在 T-S 图上用垂直于横坐标的线段表示，此过程的终温为 T_L，终态点 3 的相态为湿蒸汽。步骤 3→4 是在 T_L 温度下的等温排热过程，在 T-S 图上用水平线表示，这是冷凝过程，其终点为点 4。由图 4-23 可见，冷凝尚未完

全,直到与饱和液体曲线相交时,冷凝才算结束。步骤 4→1 是泵送过程,属可逆绝热过程(等熵过程),用垂直线表示。

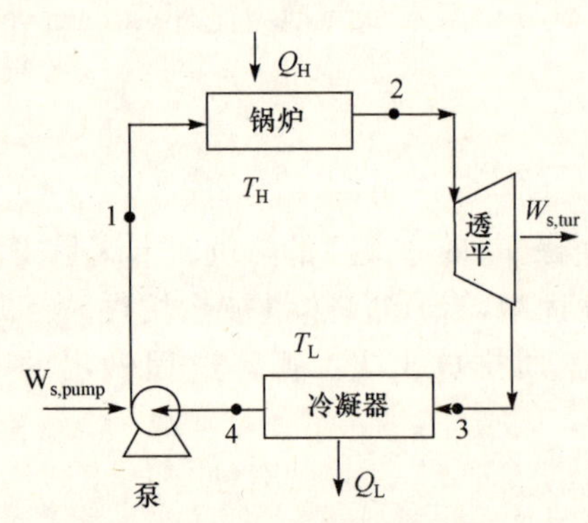

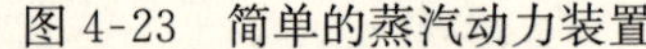
图 4-23 简单的蒸汽动力装置

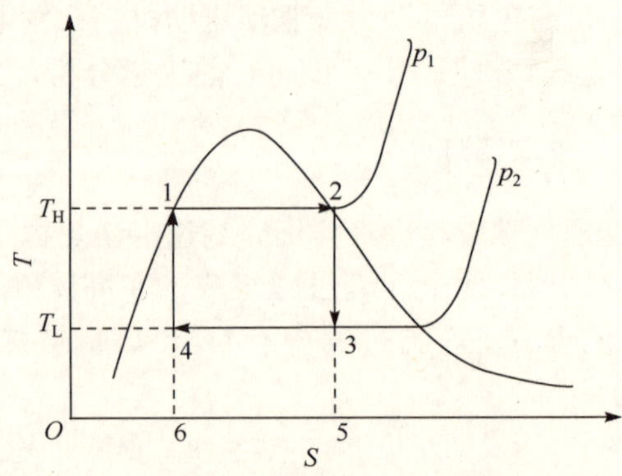

图 4-24 *T-S* 图上的卡诺循环

水在锅炉中吸收的热量 Q_H 在 *T-S* 图中用 12561 所围矩形面积表示;乏汽在冷凝器中排放的热量 Q_L 用 35643 所围矩形面积表示。根据式(4-52),12341 所围的矩形面积为循环过程产出的净功 W_N,因此卡诺效率 η_c 也可用有关的面积表示,即

$$\eta_c = 1 - \frac{T_L}{T_H} = \frac{W_N}{Q_H} = \frac{12341\text{ 所围面积}}{12561\text{ 所围面积}}$$

由图 4-24 可见,当 T_L 降低时,12341 所围面积增大,而 12561 所围面积不变,因此 η_c 必然增大。当 T_H 增高时,两个矩形面积较原来的都增大了相同的面积,显然,其比值也变大,因此 η_c 也随之增大。

4.6.2 朗肯循环

卡诺循环虽然是效率最高的循环,但却不能付诸实施。首先,困难在于步骤 2→3 和 4→1 两个过程。点 3 对应于透平出口点,湿蒸汽中所含的饱和水较多将使透平发生侵蚀现象。实践表明,透平带水不得超过 10%。另外,点 4 也在两相区(此点为水泵入口),显然,水蒸气和水的混合物不能泵送锅炉。因此卡诺热机是一个理想的、不能实现的热机,但其效率可以为实际热机效率提供一个作为比较用的最高标准。

第一个具有实践意义的水蒸气动力循环是朗肯(Rankine)循环,它也由四个步骤组成,如图 4-25 和图 4-26 所示。朗肯循环与卡诺循环主要的区别有两点:一是加热步骤 1→2,水在汽化后继续加热,使之成为过热蒸汽,这样在进入透平膨胀后不至于产生过多的饱和水;二是冷凝步骤3→4 进行完全的冷凝,这样进入水泵时全部是饱和液体水。

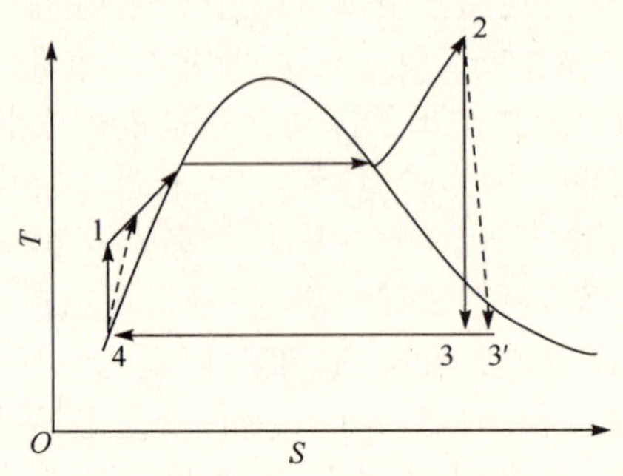

图 4-25 *T-S* 图上的朗肯循环

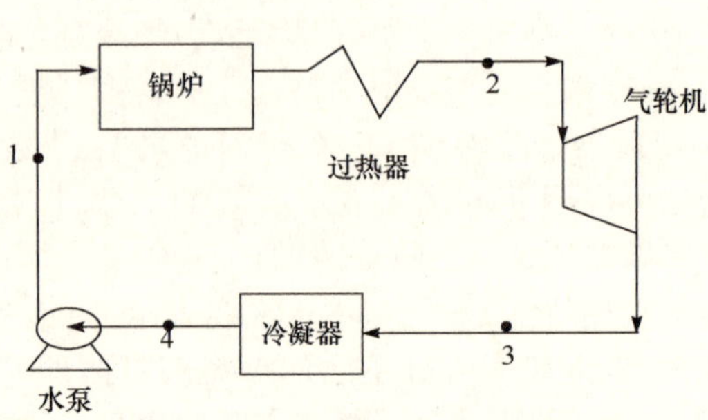

图 4-26 朗肯循环蒸汽动力装置

1→2 为水在锅炉中恒压加热。该过程由三个分步骤组成：先将水加热到沸点，然后在恒温、恒压下汽化，最后再将饱和水蒸气加热变成温度较高的过热水蒸气。

2→3 为过热水蒸气在透平中进行可逆绝热膨胀至冷凝压力。通常，此膨胀路线要跨越饱和蒸汽曲线，即膨胀后的乏汽为湿蒸汽。由于步骤 1→2 已经进行了过热处理，故膨胀过程的垂直线右移，使膨胀后湿的乏汽含水量不至于太多。

3→4 为乏汽在冷凝器中进行恒压、恒温冷凝，工质成为饱和液体(对应于点 4)。

4→1 为冷凝水在水泵中进行可逆、绝热压缩至锅炉的操作压力。在 T-S 图上表示该过程的垂直线段实际是很短的(在图 4-25 中已将其夸大)，这是液态水的不可压缩性所致，即压力增加很多而温度上升甚微。

由式(4-52)可知，图 4-25 中 12341 所包围的面积代表朗肯循环提供的净功 W_N。

上述介绍的是理想的朗肯循环，真正付诸实践的水蒸气动力装置与理想朗肯循环的差别仅在于产功步骤(2→3)和耗功步骤(4→1)是不可逆的，在 T-S 图上与之对应的不是垂直线而是向熵增大方向倾斜的线段，如图 4-24 所示。通常透平出口的乏汽仍然是湿蒸汽，但其干度要大于 90%(湿含量小于 10%)，这样，腐蚀与磨损问题并不严重。在冷凝时往往稍有过冷现象，但这无关紧要。

在整个循环过程中，锅炉将燃料燃烧的热量传递给循环工质，而冷凝器将循环工质的热量传递给周围的自然环境(天然水源)。若忽略动能和势能的变化，根据式(4-8)和式(4-7)，上述两种情况下能量的关系可简化为

$$Q=\Delta H+W_s \quad 或 \quad q=\Delta h+w_s \tag{4-56}$$

若已知等熵效率，则可用式(4-44)计算透平产出的功：

$$W_{s,tur}=\eta_S W_{s,r} \tag{4-57}$$

对于水泵，可用式(4-17)求出可逆轴功。若已知其等熵效率 η_S，则水泵的实际功为

$$-W_{s,pump}=V\Delta p/\eta_S \tag{4-58}$$

例 4-10　某水蒸气动力装置产生的过热水蒸气压力为 8600kPa、温度为 500℃。此水蒸气进入透平绝热膨胀做功，透平排出的乏汽压力为 10kPa。乏汽进入冷凝器全部冷凝成为饱和液态水，然后泵入锅炉。试求：(1)理想的朗肯循环的热效率；(2)已知透平和水泵的 η_S 都为 0.75，试求在上述条件下实际动力循环的热效率；(3)设计要求实际动力循环输出的轴功率为 80000kW，试求水蒸气流量以及锅炉和冷凝器的传热速率。

解　从附录 3(水蒸气表)可查得 8600kPa、500℃的过热水蒸气的比焓 h_2 和比熵 s_2(对应于图 4-25)的值为 $h_2=3390.9\text{kJ}\cdot\text{kg}^{-1}$，$s_2=6.6858\text{kJ}\cdot\text{kg}^{-1}\cdot\text{K}^{-1}$。

(1) 过热水蒸气在透平中的膨胀为等熵过程，膨胀终点 3 的熵 s_3 为

$$s_3=s_2=6.6858\text{kJ}\cdot\text{kg}^{-1}\cdot\text{K}^{-1}$$

点 3 状态为湿蒸汽，由式(4-42)得

$$s_3=s_g x_3+(1-x_3)s_l$$

查饱和水蒸气压力表，压力为 10kPa、饱和温度为 45.83℃时有

$s_l=0.6493\text{kJ}\cdot\text{kg}^{-1}\cdot\text{K}^{-1}$　$h_l=191.83\text{kJ}\cdot\text{kg}^{-1}$　$s_g=8.1502\text{kJ}\cdot\text{kg}^{-1}\cdot\text{K}^{-1}$　$h_g=2584.7\text{kJ}\cdot\text{kg}^{-1}$

将上述 s_3、s_l、s_g 的数值代入式(4-42)，得

$$6.6858=8.1502x_3+(1-x_3)\times0.6493=0.6493+x_3(8.1511-0.6493)$$

由此求得

$$x_3=0.80467$$

根据式(4-41)可以求出 h_3：

$$\begin{aligned}h_3&=h_g x_3+(1-x_3)h_l\\&=2584.7\times0.80467+(1-0.80467)\times191.83=2117.3(\text{kJ}\cdot\text{kg}^{-1})\end{aligned}$$

透平等熵膨胀产出的轴功 $w_{s,r}$ 为

$$w_{s,r}=-(\Delta h)_s=h_2-h_3=3390.9-2117.3=1273.6(\mathrm{kJ\cdot kg^{-1}})$$

$$h_4=h_1=191.83(\mathrm{kJ\cdot kg^{-1}})$$

冷凝过程传热量 q_L 为

$$q_L=h_4-h_3=191.83-2117.3=-1925.47(\mathrm{kJ\cdot kg^{-1}})$$

负号表示工质放热。水泵的可逆轴功 $w_{s,r,pump}$ 为

$$w_{s,r,pump}=-\overline{V}_4(p_1-p_4)$$

由已知的 $p_1=8600\mathrm{kPa}$ 和 $p_4=10\mathrm{kPa}$ 查饱和水蒸气表得 $\overline{V}_4=1.010\times10^{-3}\mathrm{m^3\cdot kg^{-1}}$，将上述已知数据代入上式，得

$$w_{s,r,pump}=-1.010\times10^{-3}(8600-10)\times10^3=-8.676(\mathrm{kJ\cdot kg^{-1}})$$

根据热力学第一定律，则有

$$h_1=h_4-w_{s,r,pump}=191.83+8.676=200.5(\mathrm{kJ\cdot kg^{-1}})$$

锅炉吸热量 q_H 为

$$q_H=h_2-h_1=3390.9-200.5=3190.4(\mathrm{kJ\cdot kg^{-1}})$$

朗肯循环提供的净功 w_N 为透平产功与水泵耗功的代数和，即

$$w_N=1273.6-8.676=1264.9(\mathrm{kJ\cdot kg^{-1}})$$

另外，根据式(4-52)也可求得 w_N，即

$$w_N=q_H+q_L=3190.4-1925.5=1264.9(\mathrm{kJ\cdot kg^{-1}})$$

朗肯循环的热效率为

$$\eta_T=\frac{w_N}{q_H}=\frac{1264.9}{3190.4}=0.3965$$

(2) 已知透平的 $\eta_S=0.75$，则透平产功 w_s 为

$$w_s=-\Delta h=-\eta_S(\Delta h)_s=0.75\times1273.6=955.2(\mathrm{kJ\cdot kg^{-1}})$$

$$h_3=h_2+\Delta h=3390.9-955.2=2435.7(\mathrm{kJ\cdot kg^{-1}})$$

冷凝器放出的热量 q_L 为

$$q_L=191.83-2435.7=-2243.87(\mathrm{kJ\cdot kg^{-1}})$$

水泵所耗的功为

$$W_{s,pump}=h_4-h_1=\frac{W_{s,r,pump}}{0.75}=\frac{-8.676}{0.75}=-11.57(\mathrm{kJ\cdot kg^{-1}})$$

$$h_1=h_4-W_{s,pump}=191.83+11.57=203.4(\mathrm{kJ\cdot kg^{-1}})$$

锅炉吸收的热 q_H 为

$$q_H=h_2-h_1=3390.9-203.4=3187.5(\mathrm{kJ\cdot kg^{-1}})$$

$$w_N=q_H+q_L=3187.5-2243.87=943.36(\mathrm{kJ\cdot kg^{-1}})$$

或

$$w_N=w_s+w_{s,pump}=955.2-11.57=943.36(\mathrm{kJ\cdot kg^{-1}})$$

实际循环的热效率为

$$\eta_T=\frac{w_N}{q_H}=\frac{943.36}{3187.5}=0.2960$$

显然，此效率低于理想朗肯循环的效率。这是透平不可逆操作所致。水泵耗功要比透平产功小得多，因此水泵对效率的影响并不重要。

(3) 设计要求实际循环提供的轴功率为 80000kW，则其水蒸气流量 m 应为

$$m=\frac{80000}{w_N}=\frac{80000}{943.36}=84.779(\mathrm{kg\cdot s^{-1}})$$

$$Q_H=mq_H=84.779\times3187.5=270233(\mathrm{kJ\cdot s^{-1}})$$

$$Q_L = mq_L = 84.779 \times (-2243.87) = -190233 (\text{kJ} \cdot \text{s}^{-1})$$

Q_H 和 Q_L 分别为锅炉和冷凝器的传热速率，显然 $Q_H + Q_L = 80000\text{kW}$。

4.6.3　朗肯循环的改进

将朗肯循环与卡诺循环进行比较可知：卡诺循环的工质是在高温热源的温度 T_H 下吸热，在低温热源的温度 T_L 下排热，这两个传热过程都是无温度差的可逆传热过程；朗肯循环吸热和排热都是在有温差的情况下进行的不可逆传热过程。朗肯循环的吸热过程是在不同温度下分三个阶段进行的，如图 4-25 所示，三个阶段的吸热温度都比高温燃烧气的温度低得多，其中以冷凝水加热至沸点最为突出。整个吸热过程的平均温度与高温燃烧气温度相差很大，这是朗肯循环最主要的问题。因此，提高朗肯循环热效率的主要措施是设法减小传热的温差。当然，降低冷凝温度（排热温度）也可以提高朗肯循环的热效率，但这受到冷却水温（天然水源的温度）以及冷凝器合理尺寸的限制。由上述分析可知，提高朗肯循环热效率的关键是设法提高吸热过程的平均温度。下面就此问题阐明应采取的措施。

1. 提高水蒸气的过热温度

在水蒸气压力恒定的条件下，提高水蒸气的过热温度可使平均吸热温度提高。从图 4-27 可见，表示功 W_N 的面积随着过热温度的升高而增大，同时乏汽的干度还可以提高。但是，水蒸气的过热温度受到金属材料性能的限制，一般不能超过 600℃。虽然现在有些抗蠕变的特种合金钢材能耐更高的温度，可以用来制造过热器和透平机，但其价格十分昂贵，将导致投资费猛增，因此从经济上考虑，过热温度不宜过高。

2. 提高水蒸气的压力

当过热温度恒定时，提高水蒸气压力，水的沸腾温度必然升高，这也使得整个过程的平均吸热温度升高。

从图 4-28 上可以看出，当水蒸气压力提高时，表示功 W_N 的面积略有增加，但当压力接近水的临界压力时，其影响就越来越小。因此，仅靠提高水蒸气压力而不同时提高其过热温度，不能使热效率有更大的提高。另外，随着水蒸气压力的提高，对锅炉、透平的材料和结构的要求也相应提高，这会使造价大幅度增加。

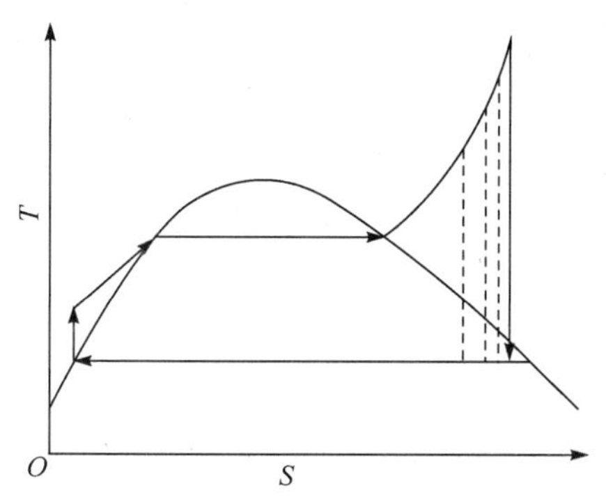

图 4-27　提高过热温度对热效率的影响

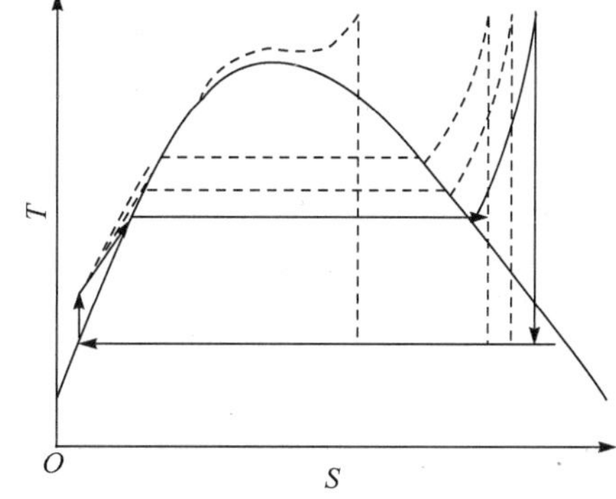

图 4-28　提高水蒸气压力对热效率的影响

此外，从图 4-28 还可见，随着水蒸气压力的提高，乏汽干度的下降，将使透平寿命缩短，因此使用高压水蒸气必须设法减少乏汽的湿含量。

3. 采用再热循环

再热循环是使高压的过热水蒸气先在高压透平中膨胀到某一中间压力，然后全部引入锅炉中特设的再热器进行加热，水蒸气温度升高后再进入低压透平膨胀到一定的排气压力(图 4-29)。这样就可以避免乏汽湿含量过高的缺点。上述过程示于图 4-30。高压过热水蒸气由状态 2 等熵膨胀到某一中间压力的饱和状态 3(点 3 也可处于过热区)，产生的功为 W_{SH}。饱和水蒸气在再热器中吸收燃烧气的热量 Q_{RH} 后温度升高，其状态沿等压线由点 3 变到点 4(点 4 温度与点 3 温度可以相同，也可不同)，最后再等熵膨胀到某排气压力，此时乏汽处于湿水蒸气区的点 8。由图 4-30 可见，干度 x_8 大于 x_3，即再热膨胀后，乏汽的湿含量明显减少。低压透平产出的功为 W_{SL}，因此，再热循环的热效率为

$$\eta_T = \frac{\sum W_s}{\sum Q} = \frac{W_{SH} + W_{SL} + W_{s,pump}}{Q_H + Q_{RH}} \tag{4-59}$$

式中，W_{SH} 和 W_{SL} 分别为过热水蒸气在高压透平和低压透平中产出的功；$W_{s,pump}$ 为冷凝水泵的功耗；Q_H 为水在锅炉和过热器中所吸收的热；Q_{RH} 为高压透平的乏汽在再热器中吸收的热量。

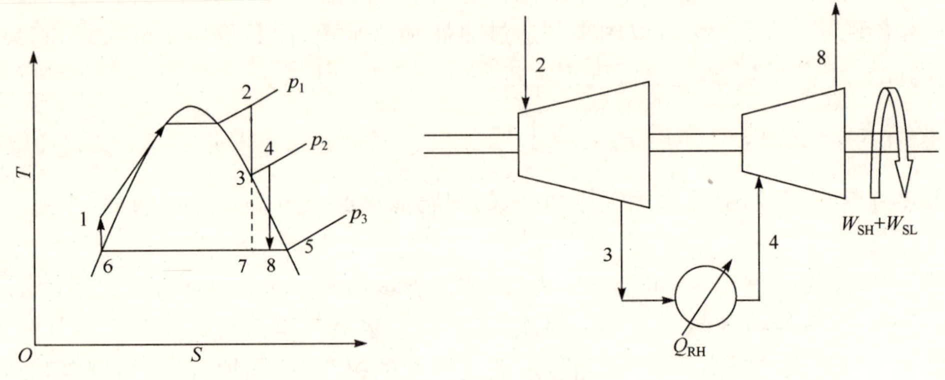

图 4-29　再热循环的 T-S 图　　　　图 4-30　再热循环示意图

例 4-11　例 4-10 中的过热蒸汽(8600kPa、500℃)进入高压透平时等熵膨胀到饱和状态(图 4-25 中的点 3)，饱和蒸汽由再热器等压加热到 500℃后进入低压透平等熵膨胀到冷凝压力(10kPa)。假设冷凝水在水泵中的升压过程也是等熵过程，试求此再热循环的热效率和乏汽的干度。

解　由例 4-10 已知，其中点 2 过热水蒸气的 $h_2=3390.9\text{kJ}\cdot\text{kg}^{-1}$，$s_2=s_3=6.6858\text{kJ}\cdot\text{kg}^{-1}\cdot\text{K}^{-1}$，根据点 3 饱和水蒸气的熵 s_3 的值，可以从附录 3(饱和水蒸气表)中查到对应的饱和水蒸气压，$p_3=747.64\text{kPa}$，$h_3=2766\text{kJ}\cdot\text{kg}^{-1}$。再从附录 3(过热水蒸气表)查到点 4(747.64kPa、500℃)的焓和熵值，即 $h_4=3481.2\text{kJ}\cdot\text{kg}^{-1}$，$s_4=7.9026\text{kJ}\cdot\text{kg}^{-1}\cdot\text{K}^{-1}$。

因低压透平的膨胀为等熵过程，故

$$s_8=s_4=7.9026\text{kJ}\cdot\text{kg}^{-1}\cdot\text{K}^{-1}$$

根据式(4-42)，得

$$s_8=s_g x_8+(1-x_8)s_l$$

再从附录 3(饱和水蒸气表)查饱和压力为 10kPa 时的饱和蒸汽与饱和液体的熵 s_g 与 s_l 值，并将其代入上式，可求出 x_8：

$$x_8 = 0.9670$$

显然，x_8 比 x_7（例 4-10 中的 $x_3 = 0.80467$）大得多。

根据式(4-41)，得

$$h_8 = h_g x_8 + (1 - x_8) h_l$$

从附录 3（饱和水蒸气表）查饱和压力为 10kPa 时的饱和水蒸气与饱和液体的焓 h_g 与 h_l 值，并将其代入上式，可求出：

$$h_8 = 2884.7 \times 0.9670 + (1 - 0.9670) \times 191.83 = 2505.7 (\mathrm{kJ \cdot kg^{-1} \cdot K^{-1}})$$

再热循环产出的净功为

$$\begin{aligned} w_{SH} + w_{SL} + w_{s,pump} &= (h_2 - h_3) + (h_4 - h_8) + w_{s,pump} \\ &= (3390.9 - 2766.3) + (3481.2 - 2505.7) - 8.676 \\ &= 1591.4 (\mathrm{kJ \cdot kg^{-1}}) \end{aligned}$$

该再热循环工质吸收的总热量为

$$(h_2 - h_1) + (h_4 - h_3) = (3390.9 - 200.5) + (3481.2 - 2766.3) = 3905.3 (\mathrm{kJ \cdot kg^{-1}})$$

因此，其热效率为

$$\eta_T = \frac{1591.4}{3905.3} = 0.4075$$

该值与例 4-10(1) 中求得的 η_T（$=0.3965$）比较说明再热循环的 η_T 有所提高。

现代水蒸气动力装置大都采用改进的朗肯循环并结合锅炉给水预热。从冷凝器出来的冷凝水并非立即送回锅炉而是先与透平排出的乏汽进行换汽，待冷凝水温度上升后再送入锅炉以减小锅炉的传热温差。

锅炉吸热温度的提高，除了受到锅炉机组的材料和结构安全性的限制外，还受到水的临界温度（$T_c = 374.15℃$）和临界压力（$p_c = 22.05\mathrm{MPa}$）的限制。超过了水的临界温度，水的汽液两相不再存在，所以锅炉实际的操作温度一般是在 350℃以下。由此看来，若要进一步提高 η_T，探索新的工质是有价值的。理想工质的临界温度应在 600℃以上，临界压力不要太高，环境温度附近的蒸汽压不比水的蒸汽压高。实际上，符合这样要求的纯流体还未发现，为了提高循环的热效率，目前有人采用混合工质，有关这方面的研究已经取得了一定的成效。

4.7　制　　冷

使物系的温度降到低于周围环境物质（大气或天然水源）的温度的过程称为制冷（refrigeration）过程。

大气和天然水源是自然界所能得到的最大量的低温源。将物系的温度降到大气或天然水源的温度，根据热力学第二定律（克劳修斯的说法），这是一个自动的过程，无需消耗外功。但是，若要将物系的温度降到低于大气或天然水源温度，就必须将热量从被冷冻的低温物系传至温度较高的大气或天然水源。根据热力学第二定律，热不能自动地从低温物体传至高温物体，要实现此过程必须消耗外功。因此，制冷过程的实质就是利用外功将热从低温物体传给高温物体。

制冷广泛用于空气调节、食品冷藏等，在工业上用于制冰、气体脱水干燥等。在化工生产中，不少过程都需要制冷，如盐类结晶、低温下气液混合物的分离等。在石油化工中润滑油的净化、低温反应以及挥发性烃类的分离等，另外合成橡胶、煤气、人造纤维与制药等均需要制冷。

本节只对制冷过程进行热力学分析，至于制冷设备的结构和设计则不作讨论，有关这方面的内容有专著介绍。

工业上实现制冷的方法有蒸汽压缩制冷、吸收制冷和喷射制冷。其中蒸汽压缩制冷和吸收制冷是目前广泛应用的主要制冷方法。

4.7.1 制冷原理与逆卡诺循环

制冷过程需要工质在低温下连续不断地吸热，通常是用稳定流动的液态工质汽化来实现的。形成的蒸汽通过压缩和冷凝过程向自然环境（大气或天然水）放热，此时工质变成常温的高压液体，然后该液体经绝热膨胀又回到原来的低温状态，重新汽化吸热并开始新的循环。

在制冷循环中，获得低温的方法通常是用高压、常温的流体进行绝热膨胀来实现的。绝热膨胀有节流膨胀（流体经节流装置）和做功膨胀（流体经膨胀机）两种方式。

从热力学角度分析，做功膨胀的降温效应适用于任何条件下的流体；而节流膨胀降温效应则有一定温度和压力的范围（参见物理化学教材有关内容）。另外，做功的膨胀还可以回收轴功，对节能有利。节流膨胀的优点是结构简单、调节方便，而做功膨胀的结构较复杂，且不允许气体在膨胀机中冷凝为液体，同时，低温下润滑也有困难。

为进一步了解制冷原理，下面先介绍理想的制冷循环。连续的制冷过程是在低温下吸热，在高温下排热（至自然环境），因此制冷循环就是逆方向的热机循环。理想制冷循环（可逆制冷）即为逆卡诺循环，同样由两个等熵和两个等温的过程组成，在低温 T_L 吸热 Q_L；在高温 T_H 排热 Q_H，如图 4-31 所示。循环过程的 $\Delta H=0$，循环过程需要的净功为 W_N，根据热力学第一定律，应有

$$W_N=Q_H+Q_L \tag{4-60}$$

或

$$|W_N|=|Q_H|-|Q_L| \tag{4-61}$$

衡量制冷机效能的参数称为制冷系数（效能系数）ξ，其定义为

$$\xi=\frac{\text{在低温下吸收的热}}{\text{消耗的净功}}=\frac{|Q_L|}{|W_N|} \tag{4-62}$$

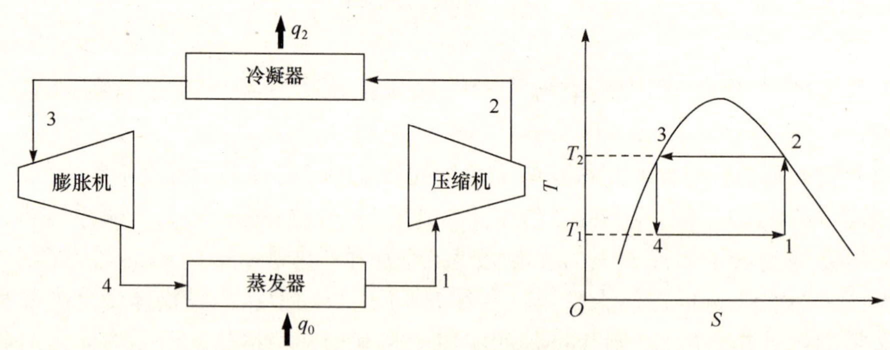

图 4-31 逆卡诺循环示意图

式中，Q_L 称为制冷量，它表示制冷机的制冷能力；ξ 表示制冷机的效能，代表制冷循环运行的经济指标。

式(4-61)除以 $|Q_L|$，得

$$\frac{|W_N|}{|Q_L|}=\frac{|Q_H|}{|Q_L|}-1 \tag{1}$$

对于逆卡诺循环，式(4-54)可写为

$$\frac{|Q_L|}{|Q_H|}=\frac{T_L}{T_H}$$

代入式(1)，则得

$$\frac{|W_N|}{|Q_L|}=\frac{T_H}{T_L}-1=\frac{T_H-T_L}{T_L}$$

因而

$$\xi=\frac{|Q_L|}{|W_N|}=\frac{T_L}{T_H-T_L} \tag{4-63}$$

式(4-63)表明，逆卡诺循环的制冷系数仅是工质工作温度的函数，与工质的性质无关。在 T_L 与 T_H 两个温度之间操作的任何制冷循环，唯有逆卡诺循环的制冷系数最大，它是相同温度范围内最有效的循环。由式(4-63)可见，每单位功耗得到的制冷量随着 T_L 下降或 T_H 上升而减少。倘若制冷温度为 5℃，环境温度为 30℃，则逆卡诺循环的制冷系统为

$$\xi=\frac{T_L}{T_H-T_L}=\frac{273.15+5}{(273.15+30)-(273.15+5)}=11.13$$

在此两个温度之间，任何实际循环的制冷系数都要比 11.13 小。

4.7.2　蒸汽压缩制冷循环

逆卡诺循环压缩机进口与透平进口均为汽液两相，这是不实际的。实际循环如图 4-32 所示，蒸发器出口点 1 在饱和蒸汽线上，压缩机出口点 2 处于过热蒸汽区。1→2′是实际的压缩过程(1→2 为可逆绝热压缩过程)，2′→3 是冷却、冷凝过程，3→4 是节流膨胀过程(等焓过程)，4→1 是蒸发过程。

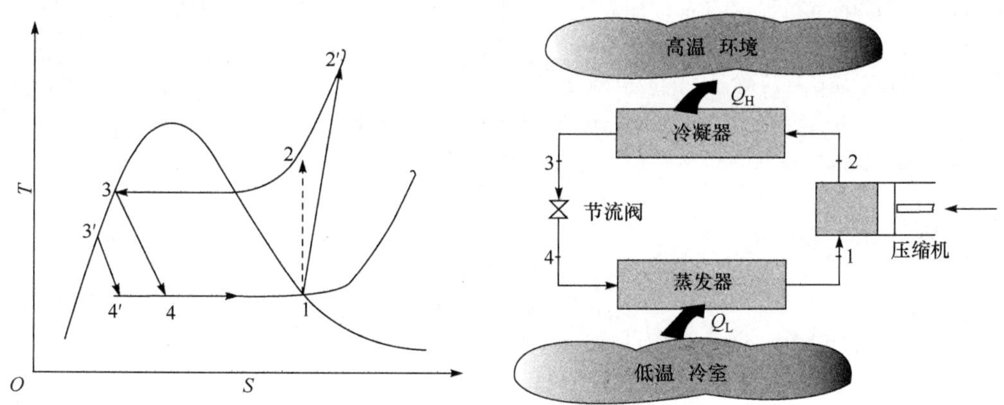

图 4-32　逆朗肯循环示意图

由于点 4 处于两相区，用膨胀机操作有困难，一般用节流阀进行等焓膨胀。因为流体与节流阀之间有摩擦损耗，故此过程为不可逆过程，有熵产生，由图 4-32 可见，$S_4>S_3$。

单位质量工质在蒸发器中吸收的热量为

$$Q_L=\Delta H=H_1-H_4$$

冷凝器中排放的热量为

$$Q_H=\Delta H=H_3-H_{2'}$$

压缩机所需要的压缩功 W_s 为

$$W_s=-\Delta H=H_1-H_{2'}$$

因此,实际循环的制冷系统 ξ 为

$$\xi=\frac{|Q_L|}{|W_s|}=\frac{H_1-H_4}{H_1-H_{2'}} \tag{4-64}$$

由式(4-64)可见,实际循环的制冷系数除了与操作温度有关外,还与制冷工质的性质有关。

若已知压缩机的等熵效率 η_S,则根据式(4-43)由压缩机进出口的压力可求出 $H_{2'}$。

设计蒸发器、冷凝器、压缩机以及有关辅助设备需要制冷工质循环速率 m 的数据。m 可通过蒸发器的热量衡算求出,即

$$m=\frac{Q_L}{H_1-H_4} \tag{4-65}$$

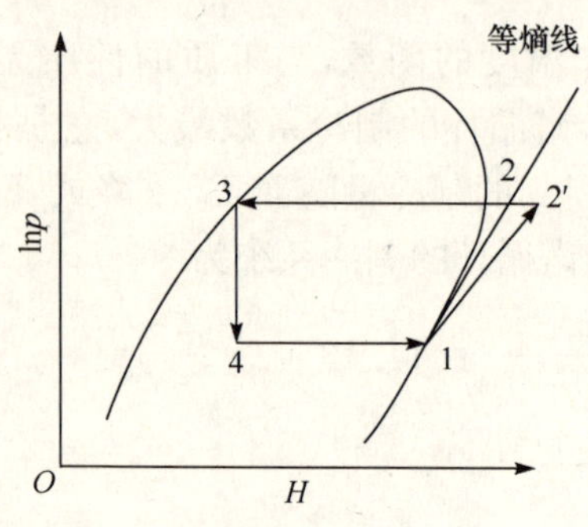

图 4-33　蒸气压缩循环的 p-H 示意图

实际蒸汽压缩制冷循环也可用 p-H 图(压-焓图)来表示,如图 4-33 所示。由于 p-H 图的横坐标是焓,可以直接给出过程的焓变,此焓变的读数比 T-S图准确。对于蒸发与冷凝过程,虽然流体因摩擦损失有微小的压力降,但基本上可视为恒压过程。常用的制冷工质如氨、二氧化碳等都有现成的 p-H 图供查用。

例 4-12　某空气调节装置的制冷能力(制冷量)为 $4.180\times10^4\text{kJ}\cdot\text{h}^{-1}$,采用氨蒸汽压缩制冷循环。夏天室内温度维持在 15℃,冷却水温度为 35℃,蒸发器与冷凝器的传热温差为 5℃。已知压缩机的等熵效率为 0.80。试求:

(1) 逆卡诺循环的制冷系数;

(2) 假定压缩为等熵过程,求工质的循环速率、压缩功率、冷凝器放热量和制冷系数;

(3) 压缩为非等熵过程时的上述各参数。

解　(1) 循环工质氨在冷凝器中的冷凝温度 T_H 为

$$T_H=35+5+273.15=313.5(\text{K})$$

氨在蒸发器内蒸发温度 T_L 为

$$T_L=15-5+273.15=283.15(\text{K})$$

逆卡诺循环的制冷系数为

$$\xi=\frac{T_L}{T_H-T_L}=\frac{283.15}{313.15-283.15}=9.44$$

(2) 从图 4-10 查得对应于图 4-31 中 1、2、3、4 各点的焓值分别为

$$h_1=1452\text{kJ}\cdot\text{kg}^{-1}\quad h_2=1573\text{kJ}\cdot\text{kg}^{-1}\quad h_3=h_4=368.2\text{kJ}\cdot\text{kg}^{-1}$$

氨的循环速率为

$$m=\frac{4.180\times10^4}{h_1-h_4}=38.57(\text{kg}\cdot\text{h}^{-1})=1.0714(\text{kg}\cdot\text{s}^{-1})$$

压缩机的功率为

$$W_s=m(h_1-h_2)=1.0714\times10^{-2}(1452-1573)=-1.296(\text{kW})$$

冷凝器放热量为

$$Q_H=m(h_3-h_2)=1.0714\times10^{-2}(368.2-1573)=-12.91(\text{kJ}\cdot\text{s}^{-1})$$

制冷系数为

$$\xi=\frac{h_1-h_4}{h_2-h_1}=\frac{1452-368.2}{1573-1452}=8.957$$

(3) 利用压缩机的 η_S 可求出不可逆绝热压缩终态的焓,即图 4-31 中点 2′的焓。根据式(4-44)

$$\eta_S=\frac{h_1-h_2}{h_1-h_{2'}}$$

将已知数据代入上式，则得

$$0.80=\frac{1452-1573}{1452-h_{2'}}$$

$$h_{2'}=1603\text{kJ}\cdot\text{kg}^{-1}$$

按(2)的计算方法即得氨的循环速率 m 为

$$m=1.0714\text{kg}\cdot\text{s}^{-1}$$

压缩机功率为

$$W_s=1.0714\times10^{-2}(1452-1603)=-1.618(\text{kW})$$

冷凝器放热量为

$$Q_H=m(h_3-h_2)1.0714\times10^{-2}\times(368.2-1603)=-13.23(\text{kJ}\cdot\text{s}^{-1})$$

制冷系数为

$$\xi=\frac{h_1-h_4}{h_{2'}-h_1}=\frac{1452-368.2}{1603-1452}=7.177$$

可见，不可逆的压缩过程就会引起功耗增加，制冷系数减小。

若要获得较低的温度，蒸汽蒸发压力必须较低，则蒸汽的压缩比就要增大。这种情况下，单级压缩不但不经济，而且不可能。采用多级压缩可以克服这个困难。用氨作制冷工质，蒸发温度若低于－30℃，可采用两级压缩，若低于－45℃，则要采用三级压缩。

多级压缩通常与多级膨胀相结合。多级压缩制冷循环不仅可以节约功耗，而且能获得多种不同的制冷温度。

制冷系数与制冷工质的性质有关，不同的工质有不同的制冷系数，但影响制冷系数的主要因素是循环工质的冷凝温度和蒸发温度。图 4-34 中，1→2→3→4→1 为原有制冷循环，当冷凝温度由 T_3 降到 $T_{3'}$ 时，形成了新的循环，即 1→2′→3′→4′→1。显然，新循环不仅使压缩机所消耗的功减少了$(h_2-h_{2'})$，而且制冷量还增加了$(h_4-h_{4'})$，因而制冷系数得到提高。在制冷装置中，冷凝温度取决于冷却介质即环境物质(大气或天然水源)的温度。因受到当地自然环境的限制，其温度不能随意降低。此外，在设计或操作过程中，要尽可能减小冷凝器的传热温差。

如图 4-35 所示，制冷循环 1→2→3→4→1 的蒸发温度由 T_4 升高到 $T_{4'}$，由于压缩功减少了$(h_{1'}-h_1)$，制冷量增加了$(h_{1'}-h_{4'})-(h_1-h_4)$，因而也可以提高制冷系数。蒸发温度主要由制冷的要求确定，因此在能够满足需要的条件下，应尽可能采用较高的蒸发温度。同时在设计和操作过程中应尽可能降低蒸发器的传热温差。

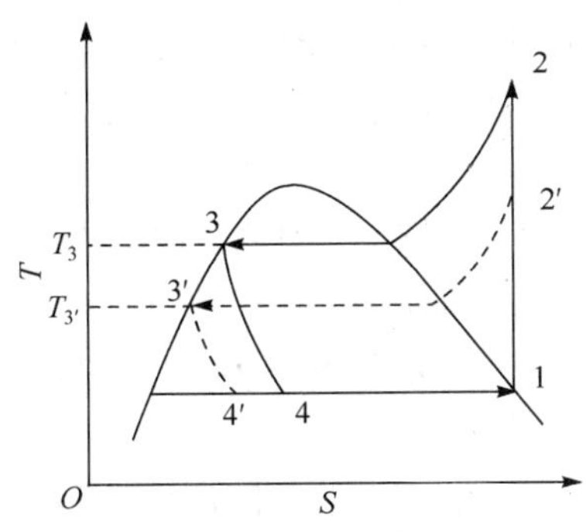

图 4-34　冷凝温度对冷冻系数 ξ 的影响

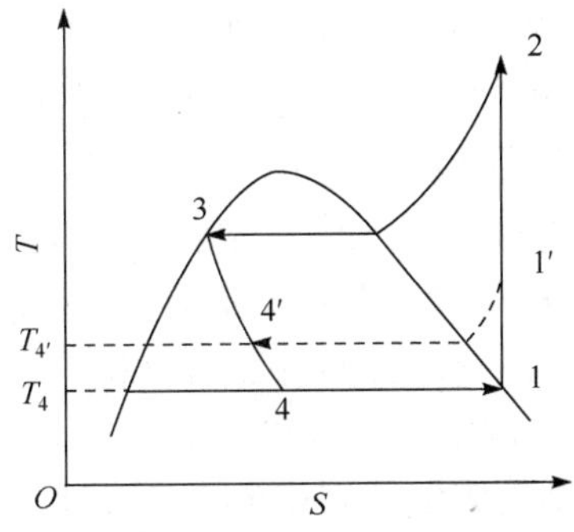

图 4-35　蒸发温度对冷冻系数 ξ 的影响

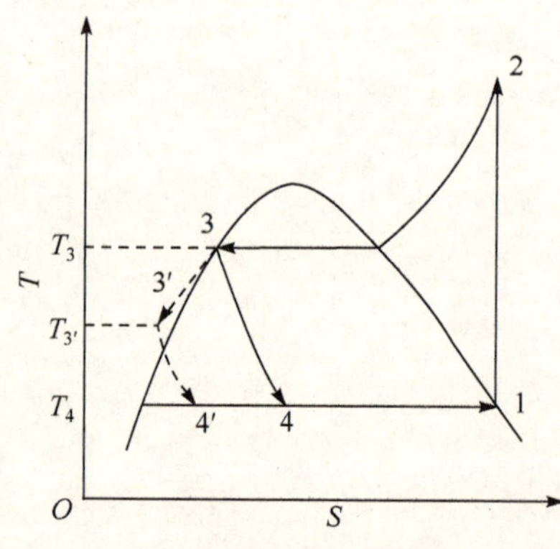

图 4-36 过冷温度对冷冻系数 ξ 的影响

除冷凝温度与蒸发温度外，制冷工质的过冷温度对于制冷系数也有直接的影响。实际制冷循环中，制冷工质的蒸汽通过冷凝器变为饱和液体后，还将进一步冷却，使其成为过冷液体，如图 4-36 中的 3′点所示。从图可见，压缩机耗功量未变，但制冷量增大了$(h_4 - h_{4'})$，因而也提高了制冷系数。显然，过冷温度越低，制冷系数越大。但是过冷温度也不能任意降低，同样受到环境温度的限制。

4.7.3 吸收式制冷循环

这是一种不用机械功、依靠热能取得制冷效果的装置。同样可用氨作为制冷工质。它的工作原理与蒸汽压缩制冷的区别只是在气体的压缩方式上。图 4-37 为吸收式制冷装置的示意图，它利用溶液吸收原理，以水为“吸收剂”由图中 1、2、3、4 四个设备组成所谓“化学泵”，相当于蒸汽压缩循环中的压缩机。从蒸发器来的低压氨气被“吸收器”内的稀氨水溶液吸收，称为浓氨水溶液。在此过程中放出的热量被冷却水带走。形成的浓氨水溶液通过氨水泵送入压力较高的解吸器中，在此加入热量 Q(可通过水蒸气盘管加热，图中未示出)，于是溶解在水中的氨又被释放出来，送往制冷系统中的冷凝器。在此设备中高压氨气冷凝为液氨，经节流阀膨胀为液氨与其蒸汽的混合物，温度下降，进入蒸发器内，液氨蒸发，产生制冷效果，形成的低压氨气又进入吸收器，完成吸收式制冷的循环。

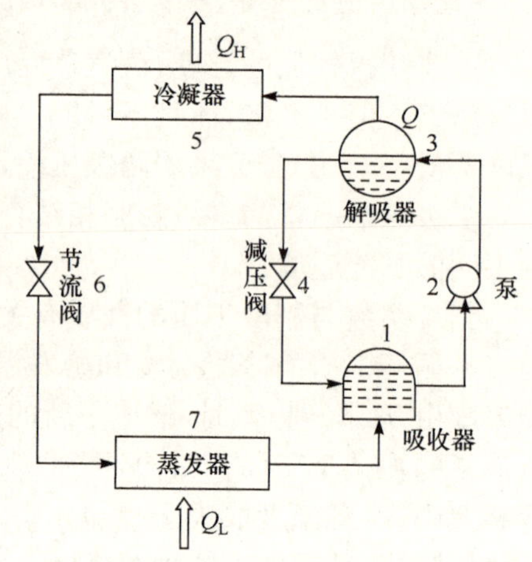

图 4-37 吸收式制冷装置

吸收式制冷装置运行的经济指标称为热力系数 ε，ε 的定义为

$$\varepsilon = \frac{Q_L}{Q} \tag{4-66}$$

式中，Q_L 为吸收制冷装置的制冷量；Q 为解吸器中提供的热量。

吸收制冷是一种以热为代价的制冷方式，其优点是可以利用低温热能，特别是可以直接利用工业生产中的余热或废热。通常制冷能力可达每小时几百万千焦。制冷系统中除溶液泵外，无其他传动设备，耗电量很少。缺点是热力系统 ε 较低，一般为 0.3～0.5；设备比压缩制冷循环庞大，灵活性较小。

吸收式制冷循环的工质除了氨与水外，常用的还有水(制冷剂)和溴化锂(吸收剂)。由于溴化锂本身不挥发，解吸器不需要精馏塔形式，只要简单的解吸器就行。此外，热力系数也较高，但溴化锂有较大的腐蚀性，设备需用不锈钢制造。由于用水作制冷剂，因此制冷温度不能低于 0℃，通常用于大型空调系统。

近年来太阳能的利用越来越广泛，因此若条件许可，可设计一种太阳能制冷设备。它的原理是把吸收式制冷设备中的解吸器改成“太阳能吸热器”，利用太阳的辐射热使氨水中的氨汽化。这种装置在南方炎热地带最为经济，因为夏季最热的时期也是最需要制冷的时期，恰好可以利用炽热的阳光来创造凉爽的室内工作环境。

4.7.4 制冷工质的选择

实际制冷循环的制冷能力、压缩机功耗，各设备的操作压力、结构尺寸、使用的材料等都与制冷工质的性质有密切的关系。工业上应用比较广泛的制冷工质有氨、二氧化碳、二氧化硫、乙烷等，其中以氨的应用最为广泛。

从工作原理和生产上的安全性、经济性等方面考虑，对制冷工质的性质提出如下要求。

(1) 汽化潜热要大。潜热大则制冷量也大，因此对于一定制冷能力的制冷机所需要的制冷工质的循环量就小。这样可以降低功率消耗，提高经济效益。氨在此方面占绝对优势，它的潜热要比氟利昂大10倍左右。

(2) 有关温度下的蒸气压要合适。冷凝压力不能过高，蒸发压力不要过低。因为冷凝压力过高将会增加压缩机和冷凝器的设备费用；蒸发压力过低，就会有空气漏入真空操作，系统操作不易稳定。在这方面氨作为制冷工质也是比较理想的。

(3) 制冷工质应具有化学稳定性。制冷工质对循环经过的设备的任何部分不能有显著的腐蚀破坏作用。此外，制冷工质常有漏失，漏到大气中的制冷工质蒸汽对操作人员的身体健康不应有毒害或强烈的刺激作用。在这方面，氨和二氧化硫均有刺激人体器官的作用，倘若吸入过多，对人身健康还会产生永久性损害。

(4) 为了安全操作，制冷工质不应有易燃性和爆炸性。

(5) 价格要低。

目前，还没有一种制冷工质能完全满足上述要求，因此在实际选择时只需利大于弊。氨作为工质，其优点多于缺点，故在工业上被广泛应用。自20世纪30～40年代以来，小型的家用制冷机大都用氟利昂类化合物作为工质，但氟利昂等皆会破坏臭氧层，使全球气候变暖，导致破坏生态，现已采用R-134a(1,1,1,2-四氟乙烷等环保制冷工质)代替。

4.8 热　　泵

热泵(heat pump)的工作原理与制冷机完全相同，但其工作目的却不相同。制冷机的工作目的是制冷；热泵的工作目的是制热。热泵是一种节能的设备，20世纪70年代能源危机发生后在世界各国得到广泛应用。

人们在生活和生产上都需要直接利用热能。将燃料的化学能或电能转化为热能，以热力学的观点，从有效利用能量的角度看，这两种方法既不经济，也不合理。

在自然界(如地球内部、大气及天然水源)中蕴藏着巨大的能量，某些工业生产中也排放出大量的余热，但这些热量的温度水平比人们所需要的低，因此难以直接利用。热泵可以使低温热变成高温热。热泵相当于一种能源采掘机械，消耗一部分高质量的能量(机械能、电能或高温热能等)为代价，通过热力循环，把自然环境介质(水、空气、土地)中或生产排放的余热中储存的能量加以挖掘，进行利用。热泵从自然环境介质中或生产排放的余热中吸收热量，并将它输送到人们所需要的较高温度的物质系统中去。

在蒸发器中，循环工质蒸发吸取环境介质中的热量，经压缩后的工质在冷凝器中放出热量直接加热房间，或加热供热系统的用水，然后由循环泵送到用户，作采暖或热水供应等。工质凝结成饱和液体，经节流阀降温后进入蒸发器，重新蒸发吸热汽化为干饱和蒸汽，从而完成一个循环。

工业热泵用于工业过程废热的回收。以消耗少量机械能为代价回收利用低温热能，尤其适用于那些温度低于80℃的大量温热水热量的回收利用。目前工业热泵输出的最高温度约为150℃，此温度正好满足奶品、罐头、肉类等食品加工的使用。此外，也可以供电镀、油漆干燥、橡胶制造等工艺的需用。估计今后热泵输出的温度可达250～300℃，这将满足更多行业供热的需要。目前，国外热泵还广泛应用于化工生产，如热泵蒸馏、热泵蒸发、热泵干燥等。

热泵的操作费用取决于驱动压缩机的机械能或电能的费用，因此热泵的经济性能以消耗单位功量 W_s 所得到的供热量来衡量，称为制热系数 ω，即

$$\omega=\frac{|Q_H|}{|W_s|} \tag{4-67}$$

可逆热泵(逆卡诺循环)的制热系数为

$$\omega=\frac{T_H}{T_H-T_L} \tag{4-68}$$

式(4-68)的推导方法与式(4-63)相同。可逆热泵的制热系数只与两个热源的温度有关，与工质性质无关。

根据式(4-61)可以导出制热系数与制冷系数的关系式，即

$$\omega=\frac{|Q_H|}{|W_s|}=\frac{|Q_L|+|W_s|}{|W_s|}=\frac{|Q_L|}{|W_s|}+1=\xi+1 \tag{4-69}$$

由式(4-69)可知，若制冷系数为4的热泵，其制热系数应为5。这就是说供热量 Q_H 是压缩机消耗功量 W_s 的5倍。若改用电加热，则它得到的供热量与消耗的热量是相等的。因此，热泵是一种比较合理的供热装置。

经过合理设计，可使装置在不用的温差范围内运行，热泵也可以用作制冷机。因此，用户可使用同一套装置在夏季作制冷机，使室内气温低于室外；冬季作热泵使室内气温高于室外，做到一机两用。

例 4-13 某热泵功率为10kW，周围自然环境(大气)的温度为0℃。用户要求供热的温度为90℃。求此热泵最大的供热量以及热泵从环境吸收量。

解 热泵提供的最大热量应按逆卡诺循环运行，按式(4-68)可求制热系数：

$$\omega=\frac{T_H}{T_H-T_L}=\frac{273.15+90}{90-0}=4.035$$

根据式(4-67)，最大的供热量 Q_H 为

$$|Q_H|=\omega|W_s|=40.35(\mathrm{kJ\cdot s^{-1}})=1.453\times10^5(\mathrm{kJ\cdot h^{-1}})$$

根据式(4-61)，热泵从周围环境吸热量 Q_L 为

$$|Q_L|=|Q_H|-|W_s|=40.35-10=30.35(\mathrm{kJ\cdot s^{-1}})=1.0926\times10^5(\mathrm{kJ\cdot h^{-1}})$$

$$\frac{|Q_L|}{|Q_H|}=\frac{1.0926}{1.453}=0.752$$

由计算结果可见，供热量中有75.2%是从周围自然环境中提取的，因此这种供热方式是经济的。

习 题

1. 内含 CO_2 的绝热容器从地面上空3.5km的气球上落下。试确定当容器掉到地面上时 CO_2 的温度变化。取 $C_V=655.2\mathrm{J\cdot kg^{-1}\cdot K^{-1}}$。
2. 一流体的压力为700kPa，比体积为0.25m³·kg⁻¹，并以175m·s⁻¹的速度进入某装置。装置辐射热损失

为 23kJ · kg^{-1}，流体做功 465kJ · kg^{-1}，流体的出口压力为 136kPa、比体积为 0.94m^3 · kg^{-1}、速度为 335m · s^{-1}。试确定热力学能的变化。

3. 喷嘴中水蒸气进口参数 p_1=0.6MPa、T_1=350℃，出口参数 p_1=100kPa、T_2=200℃。进口速度可忽略，热损失是 250kJ · kg^{-1}。试确定出口速度。
4. 透平进口水蒸气压力 p_1=4826kPa，热力学能 u_1=2958kJ · kg^{-1}，h_1=3263kJ · kg^{-1}，水蒸气流量 q_m=6.3kg · s^{-1}。透平辐射热损失为 23.3kJ · kg^{-1}。透平出口水蒸气压力 p_1=20.7kPa，热力学能 u_2=2102kJ · kg^{-1}，焓 h_1=2232kJ · kg^{-1}。透平出口面积为 0.464m^2。求：(1)透平功率；(2)绝热功率；(3)进口比体积；(4)出口流速。
5. 空气进入 1200W 的电吹风，进口参数 100kPa、22℃，出口 47℃，出口横截面积 60cm^2，不计风机功率消耗和热损失。求：(1)进口空气体积流量；(2)出口空气流速。
6. 绝热容器含有 2kg 空气，参数 p_1=3000kPa、T_1=325K。容器排气直到压力达到 p_1=500kPa。求：(1)剩下空气的质量；(2)空气的终温；(3)现对容器加热以至温度维持恒定 325K，求加热量。
7. 在稳定状态，一个循环输出功率为 10kW，从温度为 1500K 的高温热源每次循环吸收 10kJ 热量，有热量排放给温度为 300K 的热源。求每分钟需要的最少理论循环次数。
8. 用液体输送泵，将温度为 25℃的水，从 0.1MPa 加压到 1.0MPa，进入锅炉去产生蒸汽，假设加压过程是绝热的，泵的实际效率相当于绝热可逆过程效率的 0.6，求需要的功为多少？
9. 一台卡诺热机从温度为 900℃的热源吸收热量 800kJ · min^{-1}，并向 27℃的环境空气排放废热。热机的整个输出功被用来驱动一台制冷机，它从−5℃的制冷空间排出热量并传递给相同的 27℃的环境空气。试确定：(1)从制冷空间热量排出的最大功率(kW)；(2)排出给环境空气的总热量(kW)。
10. 蒸汽采暖系统的散热器的容积为 20L，并充满了参数为 200kPa 和 200℃的过热水蒸气。这时散热器的进出口阀门都关闭。之后由于对室内空气传热，水蒸气的温度降到 80℃。试确定过程中水蒸气的熵变。
11. 水蒸气稳定流过透平，质量流量为 2.52kg · s^{-1}，进口蒸汽状态是 7MPa 和 500℃，出口蒸汽压力是 20kPa，膨胀是等熵过程。求透平功。
12. 7MPa 的干饱和蒸汽进入汽轮机，绝热膨胀到大气压 100kPa。透平每千瓦消耗蒸汽 24.3kg · h^{-1}。求汽轮机出口蒸汽熵值。
13. 绝热透平进口水蒸气参数为 6MPa 和 600℃，速度为 80m · s^{-1}，出口参数为 50kPa 和 100℃，速度为 140m · s^{-1}。如果透平输出功率为 8MW。试确定：(1)水蒸气的质量流量；(2)透平等熵效率。
14. 水蒸气进入稳定运行的绝热喷管，进口参数为 689.48kPa、260℃，速度为 30.48m · s^{-1}，并膨胀到 275.792kPa。如果喷管的等熵效率为 0.95，求出口速度。
15. 某人称其设计了一台热机，该热机每小时消耗热值为 42000kJ · kg^{-1}的燃料 30kg，可以产生的输出功率为 170kW。该热机的高温与低温热源分别为 670K 和 330K。试判断此热机是否合理。
16. 某动力循环的蒸汽透平机，进入透平的过热蒸汽为 2.0MPa、400℃，排出的气体为 0.035MPa 饱和蒸汽，若要求透平机产生 300kW 的功率，问每小时通过透平机的蒸汽流量是多少？其热力学效率是等熵膨胀效率的多少？假设透平机的热损失相当于轴功的 5%。
17. 某蒸汽动力循环操作条件如下：冷凝器出来的饱和水，由泵从 0.035MPa 加压至 1.5MPa 进入锅炉，蒸汽离开锅炉时被过热器加热至 280℃。求：(1)上述循环的最高效率；(2)在锅炉和冷凝器压力下饱和温度之间运行的卡诺循环的效率，以及离开锅炉的过热蒸汽温度和冷凝器饱和温度之间运行的卡诺循环的效率；(3)若透平机是不可逆绝热操作，其焓差是可逆过程的 80%，求此时的循环效率。
18. 某蒸汽压缩制冷循环，制冷量 Q_0 为 3×10^{4}kJ · h^{-1}，蒸发室温度为−15℃，冷凝器用水冷却，进口为 8℃。若供给冷凝器的冷却水量无限大，计算制冷循环消耗的最小功为多少？如果冷凝器用室温(25℃)空气冷却，其消耗的最小功又是多少？
19. 某压缩制冷装置，用氨作为制冷剂，氨在蒸发器中的温度为−25℃，冷却器中的压力为 1.0MPa，假定氨进入压缩机时为饱和蒸汽，而离开冷凝器时为饱和液体，制冷量 Q_0 为 1.67×10^{5}kJ · h^{-1}，求：(1)所需的氨流率；(2)制冷系数。

20. 有一氨压缩制冷机组，制冷能力 Q_0 为 4.0×10^4 kJ · h^{-1}，在下列条件下工作：蒸发温度为−25℃，进入压缩机的是干饱和蒸汽，冷凝温度为 20℃，冷凝过冷 5℃。试求：(1)单位质量制冷剂的制冷能力；(2)每小时制冷剂循环量；(3)冷凝器中制冷剂放出的热量；(4)压缩机的理论功率；(5)理论制冷系数。
21. 热泵是一个逆向运转的热机，可用来作为空气调节器，进行制冷或制热。设冬季运行时的室外温度(平均)为 4℃，冷凝器(用于制热)平均温度为 50℃。设夏季运行时的室外温度(平均)为 35℃，蒸发器(用于制冷)平均温度为 4℃，若要求制热(制冷)量为 105kJ · h^{-1}，试求空调运行时最小理论功率各为多少？
22. 由 1kW 电动机驱动的热泵对建筑物供暖，保持室内温度为 20℃。当室外温度为 0℃，通过墙和房顶的热损失为 60000kJ · h^{-1}。问该热泵能满足要求吗？
23. 一台热泵夏天被用来制冷，冬天被用来取暖。房间整年维持在 24℃。1℃室内外温差的房间热损失是 0.44kW。室外平均温度在夏天为 32℃，在冬天为−4℃。求：(1)制冷和取暖各需功率多少？(2)哪个条件确定了必须购买的机组功率大小？

第5章 化工过程热力学分析

人类的一切生产和生活都离不开能量的利用，提高能量的利用率、合理使用能量已成为举世瞩目的重大课题。热力学是研究能量转换关系的一门科学，用热力学的观点来指导合理地使用能量是现代热力学的一项重要任务。

以热力学第一、第二定律为基础而发展起来的热力学分析方法是用热力学原理，对过程中能量的转换、传递与使用情况进行分析，揭示可利用能量消耗的大小，原因与部位，为提高能量的利用率指出方向。由于此方法可检验用能设备或装置系统能量利用的有效程度，并与能源的合理使用与节能工作有密切的关系，近二三十年来这一方法得到了迅速的发展与广泛的应用，目前已广泛的应用于动力、低温工程、化工、制冷、冶金等工业部门。

5.1 基础理论

5.1.1 能量的级别

1. 热功转换的方向

热功转换问题之所以重要，是因为现代工业所需的能量大部分取自煤、石油、天然气和核燃料等能源，要将这些能源所储备的能量先转化为能量，然后再转化为功供给生产部门使用(燃料电池尚未进入实用阶段)。因此，热量成为能量转化的必经之路，热功转换在能量利用方面有着特殊重要的地位。

热功转换具有明显的方向性和限度，无数事实证明：功＞热。例如，机械功通过摩擦变成热量是100％，电功通过电阻变成热也是100％。而热变成功只能是部分的，其限度为 $\eta_F(=W_s/Q_H)\leqslant\eta_c$。

功可以全部转化为热，而热不能全部转化为功，原因何在？这是因为功和热虽然都是能量的传递形式，但它们又有区别，功是有序能传递形式——分子进行有秩序的运动所传递的能量，如电子定向地有序运动做出电功，气体分子定向有序运动可以推动活塞做出机械功。热是无序能传递形式——分子进行无秩序的热运动所传递的能量。即功是有序能量的体现，热是无序能量的体现，功转变为热是分子有序运动转变成无序运动的能量，是不受任何条件限制的，而热转变为功则是无序运动变成有序运动的能量，是受一定条件限制的。如图5-1所示，(2)态→(1)态 是任意的，(1)态→(2)态是不可能的。

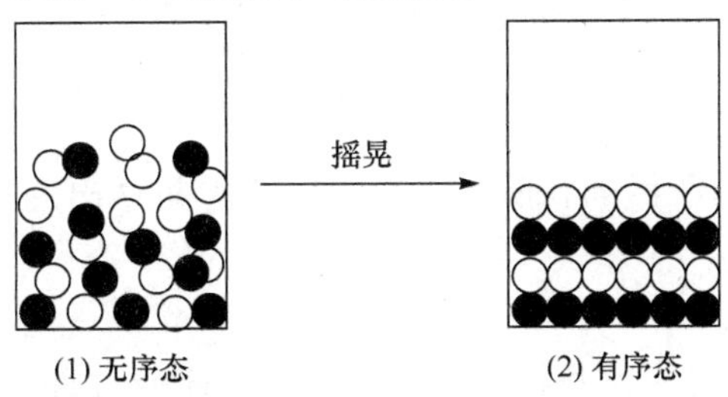

图5-1 功热转换的方向性

这种有序态变成无序态的不可逆性就是热功转换方向性的实质。

2. 能量级别

由以上讨论可知：能量不仅有数量多少之分，还有质量高低之别。从热力学第一定律看，能量似乎无差别，热和功可以无条件地当量转化，1kJ 热＝1kJ 功，但从热力学第二定律分析可知，它们虽然数量相当，但质量不同。一般，人们对能量的数量容易理解，而对能量的质量却不易理解，因而往往忽视对能量质量的保护和管理，造成种种浪费，所以要特别强调能量的质量问题。

自然界的能量分为两大类：高级能量和低级能量。

自然界能量：

高级能量——理论上能完全转化为功的能量；

低级能量——理论上不能完全转化为功的能量；

僵态能——完全不能转化为功的能量；

高级能量包括机械能、电能、水利能、风力能、动物能。低级能量包括内能、焓、热能（由燃料或核反应产生）。

热能又可分为高温热能和低温热能，二者哪个级别高呢？

由卡诺机的讨论可知：$W_c=Q_H\left(1-\frac{T_L}{T_H}\right)$，当 Q_H 一定时，W_c 是 T_H 的单调递增函数，T_H 越高，Q_H 中变为有用功的部分也越大，所以高温热能比低温热能的质量高。当 $T_H=T_L=T_0$ 时，$W_c=0$，即温度为 T_0 的热能（如海水）是不能转变为功的，是没有任何利用价值的，所以称这种热能为死僵态能。企图利用海水中的热能（$T=T_0$）做功是不可能的，但利用海水中海面和海底的温差（海底终年 4℃）来发电却是可能的。

总之，能量不仅有数量之分，还有质量高低之别，按能量质量论，高低顺序为：功＞高温能＞低温能。由高级能量变成低级能量是能量的降退（贬质），而能量降退（贬质）意味着做功能力的损失。合理用能就是要注意对能量质量的保护和管理，尽可能减少或避免能量的降退（贬质）。

5.1.2 理想功

1. 定义

(1) 体系在确定的状态变化时所做的最大功或所耗的最小功，用 W_{id} 表示。

(2) 体系经历一完全可逆过程时所做（或所耗）的功。这里指完全可逆过程，必须符合以下两个条件：

a. 体系内所有的变化过程必须是可逆的。

b. 体系只与温度为 T_0（绝对温度）的环境进行可逆的热交换。

理想功的定义式为

$$W_{id}=W_{sr}+W_c \tag{5-1}$$

式中，W_{sr} 为可逆的稳流过程所做的膨胀功；W_c 为卡诺热机做出的轴功。

2. W_{id} 的计算式（稳流过程）

在实际生产中，经常遇到的是稳流过程，因而讨论稳流过程的理想功很重要。对稳流过程，热力学第一定律的表达式为

$$W_s = Q - \Delta H - \frac{\Delta \mu^2}{2} - g\Delta z$$

根据热力学第二定律，体系与环境间传热量应为

$$Q = T_0 \Delta S$$

在许多情况下，动能差$\frac{\Delta \mu^2}{2}$，势能差 $g\Delta z$ 往往可以忽略不计，此时

$$W_{id} = T_0 \Delta S - \Delta H \tag{5-2}$$

由此可见，稳流过程的理想功仅取决于体系的初态与终态，以及环境的温度 T_0，而与具体的变化途径无关。

为了更明确理想功的含义，现举以下的例子，求算在流动过程中温度为 T_1，压力为 p_1 的 1kmol 氮气变化至 p_2、T_2时所能给出的理想功为多少？取环境温度为 T_0。

假设氮气经过下述两个阶段连续地变到终态：

(1) 在透平机内可逆绝热膨胀，从初态 p_1、T_1变化至终态压力 p_2、T_2'（T_2'是可逆绝热过程的终态温度）。

(2) 在恒压 p_2下，冷却（或加热）到终态温度 T_2。

对于阶段(1)，因为过程是绝热的，根据稳定流动过程的能量平衡方程，得

$$W_s = -\Delta H = -(H_2' - H_1)$$

对于阶段(2)，必须是可逆的，才能在恒压 p_2下利用卡诺机传热才能得到最大功。氮气的温度不是恒定的，由 T_2'变至 T_2。设在温度 T 时卡诺机从氮气吸热，做功 W_c，并传至温度 T_0 的环境，则卡诺机所做的功为

$$\delta W_c = \frac{T - T_0}{T}(-\delta Q)\text{（负号是对氮气而言）}$$

积分上式，得

$$W_c = -Q + T_0 \int_T^{T_0} \delta Q \tag{5-3}$$

式中，Q 为与氮气交换的热量，等于氮气的焓变 $H_2 - H_2'$；$\int_T^{T_0} \frac{\delta Q}{T}$ 为氮气的熵变，因为阶段是等熵过程，所以积分$\int_T^{T_0} \frac{\delta Q}{T}$ 就是全过程的熵变 ΔS。

因此

$$W_c = -(H_2 - H_2') + T_0 \Delta S$$

理想功为

$$W_{id} = W_s + W_c = -(H_2' - H_1) - (H_2 - H_2') + T_0 \Delta S = T_0 \Delta S - \Delta H \tag{5-4}$$

推导结果相同。

3. 讨论

从计算式可知：

(1) W_{id}是某种形式的状态变量，只要状态 1、2 确定，则 W_{id}存在，且是唯一的。

(2) W_{id}与 W_{sr}比较。

a. 对需功过程（如等温可逆压缩）：

$$W_{id}=W_{sr}+W_c \quad |W_{id}|<|W_{sr}|$$

b. 产功(如一般的可逆膨胀):

$$W_{id}=W_{sr}+W_c \qquad W_{id}>W_{sr}$$

c. 可逆绝热过程:

$$Q=0 \qquad W_c=0$$

所以

$$W_{id}=W_{sr}$$

(3) W_{id}与 T_0有关。

4. 化学反应过程的 W_{id}

在标准状态(25℃,0.10133MPa)下,稳定流动化学反应过程理想功的计算式为

$$W_{id}=-\Delta H^{\ominus}+T_0\Delta S^{\ominus} \tag{5-5}$$

式中,$\Delta H^{\ominus}$为标准状态下化学反应过程的焓变,即标准反应热;$\Delta S^{\ominus}$为标准状态下化学反应过程的熵变。

由热力学基本定义式 $G\equiv H-TS$,在标准状态下,恒温 T_0时,有

$$\Delta G^{\ominus}=\Delta H^{\ominus}-T_0\Delta S^{\ominus}$$

式中,$\Delta G^{\ominus}$为标准状态下自由焓的变化。

可见,标准状态下化学反应过程的理想功即为反应过程物流标准自由焓的减少量,即

$$W_{id}=-\Delta G^{\ominus} \tag{5-6}$$

所以必须特别注意的是:在标准状态下进行化学反应,能回收的最大功(W_{id})是标准自由焓的减少量,而不是标准反应热。也就是说在标准状态下反应,计算理想功可用标准自由焓的数据。

化学反应时,若组分的压力不是 1atm,则对于查得的标准生成焓和标准熵以及标准生成自由焓都要进行压力校正。倘若反应物与生成物均为理想气体,则只需对标准熵与标准生成自由焓的值进行压力校正。

5. 热力学效率 η_a

定义:实际过程所提供的功或所消耗的功与理想功的比值。

对于产功过程:

$$\eta_a=\frac{W_s}{W_{id}} \tag{5-7}$$

对于耗功过程:

$$\eta_a=\frac{W_{id}}{W_s} \tag{5-8}$$

以上可知:

(1)热效率 η_T和热力学效率 η_a 是两个不同的概念,前者反映的是能量的数量利用率,而后者反映了能量的质量利用率。

(2) $\eta_T=\dfrac{W_s}{Q_H}=\dfrac{W_{id}}{Q_H}\cdot\dfrac{W_s}{W_{id}}=\eta_{max}\eta_a$,要提高 η_T,只能设法提高 η_a。

5.1.3　不可逆过程的损耗功 W_L

1. W_L 定义式与计算式

理想功通过完全可逆过程才能实现。但所有的实际过程都是不可逆的，由于实际过程本身的不可逆性或考虑现实的因素，将导致做功能力的损失。损失功 W_L 的定义："体系在给定状态变化过程中所计算的理想功 W_{id} 与该过程实际功 W_s 的差值"，即

$$W_L = W_{id} - W_s \tag{5-9}$$

对于稳流过程，因为 $\Delta H = Q - W_s$，所以

$$W_L = T_0\Delta S - \Delta H + \Delta H - Q = T_0\Delta S - Q \tag{5-10}$$

式中，Q 为体系在实际过程中与温度为 T_0 的环境所交换的热量，由于环境可以视为热容量极大的恒温热源，因此环境的熵变 $\Delta S_0 = -\dfrac{Q}{T_0}$（因环境所吸入或放出的热量的数值与体系放出或吸入的相等而符号相反）。代入式(5-10)，得

$$W_L = T_0\Delta S + T_0\Delta S_0 = T_0\Delta S_{总} \tag{5-11}$$

式(5-11)表示损失功与总熵变的关系。如果把体系和环境结合起来看成是一个孤立体系，则

$$W_L = T_0\Delta S_g \tag{5-12}$$

此即为著名的高乌-斯托多拉(Gouy-Stodola)公式。

由此可见，损失功的大小不仅取决于总熵变，而且与环境温度 T_0 有关。

对于不可逆过程，$\Delta S_g > 0$，因此 $W_L > 0$，即损失功总是正值。而且当 T_0 一定时，ΔS_g 越大，W_L 也越大。

热力学效率也可通过损耗功来计算：

产功
$$\eta_a = \frac{W_{id} - W_L}{W_{id}} \tag{5-13}$$

耗功
$$\eta_a = \frac{W_{id}}{W_{id} - W_L} \tag{5-14}$$

例 5-1　1kg 的水在 1atm 的压力下，从 20℃加热到沸点，并在该温度下完全汽化，所需要的热量由温度为 482℃的加热炉供给。如果环境温度为 20℃，试问：

(1) 供给的热量转变为功的最大百分数是多少？

(2) 由于加热过程的不可逆性，损失功为多少？

解　水在 20℃ 时的 $h_1 = 83.96\text{kJ}\cdot\text{kg}^{-1}$，$s_1 = 0.2966\text{kJ}\cdot\text{kg}^{-1}\cdot\text{K}^{-1}$，水蒸气在 100℃ 时的 $h_2 = 2676.1\text{kJ}\cdot\text{kg}^{-1}$，$s_2 = 7.3549\text{kJ}\cdot\text{kg}^{-1}\cdot\text{K}^{-1}$。

(1) $W_{id} = T_0\Delta S - \Delta H = 293.15\times(7.3549 - 0.2966) - (2676.1 - 83.96) = -523(\text{kJ}\cdot\text{kg}^{-1})$

供给的热量转变为功的最大百分数为

$$\eta_a = \frac{W_{id}}{Q} = \frac{-523}{-2592.1} = 20.17\%$$

(2) $\Delta S_{总} = \Delta S_{sys} + \Delta S_{sur} = (s_2 - s_1) + \dfrac{-\Delta h}{T} = (7.3549 - 0.2966) - \dfrac{2592.1}{(482+273.15)} = 3.6257(\text{kJ}\cdot\text{kg}^{-1})$

$$W_L = T_0\Delta S_{总} = 293.15\times 3.6257 = 1062.8(\text{kJ}\cdot\text{kg}^{-1})$$

2. W_L 产生的原因

化工生产中，产生 W_L 的原因主要有两个。

1）温差传热产生 W_L

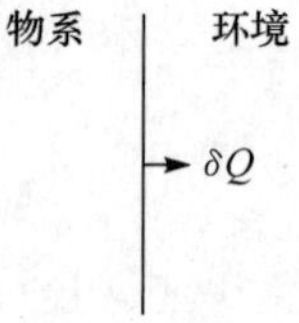

物系 | 环境

→ δQ

$$dS_{sys}=-\frac{\delta Q}{T_H}\qquad dS_{sur}=\frac{\delta Q}{T_L}$$

$$\begin{aligned}dS_g&=dS_{sys}+dS_{sur}=-\frac{\delta Q}{T_H}+\frac{\delta Q}{T_L}\\&=\left(\frac{1}{T_L}-\frac{1}{T_H}\right)\delta Q\\&=\frac{T_H-T_L}{T_H T_L}\delta Q\end{aligned}$$

若 T_H、T_L 皆为定温，则

$$W_L=\frac{T_0}{T_H T_L}(T_H-T_L)Q \tag{5-15}$$

若 T_H、T_L为变温，则

$$W_L=\frac{T_0}{T_{Hm} T_{Lm}}(T_{Hm}-T_{Lm})Q \tag{5-16}$$

$$T_m=\frac{T_2-T_1}{\ln(T_2/T_1)}$$

2）功转换为热产生 W_L

除温差外，其他强度性质差（如 Δp、ΔC、Δu 等）的存在将导致功转化为热，使 ΔS_g增大，产生 W_L。

(1) 压差损失。当流体流动因摩擦而产生压降时，假定与外界无热功交换，则

$$dH=\delta Q-\delta W_s=0$$

因为 $dH=TdS+Vdp=0$，所以

$$dS=-\frac{V}{T}dp>0$$

又因为 $dS_{sur}=0$，所以

$$W_L=T_0\Delta S_g=T_0\int_{p_1}^{p_2}-\frac{V}{T}dp=\frac{T_0}{T}V(p_1-p_2)>0 \tag{5-17}$$

(2) 浓差损失。

p_{N_2}、p_{O_2}由 1atm→0.5atm，混合前 $p_{N_2}=p_{O_2}=1atm$，混合后 $p_{总}=1atm$，$p_{N_2}=p_{O_2}=0.5atm$。此过程本可做出膨胀功，但在不可逆混合时，没有做出功而变成了混合热。

$$W_L=-T_0R\sum_i y_i\ln y_i \tag{5-18}$$

式中，y_i 为各组分的含量。

例 5-2 设有两股理想气体在混合器中进行等温（T_0）混合。混合前两股物流的流量各为 n_1 与 n_2（$mol\cdot h^{-1}$），压力各为 p，混合后压力仍为 p，试求混合过程的损耗功 W_L 与理想功 W_{id}（理想气体稳定流动混合过程如图 5-2 所示）。

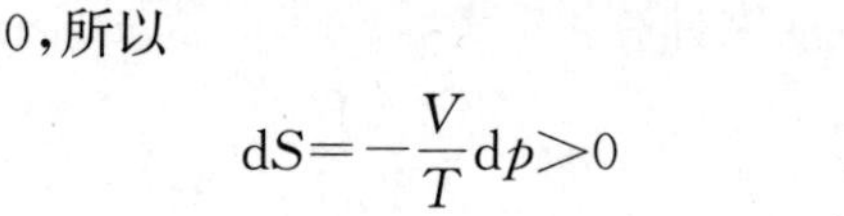

图 5-2　气体的混合过程

解　混合前两股气体的压力均为 p，混合后其分压分别降至 y_1p 与 y_2p。y_1 与 y_2 分别为两种气体的摩尔分数，即

$$y_1=\frac{n_1}{n_1+n_2}\quad y_2=\frac{n_2}{n_1+n_2}$$

根据敞开体系稳流过程熵产生的计算式(4-40)，等温混合过程的熵产为

$$\Delta S_g=\sum_j(m_jS_j)_{out}-\sum_i(m_iS_i)_{in}-\Delta S_f$$

根据热力学第一定律，$\Delta H=Q-W_s$，对于理想气体等温混合过程 $\Delta H=0$，$W_s=0$，因此

$$Q=0$$

即

$$\Delta S_f=0$$

$$\begin{aligned}\Delta S_g&=\sum_j(m_jS_j)_{out}-\sum_i(m_iS_i)_{in}=[(S_{1out}-S_{1in})+(S_{2out}-S_{2in})]=\Delta S_1+\Delta S_2\\&=-n_1R\ln\frac{y_1p}{p}-n_2R\ln\frac{y_2p}{p}\\&=-n_1\ln y_1-n_2\ln y_2\end{aligned}$$

若有 i 股气体进行等温混合，则上式变为

$$\Delta S_g=-R\sum_i n_i\ln y_i \tag{5-19}$$

式中，$y_i<1$，故 $\Delta S_g>0$，说明混合过程必有熵产生。此混合过程的损耗功为

$$W_L=-T_0R\sum_i n_i\ln y_i$$

对 1mol 混合物，因每个组分 i 的物质的量为 y_i，故有

$$W_L=-T_0R\sum_i y_i\ln y_i \tag{5-20}$$

由于理想气体等温混合过程焓值不变，与外界又无轴功交换，过程是绝热的，因此稳定流动绝热混合过程物流的熵变即为熵产值，稳流等温混合过程的理想功与损耗功相等：

$$W_{id}=W_L=-T_0R\sum_i n_i\ln y_i$$

分离过程是混合过程的逆过程，理想气体在 T_0 环境温度下进行稳定流动分离过程的理想功为

$$W_{id,sep}=T_0R\sum_i n_i\ln y_i \tag{5-21}$$

同样，对于 1mol 要分离的物料，其分离过程理想功为

$$W_{id,sep}=T_0R\sum_i y_i\ln y_i \tag{5-22}$$

等温混合过程对于每个组分而言，是等温膨胀过程；反之，等温分离过程对于每个组分而言，是等温压缩过程。混合过程是自发过程，理想功大于零；分离过程是非自发过程，理想功小于零。

总之，对各种单元过程，只要求出 ΔS_g，即可得 W_L，由此再得出损失率$\left(\frac{W_L}{W_{id}}\right)$或热力学效率$\left(\frac{W_s}{W_{id}}\right)$。

5.2　化工过程的㶲分析法

5.2.1　㶲与𬉼

1. 㶲的定义

㶲即为有效能 E_x。定义：体系在给定条件下变化到某一基准态时所做出的最大功

这里必须强调两点：

(1) 最大功就是变化按完全可逆过程进行时所做的功。

(2) 在㶲的研究中，把与环境呈热力学平衡的状态作为基准态。这种状态下的有效能为零。

反之，物系总能量中理论上不能转化为功的那部分能量称为无效能(炕 A_N)。

2. 物系的基准态与环境

1) 基准态

按照㶲的定义，物系的㶲是物系从给定状态转变到基准态(死态)做出的最大功。基准态就是物系做功能力为零的状态，即㶲为零的状态。在这一状态下，物系具有的能量全部是不能做功的死态能。由于功的传递都在体系与体系、体系与环境之间进行，而任何体系一旦处于与环境呈热力学平衡状态时，无论它具有多大能量都是一点功也做不出来，因此，通常将与环境呈热力学平衡的状态规定为物系的基准态。

然而，过程种类不同，可以有不同的基准态含义。根据物系组成变化与否，可以将物系变化过程分为两类：一类是浓度和组成不变，而只有温度和(或)压力变化的过程，如加热、冷却、膨胀、压缩等，称为物理过程；另一类是浓度和组成发生变化的过程，如分离、混合、化学反应等，称为化学过程。

在物理过程中，把物系的温度和压力分别等于环境的温度(T_0)和压力(p_0)的状态定义为物系的基准态，任一给定状态相当于该基准态所具有的㶲称为物理㶲(E_{xph})。显然，这种㶲是物系压力和温度与环境不同引起的，当 $T=T_0$，$p=p_0$ 时，$E_{xph}=0$，这种基准态也可称为物理基准态或物理死态。

如果温度、压力和组成均与环境相同，这种状态称为化学基准态或化学死态。任一给定状态相对于该基准态所具有的㶲称为物系的总㶲(E_x)，显然它包括从 T、p 到 T_0、p_0 的 E_{xph} 和在 T_0、p_0 下由给定组成变化到环境组成的 E_{xc}，即

$$E_x=E_{xph}+E_{xc} \tag{5-23}$$

2) 基准态(死态)参数的确定

物系的基准态是与自然环境呈热力学平衡的状态，那么基准态参数(温度、压力、基准物)也应等于自然环境的相应参数，而自然环境是随地区、季节等的不同而不同的，因此在文献中对它的规定并不完全一致，一般规定是 $T_0=298.15\text{K}$，$p_0=0.1013\text{MPa}=1\text{atm}$。

关于基准物，必须指明种类、相态和组成，因此它的确定要复杂得多。一般来说，在环境条件下，不能再通过化学组成变化做出有用功的物质称为基准物，其相应的组成就是基准物组成，由此可以理解为：基准物是不消耗功就可以从环境源源不断获得的物质，如大气中的空气。

空气，或者说空气组成下的氮、氧是基准物，但纯氮和纯氧不是基准物。氧和氮由纯态变到空气组成时可以做出扩散功。

关于基准物的确定，现在用得较多的有两种环境模型。

一种是波兰学者蔡古特(Szargut)提出的，其主要内容是：

(1) 环境温度 $T_0=298.15\text{K}(25℃)$，压力 $p_0=0.1013\text{MPa}$。

(2) 环境由若干基准物构成，每一种元素都有其对应的基准物和基准反应。基准物的浓度取实际环境物质浓度的平均值。例如，碳元素的基准物是二氧化碳，其基准反应为 $C+O_2 \longrightarrow CO_2$，环境中基准物的浓度为 0.0003(摩尔分数)。

此外，还有由龟山季雄与吉田邦夫两人提出的龟山-吉田模型，此模型现已列为日本计算物质化学㶲的国家标准。此模型的环境温度 T_0 和压力 p_0 与蔡古特模型相同，他们提出大气（饱和湿空气）中，气态基准物的摩尔分数为：

N_2	0.7560	H_2O	0.0312	He	0.0000052	Ar	0.0091
O_2	0.2034	Ne	0.000018	CO_2	0.0003		

除以上七种物质外，其他元素均以在 T_0、p_0 下最稳定的物质作为基准物。他们将含有某元素的化合物列表，把其中在 T_0、p_0 下最稳定的化学㶲取为零，这个最稳定的化合物就是该元素的基准物。

3. 物理㶲的数学表达式

以稳定流动体系为例，用热力学第一、第二定律可以导出㶲的数学表达式，如图 5-3 所示。

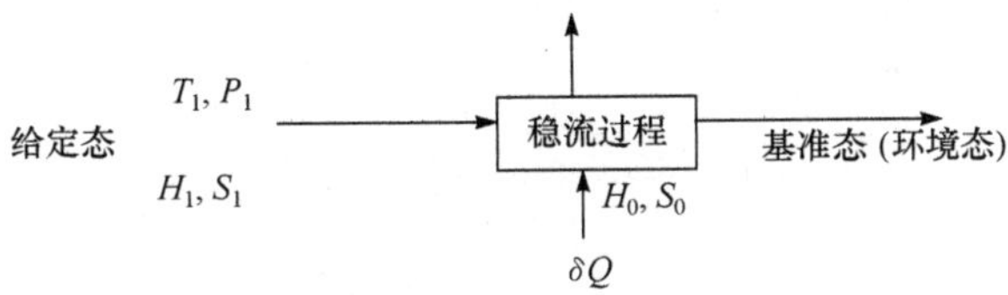

图 5-3 稳流体系的物理㶲

忽略动能、势能变化，则

能量平衡：
$$H_1 + \int \delta Q = H_0 + W_s \tag{1}$$

熵平衡：
$$S_1 + \int \frac{\delta Q}{T} + \Delta S_g = S_0 \tag{2}$$

式(1)－式(2)× T_0，并整理得

$$W_s = H_1 - H_0 - T_0(S_1 - S_0) - T_0 \Delta S_g + \int \frac{(T - T_0)}{T} \delta Q$$

如果为完全可逆过程，即 $\Delta S_g = 0$，而且只与环境换热，$T = T_0$，则上式写为

$$W_{max} = H_1 - H_0 - T_0(S_1 - S_0)$$

即

$$E_{xph} = \underbrace{H_1 - H_0}_{\text{总能量}} - \underbrace{T_0(S_1 - S_0)}_{\text{炕}}$$

由上式推导可以看出：

(1) 㶲包括了热力学第一、第二定律的概念和内容，是衡量能量品质的一个十分有用的热力学函数。

(2) 㶲和焓、熵一样是物系的状态函数，所不同的是，其数值不仅与物系的状态有关，而且与基准态的选取有关，因而是一个复杂的状态函数。

(3) 当稳流物系由状态 1→状态 2 时，其㶲的变化值 $\Delta E = \Delta H - T_0 \Delta S$，式中 ΔH 为总能量变化，其中只有 $\Delta H - T_0 \Delta S$ 可转化为功，属有效能(㶲)，而 $T_0 \Delta S$ 为无效能(炕)，所以

$$\Delta H = \Delta E + T_0 \Delta S$$

即

$$\Delta E = -W_{id}$$

4. 㶲的计算通式

$$E=H_1-H_0-T_0(S_1-S_0)=T_0(S_1-S_0)-(H_0-H_1) \tag{5-24}$$

式(5-24)对物系从给定态变化到基准态的过程并未作任何规定，因此对任何变化过程都是适用的，将式(5-24)用于如下物系，即可得出计算任何状态均相物系的㶲的通式：

状态 1(T,p,x_i)	H_1	S_1	E_1	
				ΔH_1，ΔS_1
状态 2(T_0,p,x_i)	H_2	S_2	E_2	
				ΔH_2，ΔS_2
状态 3(T_0,p_0,x_i)	H_3	S_3	E_3	
				ΔH_3，ΔS_3
状态 4($T_0,p_0,x_1,x_2\cdots$)	H_4	S_4	E_4(纯物质)	
				$\sum x_i E_{\mathrm{ch},i}^{\ominus}$
状态 5($T_0,p_0,x_{0,i}$)				

(1) 1→2：等压变温。

$$\Delta H_1=\int_T^{T_0} C_{p,\mathrm{m}}\mathrm{d}T$$

$$\Delta S_1=\int_T^{T_0}\frac{C_{p,\mathrm{m}}}{T}\mathrm{d}T$$

(2) 2→3：等温变压。

由 $\left(\frac{\partial H}{\partial p}\right)_T=V-T\left(\frac{\partial V}{\partial T}\right)_p$，得

$$\Delta H_2=\int_p^{p_0}\left[V-T\left(\frac{\partial V}{\partial T}\right)_p\right]_T\mathrm{d}p$$

由 $\left(\frac{\partial S}{\partial p}\right)_T=-\left(\frac{\partial V}{\partial T}\right)_p$ 得

$$\Delta S_2=\int_p^{p_0}\left[-\left(\frac{\partial V}{\partial T}\right)_p\right]_T\mathrm{d}p$$

(3) 3→4：在 T_0、p_0 下将混合物分离成纯组分。

由于混合焓变、混合熵变与溶液中各组分活度 a 之间有如下关系：

混合过程有

$$\frac{\Delta H}{RT}=-\sum x_i\left(\frac{\partial \ln a_i}{\partial \ln T}\right)_{p,x_i}$$

$$\frac{\Delta S}{R}=-\sum x_i\ln a_i-\sum x_i\left(\frac{\partial \ln a_i}{\partial \ln T}\right)_{p,x_i}$$

则 3→4 的混合物分离过程有

$$\frac{\Delta H_3}{RT_0}=\sum x_i T_0\left(\frac{\partial \ln a_i}{\partial T}\right)_{p,x_i}$$

$$\frac{\Delta S_3}{R}=\sum x_i\ln a_i+\sum x_i T_0\left(\frac{\partial \ln a_i}{\partial T}\right)_{p,x_i}$$

(4) 4→5：在 T_0、p_0 下各纯组分变化到环境组成(基准组成)，此即各纯组分的化学㶲之和

$$E_{\mathrm{xc}}=\sum x_i E_{\mathrm{xc},i}^{\ominus}$$

即

$$E_x = T_0(\Delta S_1 + \Delta S_2 + \Delta S_3) - (\Delta H_1 + \Delta H_2 + \Delta H_3) + \sum x_i E^0_{xc,i}$$
$$= \int_{T_0}^{T}\left(1 - \frac{T_0}{T}\right)C_{p,m}\mathrm{d}T + \int_{p}^{p_0}\left[V - (T - T_0)\left(\frac{\partial V}{\partial T}\right)_p\right]_T \mathrm{d}p + RT_0\sum x_i \ln a_i + \sum x_i E^0_{xc,i} \tag{5-25}$$

式中,第一项为热量㶲;第二项为压力㶲;第三、第四项的代数和为物系的化学㶲。

注意:① 只适用于均相体系㶲的计算。② 若考虑物系的动能和势能,则等式右边需加上 E_x 和 E_p。

5.2.2 物理㶲 E_{xph} 的计算

1. 热量的㶲 E_{xQ}

即热量中能转变为最大有用功的那部分能量。由卡诺效率的讨论可知:当 $T_L = T_0$ 时,热量 Q_H 所做的功最大,此功即为热量㶲的数值。

$$W_c = \int_0^Q \left(1 - \frac{T_L}{T_H}\right)\delta Q$$

$$E_Q = W_{max} = \int_0^Q \left(1 - \frac{T_0}{T}\right)\delta Q$$

恒温热:

$$E_{xQ} = \left(1 - \frac{T_0}{T}\right)Q = Q - T_0\Delta S$$

变温热:

$$E_{xQ} = \int_{T_1}^{T_2} C_p \mathrm{d}T - T_0\int_{T_1}^{T_2}\frac{C_p}{T}\mathrm{d}T = C_p(T_2 - T_1) - T_0 C_p \ln\frac{T_2}{T_1} \quad (C_p = \text{常数})$$

讨论:

(1) 热量 Q 具有的有效能不仅与其数量有关,而且与 T 和 T_0 有关,T_0 为常数,所以 E_Q 为 T 的单值函数,$T\uparrow$,$E_Q\uparrow$。

(2) Q 为总能量,$Q = E_Q + T_0\Delta S$,其中仅 $\left(1 - \frac{T_0}{T}\right)Q$ 可以做有用功,属有效能,而 $(T_0/T)Q$(也就是 $T_0\Delta S$)部分,即使在完全可逆情况下,也要排给环境的无效能。$Q = E_{xQ} + A_N$

例 5-3　设某被加热系统的温度为 150℃(423K),如下图所示,设计两种供热方式:

(1) 燃料燃烧直接向系统供热,假定无热损失;

(2) 通过可逆热机-可逆热泵供热。

求这两种方式的供热量,并利用㶲的概念加以比较。

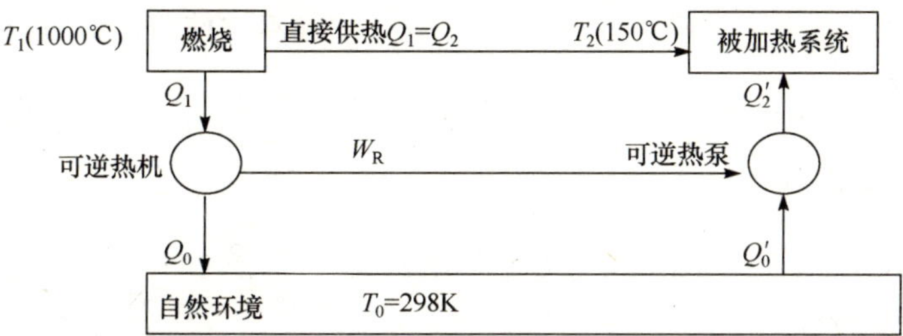

解　(1)直接供热,则

$$Q_1 = Q_2$$

(2) 热机-热泵系统供热。

可逆热机做功为

$$W_R=\left(1-\frac{T_0}{T_1}\right)Q_1=\left(1-\frac{298}{1273}\right)Q_1=0.766Q_1$$

可逆热泵:

$$\omega=\frac{Q}{|W_s|}=\frac{T_H}{T_H-T_L}\quad\text{(获热系数)}$$

$$Q'_2=\frac{T_2}{T_2-T_0}W_R=\frac{423}{423-298}\times 0.766Q_1=2.59Q_1$$

方案一:有效能损失

$$W_{L1}=E_{x1}-E_{x2}$$

$$W_{L1}=\left(1-\frac{T_0}{T_1}\right)Q_1-\left(1-\frac{T_0}{T_2}\right)Q_2=\left(1-\frac{298}{1273}\right)Q_1-\left(1-\frac{298}{423}\right)Q_1=0.47Q_1$$

方案二:有效能损失

$$W_{L2}=E_{x1}-E'_{x2}$$

$$W_{L2}=\left(1-\frac{T_0}{T_1}\right)Q_1-\left(1-\frac{T_0}{T_2}\right)Q'_2=\left(1-\frac{298}{1273}\right)Q_1-\left(1-\frac{298}{423}\right)Q'_2=0.766Q_1-0.296\times 2.59Q_1=0$$

讨论:

(1) 在可逆过程中,有效能是守恒的。

(2) 死态能有时也有用处。

2. 冷量㶲

当物系的温度低于环境温度时,则热必定自发地由环境流向物系(如电冰箱),这时也可以反过来说,有冷量自发的由冷物体传到环境,因为自发过程具有做功能力,因此这股冷流具有㶲。

冷流:

$$\delta E_{Q_0}=\left(\frac{T_0}{T}-1\right)\delta Q_0\qquad Q_0\text{——冷量}\quad T<T_0$$

热流:

$$\delta E_{Q_0}=\left(1-\frac{T_0}{T}\right)\delta Q\qquad Q\text{——热量}\quad T>T_0$$

讨论:

(1) 因为 $T<T_0$,$\left(\frac{T_0}{T}-1\right)>0$,所以 $T\downarrow$,$E_{Q_0}\uparrow$。

冷量的㶲来自制冷过程的功耗,且 $T\downarrow$,$W_s\uparrow$,所以除非必要,一般不宜使制冷温度过低。

(2) 当 $T<T_0/2$,则$\left(\frac{T_0}{T}-1\right)>1$,使 $E_{Q_0}>Q_0$,这是热流所没有的特性,因此很低温度($T<149\text{K}$)下的冷量要特别注意保护。

例 5-4 -20℃的液氨,由自然环境吸热,直到温度最后与大气平衡时为止,大气温度为 25℃,液氨热容为 $4.552\text{kJ}\cdot\text{kg}\cdot\text{K}^{-1}$,以 1kmol 液氨为基准。

(1) 求流入液氨的热量及此热量所含的有效能量;

(2) 求自然环境输出的热量及此热量所含的有效能量。

解　(1) 流入液氨的热量可根据液氨的状态变化计算：

$$Q=\int_T^{T_0}C_p\mathrm{d}T=C_p(T_0-T)=17\times4.552\times(298-253)=3482(\mathrm{kJ})$$

此热流的有效能为

$$E_{xQ}=\int_T^{T_0}\left(1-\frac{T_0}{T}\right)\delta Q=\int_T^{T_0}\left(1-\frac{T_0}{T}\right)C_p\mathrm{d}T=\int_T^{T_0}C_p\mathrm{d}T-\int_T^{T_0}C_pT_0\frac{\mathrm{d}T}{T}=Q-C_pT_0\ln\frac{T_0}{T}$$

$$=3482-17\times4.552\times298\ln\frac{298}{253}=-293.1(\mathrm{kJ})$$

负号表示有效能由液氨流出。

(2) 自然环境输出的热量在数值上等于液氨吸收的热量，设为 Q'，则

$$Q'=-Q=-3482\mathrm{kJ}$$

此热量是在 298K 恒温时输出，故所含有效能为

$$E'=\left(1-\frac{T_0}{T}\right)Q'=0$$

3. 稳流物系的物理㶲

计算式：

$$E=(H-H_0)-T_0(S-S_0)$$

关键是求出 $(H-H_0)$ 和 $(S-S_0)$。

(1) 对理想气体有

$$(H-H_0)=\int_{T_0}^{T}C_p\mathrm{d}T\quad(\text{理想气体}, H\text{ 与 }p\text{ 无关})$$

$$(S-S_0)=\int_{T_0}^{T}C_p\frac{\mathrm{d}T}{T}-\int_{p_0}^{p}R\frac{\mathrm{d}p}{p}=\int_{T_0}^{T}C_p\frac{\mathrm{d}T}{T}-R\ln\frac{p}{p_0}$$

所以

$$E=\int_{T_0}^{T}C_p\mathrm{d}T-T_0\left(\int_{T_0}^{T}C_p\frac{\mathrm{d}T}{T}-R\ln\frac{p}{p_0}\right)=\int_{T_0}^{T}C_p\left(1-\frac{T_0}{T}\right)\mathrm{d}T+RT_0\ln\frac{p}{p_0}$$

式中，第一项为温度有效能；第二项为压力有效能。

(2) 对液体和固体，压力对焓、熵的影响可忽略，则

$$E=(H-H_0)-T_0(S-S_0)=\int_{T_0}^{T}C_p\mathrm{d}T-T_0\int_{T_0}^{T}C_p\frac{\mathrm{d}T}{T}$$

(3) 对真实气体有

$$E=(H-H_0)-T_0(S-S_0)=(H-H^*+H^*-H_0)-T_0(S-S^*+S^*-S_0)$$

式中，H^*、S^* 为给定状态(T、p)时，理想气体的 H、S 值。

将 H^*-H_0，S^*-S_0 按理想气体算，则 $H-H^*$ 和 $S-S^*$ 分别为 $-\Delta H^R$ 和 $-\Delta S^R$ 值(剩余焓，剩余熵)。

例 5-5　温度 300K 的饱和液氨等温、等压蒸发为饱和气体氨，设 $T=300\mathrm{K}$，$p_0=1\mathrm{atm}$，求：

(1) 饱和液氨的物理㶲；

(2) 等温等压蒸发过程的㶲变化；

(3) 如果液氨是 −32℃下的饱和液氨，等温等压蒸发过程的㶲变化又为多少？

解　查氨的 T-S 图得

温度/K	压力/atm	焓/($\mathrm{kcal\cdot kg^{-1}}$)		熵/($\mathrm{kcal\cdot kg^{-1}\cdot K^{-1}}$)	
		h_l	h_g	s_l	s_g
300	1	/	367	/	1.52

300	10.5	75	350	0.28	1.2
241	1	8	338	0.03	1.4

(1) 300K 下饱和液氨的㶲

$$E_{xph}=(h_l-h_0)-T_0(s_l-s_0)=(75-367)-300\times(0.28-1.52)=80(\text{kcal}\cdot\text{kg}^{-1})$$

(2) 300K、10.5atm 下蒸发

$$\Delta E_{xph}=E_{xph}^{l}-E_{xph}^{g}=(h_l-h_g)-T_0(s_l-s_g)=(75-350)-300\times(0.28-1.2)=0$$

即

$$E_{xph}^{l}=E_{xph}^{g}$$

(3) 241K、1atm 下蒸发

$$\Delta E_{xph}=E_{xph}^{l}-E_{xph}^{g}=(8-338)-300\times(0.03-1.4)=81(\text{kcal}\cdot\text{kg}^{-1})$$

讨论：

(1) 第(2),(3)问均为等温等压蒸发过程,为什么 300K 时,$\Delta E_{xph}=0$,而 241K 时,$\Delta E_{xph}>0$。

(2) 300K 蒸发时无热量㶲,而 241K<T_0,因此有冷量㶲。

5.2.3　物质的化学㶲 E_{xc}

关于化学㶲的概念及基准态的确定已讲,现稍作提示：

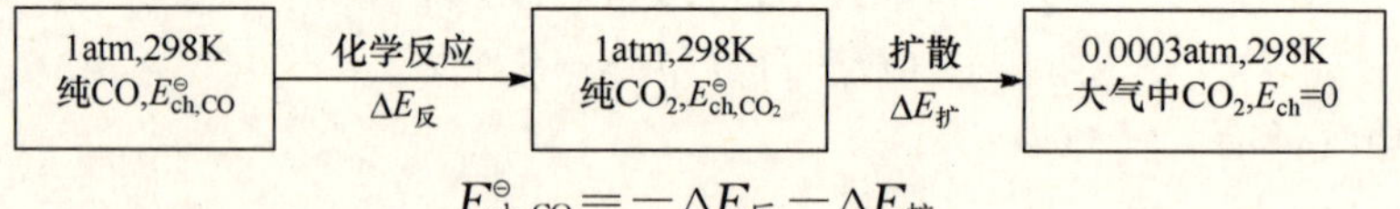

$$E_{ch,CO}^{\ominus}=-\Delta E_{反}-\Delta E_{扩}$$

在许多情况下,$\Delta E_{扩}$ 不考虑,因为 $\Delta E_{扩}\ll\Delta E_{反}$,且 $\Delta E_{扩}$ 通常难于利用。

1. 基准物的标准化学㶲 $E_{ch,i}^{\ominus}$

1atm,298K 纯O_2,$E_{O_2}^{\ominus}$ —扩散,$W_{id}=-\Delta E_{扩}$→ 0.2034atm,298K 大气中O_2,$E_{O_2,基}=0$

$$E_{O_2}^{\ominus}=-\Delta E_{扩}=W_{id}=-\int_{p_{O_2}}^{p_{O_2,基}}V\mathrm{d}p=-RT_0\ln\frac{p_{O_2,基}}{p_{O_2}}=-RT_0\ln y_{O_2}$$

式中,y_i 为基准物的基准态组成。

对大气中的所有物质,其纯态时的标准化学㶲为

$$E_{ch,i}^{\ominus}=-RT_0\ln y_i \tag{5-26}$$

2. 纯态化合物的标准化学㶲 $E_{ch,i}^{\ominus}$

纯化合物的化学㶲的讨论总是与化学反应相联系的,今有 m 种元素,在基准条件(T_0,p_0)下反应生成 1mol 纯化合物,且 1mol i 化合物中含有 n_j mol j 元素。

$$n_1,n_2,\cdots,n_j\xrightarrow[\Delta G^{\ominus}=\Delta G_{f,i}^{\ominus}]{T_0,p_0,化合}1\text{mol }i\ (i\text{ 化合物的生成反应})$$

元素　　　　　　　　化合物

由

$$\Delta E^{\ominus}=\Delta H^{\ominus}-T_0\Delta S^{\ominus}\qquad\qquad \Delta G^{\ominus}=\Delta H^{\ominus}-T_0\Delta S^{\ominus}$$

得

$$\Delta E^{\ominus}=\Delta G^{\ominus}=\Delta G_{f,i}^{\ominus}$$

式中,$\Delta G_{f,i}^{\ominus}$ 为 i 物质的标准生成自有焓。

又

$$\Delta E^{\ominus}=E_{\mathrm{ch},i}^{\ominus}-\sum_{j}^{m}n_{j}E_{\mathrm{ch},j}^{\ominus}$$

因此

$$E_{\mathrm{ch},j}^{\ominus}=\Delta G_{\mathrm{f},i}^{\ominus}+\sum_{j}^{m}n_{j}E_{\mathrm{ch},j}^{\ominus} \tag{5-27}$$

式中，$E_{\mathrm{ch},i}^{\ominus}$为组成 i 化合物的各元素的标准化学㶲。

例 5-6　求分别以纯 CO_2 气、烟道气和空气为基准物时，单质 C 的化学㶲。

解　$C(s)+O_2(g)\longrightarrow CO_2(g)$ ⟨ 0.0003 CO_2 气(空气中)；0.17 CO_2 气(烟道气中)

(1) 以纯 CO_2 气为基准物

$$E_{\mathrm{CO_2}}^{\ominus}=\Delta G_{\mathrm{f,CO_2}}^{\ominus}+E_{\mathrm{C}}^{\ominus}+E_{\mathrm{O_2}}^{\ominus}=0$$

$$E_{\mathrm{C}}^{\ominus}=-\Delta G_{\mathrm{f,CO_2}}^{\ominus}-E_{\mathrm{O_2}}^{\ominus}=394.38-2\times1.966=390.45(\mathrm{kJ\cdot mol^{-1}})$$

(2) 以烟道气为基准物

$$E_{\mathrm{CO_2}}^{\ominus}=-RT_0\ln y_{\mathrm{CO_2}}=-8.314\times10^{-3}\times298\ln0.17=4.39(\mathrm{kJ\cdot mol^{-1}})$$

$$E_{\mathrm{C}}^{\ominus}=-\Delta G_{\mathrm{f,CO_2}}^{\ominus}-E_{\mathrm{O_2}}^{\ominus}+E_{\mathrm{CO_2}}^{\ominus}=394.38-2\times1.966+4.39=394.84(\mathrm{kJ\cdot mol^{-1}})$$

(3) 以空气为基准物

$$E_{\mathrm{CO_2}}^{\ominus}=-RT_0\ln y_{\mathrm{CO_2}}=-8.314\times10^{-3}\times298\ln0.0003=20.097(\mathrm{kJ\cdot mol^{-1}})$$

$$E_{\mathrm{C}}^{\ominus}=394.38-2\times1.966+20.097=410.55(\mathrm{kJ\cdot mol^{-1}})$$

5.2.4　㶲平衡方程

对一个系统或过程做出物料平衡和能量平衡，并且根据各股物流和能流的热力学性质，求出它们的㶲之后，便可对该系统或过程作㶲平衡，从而确定参与系统或过程的各股物流和能流的㶲流向及㶲损失，查明㶲转化、传递、利用和损失情况。

稳流过程的㶲平衡如图 5-4 所示。

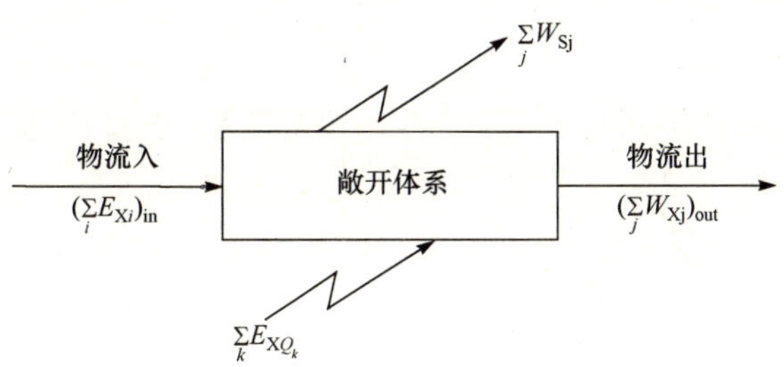

图 5-4　稳流过程的㶲平衡

能量平衡：

$$H_1+\int_0^Q\delta Q=H_2+W_s \tag{1}$$

熵平衡：

$$S_1+\int_0^Q\frac{\delta Q}{T}+\Delta S_g=S_2 \tag{2}$$

式(2)×T_0得基态能平衡式：

$$T_0S_1 + T_0\int_0^Q \frac{\delta Q}{T} + T_0\Delta S_g = T_0S_2 \tag{3}$$

式(1)一式(3)即为㶲平衡式：

$$\underbrace{(H_1 - H_2) - T_0(S_1 - S_2)}_{E_1-E_2} + \int_0^Q\left(1-\frac{T_0}{T}\right)\delta Q = W_s + \underbrace{T_0\Delta S_g}_{W_L}$$

即

$$E_1 + E_Q = W_s + W_L \quad \text{或} \quad E_1 + E_Q = W_s + W_L + E_2 \tag{5-28}$$

对于更一般的系统，有多股热流进出，进出有多种轴功，则有

$$\sum E_1 + \sum E_{Q_1} + \sum W_1 = \sum E_2 + \sum E_{Q_2} + \sum W_2 + \sum W_L$$

或

$$E^+ = \sum E^- + \sum W_L \tag{5-29}$$

5.2.5　两种损失与两种效率

1. 损失

(1) 以热力学第一定律为基础的能量损失称为外部损失。

按热力学第一定律，能量是守恒的，这里所说的能量损失是指通过各种途径由体系排到环境中去的未能利用的能量。

(2) 以热力学第一及第二定律为基础的㶲损失(内部损失、外部损失)。

内部损失是指体系内部各种不可逆因素造成的㶲损失。

外部损失是指体系向环境排出的能量中所包含的㶲损失。

2. 效率

效率的基本定义是收益量与消耗量之比。

1) 热效率

过程的性质不同，效率的形式也不同，如热功转换效率、热量传递效率、热能利用效率等。热效率有明显的缺陷：

(1) 前例的可逆热机-热泵供热系统，$\eta_T = 259\% > 1$。

(2) 燃煤电厂效率约 40%，理论上<1。

(3) 大型电动机效率约 90%，理论上=1。

即热效率的数值往往不能反映过程中的能量利用情况，更不能反映能量的降质情况，对常见的流动过程和复杂装置尤其没有价值。

2) 热力学效率(或㶲效率)

分子、分母均为㶲，属真正的同类项。

(1) 做功与耗功效率。

做功：如果一个过程的任务是将各种形式的能量转化为功，以获得功为目的，则由㶲平衡式得

$$W_{max} = \sum W_2 - \sum W_1 = \left(\sum E_1 + \sum E_{Q_1}\right) - \left(\sum E_2 + \sum E_{Q_2}\right)$$

实际功：

$$W = W_{max} - \sum W_L = [(\sum E_1 + \sum E_{Q_1}) - (\sum E_2 + \sum E_{Q_2})] - \sum W_L$$

$$\eta_E = \frac{W}{W_{max}} = 1 - \frac{\sum W_L}{(\sum E_1 + \sum E_{Q_1}) - (\sum E_2 + \sum E_{Q_2})} \tag{5-30}$$

耗功：如果过程的任务是利用功或㶲来改变物质的状态，以完成物质规定的状态变化为目的，则

$$W_{min} = \sum E_2 - \sum E_1 = (\sum W_1 + \sum E_{Q_1}) - (\sum W_2 + \sum E_{Q_2})$$

实际功：

$$\begin{aligned} W &= W_{min} + \sum W_L \\ &= (\sum W_1 + \sum E_{Q_1}) - (\sum W_2 + \sum E_{Q_2}) + \sum W_L \end{aligned}$$

$$\eta_E = \frac{W_{min}}{W} = \frac{\sum E_2 - \sum E_1}{[(\sum W_1 + \sum E_{Q_1}) - (\sum W_2 + \sum E_{Q_2})] + \sum W_L} \tag{5-31}$$

(2) 传递效率。

传热过程：

$$\eta_E = \frac{\sum E_{Q_2}}{\sum E_{Q_1}} = 1 - \frac{\sum W_L}{\sum E_{Q_1}}$$

流体输送：

$$\eta_E = \frac{\sum E_2}{\sum E_1} = 1 - \frac{\sum W_L}{\sum E_1}$$

轴功传递：

$$\eta_E = \frac{\sum W_2}{\sum W_1} = 1 - \frac{\sum W_L}{\sum W_1}$$

做功与耗功效率、传递效率均属目的效率。

(3) 普遍效率

从㶲平衡式可知，不论什么过程，只有 $\sum E^+ > \sum E^-$，该过程才能实际进行。因此不管过程具体性质、任务和目的如何，均可用普遍效率来表示：

$$V = \frac{\sum E^-}{\sum E^+} = 1 - \frac{\sum W_L}{\sum E^+} \tag{5-32}$$

以上各种效率都能反映过程的热力学完善程度，因为当 $\sum W_L$(包括外部损失) 为零时，它们都等于 1，过程完全可逆；当 $\sum W_L$ 等于各定义式的分母时，它们都等于零，过程完全不可逆。一般情况下，$0 < \eta_E(V) < 1$，其值越大，过程的㶲损失越小，不可逆性越小。

3) 㶲损失率

㶲效率即㶲利用率，相对应的是㶲损失率，在许多情况下，损失率在解释过程中能量降质

的部位和程度时，显得更加直观明显，常用形式有

$$\psi_i = \frac{W_{\mathrm{L},i}}{\sum E^+}$$

式中，$W_{L,i}$为 i 子系统的㶲损失。

$$\alpha_i = \frac{W_{\mathrm{L},i}}{\sum W_{\mathrm{L}}}$$

$$\theta_i = \frac{W_{\mathrm{L},i}}{E_i^+}$$

习　　题

1. 某蒸汽动力装置，进入蒸汽透平的蒸汽流量为 $1680\mathrm{kg \cdot h^{-1}}$，温度为 430℃，压力为 3.727MPa。蒸汽经透平绝热膨胀对外做功。产功后的乏汽分别为：(1)0.1049 MPa；(2)0.0147MPa、60℃的蒸汽。试求此两种情况下，蒸汽经透平的理想功与热力学效率。已知大气温度为 25℃。
2. 某厂有输送 90℃热水的管道，由于保温不良，到使用单位时，水温已降至 70℃。试求水温降低过程的热损失与损耗功。大气温度为 25℃。
3. 1kg 水在 1.378 MPa 压力下，从 20℃恒压加热到沸点，然后在此压力下全部汽化。环境温度为 10℃。问水吸收的热量最多有百分之几能转化为功？水加热汽化过程所需要的热由 1200℃的燃烧气供给，假定加热过程燃烧气温度不变。求加热过程的损耗功。
4. 有一理想气体经一锐孔从 1.96MPa 绝热膨胀到 0.09807MPa。动能、势能的变化可忽略不计。求绝热膨胀过程的理想功与损耗功。大气温度为 25℃。
5. 求由空气制取氧和氮的最小功(W_{id})。设空气的组成为 79% N_2 和 21% O_2。环境状态为 25℃、0.10133MPa。(1)产品是纯氮和纯氧；(2)产品是 98%氮气和 50%富氧空气。
6. 乙烯气在 25℃、0.10133MPa 下和理论上完全燃烧所需空气的 400%混合。送入燃烧炉内燃烧后的烟道气经过冷却也在 25℃、0.10133MPa 下排出。求燃烧过程的理想功。
7. 10kg 水由 15℃加热到 60℃。试求加热过程需要的热量和理想功以及上述热量中的㶲与炕 。若此热量分别由 0.6865MPa 和 0.3432MPa 的饱和蒸汽加热(利用相变热)，求加热过程的㶲损失。大气温度为 25℃。
8. 有一股温度为 90℃、流量为 $72000\mathrm{kg \cdot h^{-1}}$ 的热水和另一股温度为 50℃、流量为 $108000\mathrm{kg \cdot h^{-1}}$ 的水绝热混合。试分别用熵分析法和㶲分析法计算混合过程的㶲损失。大气温度为 25℃。问此混合过程用哪个分析法求㶲损失比较简便？为什么？
9. 某厂因生产需要，设有过热蒸汽降温装置，将 120℃的热水 $2\times10^5\ \mathrm{kg \cdot h^{-1}}$ 和 0.7MPa、300℃的蒸汽 $5\times10^5\mathrm{kg \cdot h^{-1}}$ 等压绝热混合。大气温度为 15℃，求绝热混合过程的㶲损失。

第6章　溶液热力学基础

溶液是由两种或两种以上的组分混合而成的一种均相体系。溶液热力学在工程上的应用十分广泛，该分支学科与扩散分离过程及流体的物性学有着密切的联系，因而溶液性质的研究和考察遍及化工、冶金、能源、材料和生物技术等各个重要领域。凡是有溶液存在的、伴有热和能的过程，都有溶液热力学的研究对象。

本章主要讨论液体溶液的热力学性质。在化工生产中，热力学的很多实际应用都涉及多组分混合物，其组成常因为质量传递或化学反应而发生变化，因此在用热力学表述这类体系时必须考虑组成对性质的影响。

6.1　变组成体系的热力学性质

6.1.1　敞开体系的热力学关系式

1. 定组成体系（封闭体系）

通过物理化学的学习已知：

$$dU=TdS-pdV \qquad d(nU)=Td(nS)-pd(nV)$$

$$dH=TdS+Vdp \qquad d(nH)=Td(nS)+(nV)dp$$

$$dA=-SdT-pdV \qquad d(nA)=-(nS)dT-pd(nV)$$

$$dG=-SdT+Vdp \qquad d(nG)=-(nS)dT+(nv)dp$$

2. 变组成体系（敞开体系）

例如，$nU=U(nS,nV,n_i)$，$nH=H(nS,p,n_i)$，则

$$\begin{aligned}d(nU) &= \left[\frac{\partial(nU)}{\partial(nS)}\right]_{nV,n} d(nS)+\left[\frac{\partial(nU)}{\partial(nV)}\right]_{nS,n} d(nV)+\sum_i\left[\frac{\partial(nU)}{\partial n_i}\right]_{nS,nV,n_{j\neq i}} dn \\ &= Td(nS)-pd(nV)+\sum_i\left[\frac{\partial(nU)}{\partial n_i}\right]_{nS,nV,n_{j\neq i}} dn \end{aligned} \tag{6-1}$$

同理：

$$d(nH)=Td(nS)+(nV)dp+\sum_i\left[\frac{\partial(nH)}{\partial n_i}\right]_{nS,p,n_{j\neq i}} dn \tag{6-2}$$

$$d(nA)=-(nS)dT-pd(nV)+\sum_i\left[\frac{\partial(nA)}{\partial n_i}\right]_{T,nV,n_{j\neq i}} dn \tag{6-3}$$

$$d(nG)=-(nS)dT+(nV)dp+\sum_i\left[\frac{\partial(nG)}{\partial n_i}\right]_{T,p,n_{j\neq i}} dn \tag{6-4}$$

6.1.2　化学位

$\left[\frac{\partial(nG)}{\partial n_i}\right]_{T,p,nj}$ 表示恒温、恒压、恒组成的无限大的体系中，i 物质变化1mol时，体系做功能

力的改变量，因为此功不包括机械功，属化学功，称为化学位，用 μ_i 表示。

$$\mathrm{d}(nU) = T\mathrm{d}(ns) - p\mathrm{d}(nV) + \sum_i \left[\frac{\partial(nU)}{\partial n_i}\right]_{nS,nV,n_j} \mathrm{d}n_i \tag{1}$$

又由 $nU = nG + T(nS) - p(nV)$，$nH = nG + T(nS)$，得

$$\mathrm{d}(nU) = \mathrm{d}(nG) + T\mathrm{d}(nS) + (nS)\mathrm{d}T - p\mathrm{d}(nV) - (nV)\mathrm{d}p \tag{2}$$

式(2)－式(1)得

$$\mathrm{d}(nG) = -(nS)\mathrm{d}T + (nV)\mathrm{d}p + \sum_i \left[\frac{\partial(nU)}{\partial n_i}\right]_{nS,nV,n_j} \mathrm{d}n_i$$

由 $\mathrm{d}(nG) = -(nS)\mathrm{d}T + (nV)\mathrm{d}p + \sum_i \left[\frac{\partial(nG)}{\partial n_i}\right]_{T,p,n_{j\neq i}} \mathrm{d}n_i$ 可得

$$\left[\frac{\partial(nG)}{\partial n_i}\right]_{T,p,nj} = \left[\frac{\partial(nU)}{\partial n_i}\right]_{nS,nV,n_j} = \mu_i \tag{6-5}$$

同理得

$$\left[\frac{\partial(nH)}{\partial n_i}\right]_{nS,p,n_j} = \left[\frac{\partial(nA)}{\partial n_i}\right]_{nV,T,n_j} = \mu_i \tag{6-6}$$

6.1.3 偏摩尔性质

1. 定义

由 $nV = V(T, p, n_1, n_2 \cdots n_N)$，$nG = G(T, p, n_1, n_2 \cdots n_N)$，全微分得

$$\mathrm{d}(nV) = \left[\frac{\partial(nV)}{\partial p}\right]_{T,n} \mathrm{d}p + \left[\frac{\partial(nV)}{\partial T}\right]_{p,n} \mathrm{d}T + \sum_i \left[\frac{\partial(nV)}{\partial n_i}\right]_{T,p,n_{j\neq i}} \mathrm{d}n_i$$

$$\mathrm{d}(nG) = \left[\frac{\partial(nG)}{\partial p}\right]_{T,n} \mathrm{d}p + \left[\frac{\partial(nG)}{\partial T}\right]_{p,n} \mathrm{d}T + \sum_i \left[\frac{\partial(nG)}{\partial n_i}\right]_{T,p,n_{j\neq i}} \mathrm{d}n_i$$

$\left[\frac{\partial(nV)}{\partial n_i}\right]_{T,p,n_j}$ 和 $\left[\frac{\partial(nG)}{\partial n_i}\right]_{T,p,n_j}$ 称为偏摩尔性质，用 $\overline{V_i}$、$\overline{G_i}$ 表示，类似的有 $\overline{H_i}$、$\overline{A_i}$、$\overline{S_i}$、$\overline{U_i}$ 等。

$\overline{M_i}$ 的物理意义是：在 T、p、组成一定的溶液中，某组分 i 改变 $\mathrm{d}n_i$ 摩尔时，溶液某一热力学性质 M 的改变量。

当溶液的 T、p 不变，仅组成发生变化时，则有

$$\begin{aligned}\mathrm{d}(nG) &= \left[\frac{\partial(nG)}{\partial n_1}\right]_{T,p,n_{j\neq 1}} \mathrm{d}n_1 + \left[\frac{\partial(nG)}{\partial n_2}\right]_{T,p,n_{j\neq 2}} \mathrm{d}n_2 + \cdots \\ &= \sum_i \left[\frac{\partial(nG)}{\partial n_i}\right]_{T,p,n_{j\neq i}} \mathrm{d}n_i = \sum_i \overline{G_i}\mathrm{d}n_i\end{aligned} \tag{6-7}$$

两边积分 $\int_0^{nG} \mathrm{d}(nG) = \sum \int_0^{n_i} \overline{G_i}\mathrm{d}n_i$，得

$$nG = \sum \overline{G_i} n_i$$

同理

$$nV = \sum \overline{V_i} n_i,$$

$$nM = \sum \overline{M_i} n_i \tag{6-8}$$

由此可得

$$G = \sum \overline{G_i} x_i \qquad V = \sum \overline{V_i} x_i$$

$$M = \sum \overline{M_i} x_i \tag{6-9}$$

即溶液的摩尔性质等于各组分的摩尔分数与偏摩尔性质乘积之和。

注意：$\overline{M_i}$是指①i 组分，溶液中的任何组分均有相应的$\overline{M_i}$；②广度性质，但$\overline{M_i}$本身是强度性质；③T、p 及浓度一定。

2. 偏摩尔性质之间的关系

定义式

$$H=U+pV \quad nH=nU+p(nV)$$

在 T、p 和 n_j 一定时对 n_j 微分得

$$\left[\frac{\partial(nH)}{\partial n_i}\right]_{T,p,n_j}=\left[\frac{\partial(nU)}{\partial n_i}\right]_{T,p,n_j}+p\left[\frac{\partial(nV)}{\partial n_i}\right]_{T,p,n_j}$$

即

$$\overline{H_i}=\overline{U_i}+p\,\overline{V_i} \tag{6-10}$$

同时可得

$$\overline{G_i}=\overline{H_i}-T\,\overline{S_i} \tag{6-11}$$

$$\overline{A_i}=\overline{U_i}-T\,\overline{S_i} \tag{6-12}$$

说明每一个关联定组成溶液摩尔性质的方程都对应有一个关联溶液中某一组分 i 的相应的偏摩尔性质方程，如 $\mathrm{d}\,\overline{U_i}=T\mathrm{d}\,\overline{S_i}-p\mathrm{d}\,\overline{V_i}$，$\mathrm{d}\,\overline{H_i}=T\mathrm{d}\,\overline{S_i}+\overline{V_i}\mathrm{d}p$ 等

3. 偏摩尔性质计算

（1）直接法。若已知 $M=f(n_i)$的关系，则在 n_j不变的条件下对 n_i微分就可得到$\overline{M_i}$的计算式，代入相应的 n_i即可求得溶液在该组成下的$\overline{M_i}$值。

例 6-1　已知纯 NaCl 的水溶液其浓度大于 0.25(m)时，1kg 水的 NaCl 溶液其体积在 293K 时可用下式表示，式中 m 为 1000g 水中 NaCl 的物质的量。求 1m 浓度的溶液中溶质的偏摩尔体积。

$$V=1002.9+16.40m+2.5m^2-1.2m^3\ (\mathrm{mL})$$

解　因对 NaCl 来说，n_2即 m，则

$$\overline{V_2}=\left(\frac{\partial V}{\partial m}\right)_{T,p,n_j}=16.40+5.0m-3.6m^2\ (\mathrm{mL\cdot mol^{-1}})$$

当浓度为 1m 时

$$\overline{V_2}=16.40+5.0-3.6=17.8\ (\mathrm{mL\cdot mol^{-1}})$$

即在 1m 浓度的 NaCl 水溶液中，1mol NaCl 所具有的体积为 17.8mL。

（2）截距法。对于二元溶液，也可应用截距法同时求得$\overline{M_1}$、$\overline{M_2}$，如图 6-1 所示，纵坐标为溶液摩尔体积，横坐标为组分 2 的摩尔分数，在给定浓度 x_2处作曲线 DGI 的切线 bf，则

$$\overline{V_1}=ab \qquad \overline{V_2}=df$$

由图 6-1 中的几何关系可写出如下关系式：

$$\overline{V_1}=V-x_2\frac{\mathrm{d}V}{\mathrm{d}x_2} \tag{6-13}$$

$$\overline{V_2}=V+(1-x_2)\frac{\mathrm{d}V}{\mathrm{d}x_2}=\overline{V_2}=V-x_1\frac{\mathrm{d}V}{\mathrm{d}x_1} \tag{6-14}$$

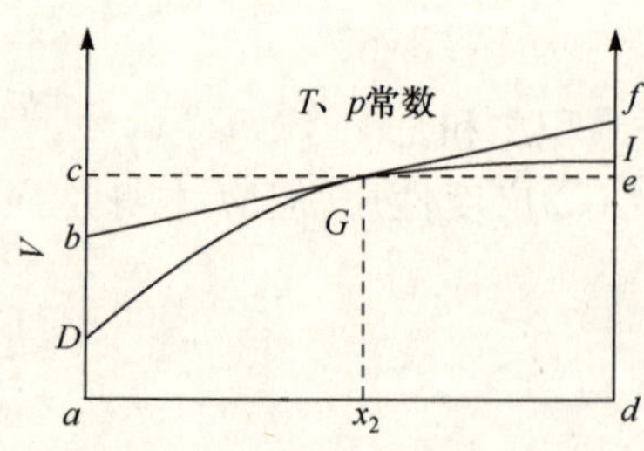

图 6-1 截距法计算偏摩尔体积

对于多元系，其同式为

$$\overline{M_i}=M-\sum_{k\neq i}\left[x_k\left(\frac{\partial M}{\partial x_k}\right)_{T,p,x_{j\neq i},k}\right] \tag{6-15}$$

三元溶液：

$$\begin{cases}\overline{M_1}=M-x_2\dfrac{dM}{dx_2}-x_3\dfrac{dM}{dx_3}\\ \overline{M_2}=M-x_1\dfrac{dM}{dx_1}-x_3\dfrac{dM}{dx_3}\\ \overline{M_3}=M-x_1\dfrac{dM}{dx_1}-x_2\dfrac{dM}{dx_2}\end{cases}$$

例 6-2 某二元溶液在 25℃和 0.10133MPa 下的焓可用下式表示：

$$H=100x_1+150x_2+x_1x_2(10x_1+5x_2)(\text{J}\cdot\text{mol}^{-1})$$

试求在该条件下的下列各问题：

(1) 用 x_1表示的$\overline{H_1}$和$\overline{H_2}$；

(2) 纯组分焓 H_1和 H_2的数值；

(3) 无限稀释时的焓$\overline{H_1^\infty}$和$\overline{H_2^\infty}$的数值。

解 (1) $H=100x_1+150(1-x_1)+x_1(1-x_1)[10x_1+5(1-x_1)]=150-45x_1-5x_1^3$ (1)

$$\frac{dH}{dx_1}=-45-15x_1^2$$

$$\overline{H_1}=H+(1-x_1)\frac{dH}{dx_1}=150-45x_1-5x_1^3+(1-x_1)[-(45+15x_1^2)]=105-15x_1^2+10x_1^3(\text{J}\cdot\text{mol}^{-1}) \tag{2}$$

$$\overline{H_2}=H-x_1\frac{dH}{dx_1}=150-45x_1-5x_1^3+x_1(45+15x_1^2)=150+10x_1^3(\text{J}\cdot\text{mol}^{-1}) \tag{3}$$

(2) 将 $x_1=1$ 及 $x_1=0$ 代入式(1)得纯组分的焓 H_1、H_2：

$$H_1=100\text{J}\cdot\text{mol}^{-1}\qquad H_2=150\text{J}\cdot\text{mol}^{-1}$$

(3) $\overline{H_1^\infty}$、$\overline{H_2^\infty}$是指 $x_1=0$ 及 $x_1=1$ 时的$\overline{H_1}$和$\overline{H_2}$。

将 $x_1=0$ 代入式(2)得

$$\overline{H_1^\infty}=105\text{J}\cdot\text{mol}^{-1}$$

将 $x_1=1$ 代入式(3)得

$$\overline{H_2^\infty}=160\text{J}\cdot\text{mol}^{-1}$$

6.2 逸度和逸度系数

6.2.1 定义

自由焓在化学热力学中是一种特别重要的性质，它与温度和压力有如下一个基本关系式：

$$dG=-SdT+Vdp$$

在恒温下，将此关系式应用于 1mol 纯流体 i 时，上式变为

$$dG_i=V_i dp \tag{6-16}$$

对于理想气体，$V_i=RT/p$，则

$$dG_i=\frac{RTdp}{p}=RTd\ln p$$

虽然上式只适用于理想气体，但如果用一个新的函数 f 来代替压力 p，就可保持此式的简单形式成为也适用于真实气体的普遍正确的公式：

$$dG_i = RT\mathrm{dln}f_i \tag{6-17}$$

式中，f_i 称为纯组分 i 的逸度，其单位与压力的单位相同。对于理想气体这一特殊情况，有

$$RT\mathrm{dln}f_i = RT\mathrm{dln}p$$

积分得

$$\ln f_i = \ln p + \ln C \Rightarrow f_i = Cp \tag{6-18}$$

式中，C 为一常数，如果令 $C=1$，即对理想气体来说，逸度等于压力。由于只有当压力趋近于零时，真实气体状态才表现为理想气体状态的性质，所以

$$\lim_{p \to 0} \frac{f_i}{p} = 1 \tag{6-19}$$

式(6-17)、式(6-19)共同给出了纯物质的逸度定义。

混合物中组分 i 的逸度 $\hat{f}_i$ 也用同样的方法来定义，其表示式类似于式(6-17)、式(6-19)，为

$$\mathrm{d}\,\overline{G_i} = RT\mathrm{dln}\,\hat{f}_i \tag{6-20}$$

$$\lim_{p \to 0} \frac{\hat{f}_i}{x_i p} = 1 \tag{6-21}$$

式(6-20)中的 $\mathrm{d}\,\overline{G_i}$ 是对 1mol 的混合物而言的。

因为理想气体混合物的性质与真实气体混合物在 $p \to 0$ 时的性质一样，式(6-21)对理想气体混合物的任一组分可以写为：

$$\hat{f}_i = x_i p \tag{6-22}$$

式中，p 为总压（对于液相，它是饱和蒸气压）；乘积 $x_i p$ 称为理想气体气体混合物中组分 i 的分压 p_i，它在相平衡和化学反应平衡中是经常使用的。根据定义 $p_i = x_i p$，又 $\sum x_i = 1$，因此

$$\sum p_i = \sum x_i p = p \sum x_i = p$$

分压就等于理想气体混合物的纯组分的压力。但是，对实际气体就不是这样，此时的分压没有物理意义。

逸度系数定义为物质的逸度和它的压力之比。

对纯物质：

$$\phi_i = \frac{f_i}{p} \tag{6-23}$$

对混合物中组分 i：

$$\hat{\phi}_i = \frac{\hat{f}_i}{x_i p} \tag{6-24}$$

由于逸度与压力具有相同的单位，因此逸度系数是无因次的。

6.2.2　纯气体逸度的计算

1. 状态方程法（以 R-K 方程为例）

T 一定时，$dG_T = RT\mathrm{dln}f$，$dG_T = V\mathrm{d}p$，则

$$\mathrm{d}\ln f=\frac{V}{RT}\mathrm{d}p$$

又 $\mathrm{d}\ln f=\mathrm{d}\ln(\phi p)=\mathrm{d}\ln\phi+\frac{\mathrm{d}p}{p}$,所以

$$\mathrm{d}\ln\phi=\frac{V\mathrm{d}p}{RT}-\frac{\mathrm{d}p}{p}$$

积分得

$$\ln\phi=\frac{1}{RT}\int_{p_0}^{p}V\mathrm{d}p-\int_{\ln p_0}^{\ln p}\mathrm{d}\ln p=\frac{\Delta(pV)}{RT}-\frac{1}{RT}\int_{v_0}^{v}p\mathrm{d}V-\int_{\ln p_0}^{\ln p}\mathrm{d}\ln p$$

又

$$\int_{p_0}^{p}V\mathrm{d}p=\Delta(pV)-\int_{V_0}^{V}p\mathrm{d}V$$

而

$$\int_{V_0}^{V}p\mathrm{d}V=RT\int_{V_0}^{V}\frac{\mathrm{d}V}{V-b}-\frac{a}{T^{0.5}}\int_{V_0}^{V}\frac{\mathrm{d}V}{V(V+b)}=RT\ln\frac{V-b}{V_0-b}-\frac{a}{bT^{0.5}}\ln\left[\left(\frac{V}{V_0}\right)\left(\frac{V_0+b}{V+b}\right)\right]$$

所以

$$\Delta(pV)=pV-RT$$

$$\ln\phi=Z-1-\ln\frac{V-b}{V_0-b}+\frac{a}{bRT^{1.5}}\ln\left[\left(\frac{V}{V_0}\right)\left(\frac{V_0+b}{V+b}\right)\right]-\ln\frac{p}{p_0}$$

合并

当 $p_0\to 0$ 时,$(RT-p_0b)\to RT$ 及$\frac{V_0+b}{V_0}\to 1$,所以

$$\ln\phi=Z-1-\ln\frac{(V-b)p}{(V_0-b)p_0}-\frac{a}{bRT^{1.5}}\ln\left(1+\frac{b}{V}\right)=Z-1-\ln\left(Z-\frac{pb}{RT}\right)-\frac{a}{bRT^{1.5}}\ln\left(1+\frac{b}{V}\right)$$

令 $A^2=\frac{a}{R^2T^{2.5}}$,$B=\frac{b}{RT}$,则有

$$\frac{pb}{RT}=pB\qquad\frac{b}{V}=\frac{Bp}{Z}\qquad\frac{a}{bRT^{1.5}}=\frac{A^2}{B}$$

所以

$$\ln\phi=Z-1-\ln(Z-Bp)-\frac{A^2}{B}\ln\left(1+\frac{Bp}{Z}\right)\tag{6-25}$$

ϕ 的计算步骤:由已知 T、$p\to Bp$、$\frac{A^2}{B}$、Z(用 R-K 方程)$\to\phi$。

2. 普遍化方法

由 $\mathrm{d}\ln\phi=\frac{V\mathrm{d}p}{RT}-\frac{\mathrm{d}p}{p}$积分,得

$$\ln\phi=\frac{1}{RT}\int_{p_0}^{p}\left(\frac{ZRT}{p}-\frac{RT}{p}\right)\mathrm{d}p=\int_{p_0}^{p}(Z-1)\frac{\mathrm{d}p}{p}=\int_{p_{0,r}}^{p_r}(Z-1)\frac{\mathrm{d}p_r}{p_r} \tag{6-26}$$

所以

$$\phi=\phi(p_r,Z)$$

而 Z 又由 $Z=f(p_r,T_r)Z=f(p_r,T_r,\omega)$ 及第二维里系数计算。

1）三参数 ϕ 图法

定义式

$$G=H-TS$$

在相同的 T、p 下，对于理想气体有

$$G^*=H^*-TS^*$$

二式相减，得

$$G-G^*=H-H^*-T(S-S^*)=RT\ln\frac{f}{p}=RT\ln\phi$$

$$\ln\phi=\frac{H-H^*}{RT}-\frac{S-S^*}{R}=-\frac{\Delta S^R}{R}+\frac{\Delta H^R}{RT}$$

也可写为

$$\ln\phi=-\frac{\Delta S^R}{R}+\frac{1}{T_r}\frac{\Delta H^R}{RT_c}$$

将 $\begin{cases}\dfrac{\Delta S^R}{R}=\dfrac{(\Delta S^R)^0}{R}+\omega\dfrac{(\Delta S^R)^1}{R}\\ \dfrac{\Delta H^R}{RT_c}=\dfrac{(\Delta H^R)^0}{RT_c}+\omega\dfrac{(\Delta H^R)^1}{RT_c}\end{cases}$，代入上式整理得

$$\begin{aligned}\ln\phi&=\left[-\frac{(\Delta S^R)^0}{R}+\frac{1}{T_r}\frac{(\Delta H^R)^0}{RT_c}\right]+\omega\left[-\frac{(\Delta S^R)^1}{R}+\frac{1}{T_r}\frac{(\Delta H^R)^1}{RT_c}\right]\\&=\ln\phi^0+\omega\ln\phi^1\end{aligned}$$

或

$$\phi=\phi^0\ (\phi^1)^\omega \tag{6-27}$$

图 6-2～图 6-5 表示出了它们的普遍化关联曲线，更精确数值参见附表 7。

2）维里方程法

对 $Z-1=\dfrac{pB}{RT}$ 取两项，得

$$\ln\phi=\int_0^p(Z-1)\frac{\mathrm{d}p}{p}=\int_0^p\frac{pB}{RT}\frac{\mathrm{d}p}{p}=\frac{Bp}{RT}$$

又因为 $B=\dfrac{RT_c}{p_c}(B^0+\omega B^1)$，所以

$$\ln\phi=\frac{pT_c}{p_cT}(B^0+\omega B^1)\qquad\text{或}\qquad\ln\phi=\frac{p_r}{T_r}(B^0+\omega B^1) \tag{6-28}$$

式中

$$B^0 = 0.083 - \frac{0.422}{T_r^{1.6}} \qquad B^1 = 0.139 - \frac{0.172}{T_r^{4.2}}$$

例 6-3 用下列方法求算 10.203MPa 和 133.8℃时气态丙烷的逸度。

(1) 设丙烷为理想气体；

(2) 用 R-K 方程；

(3) 用普遍化的两参数法。

解 (1) 若设在此条件下的丙烷是理想气体，则在 10.203MPa 和 133.8℃的逸度为 10.203MPa。

(2) 从附录 1 查得丙烷的物性数据

$$p_c = 4.25\text{MPa} \qquad V_c = 203 \times 10^{-6}\,\text{m}^3 \cdot \text{mol}^{-1} \qquad T_c = 369.8\text{K}$$

$$Z_c = 0.281 \quad \omega = 0.152$$

$$a = \frac{0.4278 R^2 T_c^{2.5}}{p_c} = \frac{0.4278 \times 8.314^2 \times 369.8^{2.5}}{4.25}$$

$$= 1.830 \times 10^7 (\text{MPa} \cdot \text{cm}^3 \cdot \text{K}^{1/2} \cdot \text{mol}^{-2})$$

$$b = \frac{0.0867 RT_c}{p_c} = \frac{0.0867 \times 8.314 \times 369.8}{4.25} = 62.79(\text{cm}^3 \cdot \text{mol}^{-1})$$

$$\frac{A^2}{B} = \frac{a}{bRT^{1.5}} = \frac{1.830 \times 10^7}{62.79 \times 8.314 \times (133.8 + 273.2)^{1.5}} = 4.273$$

$$Bp = \frac{bp}{RT} = \frac{62.79 \times 10.203}{8.314 \times 407} = 0.1893$$

从式(6-25)求算 $\frac{f}{p}$，因 $h = \frac{b}{V}$，但 V 是未知数，需由式(2-12)计算：

$$10.203 = \frac{8.314}{V - 62.79} - \frac{1.830 \times 10^8}{407^{1/2} V(V + 62.79)}$$

迭代解得

$$V = 151.45(\text{cm}^3 \cdot \text{mol}^{-1})$$

故

$$h = \frac{62.79}{151.45} = 0.415$$

由式(2-15)，得

$$Z = \frac{1}{1 - 0.415} - 4.273\left(\frac{0.415}{1.415}\right) = 0.4562$$

$$\ln\frac{f}{p} = (0.4562 - 1) - \ln(0.4562 - 0.1893) - 4.273\ln\left(1 + \frac{0.1893}{0.4562}\right)$$

$$= -0.5348 + 1.3209 - 1.4831 = 0.6970$$

$$\frac{f}{p} = 0.4981, f = 0.4981 \times 10.203 = 5.082(\text{MPa})$$

(3)

$$p_r = \frac{10.203}{4.25} = 2.403 \qquad T_r = \frac{407}{369.8} = 1.101$$

由图 6-6 查得 $\frac{f}{p} = 0.452$，则

$$f = 0.452 \times 10.203 = 4.612(\text{MPa})$$

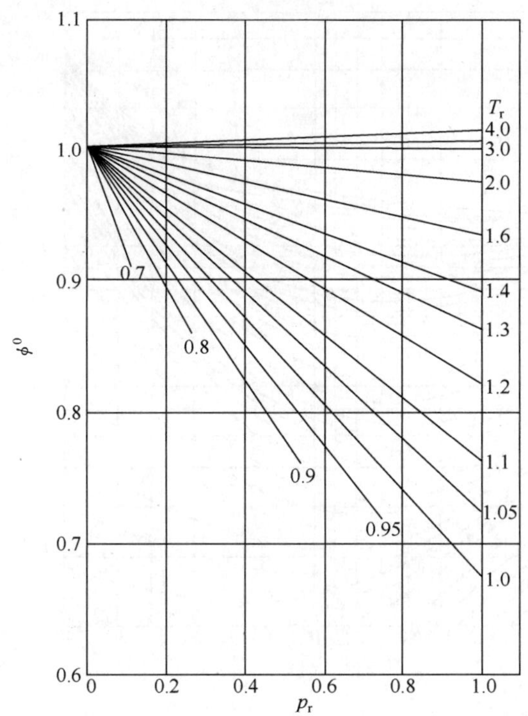

图 6-2　ϕ^0 的普遍化关联(p_r<1.0)

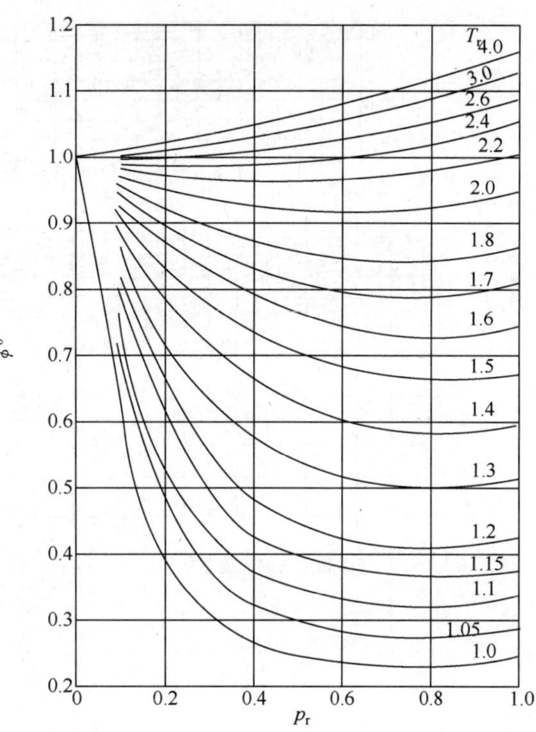

图 6-3　ϕ^0 的普遍化关联(p_r>1.0)

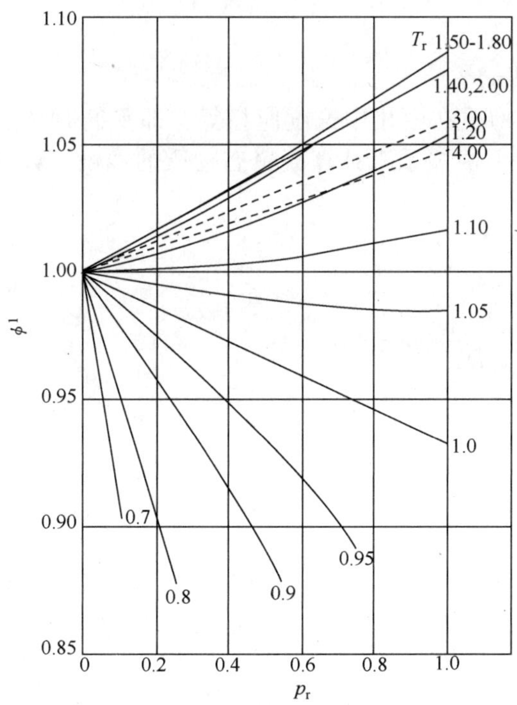

图 6-4　ϕ^1 的普遍化关联(p_r<1.0)

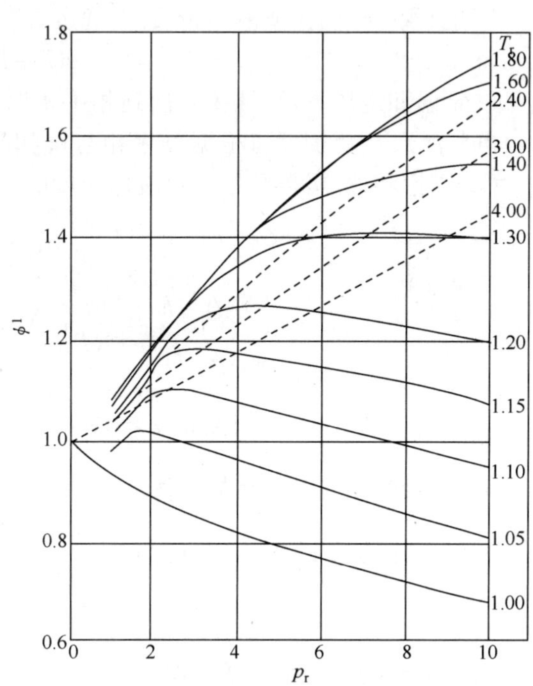

图 6-5　ϕ^1 的普遍化关联(p_r>1.0)

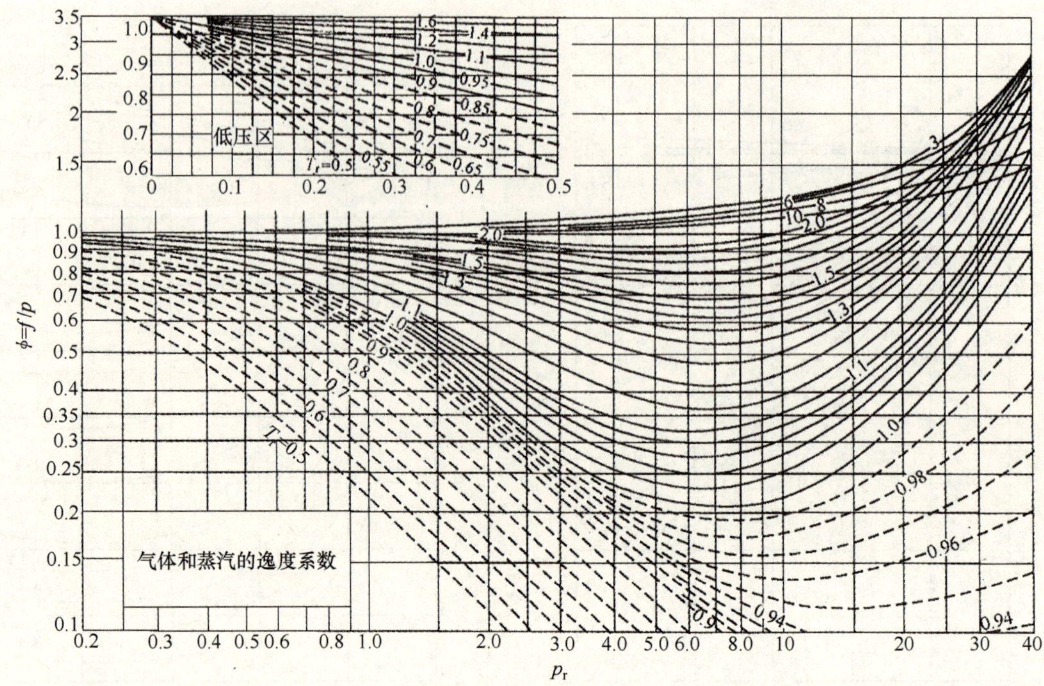

图 6-6　气体的逸度系数

6.2.3　凝聚态物质的逸度

凝聚态物质(固体或液体物质)的逸度,定义式为

$$dG^{l}=RT\mathrm{d}\ln f^{l}$$

在定温和定压下,当纯物质达到相平衡时,该物质在两相中逸度应相等。即平衡时 $f^{l}=f^{v}$,同时 $f^{sl}=f^{sv}$。因此可根据凝聚相与气相间的平衡关系来计算凝聚态物质的逸度。计算时,可先求饱和逸度,再求压力对液体逸度的影响。

$$\int_{\ln f^{s}}^{\ln f}\mathrm{d}\ln f=\int_{p^{l}}^{p}\frac{V^{l}}{RT}\mathrm{d}p$$

$$\ln\frac{f}{f^{s}}=\frac{1}{RT}\int_{p^{s}}^{p}V^{l}\mathrm{d}p=\frac{V^{l}_{\text{平均}}}{RT}(p-p^{s})$$

$$f^{s}=\phi^{s}p^{s}\tag{6-29}$$

ϕ^{s} 的计算方法如前,只需将 p 换成 p^{s}。

6.2.4　混合物中组分逸度的计算

由纯气体的逸度计算公式可知:

$$\ln\phi=\int_{0}^{p}(Z-1)\frac{\mathrm{d}p}{p}$$

对于混合物中的组分逸度而言:

$$\ln\hat{\phi}_i=\int_{0}^{p}(\overline{Z_i}-1)\frac{\mathrm{d}p}{p}\tag{6-30}$$

式(6-30)是计算逸度系数的基本关系式,不论对液体或气体混合物都是适用的。

另外，可以将式(6-30)改写为

$$\ln\hat{\phi}_i=\int_0^p\left(\frac{p\overline{V}_i}{RT}-1\right)\frac{\mathrm{d}p}{p}\rightarrow\ln\hat{\phi}_i=\int_0^p\frac{\overline{V}_i}{RT}\mathrm{d}p-\frac{\mathrm{d}p}{p}\tag{6-31}$$

或写为

$$RT\ln\hat{\phi}_i=\int_0\left[\left(\frac{\partial V_i}{\partial n_i}\right)_{T,p,n_j}-\frac{RT}{p}\right]\mathrm{d}p\tag{6-32}$$

也可写为

$$RT\ln\hat{\phi}_i=\int_{V_i}^{\infty}\left[\left(\frac{\partial p}{\partial n_i}\right)_{T,V,n_j}-\frac{RT}{V_i}\right]\mathrm{d}V_i\tag{6-33}$$

下面对$\hat{\phi}_i$的具体计算作讨论。

由第二维里系数计算，以二元气体混合物为例：

$$Z-1=\frac{Bp}{RT}$$

用于 $n$mol 气体混合物时，则可写为

$$nZ-n=\frac{nBp}{RT}$$

当 T、p 和 n_2 保持不变时，对 n_1 组分，得偏摩尔压缩因子$\overline{Z_1}$为

$$\overline{Z_1}=\left[\frac{\partial(nZ)}{\partial n_1}\right]_{T,p,n_2}=\frac{p}{RT}\left[\frac{\partial(nB)}{\partial n_1}\right]_{T,p,n_2}+1$$

将上式代入(6-30)得

$$\ln\hat{\phi}_1=\int_0^p\frac{p}{RT}\left[\frac{\partial(nB)}{\partial n_1}\right]_{T,p,n_2}\frac{\mathrm{d}p}{p}=\frac{1}{RT}\int_0^p\left[\frac{\partial(nB)}{\partial n_1}\right]_{T,p,n_2}\mathrm{d}p$$

nB 仅与温度及组成有关，所以

$$\ln\hat{\phi}_i=\frac{p}{RT}\left[\frac{\partial(nB)}{\partial n_1}\right]_{T,p,n_2}\tag{6-34}$$

二元气体混合物的混合第二维里系数为

$$\begin{aligned}B&=y_1(1-y_2)B_{11}+2y_1y_2B_{12}+y_2(1-y_1)B_{22}\\&=y_1B_{11}+y_2B_{22}+y_1y_2(2B_{12}-B_{11}-B_{22})\\&=y_1B_{11}+y_2B_{22}+y_1y_2\delta_{12}\end{aligned}$$

式中

$$\delta_{12}=2B_{12}-B_{11}-B_{22}$$

又因为 $y_i=n_i/n$，代入上式，得

$$nB=n_1B_{11}+n_2B_{22}+\frac{n_1n_2}{n}\delta_{12}$$

对 n_1 微分，得

$$\begin{aligned}\left[\frac{\partial(nB)}{\partial n_1}\right]_{T,p,n_2}&=B_{11}+\left(\frac{1}{n}-\frac{n_1}{n^2}\right)n_2\delta_{12}\\&=B_{11}+\left(1-\frac{n_1}{n}\right)\frac{n_2}{n}\delta_{12}=B_{11}+(1-y_1)y_2\delta_{12}=B_{11}+y_2^2\delta_{12}\end{aligned}$$

所以

$$\ln \hat{\phi}_1 = \frac{p}{RT}(B_{11} + y_2^2 \delta_{12}) \tag{6-35}$$

同理

$$\ln \hat{\phi}_2 = \frac{p}{RT}(B_{22} + y_1^2 \delta_{12}) \tag{6-36}$$

对于多元气体混合物组分的逸度，可将式(6-35)、式(6-36)推广使用到多元气体混合物的任一组分上，关键是求算多元气体混合物的 B 值。

多元气体混合物中组分 i 的分逸度系数为

$$\ln \hat{\phi}_i = \frac{p}{RT}\{B_{ii} + \frac{1}{2}\sum_j \sum_k [y_j y_k (2\delta_{ji} - \delta_{jk})]\} \tag{6-37}$$

式中

$$\delta_{ji} = 2B_{ji} - B_{jj} - B_{ii}$$
$$\delta_{jk} = 2B_{jk} - B_{jj} - B_{kk}$$

注脚符号 i 指的是特定组分，j、k 两者均指一般组分，并且是包括 i 在内的所有组分。

注意：$\delta_{ii} = \delta_{jj} = \delta_{kk} = 0$，且 $\delta_{jk} = \delta_{kj}$。

B_{ij} 的计算在前面的学习中已经给出，即

$$B_{ij} = \frac{RT_{cij}}{p_{cij}}(B^0 + \omega_{ij} B^1)$$

式中

$$\omega_{ij} = \frac{1}{2}(\omega_i + \omega_j) \qquad T_{cij} = (T_{ci} T_{cj})^{1/2}$$

$$p_{cij} = \frac{Z_{cij} RT_{cij}}{V_{cij}} \qquad Z_{cij} = \frac{1}{2}(Z_{ci} + Z_{cj}) \qquad V_{cij} = \left(\frac{V_{ci}^{1/3} + V_{cj}^{1/3}}{2}\right)^3$$

6.2.5 温度和压力对逸度的影响

1. 压力影响

当 T 一定时

$$RT\mathrm{d}\ln f_i = V_i \mathrm{d}p$$

由此得出压力对纯物质逸度的影响可表示为

$$\left(\frac{\partial \ln f_i}{\partial p}\right)_T = \frac{V_i}{RT} \tag{6-38}$$

式中，V_i 为纯 i 组分的摩尔体积。

压力对混合物中组分逸度的影响，具有相似的公式：

$$\left(\frac{\partial \ln \hat{f}_i}{\partial p}\right)_{T,x} = \frac{\overline{V}_i}{RT} \tag{6-39}$$

式中，$\overline{V}_i$ 为混合物中 i 组分的偏摩尔体积。

2. 温度的影响

由

$$G = H - TS$$

对于相同压力和温度的理想气体状态有

$$G^* = H^* - TS^*$$

上两式相减，得

$$G - G^* = H - H^* - T(S - S^*)$$

又因为

$$G - G^* = RT\ln f - RT\ln f^*$$

$$f^* = p$$

所以

$$G - G^* = RT\ln \frac{f}{p} = RT\ln\phi$$

$$\ln\phi = \frac{S^* - S}{R} - \frac{H^* - H}{RT}$$

当 p 恒定时：

$$\left(\frac{\partial \ln f_i}{\partial T}\right)_p = \left(\frac{\partial \ln \varphi_i}{\partial T}\right)_p = \frac{\Delta H_i^*}{RT^2} = \frac{H_i^* - H_i}{RT^2} \tag{6-40}$$

温度对混合物中组分逸度的影响，也具有相似的公式：

$$\left(\frac{\partial \ln \hat{f}_i}{\partial T}\right)_{p,x} = \frac{H_i^* - \overline{H_i}}{RT^2} \tag{6-41}$$

式中，$\overline{H_i}$为混合物中 i 组分的偏摩尔焓。

6.2.6　混合物逸度与其组分逸度之间的关系（f 与$\hat{f}_i$之间的关系）

因为 $G - G^* = RT\ln f - RT\ln p$，即

$$nG - nG^* = RT(n\ln f) - nRT\ln p$$

T、p、n_j一定时

$$\left[\frac{\partial(nG)}{\partial n_i}\right]_{T,p,n_j} - \left[\frac{\partial(nG^*)}{\partial n_i}\right]_{T,p,n_j} = RT\left[\frac{\partial(n\ln f)}{\partial n_i}\right]_{T,p,n_j} - RT\ln p$$

即

$$\overline{G_i} - \overline{G_i^*} = RT\left[\frac{\partial(n\ln f)}{\partial n_i}\right]_{T,p,n_j} - RT\ln p \tag{6-42}$$

又

$$\overline{G_i} - \overline{G_i^*} = RT\ln \hat{f}_i - RT\ln \hat{f}_i^* = RT\ln \hat{f}_i - RT\ln p x_i$$

$$= RT\ln \frac{\hat{f}_i}{x_i} - RT\ln p \tag{6-43}$$

由式(6-42)、式(6-43)得

$$\ln \hat{f}_i / x_i = \left[\frac{\partial(n\ln f)}{\partial n_i}\right]_{T,p,n_j} \tag{6-44}$$

又由于

$$\ln p = \left[\frac{\partial(n\ln p)}{\partial n_i}\right]_{T,p,n_j} \tag{6-45}$$

式(6-44)－式(6-45)，得

$$\ln \frac{\hat{f}_i}{p x_i} = \left[\frac{\partial\left(n \ln \frac{f}{p}\right)}{\partial n_i}\right]_{T,p,n_j} \tag{6-46}$$

即

$$\ln \hat{\phi}_i = \left[\frac{\partial(n \ln \phi)}{\partial n_i}\right]_{T,p,n_j}$$

因此，$\ln \frac{\hat{f}_i}{x_i}$是 $\ln f$ 的偏摩尔性质，$\ln\hat{\phi}$ 是 $\ln\phi$ 的偏摩尔性质。

偏摩尔性质	溶液性质	关联式
$\overline{M_i}$	M	$M = \sum x_i \overline{M_i}$
$\ln \frac{\hat{f}_i}{x_i}$	$\ln f$	$\ln f = \sum x_i \ln \frac{\hat{f}_i}{x_i}$
$\ln \hat{\phi}_i$	$\ln\phi$	$\ln\phi = \sum x_i \ln \hat{\phi}_i$

6.3 路易斯-兰德尔规则与标准态

根据溶液中各组分 i 的活度系数的计算公式可知：

纯 i 组分中

$$\ln\phi_i = \frac{1}{RT}\int_0^p \left(V_i - \frac{RT}{p}\right) \mathrm{d}p$$

溶液中组分 i

$$\ln \hat{\phi}_i = \frac{1}{RT}\int_0^p \left(\overline{V_i} - \frac{RT}{p}\right) \mathrm{d}p$$

两式相减，得

$$\ln \frac{\hat{\phi}_i}{\phi_i} = \frac{1}{RT}\int_0^p (\overline{V_i} - V_i) \mathrm{d}p$$

由 ϕ 的定义式知$\frac{\hat{\phi}_i}{\phi_i} = \frac{\hat{f}_i}{f_i y_i}$，代入上式，得

$$\ln \frac{\hat{f}_i}{f_i y_i} = \frac{1}{RT}\int_0^p (\overline{V_i} - V_i) \mathrm{d}p$$

对于理想溶液而言，$\overline{V_i} = V_i$，所以

$$\ln \frac{\hat{f}_i}{f_i y_i} = 0$$

即

$$\hat{f}_i^{\mathrm{id}} = f_i y_i \tag{6-47}$$

式(6-47)即为路易斯-兰德尔规则的公式，也可写为

$$\hat{f}_i^{\mathrm{id}} = f_i^{\ominus} x_i \tag{6-48}$$

式中，$f_i^{\ominus}$ 为组分 i 的标准态逸度。此式为通过原点的直线方程。

理想溶液的模型有两种(图 6-7)：

(1) $x_i \to 1$ 的溶液，称为极浓溶液。

(2) $x_i \to 0$ 的溶液，称为极稀溶液。

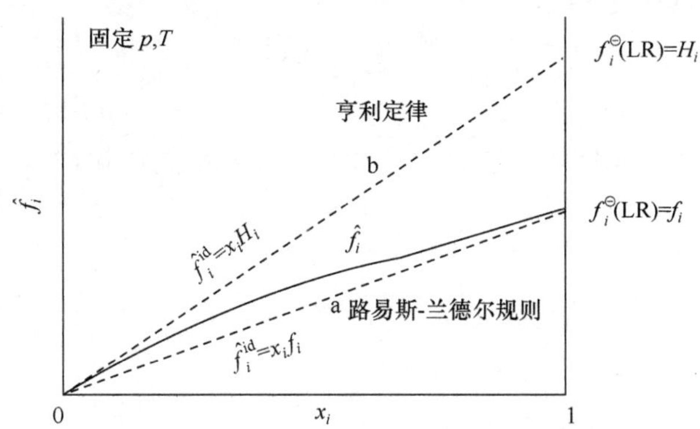

图 6-7　溶液中组分 i 的逸度与组成的关系

a. 符合路易斯-兰德尔规则的溶液；b. 符合亨利定律的溶液

此时
$$\lim_{x_i \to 0} \frac{\hat{f}_i}{x_i} = H_i$$

即
$$f_i^{\ominus} = H_i \quad \hat{f}_i^{id} = H_i x_i \tag{6-49}$$

a：常用作溶剂的标准态

b：常用于在溶液 T、P 下不能以稳定的液态存在，从而在溶液中的溶解度很小的溶质的标准态。

6.4　溶液的混合性质变化

1. 混合变量的定义

溶液的性质与各组分性质的加和一般并不相等，二者的差额称为混合变量，如下例：

$$\Delta M = M - \sum x_i M_i$$

式中，M_i 为规定的标准态下，纯 i 组分的摩尔性质。

$$M = \sum x_i \overline{M_i}$$

$$\Delta M = \sum x_i \overline{M_i} - \sum x_i M_i = \sum x_i (\overline{M_i} - M_i) = \sum x_i \Delta \overline{M_i} \tag{6-50}$$

式中，$\Delta \overline{M_i}$为 1mol 纯 i 转变为同一 T、p 下已知组成的溶液中的组分时其性质变量，称为偏摩尔混合性质变量。

采用 ΔM 和 $\Delta \overline{M_i}$很方便，因为它们的数值是溶液性质变化非常敏感的度量。

2. 理想溶液的混合变量

1) ΔG^{id}

$$dG = RT d\ln f_i$$

$$\overline{G_i^{id}} - G_i = RT\ln \frac{\hat{f}_i^{id}}{f_i}$$

因为$\hat{f}_i^{id} = f_i x_i$，所以

$$\overline{G_i^{id}} - G_i = RT\ln x_i$$

即

$$\Delta G^{id} = \sum x_i(\overline{G_i^{id}} - G_i) = RT\sum x_i \ln x_i \tag{6-51}$$

2）ΔV^{id}

因为$\overline{V_i^{id}} = V_i$，所以

$$\Delta V^{id} = \sum x_i(\overline{V_i^{id}} - V_i) = 0 \tag{6-52}$$

3）ΔH^{id}

由$\overline{H_i^{id}} = H_i$ 可知：

$$\Delta H^{id} = \sum x_i(\overline{H^{id}} - H_i) = 0 \tag{6-53}$$

4）ΔS^{id}

$$\overline{S_i^{id}} = \frac{\overline{H_i^{id}} - \overline{G_i^{id}}}{T} = \frac{H_i - G_i - RT\ln x_i}{T} = S_i - R\ln x_i$$

即

$$\overline{S_i^{id}} - S_i = -R\ln x_i$$

$$\Delta S^{id} = \sum x_i(\overline{S^{id}} - S_i) = -R\sum x_i \ln x_i \tag{6-54}$$

3. 真实溶液的混合变量

1）ΔV

$$\Delta V = V - (x_1 V_1 + x_2 V_2)$$

两组分的标准态均以路易斯-兰德尔规则为基础，有

$$\Delta V^* = V - (x_1\,\overline{V_1^{\infty}} + x_2\,\overline{V_2^{\infty}})$$

两组分的标准态均以 H-L 规则为基础，另有

$$\Delta V^{*1} = V - (x_1\,\overline{V_1^{\infty}} + x_2 V_2)$$

$$\Delta V^{*2} = V - (x_1 V_1 + x_2\,\overline{V_2^{\infty}})$$

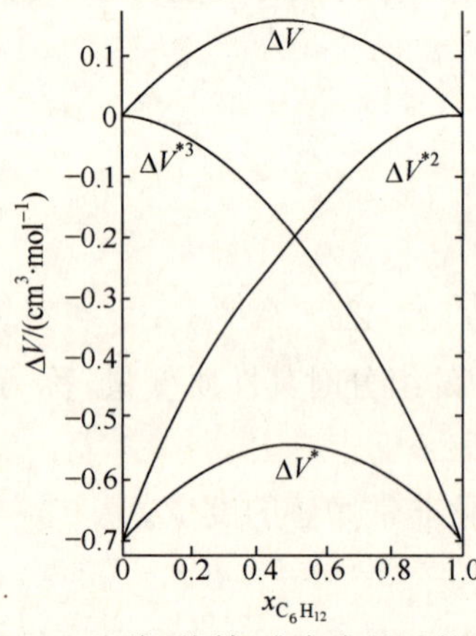

图 6-8 几种不同标准态为基础的混合体积变化[环己烷(1)-四氯化碳(2)系]

以上四式，V 值相等，但选择不同的标准态，ΔV（或 ΔV^*）不同。对液体溶液，多用路易斯-兰德尔规则。

2）ΔH

当两个或更多的纯组分形成溶液时，通常有焓变发生。若在定压下分批进行混合过程，其总的焓变即为其热效应。若混合是在稳态流动过程中进行的，且没有轴功产生和忽略动能、势能的变化，其热效应也等于总的焓变。混合热(焓)的定义是在定温和定压下，由两个或更多的纯液体物质在其标准态下混合成 1mol 溶液时的焓变，用式子表达可写为

$$\Delta H = H - \sum x_i H_i$$

对于二元溶液，T、p 一定时，上式可写为

$$\Delta H = H - x_1 H_1 - x_2 H_2 \tag{6-55}$$

焓-浓图，即 H-x 或 ΔH-x 图，如图 6-9 所示。

例 6-4　图 6-10 为 25℃时硫酸(1)-水(2)系的 ΔH-x_1' 曲线。用纯水来稀释质量分数为 0.90 的硫酸溶液，最后的浓度为 0.50。若初态是 25℃，试计算需要移去多少热量才能使终态也保持在 25℃。

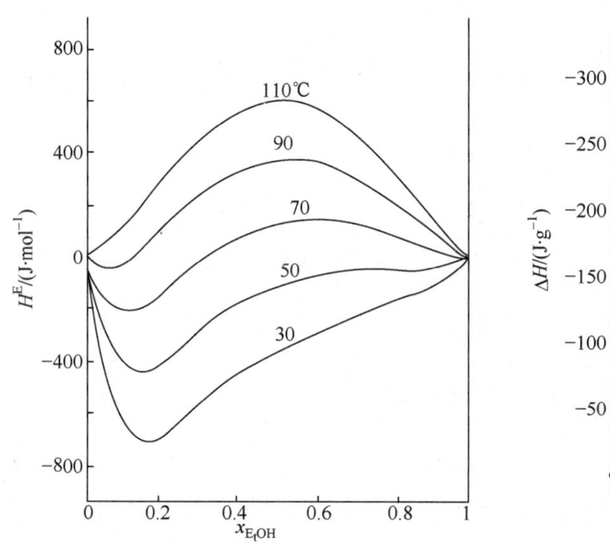

图 6-9　乙醇(1)-水(2)系的混合焓

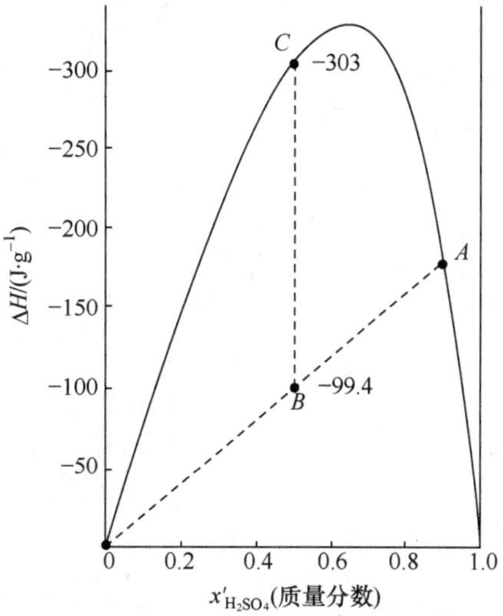

图 6-10　25℃时硫酸(1)-水(2)系的混合热

解　对此体系(用质量分数)可以写出

$$\Delta H = H - x_1' H_1 - x_2' H_2$$

因标准态是纯液体，随意取 $H_1 = H_2 = 0$，则

$$\Delta H = H$$

在 H-x_1 的图上，绝热混合可用直线表示，而等温混合却要有两个步骤：第一步是绝热混合，第二步是在等组成条件下进行冷却或加热，使体系温度恢复到初态时的值。利用图 6-10 中的曲线，先作 OA 线，表示由纯水和 $x_1' = 0.90$ 的硫酸溶液进行绝热混合，与 $x_1' = 0.5$ 的虚线相交于 B 点，可以从纵坐标读出为 $-99.7\text{J}\cdot\text{g}^{-1}$。此点不应落在 ΔH-x'_1 的曲线上，因为在绝热混合后，体系温度不再保持为 25℃。由 B 点垂直延伸，与 ΔH-x'_1 曲线相交于 C 点，可读出 ΔH 值为 $-303\text{J}\cdot\text{g}^{-1}$。在等压下，这是因冷却而导致的热效应，故总的需要移走的热量 Q 为

$$Q = -303 - (-99.4) = -203.6(\text{J}\cdot\text{g}^{-1})$$

答案应是每形成 $1\text{g}\,x_1' = 0.5$ 的硫酸溶液，应从体系中移去 $203.6\text{J}\cdot\text{g}^{-1}$ 的热量才能保持 25℃的恒温混合过程。

固体、液体或气体在溶剂中转变成溶液时的焓变也称为溶解热或溶解焓。溶解热还可以分为积分溶解热和微分溶解热。1mol 物质溶解在某定量的纯溶剂中所发生的焓变称为积分溶解热。1mol 溶质进入无限大量的溶液中所发生的焓变称为微分溶解热，在此过程中溶液的浓度不变，更准确地说，浓度只增加无限小的量，可以忽略。积分溶解热又可分为第一积分溶解热和完全积分溶解热，前者指的是 1mol 物质溶解于无限大量的纯溶剂中所发生的焓变；后

者指的是1mol物质溶解于一定量的溶剂中正好形成饱和溶液时所发生的焓变。众所周知，这两种积分溶解热的值可以相差很大，有时甚至符号也有差别。溶质的溶解度越大，这两种积分溶解热的差值也越大。对于溶解度很小的溶质，它们往往很接近。

稀释热指的是给定浓度的溶液和纯溶剂之间相互作用而发生的焓变。若含有1mol溶质的溶液，从某一初始浓度稀释到某一最终浓度（不是无限稀释）时所发生的焓变称稀释热或中间稀释热。若最终的稀释状态是无限稀释，其焓变则称为积分稀释热。若把1mol的纯溶剂加到无限大量的溶剂中去，所发生的焓变称为微分稀释热。

例 6-5 一单效蒸发器，将5000kg・h^{-1}的10% NaOH溶液浓缩为50%。加料温度为20℃，蒸发操作压力为10.133kPa。在这种条件下50% NaOH溶液的沸点为361K。设计该蒸发器时应采用多大的传热速率？蒸发过程如图6-11所示。

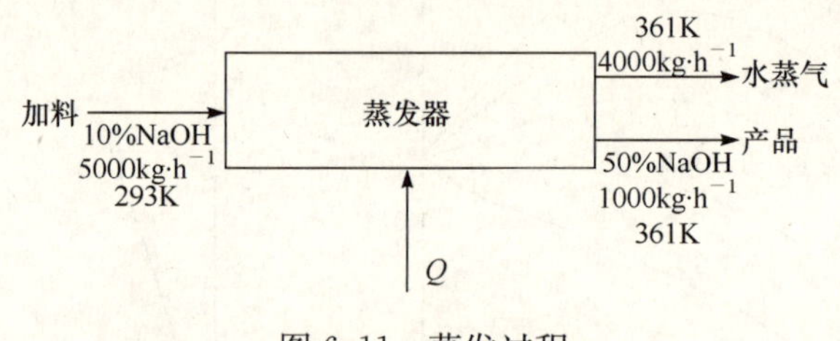

图 6-11　蒸发过程

解　蒸发水量$=5000\times\left(\frac{90}{10}-\frac{50}{50}\right)\times 0.1=4000(\text{kg}\cdot\text{h}^{-1})$

水分蒸发后成为10.133kPa、361K的过热蒸汽。因是恒压蒸发，$\Delta H=Q_p$。查图6-12得10% NaOH溶液在293K时的焓值为79kJ・kg^{-1}，50% NaOH溶液在361K时的焓值为499kJ・kg^{-1}。再由蒸汽表查得10.133kPa和361K时过热蒸汽的焓值为2660kJ・kg^{-1}，故传热速率为

$$Q=\Delta H=4000\times 2660+1000\times 499-5000\times 79=10744000(\text{kJ}\cdot\text{h}^{-1})$$

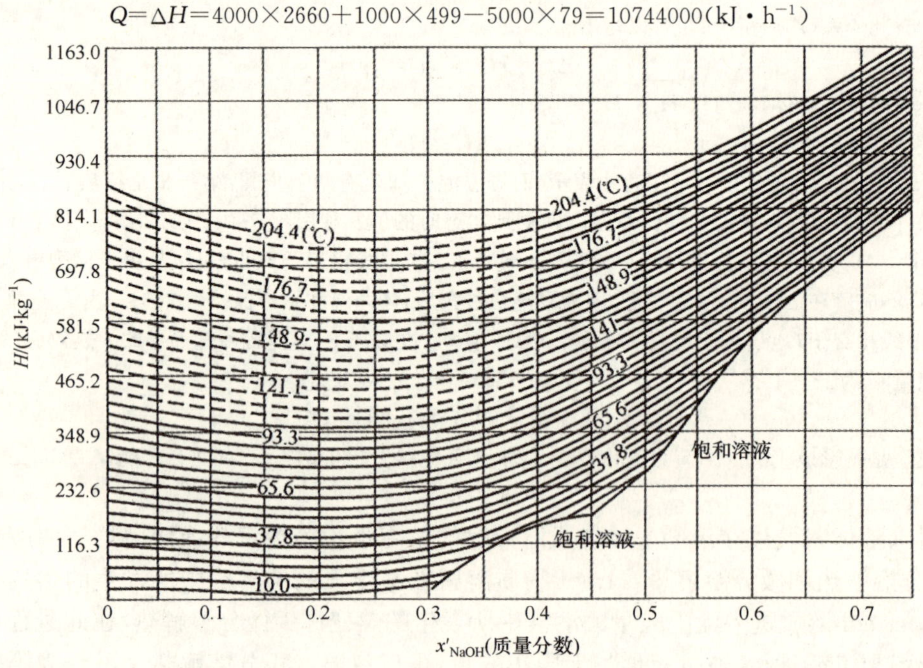

图 6-12　$NaOH-H_2O$系的H-x图

4. 过量热力学性质

1) 定义

真实溶液的热力学性质和假想该溶液是理想时的热力学性质之差称为过量热力学性质，也称超额性质。

$$M^{E}=M-M^{id} \tag{6-56}$$

混合变量时

$$\Delta M = M-\sum x_iM_i$$

若为理想溶液则

$$\Delta M^{id} = M^{id}-\sum x_iM_i$$

因此，定义为

$$\Delta M^{E} = \Delta M-\Delta M^{id} = M-\sum x_iM_i - M^{id}+\sum x_iM_i = M-M^{id} = M^{E}$$

注意：$\Delta M\neq M$，$\Delta M^{id}\neq M^{id}$。

同理，对溶液中的 i 组分，则有偏摩尔过量热力学性质：

$$\begin{aligned}\Delta\,\overline{M_i^{E}}&=\Delta\,\overline{M_i}-\Delta\,\overline{M_i^{id}}\\&=\overline{M_i}-M_i-\overline{M_i^{id}}+M_i=\overline{M_i}-\overline{M_i^{id}}=\overline{M_i^{E}}\end{aligned} \tag{6-57}$$

式中，$\overline{M_i^{E}}$为 i 组分在真实溶液中与在理想溶液中的性质之差。

2) 过量性质与混合变量的关系

由 ΔV^{id}、ΔU^{id}、ΔH^{id}、ΔC_p^{id}、ΔC_V^{id} 等于 0，$\Delta\,\overline{V_i^{id}}$、$\Delta\,\overline{U_i^{id}}$、$\Delta\,\overline{H_i^{id}}$、$\Delta\,\overline{C_{Pi}^{id}}$、$\Delta\,\overline{C_V^{id}}$等于 0，可知

$$V^{E}=\Delta V \qquad U^{E}=\Delta U$$

而 ΔG^{id}、ΔA^{id}、ΔS^{id}不等于 0，$\Delta\,\overline{G_i^{id}}$、$\Delta\,\overline{A_i^{id}}$、$\Delta\,\overline{S_i^{id}}$不等于 0，因此

$$G^{E}\neq\Delta G \qquad A^{E}\neq\Delta A \qquad S^{E}\neq\Delta S$$

$$S^{E} = \Delta S^{E} = \Delta S-\Delta S^{id} = \Delta S+R\sum_i x_i\ln x_i \tag{6-58}$$

$$\overline{S_i^{E}} = \Delta\,\overline{S_i^{E}} = \Delta\,\overline{S_i}-\Delta\,\overline{S_i^{id}} = \Delta\,\overline{S_i}+R\ln x_i \tag{6-59}$$

$$A^{E} = \Delta A^{E} = \Delta A-\Delta A^{id} = \Delta A-RT\sum_i x_i\ln x_i \tag{6-60}$$

$$\overline{A_i^{E}} = \Delta\,\overline{A_i^{E}} = \Delta\,\overline{A_i}-\Delta\,\overline{A_i^{id}} = \Delta\,\overline{A_i}-RT\ln x_i \tag{6-61}$$

$$G^{E} = \Delta G^{E} = \Delta G-\Delta G^{id} = \Delta G-RT\sum_i x_i\ln x_i \tag{6-62}$$

$$\overline{G_i^{E}} = \Delta\,\overline{G_i^{E}} = \Delta\,\overline{G_i}-\Delta\,\overline{G_i^{id}} = \Delta\,\overline{G_i}-RT\ln x_i \tag{6-63}$$

过量性质尤其 G^{E}非常重要，在相平衡中广泛应用，在相平衡的计算中常有涉及，可以说它是溶液理论和相平衡计算以及实际测量间的桥梁。

6.5　活度和活度系数

逸度和逸度系数常用于处理气态混合物，当然，也可用来计算液态混合物中组分的逃逸趋势，如用状态方程通过逸度系数来计算液体混合物的气液平衡。但在液态混合物热力学计算中还有一种很常用的方法，这种方法采用了另一种热力学函数——活度。

1. 定义

对于液体溶液，为描述各组分的性质引入活度和活度系数比较方便。

由 $d\overline{G_i}=d\mu_i=RT\mathrm{dln}\,\hat{f}_i$，标准态→溶液状态积分得

$$\mu_i-\hat{\mu}_i^{\ominus}=RT\ln\frac{\hat{f}_i}{f_i^{\ominus}}$$

对于液体溶液，可以把溶液 T、p 下的纯物质作为标准态，即

$$f_i^{\ominus}=f_i$$

若为理想溶液则

$$\hat{f}_i=\hat{f}_i^{\mathrm{id}}=\hat{f}_i^{\ominus}x_i$$

所以

$$\mu_i-\hat{\mu}_i^{\ominus}=RT\ln x_i$$

对于非理想溶液，由于溶液中各组分间的化学效应和物理效应，$\hat{f}_i=f_i^{\ominus}x_i$ 不适用，为使非理想溶液仍然保持与理想溶液相类似的关系，定义：

$$\hat{a}_i=\frac{\hat{f}_i}{\hat{f}_i^{\ominus}}\qquad \mu_i-\mu_i^{\ominus}=RT\ln\hat{a}_i \tag{6-64}$$

式中，$\hat{a}_i$ 称为活度，也称校正浓度或有效浓度，即真实溶液按理想溶液处理时所应具有的浓度。

令
$$\gamma_i=\frac{\hat{a}_i}{x_i}=\frac{\hat{f}_i}{\hat{f}_i^{\ominus}x_i} \tag{6-65}$$

式中，γ_i 称为活度系数，表示了真实溶液与理想溶液的偏差。当 $\gamma_i=1$ 时，$\hat{a}_i=x_i$，此时溶液成为理想溶液；当 $\gamma_i\neq1$ 时，则 $\hat{a}_i\neq x_i$，说明 γ_i 是可用来表征溶液非理想性的。

2. 活度的标准态

由 $\hat{a}_i=\dfrac{\hat{f}_i}{\hat{f}_i^{\ominus}}$ 可知，$\hat{a}_i$ 是一个比值，其值与 $\hat{f}_i^{\ominus}$ 有关。只有确定了 $\hat{f}_i^{\ominus}$，$\hat{a}_i$ 才有意义。

先确定参比态，即作为比较标准的混合物所具有的状态（如理想气体、理想溶液），也就是 $\gamma_i=1$ 的溶液的状态。

后确定标准态，即 $\hat{f}_i$ 或 $\hat{a}_i$ 等于某一特定数值时的参比态，如 $\hat{f}_i^{\ominus}=p=1\mathrm{atm}$，$\hat{a}_i=x_i$ 的状态。在处理不同溶液时，我们通常遵循以下两个法则。

法则Ⅰ适用于溶质、溶剂不好区分的溶液。

$$\mu_i=\hat{\mu}_i^{\ominus}+RT\ln\gamma_i x_i\qquad x_i\rightarrow1\text{ 时},\gamma_i=1$$

此时，参比态和标准态均指溶液 T、p 下的纯 i 液体，即 $\hat{f}_i^{\ominus}=f_i$ 的状态。

此式很容易理解，这是以路易斯-兰德尔规则为基础的。溶剂和溶质的标准态逸度都是

真实存在的。文献中常用 $\hat{f}_i^{\ominus}(\text{LR})$ 表示，且 $\hat{f}_i^{\ominus}(\text{LR})=f_i$。

法则Ⅱ适用于在溶液的温度、压力下，溶质不能以液态形式存在，从而溶质在溶液中的溶解度有限的溶液。

对于溶剂：　$\mu_s=\hat{\mu}_s^{\ominus}+RT\ln\gamma_s x_s \qquad x_s\to 1 \quad \gamma_s\to 1$

对于溶质：　$\mu_i=\hat{\mu}_i^{\ominus}+RT\ln\gamma_i^* x_i \qquad x_i\to 1 \quad \gamma_i^*\to 1$

对于溶剂，和法则Ⅰ相同；对溶质，却在无限稀释时，它们的活度系数才趋近于 1，说明是以极稀溶液为参比态。由于溶剂和溶质的参比态各不相同，因此称为非对称归一化。对于溶质，在亨利定律范围内，溶液是理想的，即 $\hat{a}_i=x_i$，也可表示为

$$\lim_{x_i\to 0}\frac{\hat{a}_i}{x_i}=\lim_{x_i\to 0}\frac{\hat{f}_i}{\hat{f}_i^{\ominus}x_i}=\lim_{x_i\to 0}\gamma_i^*=1$$

根据亨利定律可知，当把上式用于真实溶液时，可写为

$$\lim_{x_i\to 0}\frac{\hat{f}_i}{H_i x_i}=1$$

比较上面两式，可得

$$\hat{f}_i^{\ominus}=H_i$$

按此规定，溶质的标准态逸度等于其亨利常数，常用 $\hat{f}_i^{\ominus}(\text{HL})=H_i$。

已知以亨利定律为标准时的 $\hat{a}_i'$

亨利定律：$\hat{a}_i'=\dfrac{\hat{f}_i}{\hat{f}_i^{\ominus}}=\dfrac{\hat{f}_i}{H_i}$

路易斯-兰德尔规则：$\hat{a}_i=\dfrac{\hat{f}_i}{\hat{f}_i^{\ominus}}=\dfrac{\hat{f}_i}{H_i}$

$$\hat{f}_i=H_i\,\hat{a}_i'\text{（亨利定律）}$$

$$\hat{f}_i=f_i\,\hat{a}_i\text{（路易斯-兰德尔规则）}$$

所以

$$\hat{a}_i=\frac{H_i}{f_i}\hat{a}_i'$$

3. 温度、压力对活度系数的影响

1）压力影响

$$\mu_i-\hat{\mu}_i^{\ominus}=\Delta\mu_i=RT\ln a_i=RT\ln\gamma_i x_i$$

$$\text{d}(\Delta\mu_i)=RT(\text{d}\ln\gamma_i+\text{d}\ln x_i)=RT\text{d}\ln\gamma_i\ (T, x\ \text{一定})$$

又 $\text{d}(\Delta\mu_i)=\Delta\overline{V}_i\text{d}p$，所以

$$\left(\frac{\partial\ln\gamma_i}{\partial p}\right)_{T,x}=\frac{\Delta\overline{V}_i}{RT} \tag{6-66}$$

规定Ⅰ　$$\left(\frac{\partial \ln \gamma_i}{\partial p}\right)_{T,x}=\frac{\overline{V}_i-V_i}{RT}$$

规定Ⅱ　$$\left(\frac{\partial \ln \gamma_i^*}{\partial p}\right)_{T,x}=\frac{\overline{V}_i-\overline{V_i^\infty}}{RT}$$

2）温度影响

由 $d(\Delta \overline{G}_i)=-\Delta \overline{S}_i dT+\Delta \overline{V}_i dp$，得

$$\left[\frac{\partial(\Delta \overline{G}_i)}{\partial T}\right]_{p,x}=-\Delta \overline{S}_i$$

又

$$\left[\frac{\partial(\Delta \overline{G}_i)}{\partial T}\right]_{p,x}=RT\left(\frac{\partial \ln \gamma_i}{\partial T}\right)_{p,x}+R\ln \gamma_i x_i=-\Delta \overline{S}_i$$

所以

$$\Delta \overline{H}_i=\Delta \overline{G}_i+T\Delta \overline{S}_i=RT\ln \gamma_i x_i-RT^2\left(\frac{\partial \ln \gamma_i}{\partial T}\right)_{p,x}-RT\ln \gamma_i x_i$$

即　$$\left(\frac{\partial \ln \gamma_i}{\partial T}\right)_{p,x}=-\frac{\Delta \overline{H}_i}{RT^2} \tag{6-67}$$

规定Ⅰ　$$\left(\frac{\partial \ln \gamma_i}{\partial T}\right)_{p,x}=-\frac{\overline{H}_i-H_i}{RT^2}$$

规定Ⅱ　$$\left(\frac{\partial \ln \gamma_i^*}{\partial T}\right)_{p,x}=-\frac{\overline{H}_i-\overline{H_i^\infty}}{RT^2}$$

4. 活度与混合变量 ΔM 的关系

1）与 ΔG 的关系

由 $\overline{G}_i-G_i^\ominus=RT\ln \hat{a}_i$ 及 $\Delta G=\sum x_i(\overline{G}_i-G_i^\circ)$，得

$$\Delta G=RT\sum x_i \ln \hat{a}_i \quad 或 \quad \frac{\Delta G}{RT}=\sum x_i \ln \hat{a}_i \tag{6-68}$$

2）与 ΔV 的关系

由于　$$\left(\frac{\partial G}{\partial p}\right)_T=V \qquad \left(\frac{\partial \Delta G}{\partial p}\right)_T=\Delta V$$

又

$$\left(\frac{\partial \Delta G}{\partial p}\right)_T=RT\sum x_i\left(\frac{\partial \ln \hat{a}_i}{\partial p}\right)_{T,x}$$

所以

$$\Delta V=RT\sum x_i\left(\frac{\partial \ln \hat{a}_i}{\partial p}\right)_{T,x} \quad 或 \quad \frac{p\Delta V}{RT}=\sum x_i\left(\frac{\partial \ln \hat{a}_i}{\partial \ln p}\right)_{T,x} \tag{6-69}$$

3）与 ΔS 的关系

$$\left(\frac{\partial G}{\partial T}\right)_p=-S \qquad \left(\frac{\partial \Delta G}{\partial T}\right)_p=-\Delta S$$

又
$$\left(\frac{\partial \Delta G}{\partial T}\right)_p = RT\sum x_i\left(\frac{\partial \ln \hat{a}_i}{\partial T}\right)+R\sum x_i\ln \hat{a}_i$$

所以

$$\frac{\Delta S}{R}=-\sum x_i\left(\frac{\partial \ln \hat{a}_i}{\partial T}\right)_{p,x}-\sum x_i\ln \hat{a}_i \tag{6-70}$$

4）与 ΔH 的关系

将以上 ΔG、ΔS 代入 $\Delta H=\Delta G+T\Delta S$，得

$$\frac{\Delta H}{RT}=-\sum x_i\left(\frac{\partial \ln \hat{a}_i}{\partial \ln T}\right)_{p,x} \tag{6-71}$$

6.6　活度系数与组成的关联

γ_i 可由实验数据计算得到，但欲求得整个浓度范围内的 γ_i，实验工作量太大。因此，必须寻找 $\gamma_i=\gamma(T,p,x_i)$ 的关联式，这可由液体混合物的过量（超额）自由焓方程导出。

6.6.1　非理想溶液的过量自由焓与活度系数

从活度的定义式(6-64)出发，并注意化学位即为偏摩尔吉布斯自由焓，将式(6-64)改写为

$$\Delta\overline{G}_i=\overline{G}_i-G_i^{\ominus}\equiv\mu_i-\mu_i^{\ominus}=RT\ln \hat{a}_i \tag{6-64a}$$

结合式(6-9)，有

$$\Delta G=\sum x_i\Delta\overline{G}_i=RT\sum x_i\ln \hat{a}_i \tag{6-72}$$

将式(6-72)代入式(6-62)，得

$$G^{\mathrm{E}}=\Delta G^{\mathrm{E}}=RT\sum x_i\ln \hat{a}_i-RT\sum_i x_i\ln x_i=RT\sum x_i\ln\frac{\hat{a}_i}{x_i}$$

又 $\gamma_i=\dfrac{\hat{a}_i}{x_i}$，所以

$$G^{\mathrm{E}}=RT\sum x_i\ln\gamma_i \quad 或 \quad \frac{G^{\mathrm{E}}}{RT}=\sum x_i\ln\gamma_i \tag{6-73}$$

对照式(6-9)可知，$\ln\gamma_i$ 为$\dfrac{G^{\mathrm{E}}}{RT}$的偏摩尔性质，即

$$\ln\gamma_i=\frac{\overline{G_i^{\mathrm{E}}}}{RT} \tag{6-74}$$

根据 6.1.3 中对偏摩尔性质的定义，式(6-74)可写为

$$\ln\gamma_i=\left[\frac{\partial(nG^{\mathrm{E}}/RT)}{\partial n_i}\right]_{T,p,n_{j\neq i}} \tag{6-75}$$

式(6-73)～式(6-75)表达了溶液的摩尔自由焓和 i 组分的偏摩尔过量自由焓与 i 组分的活度系数间的关系。式(6-75)表明，若知道 G^{E} 与组成的关系，则可由此推导出 γ_i 与组成的关系。

例 6-6　某二元混合物，其逸度可表示为

$$\ln f=A+Bx_1-Cx_1^2$$

式中，A、B、C 为 T、p 的函数，试确定组分 1 以亨利定律为标准态，组分 2 以路易斯-兰德尔规则为标准态时，

G^E、$\ln\gamma_1$、$\ln\gamma_2$与组成的关系。

解　根据式(6-73)，对二元溶液有

$$\frac{G^E}{RT}=x_1\ln\gamma_1+x_2\ln\gamma_2=x_1\ln\frac{\hat{f}_1}{x_1 f_1^{\ominus}}+x_2\ln\frac{\hat{f}_2}{x_2 f_2^{\ominus}}$$

根据题意，组分 1 以亨利定律为标准态，组分 2 以路易斯-兰德尔规则为标准态，即

$$f_1^{\ominus}=H_1 \qquad f_2^{\ominus}=f_2$$

故

$$\frac{G^E}{RT}=x_1\ln\frac{\hat{f}_1}{x_1 H_1}+x_2\ln\frac{\hat{f}_2}{x_2 f_2}=x_1\ln\frac{\hat{f}_1}{x_1}+x_2\ln\frac{\hat{f}_2}{x_2}-x_1\ln H_1-x_2\ln f_2$$

$$=\ln f-x_1\ln H_1-x_2\ln f_2 \tag{1}$$

已知

$$\ln f=A+Bx_1-Cx_1^2 \tag{2}$$

当 $x_1=0$ 时，有

$$\ln f_2=A \tag{3}$$

又因为 $H_1=\lim\limits_{x_1\to 0}\frac{\hat{f}_1}{x_1}$，而

$$\ln\frac{\hat{f}_1}{x_1}=\left[\frac{\partial(n\ln f)}{\partial n_1}\right]_{T,p,n_2}=A+B-Cx_1(2-x_1)$$

故

$$\ln H_1=\ln\left(\lim_{x_1\to 0}\frac{\hat{f}_1}{x_1}\right)=\lim_{x_1\to 0}\ln\frac{\hat{f}_1}{x_1}=A+B \tag{4}$$

将式(2)、式(3)、式(4)代入式(1)，并整理得

$$\frac{G^E}{RT}=-Cx_1^2=-\frac{Cn_1^2}{n^2}$$

$$\ln\gamma_1=\ln\frac{\hat{f}_1}{x_1}-\ln H_1=Cx_1(x_1-2)=C(x_2^2-1)$$

$$\ln\gamma_2=\left[\frac{\partial(nG^E/RT)}{\partial n_2}\right]_{T,p,n_1}=Cx_1^2$$

6.6.2　活度系数模型

式(6-75)给出了活度系数与过量吉布斯自由焓的内在联系，即

$$\ln\gamma_i=\left[\frac{\partial(nG^E/RT)}{\partial n_i}\right]_{T,p,n_{j\neq i}}$$

所有的活度系数模型都是通过这个关系式导出的。

溶液的过量自由焓 G^E，不仅是温度 T、压力 p 的函数，而且也是溶液组成 x_i 的函数。目前，从理论上还不能得到一个普遍适用的 G^E 与 T、p、x_i 的表达式。对于真实溶液，常根据实验情况，对引起溶液非理想性的次要原因进行简化或忽略。

表达 G^E 和组成关系的式子已经提出很多，各自适用于不同类型的溶液。它们可分为两类：一类是经验式，即所提出的溶液模型并无严格的理论基础，而是根据大量的实验数据归纳整理出来的；另一类是半经验式，即以溶液的微观结构为基础，作某种程度的简化处理后所建立的微观模型，其中的参数仍需借助实验数据来拟合确定，所以是半经验式。本节从工程应用

的角度介绍几种已被广泛应用的理论和模型。

1. 正规溶液理论和无热溶液理论

根据实际溶液的非理想情况和处理的方便性，将非理想溶液简化为正规溶液和无热溶液两类，工程中常用的半经验方程几乎都是从这样简化的两大类中得出的。

1）正规溶液

正规溶液是指过量体积为零且混合熵变等于理想混合熵变的溶液，即 $S^E=0, V^E=0$。但正规溶液的混合热不等于零。希尔德布兰德(Hildebrand)的定义为："当极少量的一个组分从理想溶液迁移到有相同组成的真实溶液时，如果没有熵的变化，并且总的体积不变，此真实溶液称为正规溶液。"正规溶液与理想溶液比较，两者的 $S^E=0, V^E=0$，其非理想的原因是 $H^E \neq 0$。根据正规溶液的特点，超额自由焓可写为

$$G^E = H^E \tag{6-76}$$

如果溶液的 S^E 很小，与 H^E 比较可以忽略，这类溶液也常作为正规溶液处理。沃尔(Wohl)型方程就是在正规溶液的基础上推得的，其中包括范拉尔(Van Laar)方程和马居尔(Margules)方程。

根据正规溶液 $S^E=0$，可推得

$$RT\ln\gamma_i = 常数 \tag{6-77}$$

即 $\ln\gamma_i \propto \frac{1}{T}$，式(6-77)常被用来由已知某一温度下的活度系数求算另一温度下的活度系数，但仅限于溶液为正规溶液或接近于正规溶液。

2）无热溶液

对某些由分子大小相差甚远的组分所构成的溶液，特别是聚合物溶液属此类型。这类溶液的 $H^E=0$，或 H^E 很小，可以忽略不计，故称为无热溶液，其之所以不理想主要是因为 $S^E \neq 0$。根据无热溶液的特点，过量自由焓可写为

$$G^E = -TS^E \tag{6-78}$$

现在用得最广泛的威尔逊(Wilson)方程及 NRTL 方程都是在无热溶液的基础上获得的。根据无热溶液的 $H^E=0$，可得出 $\ln\gamma_i$ 不是温度 T 的函数。

2. 雷德利克-基斯特经验式

雷德利克-基斯特(Redlich-Kister)于 1948 年提出将 G^E 表达成二组成差(x_1-x_2)的幂级数，即

$$\frac{G^E}{x_1x_2RT} = B + C(x_1-x_2) + D(x_1-x_2)^2 + \cdots \tag{6-79}$$

式中，B、C、D 等为经验常数，通过拟合活度系数的实验数据求出。

若将式(6-79)截至二次项，并利用式(6-75)，则可导得如下的活度系数方程：

$$\ln\gamma_1 = x_2^2[B + C(3x_1-x_2) + D(x_1-x_2)(5x_1-x_2) + \cdots] \tag{6-80}$$

$$\ln\gamma_2 = x_1^2[B + C(x_1-3x_2) + D(x_1-x_2)(x_1-5x_2) + \cdots] \tag{6-81}$$

雷德利克-基斯特经验式是目前还在使用的经验式中的较好者。当 B、C、D、…经验常数取不同的符号和数值时，可以用来描述不同类型的混合物：

当 $B=C=D=0$ 时，则 $\gamma_1=\gamma_2=1$，体系为理想溶液。

当 $C=D=0$ 时，则 $\ln\gamma_1=Bx_2^2$，$\ln\gamma_2=Bx_1^2$，体系为正规溶液。如果 $B>0$ 时是正偏差，则 $B<0$ 时是负偏差。

雷德利克-基斯特经验方程式(6-79)的形式也可用于描述 H^E、V^E 等其他广度性质 M 的过量函数 M^E。

3. 沃尔型方程

沃尔型方程是在正规溶液的基础上获得的，因此要求出各组分的活度系数与组成之间的关系式，只需求出这一类非理想溶液的 H^E 与组成的关系。

1) 沃尔方程

造成正规溶液非理想性的原因在于 $H^E\neq 0$，这是由于不同组分具有不同的化学结构、不同的分子大小、分子间的相互作用不相等，以及分子的极性差异等因素。沃尔将其归纳，提出一个综合性的过量自由焓表达式，式(6-82)表示为有效体积分数的函数并展开的麦克劳林(Maclaurin)级数，即

$$\frac{G^E}{RT}=\sum q_i x_i\left(\sum_i\sum_j Z_iZ_ja_{ij}+\sum_i\sum_j\sum_k Z_iZ_jZ_ka_{ijk}+\sum_i\sum_j\sum_k\sum_l Z_iZ_jZ_kZ_la_{ijkl}+\cdots\right) \tag{6-82}$$

式中，G^E 为溶液的摩尔过量自由焓；x_i 为 i 组分的摩尔分数；q_i 为 i 组分的有效摩尔体积；a_{ij} 为 i、j 两分子间的交互作用参数；a_{ijk} 为 i、j、k 三分子间的交互作用参数；a_{ijkl} 为 i、j、k、l 四分子间的交互作用参数。其中，$a_{ii}=a_{iii}=a_{iiii}=\cdots=0$；$Z_i$ 为 i 组分的有效体积分数，其定义为

$$Z_i=\frac{q_ix_i}{\sum_i q_ix_i}$$

且 $\sum_i Z_i=1$；$\sum_i\sum_j Z_iZ_ja_{ij}$ 表示 n 元体系中所能选出的不同组分的所有二组分配对的 $Z_iZ_ja_{ij}$ 的总和，其余有加和号的项可依此类推。式(6-82) 写到四组分配对常数为止，即至 a_{ijkl}，称为四阶沃尔方程(也称四尾标方程)；如写到三组分配对常数即 a_{ijk} 为止，则称为三阶沃尔方程。方程的阶数越高，则越能代表真实溶液的性质，但是参数也就越多，需要用更多的实验数据来求取，计算也越烦琐。实际上，特别是对多元体系，多分子作用的参数几乎不可能由实验得到，通常表示四分子相互作用的参数已经很少见了。在实际应用中较多采用三阶方程。

略去四分子以上基团的交互作用参数，将式(6-82)用于二元体系，有

$$\frac{G^E}{RT}=(q_1x_1+q_2x_2)(2Z_1Z_2a_{12}+3Z_1^2Z_2a_{112}+3Z_1Z_2^2a_{122}) \tag{6-83}$$

令

$$A=q_1(2a_{12}+3a_{122})$$
$$B=q_2(2a_{12}+3a_{112})$$

代入式(6-82)，得

$$\frac{G^E}{RT}=\left(\frac{q_2}{q_1}Ax_2+\frac{q_1}{q_2}Bx_1\right)Z_1Z_2$$

根据式(6-75)，将上式对 n_i 进行偏微分，经整理得

$$\ln\gamma_1=Z_2^2\left[A+2Z_1\left(B\frac{q_1}{q_2}-A\right)\right] \tag{6-84a}$$

$$\ln\gamma_2=Z_1^2\left[B+2Z_2\left(A\frac{q_2}{q_1}-B\right)\right] \tag{6-84b}$$

式(6-84)中包括三个参数 A、B、$\frac{q_2}{q_1}$，其值必须用实验值来确定。

沃尔方程的 G^E 展开式(6-82)虽是经验式，并无严格的理论基础，但是具有很大的灵活性。通过对 G^E 展开式作出各种简化假定，可导出一些早期建立的著名活度系数方程。

2）斯卡查德-哈默方程

用纯组分液体的摩尔体积 V_1^L 及 V_2^L 代替有效摩尔体积 q_1 及 q_2，则式(6-84a)和式(6-84b)变为

$$\ln\gamma_1 = Z_2^2\left[A + 2Z_1\left(B\frac{V_1^L}{V_2^L} - A\right)\right] \tag{6-85a}$$

$$\ln\gamma_2 = Z_1^2\left[B + 2Z_2\left(A\frac{V_2^L}{V_1^L} - B\right)\right] \tag{6-85b}$$

式中，$Z_1 = \dfrac{x_1}{x_1 + x_2\dfrac{V_2^L}{V_1^L}}$，$Z_2 = \dfrac{x_2\dfrac{V_2^L}{V_1^L}}{x_1 + x_2\dfrac{V_2^L}{V_1^L}}$。由于 V_1^L、V_2^L 已知，所以式(6-85a)和式(6-85b)为二参数方程，关联方便。

3）范拉尔方程

当 $q_2/q_1 = B/A$ 时，式(6-84a)和式(6-84b)就变为

$$\ln\gamma_1 = \frac{A}{\left(1 + \dfrac{Ax_1}{Bx_2}\right)^2} \tag{6-86a}$$

$$\ln\gamma_2 = \frac{B}{\left(1 + \dfrac{Bx_2}{Ax_1}\right)^2} \tag{6-86b}$$

式(6-86a)和式(6-86b)为范拉尔方程。当 $x_1 = 0$ 时，$\ln\gamma_1^\infty = A$；当 $x_2 = 0$ 时，$\ln\gamma_2^\infty = B$。此处 γ_1^∞ 和 γ_2^∞ 表示无限稀释时的活度系数。A、B 两参数需由实验值确定，通常可以从气液平衡实验数据求得

$$A = \ln\gamma_1\left(1 + \frac{x_2\ln\gamma_2}{x_1\ln\gamma_1}\right)^2 \tag{6-87a}$$

$$B = \ln\gamma_2\left(1 + \frac{x_1\ln\gamma_1}{x_2\ln\gamma_2}\right)^2 \tag{6-87b}$$

由式(6-87)可知，如果测得一对 γ_1 和 γ_2 数据，通过上式就可确定范拉尔方程的两个参数 A 和 B。

4）马居尔方程

当 $q_1 = q_2$ 时，$Z_i = x_i$，式(6-84a)和式(6-84b)就变为

$$\ln\gamma_1 = x_2^2[A + 2x_1(B - A)] \tag{6-88a}$$

$$\ln\gamma_2 = x_1^2[B + 2x_2(A - B)] \tag{6-88b}$$

式(6-88a)和式(6-88b)为三阶马居尔方程，即为常用的马居尔方程。参数 A、B 需由实验值确定。当 $x_1 = 0$ 时，$\ln\gamma_1^\infty = A$；当 $x_2 = 0$ 时，$\ln\gamma_2^\infty = B$。

通过以上讨论可知沃尔型方程是建立在正规溶液基础上的通用模型式，它有一定的理论概念，其余所介绍的三种方程都是沃尔型方程的特例。马居尔方程和范拉尔方程实际上是经

验式，比较适用于组分性质相差不太大的体系，在实际应用中如何选择适当的方程进行计算，并无明确的准则。一般情况下，如果能得到恒温下一系列$\frac{G^E}{x_1x_2RT}$与x_1的实验数据，而且在图上$\frac{G^E}{x_1x_2RT}$与x_1的关系近似地为一直线，则选用马居尔方程将提供最好的拟合。如果$\frac{x_1x_2RT}{G^E}$与x_1的关系近似地为一直线，则表明应使用范拉尔方程。如果两种情况都不呈直线，则应考虑采用其他类型的方程，如威尔逊方程等。

沃尔型方程的优点是计算比较简单，但因为它在考虑分子的相互作用时，认为分子的碰撞是随机的，所以，对于那些分子间作用力相差太大，特别是多组分复杂混合物的计算，沃尔型方程的应用就受到了限制。此外，不能用二元溶液数据直接推算多元溶液的平衡，而必须要用多元系统的参数，这也是沃尔型方程的缺点。

4. 局部组成型方程

由于沃尔型方程是以正规溶液为基础建立起来的，而且气液平衡体系又多种多样，仅用一种类型的方程来归纳和阐明所有的体系是困难的。特别是对于强极性物质，需要应用其他的超额自由焓模型。在无热溶液理论基础上发展起来的局部组成方程，如威尔逊方程、NRTL方程等随着计算机的广泛应用也得到广泛的使用。

1）局部组成的概念

溶液的组成通常采用摩尔分数x_i和体积分数ϕ_i等表示。例如，在二元混合物中当物质的量相等的纯组分1和组分2混合后，可认为溶液中各部分的组成即摩尔分数为

$$x_1=\frac{1}{2} \qquad x_2=\frac{1}{2}$$

这是溶液组成的宏观量度。从微观上看，只有当所有分子间的作用力均相等时，组分1和2做随机混合时才是如此。

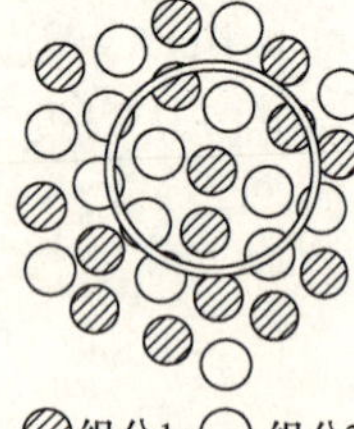

图6-13 局部组成和局部摩尔分数的概念图

在实际溶液中，当两种性质各异的等物质的量纯液体混合形成溶液时，由于液体分子间作用力不同，一般溶液中分子间的混合不可能是随机的、完全均匀的。也就是说，从微观上看，上述溶液由于组分1-1、2-2、1-2分子间的作用并不相同，组分的局部组成并非1/2，而有一定的不均匀性。例如，当1-1、2-2分子间的相互作用明显大于1-2分子间的相互作用时，分子1周围出现分子1和分子2周围出现分子2的概率都将高一些；而当1-1、2-2的相互作用明显小于1-2时，则在每个分子近邻出现异种分子的概率将会大些。所以从微观来说，在某个分子（中心分子）周围的局部范围内，各种不同分子的组成和溶液中它们的总体组成不同。图6-13所示属后一种情况，分子1-1、2-2相互作用显著小于1-2相互作用，在分子1的周围分子1的局部组成即分子1的摩尔分数约为3/8，分子2的局部组成约为5/8，而不等于它们在溶液中的总体组成$x_1=x_2=1/2$。

用X_{ji}代表i分子周围j分子的局部摩尔分数，对二元混合物则有

$$X_{11}+X_{21}=1 \qquad X_{12}+X_{22}=1$$

2）局部组成型方程

基于局部组成的概念，结合弗洛里-哈金斯（Flory-Huggins）的无热溶液理论，1964年威尔逊（Wilson）首先成功导出了活度系数和组成间的关系式，使活度系数计算方法的研究进入

一个新阶段。考虑到局部摩尔分数 X_{ji} 和总体摩尔分数 x_i 间的差异是分子之间作用力的不同引起的，威尔逊引入能量参数 g_{ji}（反映 i-j 分子间的交互作用能量），并将 X_{ji} 和 x_i 通过玻耳兹曼(Boltzmann)因子关联起来，即

$$\frac{X_{21}}{X_{11}}=\frac{x_2}{x_1}\times\frac{\exp\left(\frac{-g_{21}}{RT}\right)}{\exp\left(\frac{-g_{11}}{RT}\right)} \tag{6-89a}$$

$$\frac{X_{12}}{X_{22}}=\frac{x_1}{x_2}\times\frac{\exp\left(\frac{-g_{12}}{RT}\right)}{\exp\left(\frac{-g_{22}}{RT}\right)} \tag{6-89b}$$

式中，g_{12}、g_{11}、g_{22} 分别为分子 1 与分子 2 之间、分子 1 之间、分子 2 之间的相互作用力的能量项，且 $g_{12}=g_{21}$。$\exp\left(\frac{-g_{ij}}{RT}\right)$ 称为玻耳兹曼因子。考察式(6-89)，$\frac{X_{21}}{X_{11}}$ 和 $\frac{X_{12}}{X_{22}}$ 代表了分子分配概率之比，它们受玻耳兹曼因子的制约。当 $g_{12}=g_{11}=g_{22}$ 时，局部摩尔分数就和总体摩尔分数重合；反之，若 $g_{12}\neq g_{11}\neq g_{22}$ 时，就会导致局部摩尔分数和总体摩尔分数数值的不同。

按式(6-89a)和式(6-89b)不难导出局部体积分数 ξ_i 和总体摩尔分数间的关系，即

$$\xi_i=\frac{x_iV_i^{\mathrm{L}}\exp\left(\frac{-g_{ii}}{RT}\right)}{\sum_{j=1}^{N}x_jV_j^{\mathrm{L}}\exp\left(\frac{-g_{ij}}{RT}\right)} \tag{6-90a}$$

式中，V_i^{L} 和 V_j^{L} 表示纯液体 i 和 j 的摩尔体积。对二元混合物，组分 1 和组分 2 的局部体积分数分别为

$$\xi_1=\frac{x_1V_1^{\mathrm{L}}\exp\left(\frac{-g_{11}}{RT}\right)}{x_1V_1^{\mathrm{L}}\exp\left(\frac{-g_{11}}{RT}\right)+x_2V_2^{\mathrm{L}}\exp\left(\frac{-g_{12}}{RT}\right)} \tag{6-90b}$$

$$\xi_2=\frac{x_2V_2^{\mathrm{L}}\exp\left(\frac{-g_{22}}{RT}\right)}{x_1V_1^{\mathrm{L}}\exp\left(\frac{-g_{12}}{RT}\right)+x_2V_2^{\mathrm{L}}\exp\left(\frac{-g_{22}}{RT}\right)} \tag{6-90c}$$

弗洛里(Flory)和哈金斯(Huggins)在似晶格模型的基础上，采用统计力学的方法导出了无热溶液的过量自由焓方程，即

$$\frac{G^{\mathrm{E}}}{RT}=\sum_i x_i\ln\frac{\phi_i}{x_i} \tag{6-91}$$

式中，ϕ_i 为组分 i 的体积分数，其表达式为

$$\phi_i=\frac{x_iV_i^{\mathrm{L}}}{\sum_{i=1}^{N}x_iV_i^{\mathrm{L}}}$$

式中，V_i^{L} 为在该状态下组分 i 纯液态时的摩尔体积。当每个组分的摩尔体积相等时，$\phi_i=x_i$，在此种情况下，弗洛里-哈金斯方程表示理想溶液。

威尔逊经验地采用局部体积分数替代由弗洛里和哈金斯推导的无热溶液过量自由焓方程

中的总体平均体积分数，得

$$\frac{G^{\mathrm{E}}}{RT}=\sum_i x_i\ln\frac{\xi_i}{x_i} \tag{6-92}$$

式中，x_i为 i 组分的总体平均摩尔分数；ξ_i为 i 组分的局部体积分数。将式(6-90)代入式(6-92)，得多元体系过量自由焓的威尔逊模型：

$$\frac{G^{\mathrm{E}}}{RT}=-\sum_{i=1}^{N}x_i\ln\left(\sum_{j=1}^{N}\Lambda_{ij}x_j\right) \tag{6-93}$$

其中

$$\Lambda_{ij}=\frac{V_j^{\mathrm{L}}}{V_i^{\mathrm{L}}}\exp\left[\frac{-(g_{ij}-g_{ii})}{RT}\right] \tag{6-94}$$

式中，Λ_{ij} 称为威尔逊参数，由式(6-94)可知 Λ_{ij} 通常不等于 Λ_{ji}，$\Lambda_{ii}=\Lambda_{jj}=1$，$\Lambda_{ij}>0$；$(g_{ij}-g_{ii})$为二元交互作用能量参数，可为正值或负值。

将式(6-93)对 x_i 微分可导出威尔逊计算活度系数 γ_i 的通式，即

$$\ln\gamma_i=1-\ln\left(\sum_{j=1}^{N}\Lambda_{ij}x_j\right)-\sum_{k=1}^{N}\frac{\Lambda_{ki}x_k}{\sum_{j=1}^{N}\Lambda_{kj}x_j} \tag{6-95}$$

式中，每个加和号表示包括所有的组分。对二元溶液，式(6-95)简化为

$$\ln\gamma_1=-\ln(x_1+\Lambda_{12}x_2)+x_2\left(\frac{\Lambda_{12}}{x_1+\Lambda_{12}x_2}-\frac{\Lambda_{21}}{x_2+\Lambda_{21}x_1}\right) \tag{6-96a}$$

$$\ln\gamma_2=-\ln(x_2+\Lambda_{21}x_1)+x_1\left(\frac{\Lambda_{12}}{x_1+\Lambda_{12}x_2}-\frac{\Lambda_{21}}{x_2+\Lambda_{21}x_1}\right) \tag{6-96b}$$

式中，威尔逊参数 Λ_{12} 和 Λ_{21} 按式(6-94)可分别表示为

$$\Lambda_{12}=\frac{V_2^{\mathrm{L}}}{V_1^{\mathrm{L}}}\exp\left[\frac{-(g_{12}-g_{11})}{RT}\right] \tag{6-97a}$$

$$\Lambda_{21}=\frac{V_1^{\mathrm{L}}}{V_2^{\mathrm{L}}}\exp\left[\frac{-(g_{21}-g_{22})}{RT}\right] \tag{6-97b}$$

式中二元交互作用能量参数$(g_{12}-g_{11})$和$(g_{21}-g_{22})$需由二元气液平衡的实验数据确定。通常采用多点组成下的实验数据，用非线性最小二乘法回归求取参数最佳值。如果有无限稀释溶液的活度系数 γ_1^∞ 和 γ_2^∞ 的数据，Λ_{12}和 Λ_{21} 也可按下列方程解出。

当 $x_1\to 0$ 时

$$\ln\gamma_1^\infty=-\ln\Lambda_{12}-\Lambda_{21}+1$$

当 $x_2\to 0$ 时

$$\ln\gamma_2^\infty=-\ln\Lambda_{21}-\Lambda_{12}+1$$

威尔逊方程具有如下几个突出的优点：①可以准确地描述极性和非极性混合物的活度系数，例如，它可以很好地回归烃醇类物系，而用其他方程回归时效果很差。②威尔逊方程对二元溶液是一个两参数方程，只要一组数据即可推算；且由二元体系数据即可预测多元体系的行为，无需多元参数，这是威尔逊方程优于早期多元活度系数方程的重要体现。③在应用威尔逊方程时，由于二元交互作用能量参数$(g_{ij}-g_{ii})$受温度影响较小，在不太宽的温度范围内可视作常数；而威尔逊参数 Λ_{ij} 随溶液温度变化而变化，因此该方程能反映温度对活度系数的影响，且具有半理论的物理意义。上述优点使得威尔逊方程在工程设计中获得广泛的应用。对含烃、醇、醚、酮、腈、酯，以及含水、硫、卤素的互溶体系均能获得较好的结果。威尔逊方程在汽液

平衡研究领域中曾独步一时，其后一段时间所发表的许多活度系数的计算方法均是对威尔逊方程的修正和改进。

然而，威尔逊方程的应用也有它的局限性：①该方程不能用于部分互溶体系；②该方程不能用于活度系数有最大值的溶液。

1964 年以后，为了改进威尔逊方程，出现了许多修改的威尔逊方程和以局部组成概念为基础的其他方程。现将主要方程列于表 6-1 中。至于这些方程的详细内容和推导方法，可参见有关文献。

表 6-1　以局部组成概念为基础的主要方程

名称	G^E	二元参数	$\ln\gamma_1$ 和 $\ln\gamma_2$
威尔逊方程①	$\dfrac{G^E}{RT}=-x_1\ln(x_1+\Lambda_{12}x_2)-x_2\ln(x_2+\Lambda_{21}x_1)$	Λ_{12}，Λ_{21}	$\ln\gamma_1=-\ln(x_1+\Lambda_{12}x_2)+x_2\left[\dfrac{\Lambda_{12}}{x_1+\Lambda_{12}x_2}-\dfrac{\Lambda_{21}}{x_2+\Lambda_{21}x_1}\right]$ $\ln\gamma_2=-\ln(x_2+\Lambda_{21}x_1)+x_1\left[\dfrac{\Lambda_{12}}{x_1+\Lambda_{12}x_2}-\dfrac{\Lambda_{21}}{x_2+\Lambda_{21}x_1}\right]$
NRTL 方程②	$\dfrac{G^E}{RT}=x_1x_2\left[\dfrac{\tau_{21}G_{21}}{x_1+x_2G_{21}}+\dfrac{\tau_{12}G_{12}}{x_2+x_1G_{12}}\right]$ 式中： $G_{12}=\exp(-a_{12}\tau_{12})$ $G_{21}=\exp(-a_{12}\tau_{21})$ $\tau_{12}=(g_{12}-g_{22})/RT$ $\tau_{21}=(g_{21}-g_{11})/RT$	$(g_{12}-g_{22})$， $(g_{21}-g_{11})$， a_{12}	$\ln\gamma_1=x_2^2\left[\dfrac{\tau_{21}G_{21}^2}{(x_1+x_2G_{21})^2}+\dfrac{\tau_{12}G_{12}}{(x_2+x_1G_{12})^2}\right]$ $\ln\gamma_2=x_1^2\left[\dfrac{\tau_{12}G_{12}^2}{(x_2+x_1G_{12})^2}+\dfrac{\tau_{21}G_{21}}{(x_1+x_2G_{21})^2}\right]$
UNIQUAC③	$G^E=G_C^E+G_R^E$ ④ $\dfrac{G_C^E}{RT}=x_1\ln\dfrac{\phi_1}{x_1}+x_2\ln\dfrac{\phi_2}{x_2}+\dfrac{Z}{2}\left(q_1x_1\ln\dfrac{\theta_1}{\phi_1}+q_2x_2\ln\dfrac{\theta_2}{\phi_2}\right)$ $\dfrac{G_R^E}{RT}=-q_1x_1\ln(\theta_1+\theta_2\tau_{21})-q_2x_2\ln(\theta_2+\theta_1\tau_{12})$ 式中： $\theta_1=\dfrac{x_1q_1}{x_1q_1+x_2q_2}$ $\phi_1=\dfrac{x_1\gamma_1}{x_1\gamma_1+x_2\gamma_2}$ $\tau_{21}=\exp\left[-\dfrac{(U_{21}-U_{11})}{RT}\right]$ $\tau_{12}=\exp\left[-\dfrac{(U_{12}-U_{22})}{RT}\right]$ q 和 γ 是纯组分的参数；Z 为晶格配位数，取值为 10	$(U_{12}-U_{22})$， $(U_{21}-U_{11})$	$\ln\gamma_i=\ln\gamma_i^C+\ln\gamma_i^R$ ④ $\ln\gamma_1=\ln\dfrac{\phi_1}{x_1}+\dfrac{Z}{2}q_1\ln\dfrac{\theta_1}{\phi_1}+\phi_2\left(l_1-\dfrac{\gamma_1}{\gamma_2}l_2\right)-q_1\ln(\theta_1+\theta_2\tau_{21})+\theta_2q_1\left(\dfrac{\tau_{21}}{\theta_1+\theta_2\tau_{21}}-\dfrac{\tau_{12}}{\theta_2+\theta_1\tau_{12}}\right)$ $l_1=\dfrac{Z}{2}(\gamma_1-q_1)-(\gamma_1-1)$ 上两式中下标 1 与 2 互换，即得 $\ln\gamma_2$、l_2

① Wilson G M. J Am Chem Soc，1964，86：127。

② NRTL 是 Non-Random Two Liquids 的缩写。Renon H，Prausnitz J M．AIChE J，1968，14：135。

③ UNIQUAC 是 Universal Quasi Chemical 的缩写。Abrams D S，Prausnitz J M．AIChE J，1975，21：116。

④ C 代表组合部分；R 代表剩余部分。

NRTL 方程和 UNIQUAC 方程要比威尔逊方程更新一些。它们和威尔逊方程一样，能用二元参数去直接推算多元气液平衡，且都能用于不互溶的浓度区间，故可用来关联计算液液平衡。此外，UNIQUAC 方程中仅用两个可调整参数，且它的二元参数随温度的变化较小，在不太大的温度范围内可以适用；又由于其主要浓度变量是表面积分数而非摩尔分数，因此，该方程对分子大小悬殊的体系有较好的效果，如聚合物溶液等。

6.7 吉布斯-杜亥姆方程

因

$$nG = \sum n_i \overline{G_i} = \sum n_i \mu_i$$

故

$$\mathrm{d}(nG) = \sum n_i \mathrm{d}\mu_i + \sum \mu_i \mathrm{d}n_i$$

又

$$\mathrm{d}(nG) = -(nS)\mathrm{d}T + (nV)\mathrm{d}p + \sum (\mu_i \mathrm{d}n_i)$$

两式相减得

$$(nS)\mathrm{d}T - (nV)\mathrm{d}p + \sum (n_i \mathrm{d}\mu_i) = 0$$

即

$$S\mathrm{d}T - V\mathrm{d}p + \sum x_i \mathrm{d}\mu_i = 0$$

上式称为吉布斯-杜亥姆(Gibbs-Duhem)方程。

若 T、p 一定，则有

$$\sum n_i \mathrm{d}\mu_i = 0 \quad \text{或} \quad \sum x_i \mathrm{d}\mu_i = 0$$

用于二元溶液时

$$x_1 \mathrm{d}\mu_1 = -x_2 \mathrm{d}\mu_2$$

但这只是一种常见的形式，而此方程可写成多种形式，基本上可以分为三类：

第一类
$$\sum x_i (\mathrm{dln}I_i)_{T,p} = 0 \tag{6-98}$$

式中 I_i、代表$\hat{f}_i$ p、$\hat{\varphi}_i$、γ_i 等强度性质。

第二类
$$\sum x_i (\mathrm{d}\overline{M_i})_{T,p} = 0 \tag{6-99}$$

式中，$\overline{M_i}$代表偏摩尔性质。

第三类
$$\sum x_i (\mathrm{d}\overline{M_i^{\mathrm{E}}})_{T,p} = 0 \tag{6-100}$$

式中，$\overline{M_i^{\mathrm{E}}}$代表偏摩尔过量性质。

例 6-7　已知二元溶液在 T、p 一定时，活度系数与组成的关系式如下：

$$\ln\gamma_1 = A + (B-A)x_1 - Bx_1^2 \tag{1}$$

$$\ln\gamma_2 = A + (B-A)x_2 - Bx_2^2 \tag{2}$$

式中，A、B 为 T、p 的函数。γ_i 的标准态按路易斯-兰德尔规则考虑，使用热力学观点分析其是否正确。

解　由吉布斯-杜亥姆方程：

$$\sum x_i (\mathrm{dln}\gamma_i)_{T,p} = 0 \tag{3}$$

即

$$x_1 \mathrm{d}\ln\gamma_1 + x_2 \mathrm{d}\ln\gamma_2 = 0$$

由式(1)得

$$\mathrm{d}\ln\gamma_1 = (B - A - 2Bx_1)\mathrm{d}x_1$$

由式(2)得

$$\mathrm{d}\ln\gamma_2 = (B - A - 2Bx_2)\mathrm{d}x_2$$

将上两式代入式(3)得

$$x_1(B - A - 2Bx_1)\mathrm{d}x_1 + x_2(B - A - 2Bx_2)\mathrm{d}x_2 = 0$$

整理化简后得

$$(A + B)(x_2 - x_1)\mathrm{d}x_1 = 0$$

由于

$$A \neq -B \qquad \mathrm{d}x_1 \neq 0 \qquad x_2 \neq x_1 (\text{除 } x_1 = x_2 = 0.5 \text{ 之外})$$

因此，式(1)和式(2)不能成立，即 $\ln\gamma_i$-x_i 关系式不成立。

例 6-8　60℃时，苯胺-水体系形成两个液层，其中苯胺的质量分数分别为 4.4%和 94.3%，设在每一相中，高浓度组分服从路易斯-兰德尔规则，低浓度组分服从亨利定律。

(1) 按法则Ⅰ选标准态，求低浓度组分的活度系数。

(2) 按法则Ⅱ选标准态，求低浓度组分的活度系数。

已知苯胺的相对分子质量为 93.13。

解　求各相各组分的摩尔分数：

$$\alpha\text{ 相}\qquad x_{\text{胺}}^{\alpha} = \frac{\dfrac{4.4}{93.13}}{4.4/93.13 + 95.6/18.02} = 0.0088$$

$$x_{\text{水}}^{\alpha} = 1 - 0.0088 = 0.9912$$

$$\beta\text{ 相}\qquad x_{\text{胺}}^{\beta} = \frac{94.3/93.13}{94.3/93.13 + 5.7/18.02} = 0.7620$$

$$x_{\text{水}}^{\beta} = 1 - 0.7620 = 0.2380$$

当两液相层达平衡时：

$$\hat{f}_{\text{水}} = f_{\text{水}}^{\ominus} x_{\text{水}}^{\alpha} = H_{\text{水}} x_{\text{水}}^{\beta} \tag{1}$$

$$\hat{f}_{\text{胺}} = H_{\text{胺}} x_{\text{胺}}^{\alpha} = f_{\text{胺}}^{\ominus} x_{\text{胺}}^{\beta} \tag{2}$$

(1) 按法则Ⅰ选标准态，低浓度组分的逸度如下式：

$$\hat{f}_{\text{水}}^{\beta} = f_{\text{水}}^{\ominus} \gamma_{\text{水}}^{\beta} x_{\text{水}}^{\beta} \tag{3}$$

$$\hat{f}_{\text{胺}} = f_{\text{胺}}^{\ominus} \gamma_{\text{胺}} x_{\text{胺}} \tag{4}$$

由式(1)、式(3)得

$$f_{\text{水}}^{\ominus} x_{\text{水}}^{\alpha} = f_{\text{水}}^{\ominus} \gamma_{\text{水}}^{\beta} x_{\text{水}}^{\beta} (\text{相平衡关系})$$

即

$$\gamma_{\text{水}}^{\beta} = \frac{x_{\text{水}}^{\alpha}}{x_{\text{水}}^{\beta}} = \frac{0.9912}{0.2380} = 4.165$$

由式(2)、式(4)得

$$f_{\text{胺}}^{\ominus} x_{\text{胺}}^{\beta} = f_{\text{胺}}^{\ominus} \gamma_{\text{胺}} x_{\text{胺}}^{\alpha} (\text{相平衡关系})$$

即

$$\gamma_{\text{胺}} = \frac{x_{\text{胺}}^{\beta}}{x_{\text{胺}}^{\alpha}} = \frac{0.7620}{0.0088} = 86.33$$

(2) 按法则Ⅱ选标准态，低浓度组分的逸度如下式：

$$\hat{f}_{\text{水}}^{\beta} = H_{\text{水}} \gamma_{\text{水}}^{\beta} x_{\text{水}}^{\beta} \tag{5}$$

$$\hat{f}_{胺}=H_{胺}\gamma_{胺}x_{胺} \tag{6}$$

由式(1)、式(5)得

$$H_{水}\gamma_{水}^{0}x_{水}^{0}=H_{水}x_{水}^{0}$$

$$\gamma_{水}^{0}=1$$

由式(2)、式(6)得

$$H_{胺}\gamma_{胺}x_{胺}=H_{胺}x_{胺}$$

$$\gamma_{胺}=1$$

可见，标准态不同，所得结果也不同。

习　题

1. 在30℃和10.133kPa下，苯(1)和环己烷(2)的液体混合物的容积数据可用$V=(109.4-16.8x_1-2.64x_1^2)\times10^{-6}$表示。式中，$x_1$为苯的摩尔分数；$V$的单位为$m^3\cdot mol^{-1}$。已知苯的环己烷溶液在30℃时的比重分别为0.870和0.757。求30℃和10.133kPa下，$\overline{V}_1$、$\overline{V}_2$、ΔV的表达式。
2. 在T、p为常数时，曾有人推荐用下面一对方程来表达某二元体系的偏摩尔体积数据：

$$\overline{V}_1-V_1=a+(b-a)x_1+bx_1^2$$

$$\overline{V}_2-V_2=a+(b-a)x_2+bx_2^2$$

式中，a、b只是温度和压力的函数。试问从热力学角度考虑，上述方程是否合理？
3. 用R-K方程计算100℃时正戊烷的饱和蒸气压。在该温度下的饱和蒸气压实验值为0.5938MPa，并将计算值和实验值作比较。
4. 估算110℃和27.5MPa的液体丙酮的逸度。已知110℃时的丙酮的蒸气压为0.436MPa，饱和液体丙酮的摩尔体积为$73cm^3\cdot mol^{-1}$。
5. 在阐明气液平衡时，经常运用关系式$\hat{f}_i^V=\hat{f}_i^L$。试问在平衡时，液相混合物的逸度是否和气相混合物的逸度相等？
6. 已知在25℃、2.0MPa时二元体系中组分1的逸度表达式为

$$\hat{f}_1=5.0x_1-8.0x_1^2+4.0x_1^3$$

式中，$\hat{f}_1$的单位为MPa。试计算在上述温度和压力下：

(1) 纯组分1的逸度；

(2) 纯组分1的逸度系数$\hat{\phi}_1$；

(3) 组分1的亨利常数；

(4) 活度系数γ_1与x_1的关系式；

(5) 从已知温度和压力下的$\hat{f}_1$表达式求$\hat{f}_2$的表达式。
7. 某二元体系中组分1的活度系数用下式表示：

$$\ln\gamma_1=\frac{a}{(1+bx_1/x_2)^2}$$

试求该体系G^E的表达式。
8. 甲醇(1)-乙腈(2)体系的威尔逊方程参数和摩尔体积如下：

$$g_{12}-g_{11}=-2111.45J\cdot mol^{-1}\qquad g_{21}-g_{22}=823.75J\cdot mol^{-1}$$

$$V_1=40.73cm^3\cdot mol^{-1}\qquad V_2=66.30cm^3\cdot mol^{-1}$$

纯物质的蒸气压分别为

$$\ln p_1^s=16.59381-\frac{3644.297}{T+239.765}\qquad p_1^s:kPa,T:℃$$

$$\ln p_2^s = 1472577 - \frac{3271.241}{T+241.852} \qquad p_1^s: \text{kPa}, T: ℃$$

试求：

(1) $x_1=0.73$ 和 $T=70$℃时的泡点压力；

(2) $y_1=0.73$ 和 $T=70$℃时的露点压力；

(3) $x_1=0.79$ 和 $p=101.33$kPa 时的泡点温度；

(4) $y_1=0.63$ 和 $p=101.33$kPa 时的露点温度。

9. 某二元体系溶液，混合物的逸度可表示为 $\ln f = A + Bx_1$，A、B 是 T、p 的函数，组分 1、2 均取路易斯-兰德尔规则为标准状态，试求：

(1) G^E/RT，$\ln\gamma_1$ 及 $\ln\gamma_{21}$；

(2) 该溶液是理想溶液还是非理想溶液？

第 7 章　流体相平衡

相平衡是指某一系统中两个或两个以上的相之间的平衡，这时各相的性质和组成将不随时间而变化。相平衡提供了系统状态变化的极限。当系统距平衡状态越远时，促使体系向平衡移动的推动力就越大，改变状态使之趋向于平衡的速率也越大；反之，当系统状态接近于平衡时，其向平衡移动的推动力就越小，状态变化的速率也越小。

流体相平衡研究的是达到平衡时，系统的温度、压力、各相的体积、各相的组成以及其他热力学性质间的函数关系。它涉及相平衡性质数据的测定、关联和推算。由于两相或多相达到平衡时，各相中的组成通常有很大的不同，正是这种差别使人们可以利用相的接触操作来分离混合物。化工生产中广泛采用的分离技术，如精馏、吸收、萃取、结晶、脱附及吸附等分别以汽液平衡、气液平衡、液液平衡、液固平衡、气固平衡等理论为设计依据。为了认识其中某些过程的实质，分析和解决传质分离设备的设计、操作和控制，则需要测定或计算在给定条件下的平衡组成或达到一定分离要求下的操作条件。

本章主要阐述汽液平衡、气液平衡和液液平衡等有关内容，详细讨论多组分相平衡原理及计算方法。

7.1　相平衡判据和处理方法

7.1.1　相平衡的判据

在达到相平衡时，系统中各相的温度、压力是相同的。根据热力学第二定律，对孤立体系有

$$\mathrm{d}S_{\mathrm{t}}=\mathrm{d}S_{\mathrm{sys}}+\mathrm{d}S_{\mathrm{sur}}\geqslant 0 \tag{7-1}$$

式(7-1)中不等式表示不可逆过程，等式表示可逆过程。

在封闭体系中进行的过程，体系与环境之间只有能量的交换，即体系的吸热等于环境的放热，得

$$\mathrm{d}S_{\mathrm{sur}}=-\frac{\delta Q}{T_{\mathrm{sur}}}$$

在可逆条件下，$T_{\mathrm{sur}}=T_{\mathrm{sys}}=T$，则 $\mathrm{d}S_{\mathrm{sur}}=-\dfrac{\delta Q}{T}$，代入式(7-1)，得

$$\mathrm{d}S_{\mathrm{t}}=\mathrm{d}S_{\mathrm{sys}}-\frac{\delta Q}{T}\geqslant 0\,{}^{\text{自发}}_{\text{平衡}}$$

根据热力学第一定律，在只做膨胀功的条件下，$\delta U=\mathrm{d}U+p\mathrm{d}V$ 代入上式得

$$T\mathrm{d}S_{\mathrm{sys}}-\mathrm{d}U-p\mathrm{d}V\geqslant 0\,{}^{\text{自发}}_{\text{平衡}}$$

将等温、等压的条件代入上式，得

$$-\mathrm{d}(U+pV-TS)_{T,p}\geqslant 0\,{}^{\text{自发}}_{\text{平衡}}$$

即

$$-(\mathrm{d}G)_{T,p}\leqslant 0\,{}^{\text{自发}}_{\text{平衡}} \tag{7-2}$$

式(7-2)说明在等温、等压且只做膨胀功的条件下，封闭体系中一切能自发进行的过程都将引起体系吉布斯自由焓值的减小，直至吉布斯自由焓不再减小为止，这就是在该条件下自由焓值

达到最低值的状态，即体系的平衡状态。

将式(7-2)应用于多组分两相平衡的封闭体系，设两相分别为 α 相和 β 相，每相可视为一个能向另一相传递物质的敞开体系。

由单相敞开体系的热力学关系式写出：

$$\mathrm{d}\,(nG)^{\alpha} = -\,(nS)^{\alpha}\mathrm{d}T + (nV)^{\alpha}\mathrm{d}p + \sum \mu_i^{\alpha}\mathrm{d}n_i^{\alpha}$$

$$\mathrm{d}\,(nG)^{\beta} = -\,(nS)^{\beta}\mathrm{d}T + (nV)^{\beta}\mathrm{d}p + \sum \mu_i^{\beta}\mathrm{d}n_i^{\beta}$$

因两相合并为封闭体系，等温等压下，由式(7-2)得

$$(\mathrm{d}G)_{T,p} = \mathrm{d}(nG)^{\alpha} + \mathrm{d}\,(nG)^{\beta} = \sum \mu_i^{\alpha}\mathrm{d}n_i^{\alpha} + \sum \mu_i^{\beta}\mathrm{d}n_i^{\beta} \leqslant 0_{\text{平衡}}^{\text{自发}} \tag{7-3}$$

当 i 组分由 α 相向 β 相迁移且无化学反应时，体系内部质量平衡，则 $\mathrm{d}n_i^{\alpha} = -\mathrm{d}n_i^{\beta}$，因此，式(7-3)可写为

$$\sum (\mu_i^{\alpha} - \mu_i^{\beta})\mathrm{d}n_i^{\alpha} \leqslant 0_{\text{平衡}}^{\text{自发}} \quad (\mathrm{d}n_i^{\alpha} \neq 0) \tag{7-4}$$

由于 $\mathrm{d}n_i^{\alpha}$ 是负值，故

$$\mu_i^{\alpha} \geqslant \mu_i^{\beta}{}_{\text{平衡}}^{\text{自发}} \tag{7-5}$$

式(7-5)表明，当 $\mu_i^{\alpha} > \mu_i^{\beta}$ 时，有物质转移发生，且这是个不可逆过程。当达到平衡时，在宏观上不再有物质传递，因此

$$\mu_i^{\alpha} = \mu_i^{\beta} \tag{7-5a}$$

若有 π 个相，N 个组分，则上式可写成通式

$$\mu_i^{\alpha} = \mu_i^{\beta} = \cdots = \mu_i^{\pi} \quad (T, p\ \text{为常数}, i = 1, 2, \cdots, N) \tag{7-5b}$$

因此得出一个极其重要的结论：在达到相平衡时，除了两(多)相的温度和压力必须相等外，各相中 i 组分的化学位也必须相等，这就是相平衡的判据。式(7-5b)极为重要，当知道 μ_i 随压力、温度、组成的变化规律时，该式就成为定量研究温度、压力和各相组成间相互依赖关系的基础，这就是多相多组分相平衡热力学的基本方程之一。为了便于计算，一般采用更为直观的组分逸度系数来替代化学位。由于

$$\mathrm{d}\mu_i = RT\ln\hat{f}_i$$

选择相应的标准态，把上式积分后，代入式(7-5b)，化简得

$$\hat{f}_i^{\alpha} = \hat{f}_i^{\beta} = \cdots = \hat{f}_i^{\pi} \quad (T, p\ \text{为常数}, i = 1, 2, \cdots, N) \tag{7-6}$$

式(7-6)要求除各相的温度、压力相同外，处于平衡状态的多相平衡体系中每个组分在各相中的逸度必须相等。

由此可知，相平衡的判据为“除各相的温度、压力相同外，各相中各组分的化学位或各相中各组分的分逸度必须相等。”由于逸度的计算比化学位更为方便，因此式(7-6)是解决相平衡问题最常用的公式。

7.1.2　相律

相律是多组分多相平衡体系所遵循的普遍规律。它是吉布斯(Gibbs)于 1875 年提出的。相律揭示出平衡体系的自由度 F、组分数 N、相数 π 之间的关系。

一个非均相封闭体系可以视作由若干个均相敞开体系组成。对于一个含有 N 个组分的均相敞开体系，其状态可以用温度 T、压力 p、和组成$(x_1, x_2, \cdots, x_{N-1})$来表征，它们共有 $2+N-1=N+1$ 个强度变量。对于含有 N 个组分、形成 π 个相的非均相无反应体系，确定体系需要强度性质的总变量数$=\pi(N+1)$个。相质量和相体积因其不影响体系的强度性质而不是相律变

量。当该非均相封闭体系达到平衡时，相律变量之间必须满足由相平衡判据 $T^{\alpha}=T^{\beta}=\cdots=T^{\pi}$、$p^{\alpha}=p^{\beta}=\cdots=p^{\pi}$ 及式(7-5b)或式(7-6)规定的约束条件，共计$(N+2)(\pi-1)$个独立的相平衡方程，则平衡体系可自由变动的独立强度变量数，即自由度 F 为

$$F=\pi(N+1)-(N+2)(\pi-1)=N-\pi+2 \tag{7-7}$$

式(7-7)即为吉布斯相律。

相律具有很广泛的指导意义，常用于确定体系的自由度、最大自由度以及可共存的最多相数等。例如，液体水与水蒸气平衡，体系的自由度 $F=1-2+2=1$，表明只能指定温度或压力中的一个作为体系的独立强度变量。再如，对于处于相平衡状态的水-正丁醇二元体系，$F=2-\pi+2=4-\pi$；因平衡必须是两相以上，故体系的最大自由度为 2，对应于汽-液、液-液或液-固平衡时的情形；因自由度可低至零，故可能共存的最大相数为 4，表明该体系在理论上有一个汽-液-液-固四相共存状态。

此外，根据相律，只有确知 $N-\pi+2$ 个相律变量，体系的状态或者说所有的强度变量才能被确定，故多组分多相体系相平衡计算的基本问题是：应用相平衡方程式(7-6)，由 $N-\pi+2$ 个已知相律变量求解其余的 $N(\pi-1)$个未知相律变量。同理，在相平衡数据测定过程中，若不能、难以或不必测定体系所有的相律变量，则对体系的每一个状态点，至少需要测定 $N-\pi+2$个相律变量数据，相平衡数据才是可用的或可计算的。

7.1.3 相平衡处理方法

1. 状态方程法

以汽液平衡为例，根据式(7-6)的相平衡判据，有

$$\hat{f}_i^{V}=\hat{f}_i^{L} \quad (i=1,2,\cdots,N) \tag{7-8}$$

式中，$\hat{f}_i$ 为混合物中组分 i 的逸度；上标 V 指汽相；上标 L 指液相。由组分逸度系数的定义式(6-24)，对汽、液两相中组分 i 的逸度分别写为

$$\hat{f}_i^{V}=\hat{\phi}_i^{V}py_i \qquad \hat{f}_i^{L}=\hat{\phi}_i^{L}px_i$$

代入式(7-8)，得

$$\hat{\phi}_i^{V}py_i=\hat{\phi}_i^{L}px_i \tag{7-9a}$$

或

$$K_i=\frac{y_i}{x_i}=\frac{\hat{\phi}_i^{L}}{\hat{\phi}_i^{V}} \tag{7-9b}$$

式中，$\hat{\phi}_i^{V}$ 与 $\hat{\phi}_i^{L}$ 分别为汽、液相混合物中组分 i 在体系温度 T、压力 p 下的逸度系数；K 称为汽液平衡比或分配系数。式(7-9a)或式(7-9b)常用于高压流体-流体相平衡的计算，实际上也能用于计算中、低压或常压流体-流体相平衡。计算的关键是研究的混合物必须能找到两相均适用的状态方程以及相应的混合规则，并求算两相中各个组分的 $\hat{\phi}_i^{V}$ 和 $\hat{\phi}_i^{L}$。

状态方程法的优点是不必计算活度，无需标准态的确定。汽液平衡计算式 $\hat{\phi}_i^{V}py_i=\hat{\phi}_i^{L}px_i$ 的推导是严密的，未作任何的简化，公式本身具备热力学一致性。但在用状态方程法做汽液平衡的具体计算时往往比较冗长，许多量需要迭代试差计算，因此常用计算机来完成。另外，对于非理想性较强的体系，在混合规则中要引进相互作用参数 k_{ij}。它对汽液平衡的关联有着微妙的影响，有时微小偏差就会造成关联精度明显下降。

2. 活度系数法

根据溶液热力学理论，将液相中组分的逸度与组分的活度系数相联系，简称活度系数法。对液相，由活度和活度系数的定义式(6-64)和式(6-65)得

$$\hat{f}_i^{\mathrm{L}}=\gamma_i x_i f_i^{\ominus} \tag{7-10}$$

式中，$f_i^{\ominus}$为标准态的逸度，取以路易斯-兰德尔规则为基准的标准态，即纯液体 i 在体系的温度和压力下的逸度。

从式(7-8)出发，将组分逸度系数的定义式(6-24)用于汽(气)相逸度的计算，则

$$\hat{\phi}_i^{\mathrm{V}} p y_i=\gamma_i x_i f_i^{\ominus} \tag{7-11}$$

式(7-11)是按“活度系数对称归一化”计算中、低压汽(气)液平衡最普遍且严格的一个热力学方程。和状态方程法类似，汽液平衡比可表示为

$$K_i=\frac{y_i}{x_i}=\frac{\gamma_i f_i^{\ominus}}{\hat{\phi}_i^{\mathrm{V}} p} \tag{7-12}$$

为了计算 K_i值，必须先解决 γ_i、$f_i^{\ominus}$和 $\hat{\phi}_i^{\mathrm{V}}$ 的计算方法。γ_i 的关联一般通过G^{E} 模型来计算，这已在 6.7 节中作了较详细的介绍；$\hat{\phi}_i^{\mathrm{V}}$ 的计算方法已在 6.2 节中详细阐明。在 T 和 p 一定时，纯液体 i 的 $f_i^{\ominus}$可用下式计算：

$$f_i^{\ominus}=f_i^{\mathrm{s}}\exp\left(\int_{p_i^{\mathrm{s}}}^{p}\frac{V_i^{\mathrm{L}}}{RT}\mathrm{d}p\right)=p_i^{\mathrm{s}}\phi_i^{\mathrm{s}}\exp\left(\int_{p_i^{\mathrm{s}}}^{p}\frac{V_i^{\mathrm{L}}}{RT}\mathrm{d}p\right) \tag{7-13}$$

式中，p为相平衡时体系的压力；p_i^{s} 为纯液体i 在体系温度T 时的饱和蒸气压；ϕ_i^{s} 为纯饱和蒸汽i 在体系温度T、饱和蒸气压 p_i^{s} 下的逸度系数；V_i^{L} 为纯液体i 在体系温度T 时的液相摩尔体积；指数项 $\exp\left(\int_{p_i^{\mathrm{s}}}^{p}\frac{V_i^{\mathrm{L}}}{RT}\mathrm{d}p\right)$称为坡印廷(Poynting) 因子，其意义是压力对 $f_i^{\ominus}$影响的校正。若压力对 V_i^{L} 影响不大，则式(7-13) 可写为

$$f_i^{\ominus}(T,p,x_i=1)=p_i^{\mathrm{s}}\phi_i^{\mathrm{s}}\exp\left[\frac{V_i^{\mathrm{L}}(p-p_i^{\mathrm{s}})}{RT}\right] \tag{7-14}$$

在低温(对比温度低于 0.6)时，$f_i^{\ominus}\approx p_i^{\mathrm{s}}$，纯液体的标准态逸度和其饱和蒸气压相同。在高温时，ϕ_i^{s} 不再接近 1，需用状态方程计算，同时还要计算坡印廷因子的影响，在计算含有超临界组分体系的汽液平衡时，更需注意。至此就可用式(7-12)计算了。因活度系数法运用了 γ_i 和 $\hat{\phi}_i$ 值，故在有的文献中称为活度系数-逸度系数法或活度系数-状态方程法。

需要指出的是，式(7-11)表达的处理方法除用于汽(气)液平衡外，还能适用于气固平衡的情形，但用于液液平衡却不是一个简洁的方法。这是因为液液平衡涉及两个凝聚相，一个凝聚相采用逸度系数或状态方程计算，而另一个凝聚相却用活度系数表示，既没有必要，计算结果也不一定会好。因此，对于液液、液固这种含有两个凝聚相的相平衡问题，两相均宜采用活度系数表示，则

$$f_i^{\mathrm{I}}\gamma_i^{\mathrm{I}}x_i^{\mathrm{I}}=f_i^{\mathrm{II}}\gamma_i^{\mathrm{II}}x_i^{\mathrm{II}} \tag{7-15}$$

式中，上标Ⅰ和Ⅱ分别表示两个不同的凝聚相。若两个相均为液相，采用的标准态均为系统温度、压力下的纯组分液体(或假想纯组分液体)，两者的标准态逸度相等，则式(7-15)可写为

$$\gamma_i^{\mathrm{I}} x_i^{\mathrm{I}} = \gamma_i^{\mathrm{II}} x_i^{\mathrm{II}} \tag{7-16}$$

式(7-15)又称为活度系数-活度系数处理相平衡方法。它和上面介绍的活度系数-逸度系数法一起常统称为活度系数法。

3. 两类方法的比较

状态方程法和活度系数法在描述相平衡时各有特点，适用于不同的场合，所遇到的难度也不同。表 7-1 是两种方法的对比。

表 7-1 状态方程法和活度系数法的比较

方法	状态方程法	活度系数法
优点	1. 不需要标准态 2. 只需要 p、V、T、N 数据，不需要相平衡数据 3. 容易应用对应态理论 4. 可用于临界区和近临界区	1. 简单的液体混合物模型已能满足要求 2. 温度的影响主要反应在 $f_i^{\ominus}$ 上，而不在 γ_i 上 3. 适用于许多类型的化合物，包括聚合物、电解质体系
缺点	1. 没有一个状态方程能完全适用于所有的流体密度区间 2. 受混合规则影响很大 3. 对于含极性物质、大分子化合物和电解质的体系难于应用	1. 需用其他方法求算偏摩尔体积（在计算高压汽液平衡时常需此数据） 2. 需要确定标准态 3. 对含有超临界组分的体系应用不便，在临界区使用困难
适用范围	原则上适用于各种压力下的汽液平衡，但更常用于中、高压汽液平衡	中、低压下的汽液平衡，当缺乏中压汽液平衡数据时，中压下使用很困难

7.2 汽液平衡

汽液平衡(vapor-liquid equilibrium，VLE)是指纯物质或混合物形成汽液两相，汽液两相的性质达到稳定且处于共存的状态，并不再随时间的变化而变化。汽液平衡是实际应用中涉及最多的相平衡，也是研究最多、最成熟的一类相平衡。汽液平衡理论是论述汽液相平衡时，体系的温度 T、压力 p、汽液两相的体积、组成以及其他热力学函数之间的关系和相互计算。其他类型的相平衡原理与汽液平衡有一定的相似性，本节将要介绍的汽液平衡计算原理和方法可以为其他类型的相平衡提供方法论和基础。

7.2.1 热力学关联方程

分析实际生产操作或进行新过程设计时，经常不能得到所需的汽液平衡数据。为此需用分散的数据或从其他条件下得到的少量实测数据进行关联，再作内插，以便得到所需条件下的平衡数据。从式(7-11)或式(7-13)可得汽液平衡的通用计算方程：

$$\hat{\phi}_i^{\mathrm{V}} y_i p = \gamma_i x_i \phi_i^{\mathrm{s}} p_i^{\mathrm{s}} \exp\left(\int_{p_i^{\mathrm{s}}}^{p} \frac{V_i^{\mathrm{L}}}{RT} \mathrm{d}p\right) \tag{7-17}$$

式(7-17)即为中、低压下相平衡数据关联计算的依据。在实际应用中，并不是任何情况下的汽液平衡关系都要严格地按式(7-17)进行计算，这样做既不可能，也没必要。在多数情况下，可以根据体系的条件对其进行合理简化。表 7-2 列出了中、低压下常见的 6 种汽液平衡关系式。

(1) 1 号方程：在低压至适度压力范围内，假设汽相为理想气体，逸度系数与压力无关，

$\hat{\phi}_i^{\mathrm{V}}=\phi_i^{\mathrm{s}}=1$，坡印廷因子可忽略；液相为理想溶液，$\gamma_i=1$。该式表明，汽相中组分 i 的分压 (y_ip) 等于该组分的饱和蒸气压与液相摩尔分数的乘积，即为拉乌尔(Raoult)定律。

(2) 2 号方程：在低压至适度压力范围内，假设汽相为理想气体，逸度系数与压力无关，$\hat{\phi}_i^{\mathrm{V}}=\phi_i^{\mathrm{s}}=1$，坡印廷因子可忽略；液相为非理想溶液，取系统在相同的温度和压力下的纯组分液体为标准态，这时 $f_i^{\ominus}=f_i^{\mathrm{s}}=p_i^{\mathrm{s}}\phi_i^{\mathrm{s}}=p_i^{\mathrm{s}}$，此即改进的拉乌尔定律。

(3) 3 号方程：假设饱和蒸汽为理想气体，此时，$\phi_i^{\mathrm{s}}=1$，坡印廷因子可忽略；液相为非理想溶液，取系统在相同的温度和压力下的纯组分液体为标准态，同样 $f_i^{\ominus}=p_i^{\mathrm{s}}$。

(4) 4 号方程：中等压力条件下，$V_i^{\mathrm{L}}\ll RT$，故 $\exp\left(\int_{p_i^{\mathrm{s}}}^{p}\dfrac{V_i^{\mathrm{L}}}{RT}\mathrm{d}p\right)\approx 1$，可忽略坡印廷因子；汽相为非理想气体，液相为非理想溶液。

(5) 5 号方程：假设液体的摩尔体积不随温度和压力变化时的方程。

(6) 6 号方程：假设液体的摩尔体积仅随温度变化时的方程。

另外，若假设汽、液相都是理想溶液，此时，$\hat{\phi}_i^{\mathrm{V}}=\phi_i^{\mathrm{V}}$（汽相混合物中组分的逸度系数等于纯组分的逸度系数），$\gamma_i=1$，则由式(7-17)可知：

$$K_i=\frac{y_i}{x_i}=\frac{p_i^{\mathrm{s}}\phi_i^{\mathrm{s}}}{\phi_i^{\mathrm{V}}p}\exp\left[\frac{V_i^{\mathrm{L}}(p-p_i^{\mathrm{s}})}{RT}\right] \tag{7-18}$$

式(7-18)中的 K 值与汽、液相组成无关，仅是温度和压力的函数。式(7-18)适用于临界温度以下，适度压力范围内烃类等非极性系统的汽液平衡计算。

由于活度系数也是压力的函数，将式(6-66)从 p_i^{s} 到系统压力 p 积分，并和坡印廷因子合并，则

$$\hat{\phi}_i^{\mathrm{V}}py_i=\gamma_ix_ip_i^{\mathrm{s}}\phi_i^{\mathrm{s}}\exp\left[\int_{p_i^{\mathrm{s}}}^{p}(\overline{V_i^{\mathrm{L}}}/RT)\mathrm{d}p\right] \tag{7-19}$$

式(7-19)为严格的热力学理论方程。式中，γ_i 为系统温度和 p_i^{s} 下的活度系数，可从溶液的 G^{E} 模型得到关联式；$\overline{V_i^{\mathrm{L}}}$ 是 i 组分的液相偏摩尔体积，此项数据比较缺乏，且还要将其写成 p 的函数形式才能积分，这在实际应用中难以办到，不具有实用性，往往用 i 组分的液相摩尔体积代替，而 V_i^{L} 随压力的变化很小，可视为常数。积分后，就为表 7-2 中 5 号和 6 号方程的情况。这也是为什么在高压汽液平衡的计算中很少采用活度系数法，而更多地用状态方程法。因此，实际应用中，在中、低压范围内，常将表 7-2 中 5 号和 6 号方程认为是比较严格的热力学方程。

表 7-2　乙醇-水系统的汽液平衡关联结果汇总

序号	汽液平衡方程	$\overline{\Delta p}/p/\%$	$\overline{\Delta y}$
1	$y_ip=x_ip_i^{\mathrm{s}}$（拉乌尔定律）	22.24	0.1353
2	$y_ip=\gamma_ix_ip_i^{\mathrm{s}}$	1.62	0.0148
3	$\hat{\phi}_i^{\mathrm{V}}y_ip=\gamma_ix_ip_i^{\mathrm{s}}$	10.23	0.0344
4	$\hat{\phi}_i^{\mathrm{V}}y_ip=\gamma_ix_i\phi_i^{\mathrm{s}}p_i^{\mathrm{s}}$	1.50	0.0081
5	$\hat{\phi}_i^{\mathrm{V}}y_ip=\gamma_ix_i\phi_i^{\mathrm{V}}p_i^{\mathrm{s}}\exp\left[\dfrac{V_i^{\mathrm{L}}}{RT}(p-p_i^{\mathrm{s}})\right]$　$V_i^{\mathrm{L}}=$定值	1.50	0.0077
6	$\hat{\phi}_i^{\mathrm{V}}y_ip=\gamma_ix_i\phi_i^{\mathrm{V}}p_i^{\mathrm{s}}\exp\left[\dfrac{V_i^{\mathrm{L}}}{RT}(p-p_i^{\mathrm{s}})\right]$　$V_i^{\mathrm{L}}=F(t)$	1.48	0.0076

在乙醇-水系统的多效蒸馏中要推算加压条件下该系统的恒沸组成。表 7-2 中也列出了用不同简化方程所得的计算值与实测数据的比较结果(表内列出的是平均值),其中,所用的汽液平衡数据共 132 套,压力范围为 0.102～2.070MPa,2～6 号方程中的 γ_i 用 UNIQUAC 方程计算,所需的模型参数用已有的汽液平衡实验数据进行拟合。

由表 7-2 可见,不同的汽液平衡关联方程具有不同的计算精度。1 号方程,拉乌尔定律,完全理想体系,只有在各组分分子的性质和结构十分相似及在低压下的溶液才可适用。从表列数据可知,其计算精度甚差,根本不能用它来处理非理想性强的醇-水系统。2 号方程,汽液平衡只考虑液相的非理想性,在式中添加了活度系数,关联精度有很大提高。3 号方程,在方程的左边又添加了一个校正系数 $\hat{\phi}_i^V$,用 R-K 方程进行计算。值得注意的是,引进了汽相非理想性校正后,反而降低了关联精度。究其原因,乃是液相组分逸度项内不是采用标准态逸度,而是以 p_i^s 来代替。4 号方程,在 p_i^s 前又乘上一个纯组分的逸度系数,结果又有改进。后两种情况,即 5 号方程和 6 号方程,用坡印延因子来校正,关联结果又略有改进。后面三种情况的关联精度大致相同,但明显优于前面的三种情况。

7.2.2 汽液平衡计算类型

研究汽液平衡的目的是能够给出各种系统的平衡数据。由相律可知,N 元汽液平衡系统的自由度 $F=N-2+2=N$,指定 N 个独立变量后,系统的状态即被唯一地确定。工程上,考察相变化过程时需要解决的问题可归纳为温度 T、压力 p、液相组成 x_i 和汽相组成 y_i 的相互计算。需解决的汽液平衡计算问题有三大类,见表 7-3,表中 z_i 是系统的总组成,η 是汽相分率。

表 7-3 几种常见的汽液平衡计算类型

计算类型		独立变量	待确定的基本从属变量
泡点计算	等温泡点计算 Ⅰ	$T, x_1, x_2, \cdots, x_{N-1}$	$p, y_1, y_2, \cdots, y_N$
	等压泡点计算 Ⅱ	$p, x_1, x_2, \cdots, x_{N-1}$	$T, y_1, y_2, \cdots, y_N$
露点计算	等温露点计算 Ⅲ	$T, y_1, y_2, \cdots, y_{N-1}$	$p, x_1, x_2, \cdots, x_N$
	等压露点计算 Ⅳ	$p, y_1, y_2, \cdots, y_{N-1}$	$T, x_1, x_2, \cdots, x_N$
闪蒸计算 Ⅴ		$T, p, z_1, z_2, \cdots, z_{N-1}$	$x_1, x_2, \cdots, x_N; y_1, y_2, \cdots, y_N$ 和 η

表 7-3 中的第 Ⅰ、Ⅱ 类型是泡点计算,即确定某一组成的液体混合物在一定压力下的沸点(泡点)或一定温度下的蒸气压,以及平衡汽相组成。表 7-3 所示的 $N+1$ 个从属变量可以由 N 个相平衡方程[式(7-11) 或式(7-12)] 和一个汽相组成归一化方程,即 $\sum_{i=1}^{N} y_i = 1$,联立求解得到。将相平衡关系式(7-12) 代入归一化方程,可得到泡点计算时方程组有解的准则:

$$\sum_{i=1}^{N} y_i = \sum_{i=1}^{N} K_i x_i = 1 \tag{7-20}$$

表 7-3 中的第 Ⅲ、Ⅳ 类型是露点计算,即确定某一组成的气体混合物在一定温度下的露点压力或一定压力下的露点温度,以及平衡液相组成。$N+1$ 个从属变量也是由 N 个相平衡方程[式(7-11) 或式(7-12)] 和一个液相组成归一化方程,即 $\sum_{i=1}^{N} x_i = 1$,联立求解得到,从而得到露点计算的准则为

$$\sum_{i=1}^{N} x_i = \sum_{i=1}^{N} (y_i / K_i) = 1 \tag{7-21}$$

表7-3中的第Ⅴ类型是闪蒸计算。闪蒸的名称来源于节流装置，当液相流过节流阀时，由于压力突然降低而引起急剧蒸发，产生部分汽化，形成互为平衡的汽、液两相(也可以是汽相产生部分冷凝)。在T、p条件下，总组成为z_i的混合物分为相互呈平衡的汽、液两相，此时，汽相分率η在0和1之间。等温闪蒸计算输入了T、p和$z_i(i=1,2,\cdots,N-1)$共$N+1$个强度性质，较相律规定的变量数多了一个(目的是为了计算方便)，需要求解汽、液相组成x_i、$y_i(i=1,2,\cdots,N)$和汽相分率η共$2N+1$个变量。除N个相平衡方程和归一化方程($\sum x_i=1$或$\sum y_i=1$)外，还有N个物料平衡方程，即

$$z_i = x_i(1-\eta)+y_i\eta(i=1,2,\cdots,N) \tag{7-22}$$

共$2N+1$个方程，可以求解一组$2N+1$个变量的值。由于用$\sum x_i=1$或$\sum y_i=1$作为方程组有解的准则时，迭代计算过程的收敛性往往不好，因此一般将两个准则合并，并用相平衡方程代入物料衡算方程来表达x_i和y_i，得到新的计算准则为

$$f(\eta)=\sum y_i-\sum x_i=\sum(y_i-x_i)=\sum\frac{z_i(K_i-1)}{1+\eta(K_i-1)}=0 \tag{7-23a}$$

式中

$$y_i=z_iK_i/[1+\eta(K_i-1)] \qquad x_i=z_i/[1+\eta(K_i-1)] \tag{7-23b}$$

式(7-23a)称为里奇福德-赖斯(Richford-Rice)方程，有很好的收敛性。

7.2.3 中、低压下汽液平衡的计算

相平衡计算的实质是求取一定温度和压力下的汽液相组成。一个N元汽液平衡系统，总变量数为$2N$个($T,p,y_1,y_2,\cdots,y_{N-1},x_1,x_2,\cdots,x_{N-1}$)，自由度为$N$。显然，要求解规定变量以外的变量值，还需要$N$个独立的关系式。对于中压下的汽液平衡，$N$个关系式可用表7-2中的4号方程：

$$\hat{\phi}_i^V y_i p=\gamma_i x_i \phi_i^s p_i^s \quad (i=1,2,\cdots,N) \tag{7-24}$$

即近似地认为液相的热力学性质(γ_i，$f_i^{\ominus}$)与压力无关，并以路易斯-兰德尔规则为基础取标准态。

对于低压下的汽液平衡，因汽相可视为理想气体，$\hat{\phi}_i^V=\phi_i^s=1$，则式(7-24)可简化为表7-2中的2号方程：

$$y_i p=\gamma_i x_i p_i^s \quad (i=1,2,\cdots,N) \tag{7-25}$$

利用上述关系式进行汽液平衡计算时，需结合汽相组分归一化方程[(式7-20)]或液相组分归一化方程[(式7-21)]。

1. 泡点计算

(1) 已知平衡压力p和液相组成$x_i(i=1,2,\cdots,N)$，求平衡温度(泡点温度)T和汽相组成$y_i(i=1,2,\cdots,N)$。

式(7-24)中，ϕ_i^s、p_i^s和γ_i都是温度的函数，且$\hat{\phi}_i^V$也与温度有关，因此需要先假设一个泡点温度T的初始值，然后进行迭代计算，观察试算结果的$\sum y_i$是否等于1，进行调整。又$\hat{\phi}_i^V$还与y_i值有关，开始计算时还需要假设汽相中各组分的$\hat{\phi}_i^V=1$。计算框图如图7-1所示。

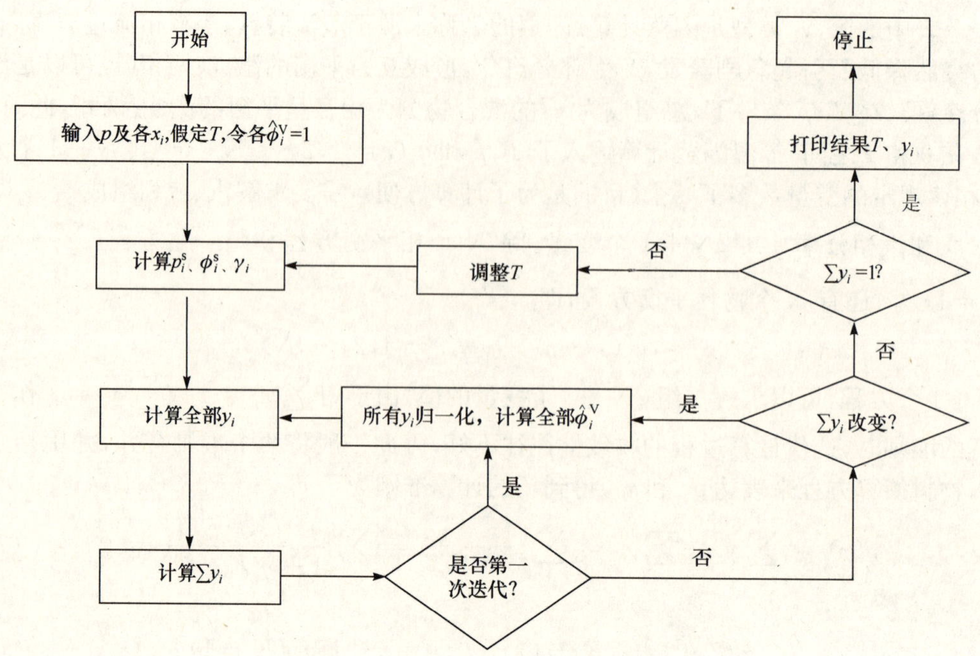

图 7-1　泡点温度和汽相组成计算框图

计算步骤如下：

a. 假设 T,令各组分的 $\hat{\phi}_i^V=1$。

b. 用安托万方程计算各组分的 p_i^s:

$$\ln p_i^s=A_i-\frac{B_i}{T+C_i}$$

式中,A、B、C 为因物质特性而异的常数。

c. 选择合适的状态方程或用对应态原理,计算各组分的 ϕ_i^s。

d. 根据系统的特性,选择合适的液相活度系数关联式,确定关联式中的方程参数,计算各组分的 γ_i。

e. 计算 $y_i=\dfrac{\gamma_i x_i \phi_i^s p_i^s}{p\hat{\phi}_i^V}$。第一次计算各组分的 $\sum y_i$ 显然难以满足 $\sum y_i=1$ 的要求,为了使第一次迭代计算时保证 $\sum y_i=1$,在计算 $\hat{\phi}_i^V$ 前对 y_i 值进行归一化处理,即将第一次计算所得的各个 y_i 值以 $\sum y_i$ 值除之,得到校正后的 y_i 值。用此 y_i 值、所设温度 T 及已知的压力 p,代入选定的状态方程相应的 $\ln\hat{\phi}_i^V$ 公式计算 $\hat{\phi}_i^V$ 值。

f. 由式 $y_i=\dfrac{\gamma_i x_i \phi_i^s p_i^s}{p\hat{\phi}_i^V}$ 再次计算 y_i 值及 $\sum y_i$。新的 $\sum y_i$ 值与上一次计算的 $\sum y_i$ 值比较,如果 $\sum y_i$ 有变化,则重新对 y_i 归一化处理,并计算新 y_i 值下的 $\hat{\phi}_i^V$ 值。这个过程重复进行,直到两次迭代所得的 $\sum y_i$ 值之差达到一定的精度为止。

g. 判别 $\sum y_i$ 是否等于 1。若 $\sum y_i\neq 1$,需重新调整温度,进行新一轮的大循环。循环中 $\hat{\phi}_i^V$ 值采用上一轮迭代的计算值,依次循环,直到 $\sum y_i$ 与 1 的差值达到预定的精度。

泡点温度计算方法的收敛标志在于考察 $\sum y_i$ 是否等于 1。如果 $\sum y_i > 1$，应适当调整并降低温度 T 值；如果 $\sum y_i < 1$，应适当调整并提高温度 T 值；如果 $\sum y_i$ 与 1 的差值达到预定的精度，则计算结束。最新给定的温度为平衡温度，计算的 y_i 值为平衡的汽相组成。

对于低压下的泡点计算，可取消计算框图 7-1 中的内循环，计算明显简化。

例 7-1　试求甲醇(1) -水(2)体系在 101.325kPa，$x_1=0.400$ 时的泡点温度和汽相组成。假定此体系的液相组分活度系数用威尔逊方程计算较合适。

已知威尔逊方程参数为

$$g_{12}-g_{11}=1087\text{J}\cdot\text{mol}^{-1}$$
$$g_{21}-g_{22}=1634\text{J}\cdot\text{mol}^{-1}$$

纯物质的饱和蒸气压表达式为

$$\lg(p_1^s/\text{kPa})=7.13392-\frac{1541.861}{T/\text{K}-37.006}$$

$$\lg(p_2^s/\text{kPa})=7.0641-\frac{1650.4}{T/\text{K}-46.89}$$

纯物质的液相摩尔体积 V_i^L ($\text{cm}^3\cdot\text{mol}^{-1}$)计算式为

$$V_1^L=64.509-0.19716T+3.8735\times10^{-4}T^2$$
$$V_2^L=22.888-0.03642T+0.6857\times10^{-4}T^2$$

解　101.325kPa 下的体系可按低压下的汽液平衡关系式计算，由式(7-20)和式(7-25)得

$$\begin{cases} y_ip=\gamma_ix_ip_i^s\,(i=1,2) & (1)\\ y_1+y_2=1 & (2)\end{cases}$$

设 $T=349.25K$，可计算如下：

(1) 求算 p_i^s。

$$\lg p_1^s=7.13392-\frac{1541.861}{349.25-37.006}=2.1961\qquad p_1^s=157.0\text{kPa}$$

$$\lg p_2^s=7.0641-\frac{1650.4}{349.25-46.89}=1.6059\qquad p_2^s=40.34\text{kPa}$$

(2) 用威尔逊方程求算 $\gamma_i(i=1,2)$。

$$V_1^L=64.509-0.19716\times349.25+3.8735\times10^{-4}\times349.25^2=42.898(\text{cm}^3\cdot\text{mol})^{-1}$$

$$V_2^L=22.888-0.03642\times349.25+0.6857\times10^{-4}\times349.25^2=18.532(\text{cm}^3\cdot\text{mol})^{-1}$$

$$\Lambda_{12}=\frac{V_2^L}{V_1^L}\exp\left[-\frac{(g_{12}-g_{11})}{RT}\right]=\frac{18.532}{42.898}\exp\left(-\frac{1087}{8.314\times349.25}\right)=0.2971$$

$$\Lambda_{21}=\frac{V_1^L}{V_2^L}\exp\left[-\frac{(g_{21}-g_{22})}{RT}\right]=\frac{42.898}{18.532}\exp\left(-\frac{1634}{8.314\times349.25}\right)=1.3186$$

代入威尔逊方程，得

$$\begin{aligned}\ln\gamma_1&=-\ln(x_1+\Lambda_{12}x_2)+x_2\left(\frac{\Lambda_{12}}{x_1+\Lambda_{12}x_2}-\frac{\Lambda_{21}}{x_2+\Lambda_{21}x_1}\right)\\&=-\ln(0.400+0.2971\times0.600)+0.600\times\left(\frac{0.2971}{0.400+0.2971\times0.600}-\frac{1.3186}{0.600+1.3186\times0.400}\right)\\&=0.1543\end{aligned}$$

$$\gamma_1=1.167$$

同理

$$\ln\gamma_2=-\ln(x_2+\Lambda_{21}x_1)+x_1\left(\frac{\Lambda_{21}}{x_2+\Lambda_{21}x_1}-\frac{\Lambda_{12}}{x_1+\Lambda_{12}x_2}\right)$$

$$= -\ln(0.600+1.3186\times0.400)+0.400\times\left(\frac{1.3186}{0.600+1.3186\times0.400}-\frac{0.2791}{0.600+0.2791\times0.600}\right)$$
$$=0.1424$$

$$\gamma_2=1.153$$

(3) 计算 $y_i(i=1,2)$。

将 p_1^s、p_2^s、γ_1、γ_2、x_1、x_2 代入式(1)和式(2)，得

$$y_1=\frac{p_1^s x_1\gamma_1}{p}=\frac{157.0\times0.400\times1.167}{101.33}=0.723 \qquad y_2=\frac{p_2^s x_2\gamma_2}{p}=\frac{40.34\times0.600\times1.153}{101.33}=0.275$$

$$y_1+y_2=0.998$$

取 $\varepsilon=1\times10^{-3}$，$\left|1-\sum y_i\right|=0.002>\varepsilon$，显然计算结果不在误差允许范围内，需重新调整温度 T。由于 $\sum y_i<1$，于是下一步将提高设定温度。

设 $T=349.25\text{K}$，同理可得

$$y_1=0.725 \qquad y_2=0.274$$
$$y_1+y_2=0.999$$
$$\left|1-\sum y_i\right|=0.001\leqslant\varepsilon$$

计算结果在误差允许范围内，故所设泡点温度 $T=349.25\text{K}$ 正确，此时汽相组成归一化如下：

$$y_1=\frac{0.725}{0.999}=0.726 \quad y_2=\frac{0.274}{0.999}=0.274$$

(2) 已知平衡温度 T 和液相组成 $x_i(i=1,2,\cdots,N)$，求平衡压力(泡点压力)p 和汽相组成 $y_i(i=1,2,\cdots,N)$。

由式(7-24)分析可知，在已知平衡压力 T 和液相组成 x_i 时，ϕ_i^s、p_i^s 和 γ_i 可选择合适的方法直接计算，而 $\hat{\phi}_i^V$ 的计算需要平衡压力 p 和汽相组成 y_i，为此，需要假设，并进行迭代试差求解。计算框图如图 7-2 所示。

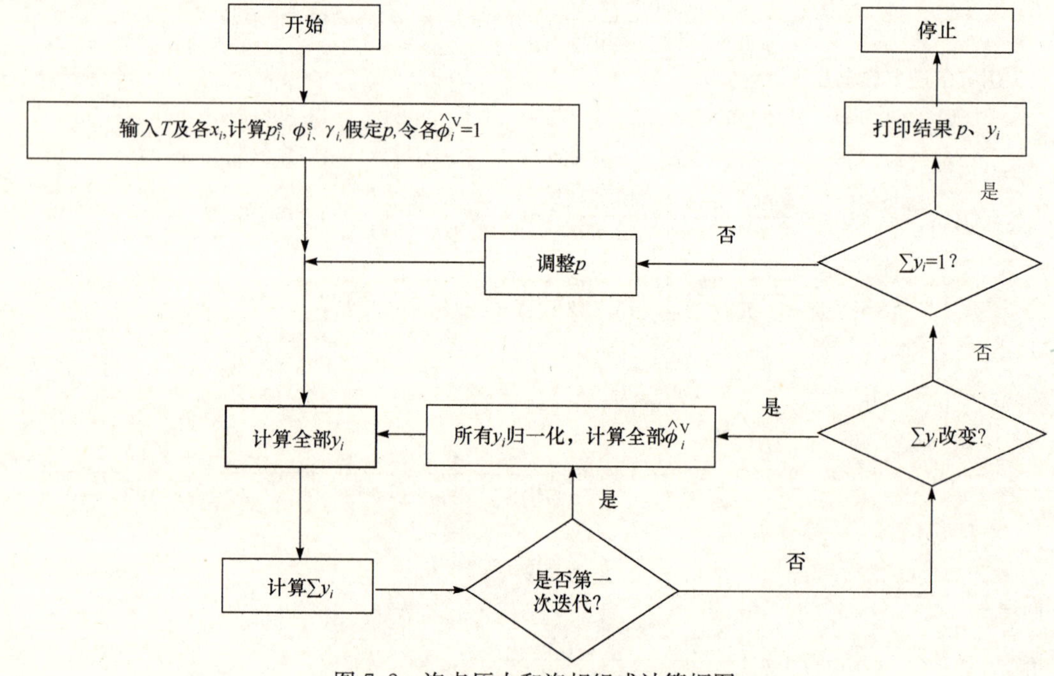

图 7-2 泡点压力和汽相组成计算框图

与泡点温度计算一样，泡点压力计算的收敛标志也是考察 $\sum y_i$ 是否等于 1。如果 $\sum y_i >1$，应适当调整并增大压力 p 值；如果 $\sum y_i <1$，应适当调整并降低压力 p 值；直到 $\sum y_i$ 与 1 的差值达到预定的精度，则计算结束。

如果体系的压力较低，汽相可视为理想气体，则该体系的平衡压力及汽相组成无需试差求得，其中平衡压力为

$$p=\sum_{i=1}^{N} p_i^{\mathrm{s}} x_i \gamma_i \tag{7-26}$$

求得 p 后，汽相组成为

$$y_i=\frac{p_i^{\mathrm{s}} x_i \gamma_i}{p} \tag{7-27}$$

2. 露点计算

(1) 已知平衡压力 p 和汽相组成 $y_i(i=1,2,\cdots,N)$，求平衡温度(露点温度)T 和液相组成 $x_i(i=1,2,\cdots,N)$。

这类计算与求泡点温度和汽相组成的计算类似。因 ϕ_i^{s}、p_i^{s} 和 γ_i 都是温度的函数，$\hat{\phi}_i^{\mathrm{V}}$ 也与温度有关，故需要先设一个露点温度 T，选择合适的状态方程计算 $\hat{\phi}_i^{\mathrm{V}}$ 及 ϕ_i^{s}，由 $x_i=\dfrac{p y_i \hat{\phi}_i^{\mathrm{V}}}{\gamma_i p_i^{\mathrm{s}} \phi_i^{\mathrm{s}}}$ 计算 x_i。又因 γ_i 与 x_i 有关，开始计算时还需假设各组分的 $\gamma_i=1$。计算框图如图 7-3 所示。

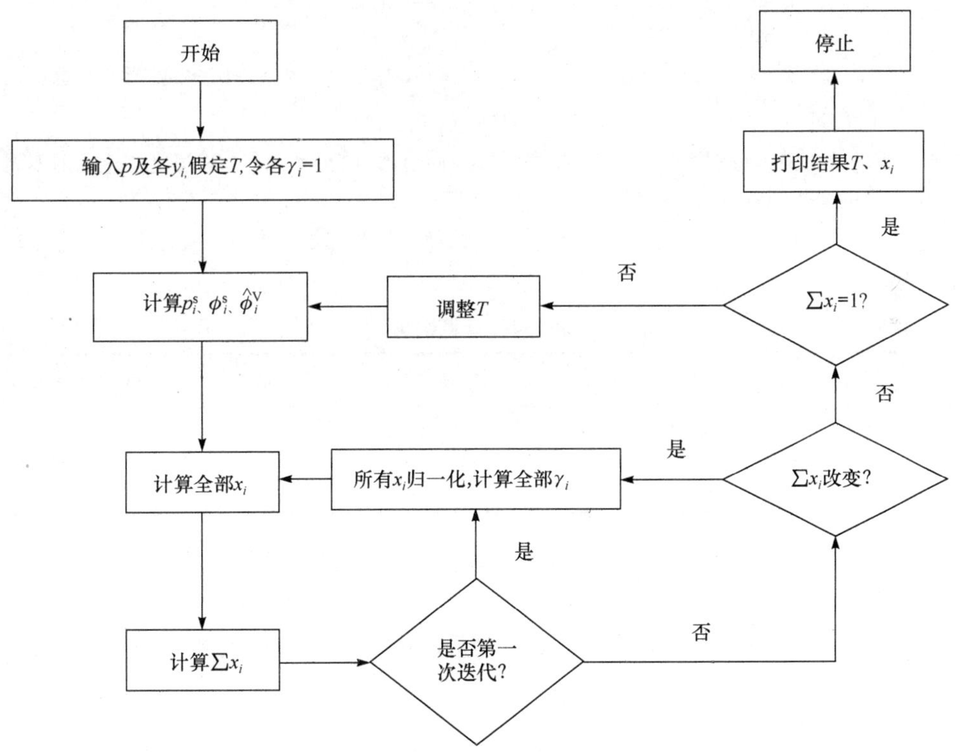

图 7-3　露点温度和液相组成计算框图

露点温度计算方法的收敛标志在于考察$\sum x_i$是否等于1。如果$\sum x_i > 1$，应适当调整并提高温度T值；如果$\sum x_i < 1$，应适当调整并降低温度T值；如果$\sum y_i$与1的差值达到预定的精度，则计算结束，最新给定的温度就是平衡温度，最后一次归一化的x_i值即为平衡液相组成。

例 7-2 甲醇(1)-丁酮(2)二元体系在温度为337.45K、压力为1.013×10^5 Pa时形成含84.2%(摩尔分数)甲醇的恒沸物，试用威尔逊方程计算该二元体系在压力为1.013×10^5 Pa下的$T-x_1-y_1$数据。

已知物质的饱和蒸气压表达式为

$$\lg(p_1^s/\text{kPa})=7.09498-\frac{1521.23}{T/\text{K}-39.18} \qquad \lg(p_2^s/\text{kPa})=6.247219-\frac{1294.53}{T/\text{K}-47.442}$$

解 在恒沸点337.45K时，有

$$\lg p_1^s=7.09498-\frac{1521.23}{337.45-39.18}=1.9948 \qquad p_1^s=0.988\times10^5\text{ Pa}$$

$$\lg p_2^s=6.247219-\frac{1294.53}{337.45-47.442}=1.7835 \qquad p_2^s=0.6074\times10^5\text{ Pa}$$

低压下，汽相为理想气体，由汽液平衡关系式(7-25)可知：

$$\gamma_i=\frac{py_i}{p_i^s x_i}$$

则在恒沸点($y_1=x_1=0.842$)时，活度系数为

$$\gamma_1=\frac{p}{p_1^s}=\frac{1.013\times10^5}{0.988\times10^5}=1.025 \qquad \gamma_2=\frac{p}{p_2^s}=\frac{1.013\times10^5}{0.6074\times10^5}=1.668$$

将$x_1=0.842$，$x_2=1-x_1=0.158$，$\gamma_1=1.025$，$\gamma_2=1.668$，代入二元体系的威尔逊方程，可解得

$$\Lambda_{12}=1.01818 \quad \Lambda_{21}=0.3378$$

甲醇与丁酮的常压沸点分别为337.85K和352.75K，而恒沸点为337.45K，因温度变化范围不大，可不考虑Λ_{12}、Λ_{21}随温度的变化因素。

已知$p=1.013\times10^5$ Pa，给定y_1值，利用式(7-25)、式(7-21)及威尔逊方程试差求解T、x_1。选取部分计算结果列于表7-4。

表 7-4 计算结果

y_1	0.185	0.377	0.536	0.637	0.711	0.833	0.921
T/K	348.45	344.45	340.95	339.15	338.15	337.45	337.55
x_1	0.076	0.197	0.356	0.498	0.622	0.829	0.936

(2) 已知平衡温度T和汽相组成y_i($i=1,2,\cdots,N$)，求平衡压力(露点压力)p和液相组成x_i($i=1,2,\cdots,N$)。

计算方法与前面的方法大同小异。图7-4给出了计算框图，在此不再一一赘述。

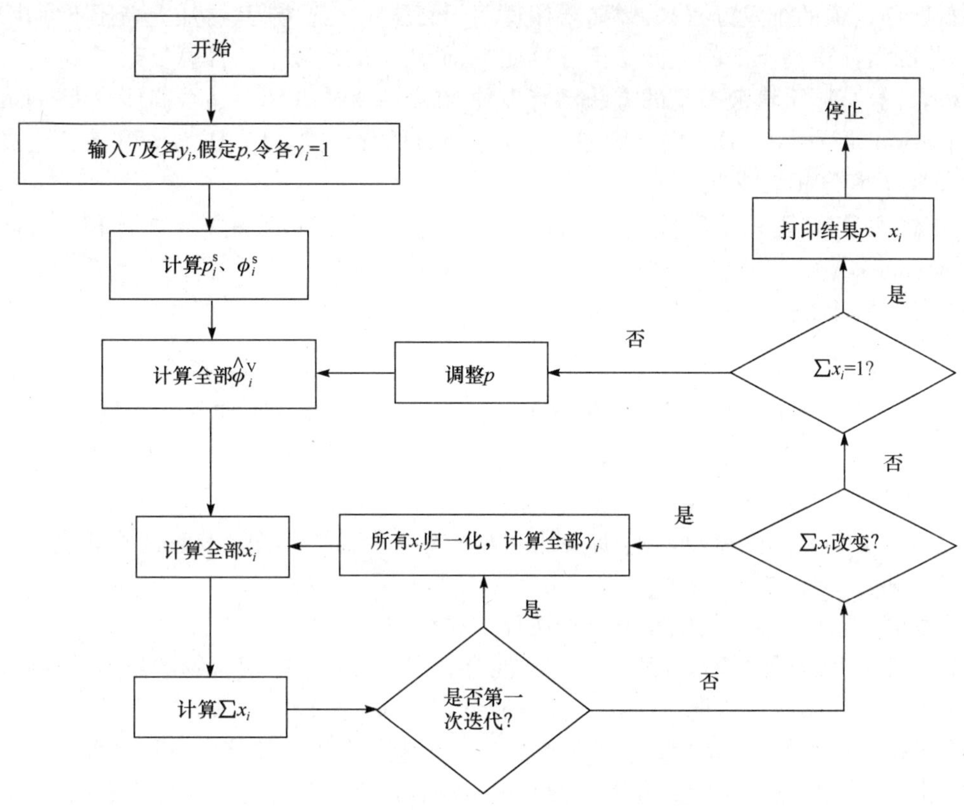

图 7-4　露点压力和液相组成计算框图

3. 闪蒸计算

闪蒸的示意图如图 7-5 所示。在给定的温度与压力下，进料流量为 F，总组成为 z_i 的汽液混合物进入闪蒸罐分离为平衡的汽、液两相，汽相的量为 V，组成为 y_i，液相的量为 L，组成为 x_i。闪蒸中汽相分率 η 的定义为

$$\eta=\frac{V}{F}=\frac{V}{V+L}$$

闪蒸计算除了满足相平衡关系外，还必须符合物料平衡的要求，故联解式(7-12)和式(7-22)两式可得

$$x_i=\frac{z_i}{\eta(K_i-1)+1}\quad (i=1,2,\cdots,N)\qquad(7\text{-}28)$$

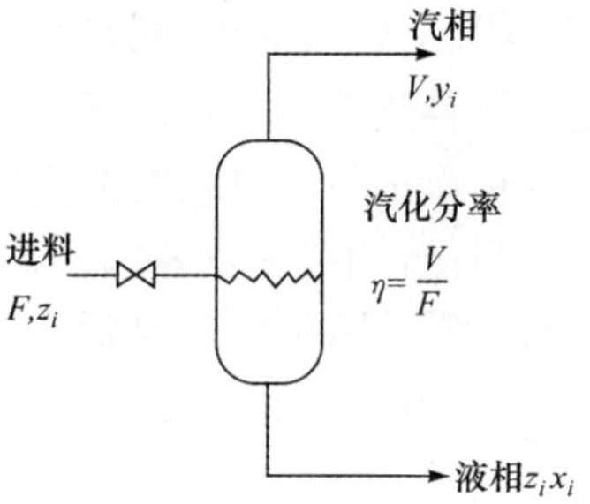

图 7-5　闪蒸示意图

由式(7-28)可见，汽液相平衡常数 K_i 是 T、p、x_i 和 y_i 的复杂函数，如果采用严谨的汽液平衡模型进行计算，计算复杂，常借助于计算机完成。注意，由于汽、液两相中各组分 y_i 或 x_i 值不完全独立，需同时满足归一化方程，即式(7-20)、式(7-21)或式(7-23)。

7.2.4　高压下的汽液平衡

当汽液平衡的压力达到十几个 MPa 以上时，通常认为进入了高压汽液平衡的范围。高压下的汽液平衡，不能忽略液相的热力学性质(如 f_i^L、γ_i 等)与压力无关，且汽相的性质也不能用

简单的截取前两项的维里方程来计算，要用适用于高压的状态方程，再加上高压下常出现临界现象，这些因素使得高压下的汽液平衡计算比中、低压下的汽液平衡计算复杂得多。

目前，计算高压下汽液平衡的方法已有多种，在 7.1.3 中介绍了适合高压汽液平衡的状态方程(equation of State，EOS)法。例如，有 N 个组分的混合物，已知压力 p 和液相组成 x_i，试求平衡温度 T 和汽相组成 y_i。分析如下：

未知量：平衡温度，汽相组成 $y_i(i=1,2,\cdots,N-1)$，平衡汽、液相的摩尔体积 V^V、V^L，总计 $N+2$ 个。

联立的方程组：

$$\begin{cases} K_i=y_i/x_i=\hat{\phi}_i^L/\hat{\phi}_i^V(i=1,2,\cdots,N) & \text{汽液平衡关系式} \\ p=f(T,V^V,n_1,n_2\cdots) & \text{汽相状态方程} \\ p=f(T,V^L,n_1,n_2\cdots) & \text{液相状态方程} \end{cases}$$

总计 $N+2$ 个独立方程。

独立方程数与未知变量数相等，原则上可以求解。然而，要联立求解这些非线性方程，必须借助计算机。

综上所述，高压汽液平衡的状态方程法计算过程如下：

(1) 选用一个适用的状态方程及相应的混合规则，描述汽、液混合物的热力学性质。

(2) 由文献查阅或自行推导该状态方程的组分逸度系数计算公式。

(3) 根据汽液平衡计算的需要，查出或算出系统中每个组分的状态方程常数。

(4) 由实验数据或查阅的文献数据回归求得混合规则中的二元相互作用参数。

(5) 联解上述方程组。

7.2.5 热力学一致性检验

汽液平衡数据的热力学一致性检验就是用热力学的普遍关系(原理)来检验实验数据的可靠性。在汽液平衡数据的测定中，由于温度、压力的测量，以及组成分析、平衡判断等方面的原因，往往会给所测得的数据带来误差，这就有必要对所测的实验数据进行可靠性检验，看它们是否符合热力学的普遍规律。若不符合，则肯定是汽液平衡的实验数据不够正确，必须重新检查并再次进行汽液平衡的实验，直至符合后方能认可。

目前，一般在发表汽液平衡数据的论文时，都有热力学一致性检验的内容，以便向读者展示其所发表数据的可靠程度。在设计和科研工作中，在有关文献中常可以查到几组所需的二元汽液平衡数据，究竟如何选用、如何取舍，也要借助于热力学一致性检验。应该说，热力学一致性检验方法在实际工作中应用广泛。

用热力学原理进行检验时所应用的基础公式为吉布斯-杜亥姆方程：

$$\sum_i x_i \mathrm{d}\ln\gamma_i = \frac{V^E}{RT}\mathrm{d}p - \frac{H^E}{RT^2}\mathrm{d}T \tag{7-29}$$

热力学一致性检验可分为两类：一类是积分式的总包校验，也称面积检验法或积分检验法；另一类是对每一数据点进行校验，也称微分检验法。

1. 面积检验法

由于实验测定汽液平衡数据时往往控制在等温或等压条件下，汽液平衡数据的一致性检验也分为等温和等压两种情况。

1）等温汽液平衡

在等温条件下，式(7-29)中右边第二项等于零，对于液相，$\frac{V^E}{RT}$的数值很小，近似可以取为零。对二元体系，此时式(7-29)可以写为

$$x_1 \mathrm{d}\ln\gamma_1 + x_2 \mathrm{d}\ln\gamma_2 = 0 \tag{7-30}$$

对式(7-30)进行积分，得

$$\int_{x_1=a}^{x_1=b} x_1 \mathrm{d}\ln\gamma_1 + \int_{x_1=a}^{x_1=b} x_2 \mathrm{d}\ln\gamma_2 = 0 \tag{7-31}$$

因 $x_2=1-x_1$，积分极限是 $x_1=0$ 和 $x_1=1$，可写为

$$\int_{x_1=0}^{x_1=1} x_1 \mathrm{d}\ln\gamma_1 = (x_1 \ln\gamma_1)_{x_1=0}^{x_1=1} - \int_0^1 \ln\gamma_1 \mathrm{d}x_1 \tag{7-32}$$

和

$$\int_{x_1=0}^{x_1=1} x_2 \mathrm{d}\ln\gamma_2 = (x_2 \ln\gamma_2)_{x_1=0}^{x_1=1} + \int_0^1 \ln\gamma_2 \mathrm{d}x_1 \tag{7-33}$$

式(7-32)和式(7-33)中的右边第一项相加等于零，合并式(7-31)～式(7-33)，得

$$\int_0^1 \ln\frac{\gamma_1}{\gamma_2} \mathrm{d}x_1 = 0 \tag{7-34}$$

式中，γ_1 和 γ_2 从汽液平衡数据算得，即得到了组分 1 和组分 2 的活度系数实验值，自此计算 $\ln\frac{\gamma_1}{\gamma_2}$ 值，并对 x_1 作图，如图 7-6 所示。当 x 轴上的面积 A 和 x 轴下的面积 B 相等时，即符合热力学一致性。由于实验误差的存在，面积 A 不可能完全等于面积 B，所以应该有一个合理的偏差值 D：

$$D = 100 \times \left| \frac{\text{面积} A - \text{面积} B}{\text{面积} A + \text{面积} B} \right| \% \tag{7-35}$$

这个偏差大小的决定，有时是比较随意的，但作为规则，一般不大于百分之几。

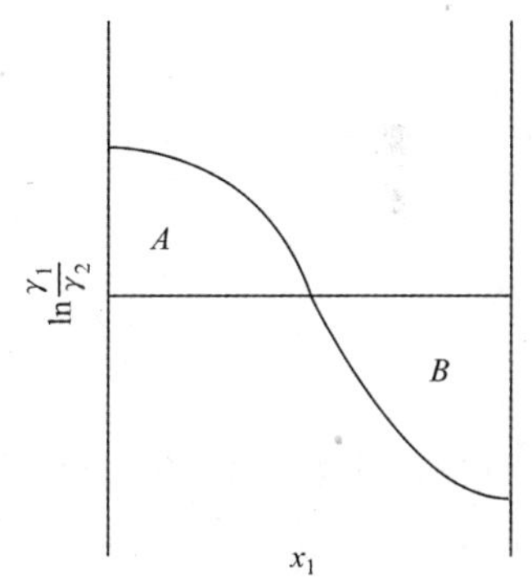

图 7-6　汽液平衡数据的面积检验法

2）等压汽液平衡

在等压条件下，式(7-29)中右边第一项等于零。对二元体系，式(7-29)可变为

$$x_1 \mathrm{d}\ln\gamma_1 + x_2 \mathrm{d}\ln\gamma_2 = -\frac{H^E}{RT^2}\mathrm{d}T \tag{7-36}$$

由 $x_1=0$ 到 $x_1=1$ 对上式积分，得

$$\int_0^1 \ln\frac{\gamma_1}{\gamma_2}\mathrm{d}x_1 = \int_{x_1=0}^{x_1=1} \frac{H^E}{RT^2}\mathrm{d}T \tag{7-37}$$

对于由化学结构相似的组分构成的系统和 H^E值很小的系统，可近似地认为 $H^E \to 0$，或者系统组分间的沸点差很小，则式(7-37)的右边项可认为等于零。这就和等温条件完全相同。在一般情况下，式(7-37)右边不能忽略，其 H^E数据又随组成而变，并且较不易获得，常采用海林顿(Herington)提出的半经验方法对二元的等压汽液平衡数据进行热力学一致性检验。其方法为，由实验数据得到图 7-6 并计算出偏差 D；另外，定义：

$$J = 150 \times \frac{|\Delta T_{\max}|}{T_{\min}} \% \tag{7-38}$$

式中，T_{min}为在 $x_1=0$ 到 $x_1=1$ 区间内该系统的最低沸点；ΔT_{max}为二元体系的最大温差，若有恒沸物生成，即为最低恒沸温度与高沸点之差或最高恒沸温度与低沸点之差；系数“150”为海林顿分析了有机溶液的典型混合热数据后得出的经验值。

若 $D<J$，表示该套等压汽液平衡数据符合热力学一致性；若 $D>J$，但大得不多，$D-J<10\%$，仍然认为此等压汽液平衡数据可能符合热力学一致性。

面积检验法简单易行，但该法是对实验数据进行整体检验而非逐点校验，需要整个浓度范围内的实验数据，且还可能存在由于不同实验点的误差相互抵消而面积检验符合要求的虚假现象。

2. 点检验法

1959 年范内斯等提出了点检验法。已知二元体系的超额吉布斯自由焓与活度系数的关系式为

$$\frac{G^E}{RT}=x_1\ln\gamma_1+x_2\ln\gamma_2 \tag{7-39}$$

由实验值(p、T、x_i、y_i)可求得 γ_i，进而可以求得$\frac{G^E}{RT}$，然后绘制$\frac{G^E}{RT}$-x_1 曲线。在任一组成下，对该曲线作切线，此切线于 $x_1=1$ 和 $x_1=0$ 轴上的截距分别为

$$a=\frac{G^E}{RT}+x_2\frac{\mathrm{d}(G^E/RT)}{\mathrm{d}x_1} \tag{7-40a}$$

$$b=\frac{G^E}{RT}-x_1\frac{\mathrm{d}(G^E/RT)}{\mathrm{d}x_1} \tag{7-40b}$$

另外，将式(7-39)对 x_1 微分得

$$\frac{\mathrm{d}(G^E/RT)}{\mathrm{d}x_1}=\ln\gamma_1-\ln\gamma_2+x_1\frac{\mathrm{d}\ln\gamma_1}{\mathrm{d}x_1}+x_2\frac{\mathrm{d}\ln\gamma_2}{\mathrm{d}x_1}=\ln\gamma_1-\ln\gamma_2+\beta \tag{7-41}$$

由吉布斯-杜亥姆方程式(7-29)可知：
对等温汽液平衡

$$\beta=\left(\frac{V^E}{RT}\right)\frac{\mathrm{d}p}{\mathrm{d}x_1}$$

对等压汽液平衡

$$\beta=-\left(\frac{H^E}{RT^2}\right)\frac{\mathrm{d}T}{\mathrm{d}x_1}$$

将式(7-39)、式(7-41)代入式(7-40)得

$$a=\ln\gamma_1+x_2\beta \tag{7-42a}$$

$$b=\ln\gamma_2-x_1\beta \tag{7-42b}$$

使用微分法进行热力学一致性检验时，用式(7-42)计算得到的 a 和 b 值与由实验点作图求出的截距 a 和 b 进行比较以决定各实验点的可靠性。此法的优点是可以剔除不可靠的点，缺点是要作切线，可靠性差。

为了提高点检验法的准确度，范内斯等后来用四尾标马居尔方程进行数据处理得

$$\frac{G^E}{RTx_1x_2}=A'x_2+B'x_1-D'x_1x_2 \tag{7-43}$$

用相对平直的$\frac{G^E}{RTx_1x_2}$-x_1 曲线代替$\frac{G^E}{RT}$-x_1 曲线，同样对每个实验点作切线进行计算。

上述的面积和点检验法均没有涉及多元混合物，多元物系的一致性检验很复杂，目前还缺乏可以普遍适用和广泛接受的方法。

例 7-3　已知 101.3kPa 下异丙醇(1)-水(2)的汽液平衡数据见表 7-5。

表 7-5　101.3kPa 下异丙醇(1)-水(2)的汽液平衡数据

x_1	0.00	0.0160	0.0570	0.1000	0.1665	0.2450	0.2980	0.3835	0.4460
y_1	0.00	0.2115	0.4565	0.5015	0.5215	0.5390	0.5510	0.5700	0.5920
T/℃	100	93.40	84.57	82.70	81.99	81.62	81.28	80.90	80.67
x_1	0.5145	0.5590	0.6605	0.6955	0.7650	0.8090	0.8725	0.9535	1.000
y_1	0.6075	0.6255	0.6715	0.6915	0.7370	0.7745	0.8340	0.9325	1.000
T/℃	80.38	80.31	80.16	80.11	80.23	80.37	80.70	81.48	82.25

试检验此套数据的可靠性。已知纯物质的饱和蒸气压表达式为

$$\lg(p_1^s/\text{kPa})=6.86634-\frac{1360.183}{T/\text{K}-75.557}$$

$$\lg(p_2^s/\text{kPa})=7.0641-\frac{1650.4}{T/\text{K}-46.89}$$

解　等压汽液平衡数据，由于混合热数据未知，采用海林顿提出的经验方法进行热力学热力学一致性检验。

$$\gamma_1=\frac{py_1}{p_1^s x_1}\qquad \gamma_2=\frac{py_2}{p_2^s x_2}$$

利用纯物质的饱和蒸气压表达式分别求得不同温度下异丙醇和水的 p_i^s，而后计算 γ_i，计算结果列于表 7-6。将 $\ln\frac{\gamma_1}{\gamma_2}$对 x_1 作图，如图 7-7 所示。

表 7-6　101.3kPa 下异丙醇(1)-水(2)的 $\ln\frac{\gamma_1}{\gamma_2}$ 计算结果

x_1	0.0160	0.0570	0.1000	0.1665	0.2450	0.2980	0.3835	0.4460
$\ln\frac{\gamma_1}{\gamma_2}$	2.314	1.965	1.538	1.031	0.617	0.397	0.092	−0.112
x_1	0.5145	0.5590	0.6605	0.6955	0.7650	0.8090	0.8725	0.9535
$\ln\frac{\gamma_1}{\gamma_2}$	−0.286	−0.389	−0.616	−0.684	−0.814	−0.874	−0.973	−1.060

由式(7-35)知：

$$D=100\times\left|\frac{0.3777-0.3962}{0.3777+0.3962}\right|\%=2.4\%$$

同时，由式(7-38)得

$$J=150\times\frac{100-80.11}{80.11+273.15}\%=8.5\%$$

即 $D<J$，可认为此套异丙醇-水的等压汽液平衡数据符合热力学一致性。

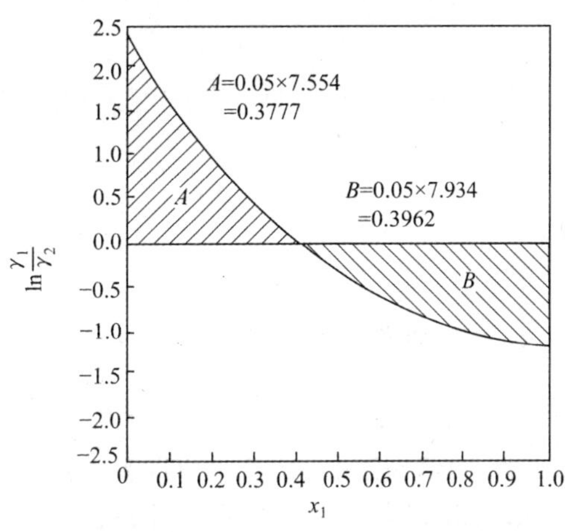

图 7-7　异丙醇-水汽液平衡数据的面积检验法

须指出，汽液平衡数据的热力学一致性是判断数据可靠性的必要条件，但不是充分条件。就是说，符合热力学一致性的数据，不一定是正确可靠的，但是不符合热力学一致性的数据一定是不正确和不可信的。

7.3 气液平衡

气液平衡(gas-liquid equilibrium,GLE)是指常规条件下的气态组分与液态组分之间的平衡关系。与前述汽液平衡(VLE)之间的区别是,在所定的条件下,VLE中各组分都是可凝性组分;而在GLE中,至少有一种组分在溶液所处的状态下是非凝性气体。此时,溶液的平衡温度高于系统中某一或某些组分的临界温度,组分不能再以纯的液态存在,也意味着不再有真实的纯液体逸度,常称这些在溶液温度下不可凝的组分为超临界组分。

常压下的气液平衡又称为气体的溶解度,主要讨论液相中气体的溶解度,此液相可以是单一溶剂,也可为混合溶剂。自然界中有许多气体在液相中溶解的实例,例如,氧在血液或水中的溶解,若氧在血液中不能溶解,人的生命就要终止;若氧在水中不会溶解,海水中的生物也难以生存。早在20世纪50年代本森(Bunsen)就已经进行了气体溶解度的定量实验。1960年以来,气液平衡又重新进入一个兴旺时期。在现代化的工业中,应用到气液平衡的有煤的气化、天然气和合成气净化、环境污染控制、生化技术过程(如需氧发酵、污泥氧化和废水处理)等。除此以外,地球化学、生物物理和生物医药工程也要应用气体溶解度的理论和它的研究成果。由于不同气体在某种溶剂中的溶解度不同,可以运用吸收的方法把气体混合物分离,因此气液平衡是气体吸收分离的热力学基础。

7.3.1 含超临界组分系统的热力学

根据相平衡判据,气液平衡的基本关系为

$$\hat{f}_i^{G}=\hat{f}_i^{L}=\hat{f}_i \tag{7-44}$$

对于二元气液平衡,溶剂和溶质分别用组分1和组分2表示。对液相,溶质2在液相中的浓度很低,使用不对称活度系数:

$$\hat{f}_2^{L}=\gamma_2 x_2 f_2^{0}=\gamma_2^{*} x_2 H_{2,1} \tag{7-45}$$

式中,γ_2^{*} 为按非对称归一化的溶质活度系数,其标准态的选择和按对称归一化规定的 γ_2 不同,而是选用当 $x_2\to 0$ 时 $\gamma_2^{*}\to 1$;$H_{2,1}$为溶质2在溶剂1中的亨利常数;$f_2^{\ominus}$ 为假想的纯液态溶质的逸度。而溶剂1,仍采用对称归一化的活度系数

$$\hat{f}_1^{L}=\gamma_1 x_1 \phi_1^{s} p_1^{s} \tag{7-46}$$

从式(7-44)出发,将组分逸度系数的定义式(6-24)用于气相逸度的计算,则

$$\hat{f}_2=y_2\hat{\phi}_2^{G}p=\gamma_2 x_2 f_2^{\ominus}=\gamma_2^{*} x_2 H_{2,1} \tag{7-47a}$$

或

$$\hat{f}_2/x_2=\gamma_2 f_2^{\ominus}=\gamma_2^{*} H_{2,1} \tag{7-47b}$$

及

$$y_1\hat{\phi}_1^{G}p=\gamma_1 x_1 \phi_1^{s} p_1^{s} \tag{7-48}$$

根据亨利常数的定义,对式(7-47b)求 $x_2\to 0$ 时的极限,因 $\gamma_2^{*}\to 1$,则有

$$H_{2,1}=\lim_{x_2\to 0}(\hat{f}_2/x_2)=\gamma_2^{\infty} f_2^{\ominus} \tag{7-49}$$

式(7-49)中的第一个等式即为亨利常数的定义式,而第二个等式则将亨利常数与无限稀释活度系数关联起来。由于溶质2是超临界组分,$f_2^{\ominus}$ 并不实际存在,也不能实验测定,式(7-49)中的第二个等式不具实用性。但是由此式出发,假定溶质2在另一个参考溶剂 r 中的亨利常数 $H_{2,r}$为已知,此时 $H_{2,r}$也符合式(7-49),则可很容易导出:

$$H_{2,1}=H_{2,r}\gamma_2^\infty/\gamma_{2,r}^\infty \tag{7-50}$$

式中，$\gamma_{2,r}^\infty$为溶质 2 在参考溶剂 r 中的无限稀释活度系数。由于无限稀释活度系数可由通用模型（如 UNIFAC）计算（参见 7.5 节），式(7-50)提供了由已知亨利常数来估算未知亨利常数的一个重要途径。

当亨利常数已知，且系统处于低压，$\hat{\phi}_1^G=\hat{\phi}_2^G=1$，$\phi_1^s=1$，由于超临界组分 2 在溶剂 1 中的溶解度很小，$x_2\to0$，$\gamma_2^*\to1$，$\gamma_1\to1$，则式(7-47)和式(7-48)分别简化为

$$\begin{cases}py_2=H_{2,1}x_2 & \text{(对溶质组分)}\\ p(1-y_2)=p_1^s(1-x_2) & \text{(对溶剂组分)}\end{cases} \tag{7-51}$$

即溶剂组分符合拉乌尔定律，溶质组分符合亨利定律。只要 T、p 已知，即可按式(7-51)非常方便地计算 x_2 和 y_2。式(7-51)是估算低压气体在液体中溶解度的一个重要方法。

亨利常数 $H_{2,1}$既是温度的函数，又与溶剂和溶质的性质有关。不仅如此，压力也有影响，在较低的系统压力下，其影响可以忽略，但在高压下，必须考虑压力的影响。表 7-7 列出了 4 种气体在不同温度的环氧乙烷中的亨利常数。从表中可见，N_2、Ar 在环氧乙烷中的亨利常数随温度增加而减小，说明其溶解度在上升；CH_4 的溶解度在此温度区间中变化不大；C_2H_6 却随温度上升而降低了溶解度。数据说明，温度的确有影响，但对不同的溶质-溶剂系统，影响是不相同的。下面从热力学基本原理出发，以便定量地说明温度和压力对溶解度的影响。

表 7-7　4 种气体在不同温度的环氧乙烷中的亨利常数

温度/℃	N_2	Ar	CH_4	C_2H_6
0	2837	1692	621	85.7
25	2209	1439	622	110
50	1844	1287	603	131

1. 温度对气体溶解度的影响

当纯溶质气体和溶液处于气液平衡时，由相平衡条件知

$$\overline{G_2}=G_2^G \tag{7-52}$$

式中，$\overline{G_2}$为液相中溶质的偏摩尔自由焓；G_2^G 为溶质气体的摩尔自由焓。因

$$\overline{G_2}-G_2^G=f(T,p,x_2)$$

在等压条件下，则

$$\mathrm{d}(\overline{G_2}-G_2^G)=\left[\frac{\partial(\overline{G_2}-G_2^G)}{\partial T}\right]_{p,x_2}\mathrm{d}T+\left[\frac{\partial\overline{G_2}-G_2^G}{\partial\ln x_2}\right]_{T,p}\mathrm{d}\ln x_2 \tag{7-53}$$

在气液平衡时，式(7-53)应写为

$$\left[\frac{\partial(\overline{G_2}-G_2^G)}{\partial T}\right]_{p,x_2}\mathrm{d}T+\left[\frac{\partial\overline{G_2}-G_2^G}{\partial\ln x_2}\right]_{T,p}\mathrm{d}\ln x_2=0$$

也可写为

$$\left[\frac{\partial(\overline{G_2}-G_2^G)}{\partial T}\right]_{p,x_2}\mathrm{d}T+\left[\frac{\partial\overline{G_2}-G_2^G}{\partial\ln x_2}\right]_{T,p}\left(\frac{\partial\ln x_2}{\partial T}\right)_p=0 \tag{7-54}$$

因

$$\left(\frac{\partial\overline{G}}{\partial T}\right)_{p,x}=-\overline{S}$$

故

$$\left[\frac{\partial(\overline{G_2}-G_2^{\mathrm{G}})}{\partial T}\right]_{p,x_2}=-(\overline{S_2}-S_2^{\mathrm{G}}) \tag{7-55}$$

把式(7-55)代入式(7-54)，得

$$(\overline{S_2}-S_2^{\mathrm{G}})=\left[\frac{\partial(\overline{G_2}-G_2^{\mathrm{G}})}{\partial T}\right]_{T,p}\left(\frac{\partial \ln x_2}{\partial T}\right)_p \tag{7-56}$$

若把$(\overline{G_2}-G_2^{\mathrm{G}})$写成下列形式，即

$$(\overline{G_2}-G_2^{\mathrm{G}})=(\overline{G_2}-G_2^{\mathrm{L}})+(G_2^{\mathrm{L}}-G_2^{\mathrm{G}})$$

根据活度和化学位的关系式：

$$(\overline{G_2}-G_2^{\mathrm{G}})=(\mu_2-G_2^{\mathrm{L}})=RT\ln a_2$$

故

$$(\overline{G_2}-G_2^{\mathrm{G}})=RT\ln a_2+(G_2^{\mathrm{L}}-G_2^{\mathrm{G}}) \tag{7-57}$$

式(7-57)中的$(\overline{G_2}-G_2^{\mathrm{G}})$是纯溶质的液相自由焓和气相自由焓的差值，与组成无关。若将式(7-57)对 $\ln x_2$ 微分，则

$$\left[\frac{\partial(\overline{G_2}-G_2^{\mathrm{G}})}{\partial \ln x_2}\right]_{T,p}=RT\left[\frac{\partial \ln a_2}{\partial \ln x_2}\right]_{T,p} \tag{7-58}$$

由于超临界组分在液体中的溶解度很小，$x_2\rightarrow 0$，此时 $a_2=\gamma_2^* x_2\rightarrow x_2$，故

$$\left(\frac{\partial \ln a_2}{\partial \ln x_2}\right)=1 \tag{7-59}$$

把式(7-59)和式(7-58)代入式(7-56)，得

$$(\overline{S_2}-S_2^{\mathrm{G}})=RT\left(\frac{\partial \ln x_2}{\partial T}\right)_p=R\left(\frac{\partial \ln x_2}{\partial \ln T}\right)_p \tag{7-60}$$

式中，$(\overline{S_2}-S_2^{\mathrm{G}})$称为溶质气体的溶解熵。若已知气体的溶解熵，则可由式(7-60)求出温度对气体溶解度的影响；反之，若已知温度对气体溶解度影响的数据，可用 $\ln x_2$ 对 $\ln T$ 曲线的斜率乘以R 求得溶质气体的溶解熵。

实验证明，在不宽的浓度范围内，$(\overline{S_2}-S_2^{\mathrm{G}})$可视为与温度无关，积分式(7-60)，可得

$$\ln\frac{x_2}{x_2'}=\frac{(\overline{S_2}-S_2^{\mathrm{G}})}{R}\ln\frac{T_2}{T_2'} \tag{7-61}$$

只要有该气体的溶解熵和某一温度下的溶解度数据，就可求得其他温度下的溶解度。式(7-61)适用于温度变化范围不大，且液相中气体溶解度较小的体系。当温度变化范围较大时，可用经验式表达，如

$$\ln x_2=a+b\ln T+\frac{c}{T} \tag{7-62}$$

$$\ln x_2=a+b\ln T+\frac{c}{T}+dT \tag{7-63}$$

例 7-4 25℃、0.1013MPa 时，CH_4 在甲醇中的溶解度为 $x_2'=8.695\times10^{-4}$（甲烷的摩尔分数），溶解熵$(\overline{S_2}-S_2^{\mathrm{G}})=-12.12\mathrm{J\cdot mol^{-1}\cdot K^{-1}}$。试求 18℃、0.1013MPa 时，$CH_4$ 在甲醇中的溶解度。

解 由式(7-61)，得

$$\ln\frac{x_2}{8.695\times10^{-4}}=\frac{-12.12}{8.314}\ln\frac{18+273.15}{25+273.15}=0.0346$$

故

$$x_2=8.695\times10^{-4}\times\exp(0.0346)=9.001\times10^{-4}$$

2. 压力对气体溶解度的影响

等温下，对于逸度 $\hat{f}_i$ 存在热力学关系：

$$\left(\frac{\partial\ln\hat{f}_i}{\partial p}\right)_{T,x}=\frac{\overline{V_i^{\mathrm{L}}}}{RT}$$

式中，$\overline{V_i^{\mathrm{L}}}$ 为 i 组分在液相中的偏摩尔体积。将亨利常数的定义式 $H_{i,1}=\lim\limits_{x_i\to0}(\hat{f}_i/x_i)$ 代入上式，因 $x_i\to0$ 时，溶质 i 在无限稀释溶液中的偏摩尔体积 $\overline{V_i^{\infty}}=\overline{V_i^{\mathrm{L}}}$，得出

$$\left(\frac{\partial\ln H_{i,1}}{\partial p}\right)_T=\frac{\overline{V_i^{\infty}}}{RT}\tag{7-64}$$

式中，下标 i 表示溶质；下标 1 表示溶剂；$\overline{V_i^{\infty}}$ 为无限稀释条件下，溶质 i 在液相中的偏摩尔体积。若对式(7-64)进行积分，上限和下限分别为 $x_i=0$ 和 $x_i=x_i$；与其相对应的是 p_1^{s} 和 p。在积分过程中设 $\overline{V_i^{\infty}}$ 为常数，得

$$\ln H_{i,1}^{(p)}=\ln H_{i,1}^{(p_1^{\mathrm{s}})}+\frac{\overline{V_i^{\infty}}(p-p_1^{\mathrm{s}})}{RT}\tag{7-65}$$

式(7-65)称为克利巧夫斯基-卡萨诺夫斯基(Krichevsky-Kasarnovsky)方程。此式用于高压下难溶气体的溶解度计算有相当好的效果。例如，计算 25～75℃时 N_2 和 H_2 在水中的溶解度时，直至高达 100MPa，仍有较好的精度。但用式(7-65)计算 N_2 在液氨中的溶解度时，却显示出另一种情况：在 0℃时，即使高达 100MPa，仍保持较好精度；但在 70℃时，当压力达 60MPa 时，就出现了偏差，随着压力的持续提高，偏差也不断扩大。在 70℃和 100MPa 时，N_2 在液氨中的溶解度已相当大，达 0.129(摩尔分数)，不再是无限稀释的溶液，因此要计算活度系数。此外，$\overline{V}_i$ 也不再是常数。由于上述理由，再也不符合克利巧夫斯基-卡萨诺夫斯基方程的假设，从而导致该方程的计算偏差。为了改进上述方程，应考虑其虽不是无限稀释溶液，但尚属于稀溶液，假设溶剂的活度系数可用最简单的二尾标马居尔方程表达：

$$\ln\gamma_1=\frac{A}{RT}x_2^2\tag{7-66}$$

式中，A 为经验常数，它是温度的弱函数。根据吉布斯-杜亥姆方程，可以得到非对称归一化的溶质活度系数表达式：

$$\ln\gamma_2^*=\frac{A}{RT}(x_1^2-1)\tag{7-67}$$

因

$$\hat{f}_2=H_{2,1}^{(p)}\gamma_2^*x_2$$

则

$$\ln\frac{\hat{f}_2}{x_2}=\ln H_{2,1}^{(p)}+\ln\gamma_2^*$$

$$=\ln H_{2,1}^{(p_1^s)}+\frac{\overline{V_2^{\infty}}(p-p_1^s)}{RT}+\frac{A}{RT}(x_1^2-1) \tag{7-68}$$

式(7-68)称克利巧夫斯基-伊琳斯卡娅(Krichevsky-Ilinskara)方程。因添加了新的参数，故其应用范围将比式(7-65)更为扩大。曾用式(7-68)计算在低温下，压力达 10MPa 时氢在各种溶剂中的溶解度。即使氢的溶解度达 0.20(摩尔分数)时，仍能用式(7-68)表达。

例 7-5 已知 25℃时$\overline{V_{N_2}^{\infty}}=52\times10^{-6}\text{m}^3\cdot\text{mol}^{-1}$，$p_{CH_3OH}^s=0.017\text{MPa}$，$p_{N_2}=0.10133\text{MPa}$ 时 N_2 在甲醇中的溶解度 $x_{N_2}=2.747\times10^{-4}$。试求 25℃、压力为 20.266MPa 下 N_2 在甲醇中的溶解度。

解 现体系的压力达到 20.266MPa，不能作低压处理，要用式(7-65)计算：

$$\ln H_{N_2,CH_3OH}^{(p)}=\ln H_{N_2,CH_3OH}^{(p_{CH_3OH}^s)}+\frac{\overline{V_{N_2}^{\infty}}(p-p_{CH_3OH}^s)}{RT}$$

式中，$H_{N_2,CH_3OH}^{(p_{CH_3OH}^s)}$为低压下的亨利常数，可忽略压力的影响，由式(7-51)，得

$$H_{N_2,CH_3OH}^{(p_{CH_3OH}^s)}=H_{N_2,CH_3OH}^{0.10133\text{MPa}}=\frac{0.10133}{2.747\times10^{-4}}=368.9(\text{MPa})$$

代入上式，有

$$\ln H_{N_2,CH_3OH}^{(20.266\text{MPa})}=\ln 368.9+\frac{52\times10^{-6}\times(20.266-0.017)\times10^6}{8.314\times298.15}=6.335$$

即

$$\frac{\hat{f}_{N_2}}{x_{N_2}}=H_{N_2,CH_3OH}^{(20.266\text{MPa})}=564.0\text{MPa}$$

$p=20.266\text{MPa}$ 时，纯甲醇的饱和温度远大于 25℃，可知气相中甲醇含量极少，故气相可认为只有 N_2 气体，因而

$$\hat{f}_{N_2}=f_{N_2}$$

f_{N_2}是纯 N_2 气体在 25℃、20.266MPa 时的逸度，用三参数对应态原理法求算。查符录 1 得 N_2 的 $T_c=126.2\text{K}$，$p_c=3.39\text{MPa}$，$\omega=0.040$，则

$$T_r=\frac{298.15}{126.2}=2.36 \quad p_r=\frac{20.266}{3.39}=5.97$$

由 T_r 和 p_r 的值查逸度系数普遍化关联曲线(图 6-4 和图 6-6)得

$$\phi_{N_2}^0=0.99 \quad \phi_{N_2}^1=1.42$$

$$\phi_{N_2}=\frac{f_{N_2}}{p}=(\phi_{N_2}^0)(\phi_{N_2}^1)^{\omega}=(0.99)(1.42)^{0.0400}=1.004$$

$$f_{N_2}=1.004\times20.266=20.35(\text{MPa})$$

$$x_{N_2}=\frac{\hat{f}_{N_2}}{564.0}=\frac{f_{N_2}}{564.0}=\frac{20.35}{564.0}=0.036$$

7.3.2 用状态方程法计算气液平衡

应用状态方程法可以较好地计算气液平衡，特别是高压下的气液平衡。在高压下，气体在液相中的溶解度增加，需同时考虑气相与液相的组成，计算气液平衡的方法和汽液平衡更趋一致。7.1.3 的讨论也适用于气液平衡。气相与液相达到平衡时，任意组分 i 在气液两相中的逸度必须相等，即

$$\hat{f}_i^G=\hat{\phi}_i^G p y_i=\hat{f}_i^L=\hat{\phi}_i^L p x_i$$

由上式得

$$\hat{\phi}_i^{G} p y_i = \hat{\phi}_i^{L} p x_i \tag{7-69a}$$

或

$$K_i = \frac{y_i}{x_i} = \frac{\hat{\phi}_i^{L}}{\hat{\phi}_i^{G}} \tag{7-69b}$$

式中，$\hat{\phi}_i^{G}$ 与 $\hat{\phi}_i^{L}$ 分别为气、液相混合物中组分 i 在体系温度 T、压力 p 下的逸度系数，可采用状态方程法计算。在进行气液平衡计算时，需结合气相组成或液相组成的归一化方程，即 $\sum y_i = 1$，$\sum x_i = 1$。

使用状态方程法计算的步骤如下：

(1) 选择适用的状态方程和混合规则。

(2) 确定目标函数。常用的目标函数有气液两相逸度相等、计算和实验压力相等、组分浓度相等及压力加组分浓度的组合型等。其中气液两相逸度相等的目标函数表达式为

$$F = \sum_j^M \sum_i^N (\hat{f}_i^{G} - \hat{f}_i^{L})^2$$

式中，F 为目标函数；M 为实验点数；N 为组分数。

(3) 用实验数据优化回归体系二元交互作用参数 k_{ij}，这是计算的关键，必须在电子计算机上进行。

(4) 得到体系二元交互作用参数后，即可进行气液平衡计算。

7.4　液液平衡

化工生产和设计中常遇到的液、液分离(如萃取)和汽、液、液分离(非均相共沸精馏)均涉及液液平衡的理论。液液平衡是指液体组分相互之间达到饱和溶解度时的平衡。液液平衡与气液平衡一样都属于热力学范畴，但就其特征而言，由于溶液所具有的非理想性，需要计算溶液的逸度或活度。由于溶解度与温度的关系密切，温度对液液平衡的影响比较突出。本节主要介绍部分互溶系统的热力学原理及计算等。

7.4.1　部分互溶系统的热力学

不少二元液体混合物，在一定的温度和压力下，其平衡态是两个不同组成的液相。一个均相的二元液体混合物在条件变化后，可能会出现两个液相，若不预先觉察，会给生产操作造成困难，如两相液体的输送要比单相困难得多，又如在蒸馏塔内出现两个液相，对产量和塔效率都有很不利的影响，而且还会出现不能操作的情况。而在共沸蒸馏中，要添加第三组分来增加关键组分的相对挥发度，但此第三组分必须要和产品分开，故又希望它和产品应是部分互溶的。在过程开发和设计过程中，不论是需要利用或避免液液间的部分互溶特性，最重要的是要从理论上判断溶液的稳定性，即在给定条件下会不会发生液液的部分互溶或在什么操作条件才会发生上述现象。这就需要运用热力学原理。

先以位能为例来说明物系稳定的概念。图 7-8 给出具有势能 E_p 的球处于平衡的三种状态。在不稳定平衡(a)时，势能最高，虽可呈静止状态，但只要施加一个小的位移，小球所具有的势能将小于 E_p 值，且将加强这个位移向更稳定的状态变化。在可逆平衡(b)时，不论球的位

置如何变化，E_p却不会改变，总保持为一个定值。在稳定平衡(c)时，势能最低，小球呈静止状态，如果对小球施加一个位移，势能有所增加，小球则力图减小这个位移，重新回到原来的状态。因此，可用下列各式来表征这三种平衡：

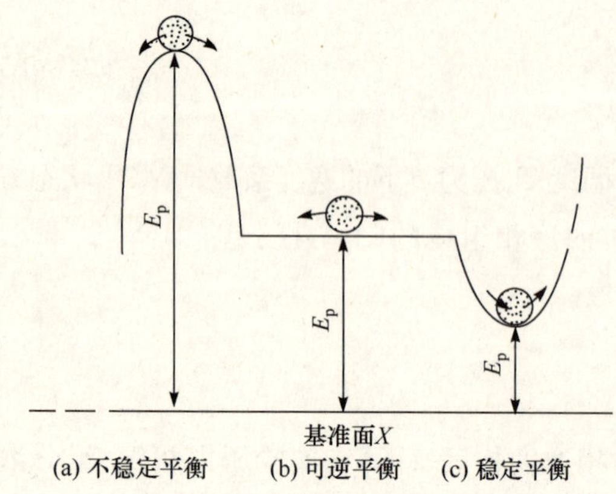

图 7-8　势能与平衡状态

不稳定平衡

$$\Delta E_p < 0 \tag{7-70}$$

可逆平衡

$$\Delta E_p = 0 \tag{7-71}$$

稳定平衡

$$\Delta E_p > 0 \tag{7-72}$$

当以 X 表示位置的变化时，对于上述三种平衡均可用式(7-73)来表示：

$$\left(\frac{\partial E_p}{\partial X}\right) = 0 \tag{7-73}$$

为了区分上述三种不同的平衡，必须借助于二阶偏导数。即

不稳定平衡

$$\frac{\partial^2 E_p}{\partial X^2} < 0 \tag{7-74}$$

可逆平衡

$$\frac{\partial^2 E_p}{\partial X^2} = 0 \tag{7-75}$$

稳定平衡

$$\frac{\partial^2 E_p}{\partial X^2} > 0 \tag{7-76}$$

当将此概念用于多元液相物系的液液平衡时，相当于球位能的应是溶液的自由焓，相当于距离 X 的则是各组分的物质的量 n_i 或摩尔分数 x_i。在恒温和恒压下，闭系的平衡判据应是自由焓最小，即

$$\left(\frac{\partial G}{\partial x_1}\right)_{T,p} = 0 \tag{7-77}$$

不论是形成均相或非均相都应符合式(7-56)，但如何区分均相和非均相呢？也可类似于式(7-74)～式(7-76)写出

$$\left(\frac{\partial^2 G}{\partial x_1^2}\right)_{T,p} < 0 \quad \text{不稳定平衡——形成两相} \tag{7-78}$$

$$\left(\frac{\partial^2 G}{\partial x_1^2}\right)_{T,p} > 0 \quad \text{稳定平衡——均相溶液} \tag{7-79}$$

而 $\left(\frac{\partial^2 G}{\partial x_1^2}\right)_{T,p} = 0$ 却是可逆平衡，是一种过渡情况。

为了进一步理解相分离的原因，研究混合物的自由焓和组成的曲线是重要的方法。对于二元理想溶液，其自由焓应为

$$G^{id} = x_1 G_1 + x_2 G_2 + RT(x_1 \ln x_1 + x_2 \ln x_2)$$

上式中第三项呈负值，故理想溶液的自由焓总是小于每一组分的自由焓和其摩尔分数乘积的

总和。对于真实溶液，还应加上过量自由焓，设该溶液的过量自由焓可用马居尔方程表达，则

$$G = x_1G_1 + x_2G_2 + RT(x_1\ln x_1 + x_2\ln x_2) + Ax_1x_2 \tag{7-80}$$

式中，A 为大于零的马居尔模型参数；Ax_1x_2 为过量自由焓。给 A 赋予不同的值，在恒温、恒压下对 x_1 作曲线，如图 7-9 所示。

从图 7-9 知随着 A 值的增大，意味着溶液的非理想性提高，相同组成的溶液的 G 值将随之加大，当 $A=7537\text{J}\cdot\text{mol}^{-1}$时，$G$-$x_1$ 曲线形式也有改变。对此曲线所示出的总组成在 x_1^{I} 和 x_1^{II} 之间的混合物，当混合物分成两相时，G 值最小，其中一相组成是 x_1^{I}，另一相的组成是 x_1^{II}。在此种情况下，混合物的自由焓是两相自由焓的线性组合。混合物的摩尔自由焓与组成的关系应用虚线表示，而不能用实线表示。若组分 1 的浓度小于 x_1^{I} 或大于 x_1^{II}，则仍是单相存在。此外，尚可看出，溶液之所以会分相，乃是其非理想性急剧提高所致，理想溶液是不会分相的。

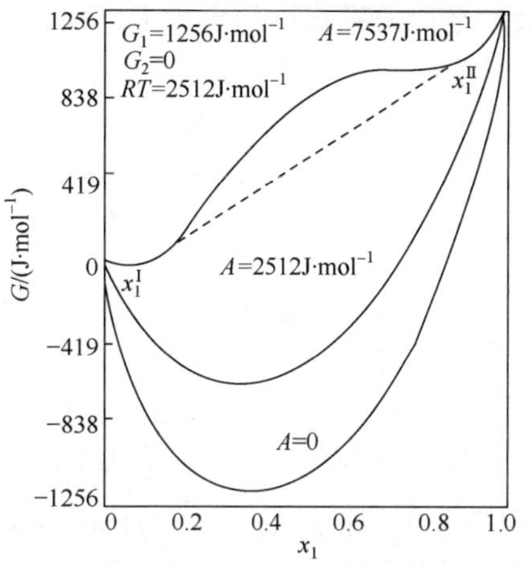

图 7-9　理想的($A=0$)和非理想的($A\neq0$)二元溶液的摩尔自由焓
—无相分离；┈ 有相分离

x_1^{I} 和 x_1^{II} 是两液相平衡共存时的组成，根据式(7-15)应为

$$(\gamma_1x_1)^{\text{I}} = (\gamma_1x_1)^{\text{II}}$$

对于多元多相系统，则为

$$(\gamma_1x_1)^{\text{I}} = (\gamma_1x_1)^{\text{II}} = (\gamma_1x_1)^{\text{III}} = \cdots \qquad i=1,2,3,\cdots \tag{7-81}$$

式中，i 表示组分；Ⅰ、Ⅱ、…表示相。式(7-81)有个明显解，即

$$x_i^{\text{I}} = x_i^{\text{II}} = x_i^{\text{III}} = \cdots \tag{7-82}$$

若式(7-82)成立，意味着只有一相存在，故式(7-82)必然不是式(7-81)液液平衡的解。因此式(7-81)的求解就成为液液平衡研究的主要任务之一。此外，从相律知，当温度和压力给定后，最大的液相数应和系统中含有的组分数相等。因此，组分越多，可能形成的相数也在增加。多相和多元存在着相应的联系。

例 7-6　试判断理想溶液能否形成部分互溶溶液。

解　由式(7-78)知，体系相分离为两个液相的条件是

$$\left(\frac{\partial^2 G}{\partial x_1^2}\right)_{T,p} < 0$$

当组分 1 与组分 2 混合形成理想溶液时，系统的摩尔吉布斯函数为

$$G = x_1G_1 + x_2G_2 + RT(x_1\ln x_1 + x_2\ln x_2)$$

则

$$\left(\frac{\partial G}{\partial x_1}\right)_{T,p} = G_1 - G_2 + RT\ln x_1 + RT - RT\ln x_2 + RT$$

$$\left(\frac{\partial^2 G}{\partial x_1^2}\right)_{T,p} = \frac{RT}{x_1} + \frac{RT}{x_1} = \frac{2RT}{x_1} > 0$$

即由于 T、x_1 恒为正值，因此$\left(\frac{\partial^2 G}{\partial x_1^2}\right)_{T,p}$ 恒大于零，因而不能形成部分互溶溶液。

7.4.2　液液平衡计算

与汽液平衡一样，液液相平衡依然符合相平衡判据，即平衡两液相的温度、压力相等时，

各组分在两相中的化学位和逸度相等。若平衡两相分别用上标Ⅰ和Ⅱ表示，则液液平衡的基本关系可用式(7-16)表示：

$$\gamma_i^{\mathrm{I}} x_i^{\mathrm{I}} = \gamma_i^{\mathrm{II}} x_i^{\mathrm{II}} \tag{7-16}$$

在给定的 T、p 下，求算二元体系共存的液相组成时，有 4 个未知数 x_1^{I}、x_2^{I}、x_1^{II}、x_2^{II}。由液液平衡关系式可列出 4 个方程：

$$\begin{cases} x_1^{\mathrm{I}}\gamma_1^{\mathrm{I}} = x_1^{\mathrm{II}}\gamma_1^{\mathrm{II}} \\ x_2^{\mathrm{I}}\gamma_2^{\mathrm{I}} = x_2^{\mathrm{II}}\gamma_2^{\mathrm{II}} \\ x_1^{\mathrm{I}} + x_2^{\mathrm{I}} = 1 \\ x_1^{\mathrm{II}} + x_2^{\mathrm{II}} = 1 \end{cases} \tag{7-83}$$

液相活度系数 γ_i^{I} 和 γ_i^{II} 的计算常通过活度系数方程，如马居尔方程、范拉尔方程、NRTL 方程和 UNIQUAC 方程求得。若已选定活度系数模型并知该系统的模型参数，用式(7-83)中的 4 个联立方程求解，即可得出所需的未知数。

相反，当有液液互溶度的实验数据时，两相组成(x_1^{I}、x_2^{I}、x_1^{II}、x_2^{II})为已知，此时可利用式(7-83)计算 γ_1^{I}、γ_2^{I}、γ_1^{II}、γ_2^{II}，再由选用的活度系数模型拟合出模型参数。这就是从液液互溶度数据求取活度系数模型参数的途径。获得的模型参数一般都能比较精确地用于汽液平衡的推算。相反，由汽液平衡数据关联得到的模型参数在用于液液平衡推算时，或者不成功，或者效果很差，其原因是液液平衡时的液相非理想性远较汽液平衡时的液相强烈的缘故。

对三元液液平衡体系，同样可列出以下关系式：

$$\begin{cases} x_1^{\mathrm{I}}\gamma_1^{\mathrm{I}} = x_1^{\mathrm{II}}\gamma_1^{\mathrm{II}} \\ x_2^{\mathrm{I}}\gamma_2^{\mathrm{I}} = x_2^{\mathrm{II}}\gamma_2^{\mathrm{II}} \\ x_3^{\mathrm{I}}\gamma_3^{\mathrm{I}} = x_3^{\mathrm{II}}\gamma_3^{\mathrm{II}} \\ x_1^{\mathrm{I}} + x_2^{\mathrm{I}} + x_3^{\mathrm{I}} = 1 \\ x_1^{\mathrm{II}} + x_2^{\mathrm{II}} + x_3^{\mathrm{II}} = 1 \end{cases} \tag{7-84}$$

任一三元液液平衡，共有八个变量，即 x_1^{I}、x_2^{I}、x_3^{I}、x_1^{II}、x_2^{II}、x_3^{II}、T、p。根据相律，$F=N-\pi+2=3-2+2=3$，如果给定 T、p 与某液相中任一组成 x_i，那么其余五个变量可联解式(7-84)求得，求解时，各液相中组分的活度系数 γ_i^{I}、γ_i^{II} 选用合适的液相活度系数关联式计算。

例 7-7 25℃时，A、B 两组分溶液处于汽液液三相平衡，饱和液相组成为

$$x_{\mathrm{A}}^{\mathrm{I}}=0.02 \quad x_{\mathrm{B}}^{\mathrm{I}}=0.98 \quad x_{\mathrm{A}}^{\mathrm{II}}=0.98 \quad x_{\mathrm{B}}^{\mathrm{II}}=0.02$$

25℃时，A、B 物质的饱和蒸气压 $p_{\mathrm{A}}^{\mathrm{s}}=0.01\mathrm{MPa}$，$p_{\mathrm{B}}^{\mathrm{s}}=0.1013\mathrm{MPa}$。试计算三相共存平衡时的压力与汽相组成。

解 取路易斯-兰德尔规则为标准态。在Ⅰ相中，组分 B 的含量接近于 1，$x_{\mathrm{B}}^{\mathrm{I}}=0.98\approx1$，故 $\gamma_{\mathrm{B}}^{\mathrm{I}}\approx1$；在Ⅱ相中，组分 A 的含量接近 1，$x_{\mathrm{A}}^{\mathrm{II}}=0.98\approx1$，故 $\gamma_{\mathrm{A}}^{\mathrm{II}}\approx1$。

依据二元体系液液平衡的基本关系

$$x_{\mathrm{A}}^{\mathrm{I}}\gamma_{\mathrm{A}}^{\mathrm{I}} = x_{\mathrm{A}}^{\mathrm{II}}\gamma_{\mathrm{A}}^{\mathrm{II}}$$

有

$$\gamma_{\mathrm{A}}^{\mathrm{I}} = \frac{x_{\mathrm{A}}^{\mathrm{II}}\gamma_{\mathrm{A}}^{\mathrm{II}}}{x_{\mathrm{A}}^{\mathrm{I}}} = \frac{0.98\times1}{0.02} = 49$$

同理

$$\gamma_B^{II}=\frac{x_B^I\gamma_B^I}{x_B^{II}}=\frac{0.98\times 1}{0.02}=49$$

由A、B纯组分在体系温度下的饱和蒸气压数据可以看出，该汽液液平衡的压力较低，汽相可看作理想气体处理，因此汽液平衡关系为

$$py_i=p_i^s x_i^I\gamma_i^I=p_i^s x_i^{II}\gamma_i^{II}$$

其中，汽液液三相平衡时

$$p=p_A^s x_A^I\gamma_A^I+p_B^s x_B^I\gamma_B^I=0.01\times 0.02\times 49+0.1013\times 0.98\times 1=0.1091(\text{MPa})$$

故汽液液三相平衡时的汽相组成为

$$y_A=\frac{p_A^s x_A^I\gamma_A^I}{p}=\frac{0.01\times 0.02\times 49}{0.1091}=0.0898$$

或

$$y_A=\frac{p_A^s x_A^{II}\gamma_A^{II}}{p}=\frac{0.01\times 0.98\times 1}{0.1091}=0.0898$$

三元及多元体系液液平衡的计算原则和二元体系相似，不过更为复杂。多元体系活度系数模型中的参数也是以二元体系的参数为基础的。虽然有时也能从二元体系数据定量地推算三元或多元体系的液液平衡，但这方面的成功率远较汽液平衡低。在不少情况下，当推算三元体系液液平衡时不仅要用二元体系数据，同时还要用部分的三元体系的液液平衡数据，以求获得更合适的模型参数，从而提高三元体系的关联精度。

7.5 基团贡献法估算相平衡

基团贡献法的原理是把纯物质或混合物的物性看成是构成它们的各种基团对此物性贡献值的总和，也就是说，假定在任何体系中，同一种基团对某个物性的贡献值都是相同的。

基团是化合物分子中具有的相同的结构单位，如链烷烃中的甲基、醇类中的羟基等。不多的几种基团组成了各式各类的可区分的分子。这个简单的事实为研究基团对纯物质和混合物物性的影响提供了基础和推动力。通过系统的实验测定、数据的收集和数据库的建立，从而拥有大量可供应用的数据；运用热力学的原理可以推导出若干基团与纯物质、混合物物性间的关联式，根据已有数据和这些关联式拟合得到基团参数；再将上述关联式和相应的基团参数运用到要研究的分子体系中去，以推算它们的有关物性和平衡数据。基团贡献法的优点是具有最大的通用性。在化工类型生产中会遇到很多化合物，由这些化合物组成的混合物数目更大，但构成这些化合物的基团只有数十个。因此从基团参数出发来推算混合物的物性具有应用广泛和灵活的特点，故其优点是显而易见的。在过程开发中，若手边缺乏可用的数据，常可用此法来进行所需混合物的物性推算。

处理相平衡性质的活度系数法在工程设计和过程开发中常用基团贡献法。目前，已建立的基团贡献法预测相平衡数据的模型主要有ASOG（analytical solution of groups）和UNIFAC（universal functional activity coefficient）等，从基团的数目及应用范围看，UNIFAC基团贡献法更为完善，成为当今在缺乏实验数据情况下推算活度系数和相平衡常用和有用的方法之一[①]。

---

① Larsen B L，Rasmussen P，Fredenslund A. Ind Eng Chem Res，1987，26：2274。

UNIFAC模型是 Fredenslund 和普劳斯尼茨等[①]于 1975 年在基团分析法基础上结合 UNIQUAC模型提出的。其特点可以归纳如下：

(1) 理论上是以 UNIQUAC 方程为基础。

(2) 基团参数基本上与温度无关。对于汽液平衡，已拥有 45 个基团，得出基团配偶参数 903 个，而实际在 300～425K 范围内应用的有 414 个参数。推算汽液平衡数据时，汽相摩尔分数的计算值和实验值的平均绝对偏差为 0.01，对含有两个相互作用强烈的基团的系统，偏差要大一些。

(3) 此法可用在加压条件下汽液平衡数据的推算，压力应为 1MPa 以下。

(4) 此法不仅能用于汽液平衡数据推算，还能用于液液平衡、气液平衡、无限稀释活度系数、过量焓和固液平衡等数据的推算。

UNIFAC 法计算液相活度系数方程的简述如下：

组分 i 的活度系数由两部分构成，即

$$\ln\gamma_i=\ln\gamma_i^{\mathrm{C}}+\ln\gamma_i^{\mathrm{R}} \tag{7-85}$$

式中，γ_i^{C}为 i 组分的组合部分活度系数；γ_i^{R}为 i 组分的剩余部分活度系数。γ_i^{C}取决于分子的尺寸和形状，并可由分子中各种基团的形状和尺寸贡献来计算；γ_i^{R}取决于基团间的相互作用。式(7-85)中 γ_i^{C}与 UNIQUAC 基本一致：

$$\ln\gamma_i^{\mathrm{C}}=\ln\frac{\phi_i}{x_i}+\frac{Z}{2}q_i\ln\frac{\theta_i}{\phi_i}+l_i-\frac{\phi_i}{x_i}\sum_j x_j l_j \tag{7-86}$$

式中，$l_i=\frac{Z}{2}(\gamma_i-q_i)-(\gamma_i-1)$，$Z=10$，$r_i$ 和 q_i 分别与纯组分 i 的体积参数和面积参数有关；同样，在 UNIFAC 模型中，r_i 和 q_i 分别由基团体积参数 R_k 和基团面积参数 Q_k 的加和性来计算：

$$r_i=\sum_k v_k^{(i)}R_k \tag{7-87}$$

$$q_i=\sum_k v_k^{(i)}Q_k \tag{7-88}$$

式中，$v_k^{(i)}$ 为分子 i 中基团 k 的数目。R_k 和 Q_k 可从文献[②]中查得，也可由范德华体积 V_K 和表面积 A_K 得到

$$R_K=\frac{V_K}{15.17}\quad Q_K=\frac{A_K}{(2.5\times10^9)}$$

算出 r_i 和 q_i 后，可按表 6-1 中 UNIQUAC 模型中活度系数组合部分的方程算出 γ_i^{C}。

$\ln\gamma_i^{\mathrm{R}}$的计算公式由 UNIQUAC 方程演变而来。UNIFAC 模型的提出者假设剩余部分是溶液中每个基团所起的作用减去其在纯组分中所起作用的总和，即

$$\ln\gamma_i^{\mathrm{R}}=\sum_k v_k^{(i)}[\ln\Gamma_k-\ln\Gamma_k^{(i)}] \tag{7-89}$$

式中，Γ_k 和 $\Gamma_k^{(i)}$ 分别为基团 k 的活度系数和纯组分 i 中基团 k 的标准基团活度系数。其关联式为

$$\ln\Gamma_k=Q_k\left[1-\ln\left(\sum_m\Theta_m\Psi_{mk}\right)-\sum_m\frac{\Theta_m\Psi_{km}}{\sum_n\Theta_m\Psi_{nm}}\right] \tag{7-90}$$

① Fredenslund Aa，Jones R L，Pransnitz JM. AIChE J，1975，27：1086。

② Fredenslund Aa，Gmehling J，Rasmussen P. Vapor-Liquid Equilibria Using UNIFAC. Amsterdam：Elsevier，1977。

式中，Θ_m 为基团 m 的表面积分数，其定义为

$$\Theta_m = \frac{Q_m X_m}{\sum_n Q_n X_n} \tag{7-91}$$

式中，X_m 为基团 m 的混合物中的摩尔分数，其表达式为

$$X_m = \frac{\sum_i x_i v_{mi}}{\sum_i x_i \sum_m v_{mi}} \tag{7-92}$$

ψ_{mn}、ψ_{nm} 为基团 m、n 间的基团配偶参数，取决于相互作用能：

$$\psi_{mn} = \exp\left(-\frac{u_{mn} - u_{nn}}{RT}\right) = \exp\left(-\frac{a_{mn}}{T}\right) \tag{7-93}$$

$$\psi_{nm} = \exp\left(-\frac{u_{nm} - u_{mm}}{RT}\right) = \exp\left(-\frac{a_{nm}}{T}\right) \tag{7-94}$$

式中，u_{nm}、u_{mn} 分别为基团 m 与 n 间的相互作用能；a_{mn} 称为基团配偶能量参数，从相平衡实验数据拟合得到，且 $a_{mn} \neq a_{nm}$。它们也可从文献①中查得。a_{mn} 的单位为 K，本身与温度无关。

在计算中应注意，R、Q、a 等参数的查索，最好是同一个文献来源，否则容易造成误差，因为自 1975 年以来，UNIFAC 参数经过数次修正和增补，来自不同时期的文献对同样一个基团参数有时会有不同的值。若所有参数都来自同一文献，应该说，计算误差容易抵消，有利于提高计算结果的精度。Γ_k^i 表示标准状态（纯组分 i 的状态）下的基团活度系数，也由式(7-90)进行计算。基团 k 在 i 分子中的活度系数[Γ_k^i]与 k 在分子 i 中的定位有关。例如，在乙醇中 C—OH 基团的 Γ_k^i 指的是在混合物的温度下存在着 50%CH_3 和 50%C—OH 的"溶液"。而在丁醇中 C—OH 基团的 Γ_k^i 指的是 25%C—OH、50%CH_2 和 25%CH_3 的"溶液"。用 UNIFAC 法计算活度系数比较复杂，有兴趣的读者可以参考有关文献。表 7-8 列出了用于不同方法计算乙醇(1) -正乙烷(2) 系统在 0.1013MPa 和共沸点时的活度系数，并和实验值作了比较。

表 7-8　乙醇(1) -正乙烷(2)系统的活度系数(0.1013MPa，共沸点)

活度系数	实验值	威尔逊方程	NRTL 方程	UNIQUAC 方程	UNIFAC 法
γ_1	2.348	2.35	2.563	2.436	2.71
γ_2	1.43	1.36	1.252	1.358	1.52

由表 7-8 可见，用表中四种方法来计算乙醇和正乙烷的活度系数，以威尔逊方程最好，但前面三种方法是关联，UNIFAC 法却是推算。因此，UNIFAC 法具有相当好的推算精度，有相当广的应用范围。

习　题

1. 某烃类系统汽相和液相均可视为理想混合物，其液相摩尔分数为：乙烷(1) 0.02；丙烷(2) 0.35；丙烯(3) 0.60；1-丁烯(4) 0.03。已知 15×10^5 Pa 下该混合物的泡点温度为 311K，在此 T、p 条件下的相平衡常数为：$K_1=2.63$，$K_3=1.03$。丙烷在 311K 时饱和蒸气压 $p_2^s=6.0\times10^5$ Pa；311K 时丙烷的第二维里系数 $B_2=-3.877\times10^{-4}\,m^3\cdot mol^{-1}$。试求该条件下的平衡汽相组成。

---

① Fredenslund Aa，Gmehling J，Rasmussen P. Vapor-Liquid Equilibria Using UNIFAC. Amsterdam：Elsevier，1977。

2. 已知环己烷(1)-苯(2)系统在 313K 时的活度系数模型为 $G^E=0.458RTx_1x_2$，纯组分的蒸气压为 $p_1^s=24.62\text{kPa}$，$p_2^s=24.42\text{kPa}$，试求该温度下当液相组成 $x_1=0.2$ 时的汽相组成和压力。

3. 低压下丙酮(1)-乙腈(2)二元体系的汽液平衡中，汽液两相假定均可视为理想体系，丙酮、乙腈的饱和蒸气压方程如下：

$$\ln(7.502p_1^s)=16.6513-\frac{2940.46}{T-35.93} \qquad \ln(7.502p_2^s)=16.2874-\frac{2945.47}{T-49.15}$$

p_1^s、p_2^s 的单位为 kPa，T 的单位为 K。试求：(1) 该体系在 85kPa、328K 时的汽液平衡组成 y_1、x_1；(2) 溶液中总组成为 $z_1=0.8$，当 p 为 85kPa，T 为 328K 时，该体系的液相分率以及汽液相组成 y_1、x_1；(3) 当 T 为 328K，汽相组成 $y_1=0.5$ 时相平衡压力与液相组成 x_1；(4) 当 T 为 328K，液相组成 $x_1=0.35$ 时的相平衡压力与汽相组成 y_1。

4. 某二元体系的过量焓与组成和温度的关系可表达如下：

$$H^E=x_1x_2(5024.2+837.4x_1+6.28x_1T)\text{J}\cdot\text{mol}^{-1}$$

300K 时的无限稀释活度系统为 $\gamma_1^\infty=6.00$ 和 $\gamma_2^\infty=4.00$。400K 时的纯组分的蒸气压为 $p_1^s=0.5344\text{MPa}$ 和 $p_2^s=0.3524\text{MPa}$。若液相的过量体积等于零，对等摩尔比的混合物，试求下列各项：(1) 偏摩尔过量焓和温度的关系式；(2) 如在 300K 时可用范拉尔方程，活度系数和温度的关系如何？(3) 若 $\hat{\phi}_i^V=0.95$ 和 $\phi_i=0.98$，400K时的泡点压力如何？

5. 某二元体系在 417K 时的汽液平衡形成恒沸物，其恒沸组成 $x_1=y_1=0.294$。已知 417K 时，$p_1^s=75.2\text{kPa}$，$p_2^s=31.66\text{kPa}$；它们的活度系数符合如下关联式：$\ln\gamma_1=Bx_2^2$，$\ln\gamma_2=Bx_1^2$，B 仅为温度的函数。求该二元系在 $T=417\text{K}$，$x_1=0.5$ 时的泡点压力及汽相组成。(假设气相可看作理想气体)

6. 用威尔逊方程计算 273K、$x_1=x_2=0.5$ 时三氯甲烷(1) -丙酮(2) 系统的活度系数和汽相组成，已知：

$$g_{12}-g_{11}=-1390.98\text{J}\cdot\text{mol}^{-1} \quad V_1=71.48\text{cm}^3\cdot\text{mol}^{-1} \quad p_1^s=8.01\text{kPa}$$

$$g_{21}-g_{22}=-302.29\text{J}\cdot\text{mol}^{-1} \quad V_1=78.22\text{cm}^3\cdot\text{mol}^{-1} \quad p_1^s=9.36\text{kPa}$$

7. 某二元体系，汽相可视为理想气体，液相为非理想溶液，溶液的超额吉布斯函数的表达式为$\frac{G^E}{RT}=Bx_1x_2$(其中 B 是常数，未知)。在某一温度下，该系统有一恒沸点，恒沸组成是 $x_1=0.8023$，恒沸压力是 63.24kPa。已知该温度下 $p_1^s=58.5\text{kPa}$，$p_2^s=17.6\text{kPa}$，试求该二元体系在此温度下，当 $x_1=0.40$ 时的汽相组成与平衡压力。

8. 某二元溶液在很宽的温度范围内能按任意比例互溶，其超额吉布斯自由焓可表达为 $G^E/RT=Ax_1x_2$，式中的 A 为仅与温度有关的常数，且溶液中二组分的饱和蒸气压之比 p_1^s/p_2^s 在此温度范围内保持不变，其值为 1.649。若气相可视为理想气体，试判断这一系统有无可能形成共沸物？若有可能，找出形成共沸物条件下的 A 的取值范围。

9. 曾测定苯(1) -2,2,4-三甲基戊烷(2) 系统的汽液平衡数据，下表内是 328K 时的汽液相组成和平衡总压数据：

x_1	y_1	p/MPa	G^E/(J·mol^{-1})	x_1	y_1	p/MPa	G^E/(J·mol^{-1})
0.0819	0.1869	0.02689	83.68	0.52656	0.6786	0.03910	351.87
0.2192	0.4065	0.03157	203.34	0.8478	0.8741	0.04327	223.84
0.3584	0.5509	0.03546	294.14	0.9872	0.9863	0.04364	23.85
0.3831	0.5748	0.03610	306.69				

注：328K 时，纯苯和纯 2,2,4-三甲基戊烷的蒸气压分别为 0.04359MPa 和 0.01041MPa。(1) 试计算每一实验点的活度和活度系数；(2) 用每一组分的活度对组成作图，并以虚线表示理想溶液；(3) 试讨论上述实验数据是否符合热力学一致性；(4) 试比较 G^E 的计算值和实验值。

10. 由 A-B 组成的汽液平衡系统，若汽相为理想气体，液相的过量吉布斯函数$\frac{G^E}{RT}=Bx_1x_2$，测定了 353K 时两组分的无限稀释活度系数是 $\gamma_A^\infty=\gamma_B^\infty=1.648$，两纯组分的饱和蒸气压分别是 $p_A^s=120\text{kPa}$，$p_B^s=80\text{kPa}$。试问该系统 353K 时是否存在恒沸流？若有，则计算恒沸组成和恒沸压力。

提示：汽液相平衡关系式为 $p_i=p_i^s x_i \gamma_i (i=\text{A},\text{B})$，$\ln\gamma_i=\left[\frac{\partial(nG^E/RT)}{\partial n_i}\right]_{T,p,n_{j[i]}}$

11. 383K 时，水(1) -正丁醇(2) 液液平衡数据为 $x_1'=0.9788$，$x_2''=0.6759$。试计算汽相的组成 y 及总压 p。已知饱和蒸气压为

$$\ln p_1^s=16.2886-\frac{3816.44}{T-46.13} \quad \ln p_2^s=15.201-\frac{3137.02}{T-94.43}$$

活度系数采用范拉尔方程计算：

$$\ln\gamma_1=A\left(\frac{Bx_2}{Ax_1+Bx_2}\right)^2 \quad \ln\gamma_2=B\left(\frac{Ax_1}{Ax_1+Bx_2}\right)^2$$

式中，A、B 为活度系数方程参数。(提示：此题为液液汽三相平衡，其中液液平衡必须满足 $x_1'\gamma_1'=x_1''\gamma_1''$，$x_2'\gamma_2'=x_2''\gamma_2''$)

12. 试用 UNIFAC 法推算丙酮(1) -甲醇(2) 系统在 330K 和 $x_1=0.40$ 时丙酮的活度系数。已知实验值 $\gamma_1=1.248$。

第8章　化学反应平衡

通过化学反应把廉价易得的原料转变成价值更大的产品，这是化工生产的主要任务。在化学反应的研究开发和生产过程中，化学反应平衡的理论占有举足轻重的地位。化学反应的平衡转化率是在给定操作条件下的最高转化率，反映了化学反应可能达到的最大限度；化学平衡计算确定了化学反应过程中反应物和产物达到平衡时的组成关系，通过化学平衡计算，可以合理地确定反应器的设计参数或某实验研究是否具有意义。若一个化工过程的平衡转化率经计算低于过程的盈利转化率，则该过程就失去了继续深入研究的价值。在组织生产时，化学工程师必须对化学反应在一定温度、压力和组成的条件下，能否向得到产品的方向进行、进行的限度怎样、影响反应的因素等问题具有明确的了解。

本章将重点讨论化学反应平衡问题的热力学分析、平衡常数和平衡组成的计算及各参数对它们的影响等。

8.1　化学计量学和反应进度

没有核裂变存在时，化学反应中的元素是守恒的，在这种情况下，整个系统的物质也是守恒的。

常用普通化学式法表达化学反应，如以天然气为原料生产氢的反应：

$$CH_4(g)+H_2O(g)\longrightarrow 3H_2(g)+CO(g) \qquad (\text{I})$$

若将反应物移到方程的右边，则为 $0=3H_2(g)+CO(g)-CH_4(g)-H_2O(g)$。若以 A_i 表示 i 组分的化学分子式，ν_i 表示化学反应中 i 组分的是化学计量系数或化学计量数，则可写出化学反应的普遍化表达式：

$$0=\sum_i \nu_i A_i(p_i) \qquad (8\text{-}1)$$

式中，ν_i 对生成物取"+"，对反应物取"−"，对惰性组分取"0"；p_i 是 i 组分的物理状态。式(8-1)中的化学计量系数必须满足物料平衡。以 $CO(g)$、$H_2(g)$、$H_2O(l)$ 和 $CH_3OH(l)$ 间的反应为例，按式(8-1)可写为

$$0=\nu_1 CO(g)+\nu_2 H_2(g)+\nu_3 H_2O(l)+\nu_4 CH_3OH(l)$$

由元素平衡可写出三个方程：

碳平衡 $$+\nu_1+\nu_4=0 \qquad (8\text{-}2)$$

氧平衡 $$+\nu_1+\nu_3+\nu_4=0 \qquad (8\text{-}3)$$

氢平衡 $$+2\nu_2+2\nu_3+4\nu_4=0 \qquad (8\text{-}4)$$

在上列3个方程中有4个未知数，为了解出这4个未知数，应选出一个 ν_i 作为独立变量，现以 ν_1 为独立变量，则

$$\nu_2=2\nu_1 \qquad \nu_3=0 \qquad \nu_4=-\nu_1 \qquad (8\text{-}5)$$

这说明水不参与反应，是惰性物质，故该反应可写为

$$0=\nu_1[CO(g)+2H_2(g)-CH_3OH(l)]$$

或

$$CH_3OH(l)=CO(g)+2H_2(g) \tag{Ⅱ}$$

化学反应是按照化学计量学规律进行的。以反应(Ⅰ)为例,若反应过程中消耗了 0.5mol 的甲烷,则水的消耗量为 0.5mol,同时生成 0.5mol×3=1.5mol 的氢和 0.5mol 的一氧化碳,即

$$dn_1=-0.5\text{mol}\quad dn_2=-0.5\text{mol}\quad dn_3=1.5\text{mol}\quad dn_4=0.5\text{mol}$$

可见,在同一个化学反应中,各个组分的变化量是不相同的。但可以看到,各组分的变化量除以各自的化学计量系数,便得到一个不因组分而异的正值(只要反应按正向进行):

$$\frac{dn_1}{\nu_1}=\frac{-0.5}{-1}=0.5\quad \frac{dn_2}{\nu_2}=\frac{-0.5}{-1}=0.5\quad \frac{dn_3}{\nu_3}=\frac{1.5}{3}=0.5\quad \frac{dn_4}{\nu_4}=\frac{0.5}{1}=0.5$$

即 $dn_i/\nu_i=0.5(i=1,2,3,4)$。对于普遍化化学反应式(8-1),定义

$$\frac{dn_1}{\nu_1}=\frac{dn_2}{\nu_2}=\frac{dn_3}{\nu_3}=\frac{dn_4}{\nu_4}=\cdots\equiv d\varepsilon \tag{8-6}$$

式中,ε 反映了反应进行的程度,称为化学反应进度。化学反应中各物质物质的量的微分变化 dn_i 和反应进度 ε 间的普遍关系为

$$dn_i=\nu_i d\varepsilon \tag{8-7}$$

由于 n_i 的单位为 mol,化学计量系数 ν_i 是无量纲的,则 ε 的单位必为 mol。其物理意义在于,当 $\Delta\varepsilon=1\text{mol}$ 时,意味着反应已进行到这样的程度,即每个反应物已有 ν_i 被消耗掉,而每个产物已有 ν_i 生成。

若反应开始时刻,$\varepsilon=0$ 时,$n_i=n_{i0}$,对式(8-7)积分 $\int_{n_{i0}}^{n_i} dn_i=\nu_i\int_0^{\varepsilon} d\varepsilon$,有

$$n_i=n_{i0}+\nu_i\varepsilon\ (i=1,2,\cdots,N) \tag{8-8}$$

由于 $n_i\geqslant 0$,化学反应进度 ε 具有一定的取值范围。式(8-8)对所有参与化学反应的组分加和,得到系统中总的物质的量 n_t:

$$n_t=\sum_i n_i=\sum_i n_{i0}+\varepsilon\sum_i \nu_i \tag{8-9}$$

或

$$n_t=n_0+\nu\varepsilon \tag{8-9a}$$

式中,$n_0=\sum_i n_{i0}$,$\nu=\sum_i \nu_i$。因此,组分 i 的摩尔分数 y_i 与反应进度 ε 的关系为

$$y_i=\frac{n_i}{n_t}=\frac{n_{i0}+\nu_i\varepsilon}{n_0+\nu\varepsilon} \tag{8-10}$$

例 8-1　一系统发生下列反应:

$$CH_4(1)+H_2O(2)\longrightarrow CO(3)+3H_2(4)$$

假定各物质的初始含量是 1mol CH_4、2mol H_2O、1mol CO 和 5mol H_2。当反应发生后,试用化学反应进度 ε 表达各组分的摩尔分数 y_i。

解　对于给定的反应与初始含量,有

$$\nu=\sum_i \nu_i=-1-1+1+3=2$$

$$n_0=\sum_i n_{i0}=1+2+1+5=9(\text{mol})$$

由式(8-10)得

$$y_1=\frac{1-\varepsilon}{9+2\varepsilon}\quad y_2=\frac{2-\varepsilon}{9+2\varepsilon}\quad y_3=\frac{1+\varepsilon}{9+2\varepsilon}\quad y_4=\frac{5+3\varepsilon}{9+2\varepsilon}$$

即为用化学反应进度 ε 表达的各组分的摩尔分数。

对于包含多个独立化学反应的过程，用个 ε_j 表示第 j 个反应的化学反应进度 ε_j。若有 r 个独立反应，用 ν_{ji} 表示组分 i 在第 j 个反应中的化学计量系数，此处 $i=1,2,3,\cdots,N$，指的是物质；$j=1,2,3,\cdots,r$，指的是反应。对每个反应，式(8-1)可写为

$$\sum_i^N \nu_{ji} A_i = 0 (j = 1,2,\cdots,r) \tag{8-11}$$

因为系统内某一组分的物质的量 n_i 可能由于 i 组分参与了多个反应而发生变化，则 n_i 的计算要对所有的反应求和，式(8-7)应修改为

$$\mathrm{d}n_i = \sum_j \nu_{ji} \mathrm{d}\varepsilon_j (i = 1,2,\cdots,N) \tag{8-12}$$

对式(8-12)自 $\varepsilon_j=0$、$n_i=n_{i0}$，到任一时刻的 ε_j、n_i 积分，得到

$$n_i = n_{i0} + \sum_j \nu_{ji} \varepsilon_j \tag{8-13}$$

用上式对所有组分求和即得反应器内的总物料量：

$$n_{\mathrm{t}} = \sum_i n_i = \sum_i n_{i0} + \sum_j \nu_{ji} \varepsilon_j = n_0 + \sum_j \left(\sum_i \nu_{ji} \right) \varepsilon_j \tag{8-14}$$

定义第 j 个反应化学计量系数的代数和为 $\nu_j \equiv \sum_i \nu_{ji}$，则有

$$n_{\mathrm{t}} = n_0 + \sum_j \nu_j \varepsilon_j \tag{8-15}$$

结合式(8-13)和式(8-15)，可得反应器内各组分摩尔分数的计算式：

$$y_i = \frac{n_i}{n_{\mathrm{t}}} = \frac{n_{i0} + \sum_j \nu_{ji} \varepsilon_j}{n_0 + \sum_j \nu_j \varepsilon_j} \tag{8-16}$$

例 8-2 设一体系内，同时发生下列两个反应：

$$CH_4 + H_2O \longrightarrow CO + 3H_2 \tag{1}$$

$$CH_4 + 2H_2O \longrightarrow CO_2 + 4H_2 \tag{2}$$

如果反应初始时各物质的量为 3mol CH_4、5mol H_2O，而 CO、H_2 和 CO_2 的初始量为零。试确定各组分摩尔分数 y_i 与两个反应进度 ε_1、ε_2 的函数关系。

解 各组分在两个反应中的化学计量系数列于表 8-1。

表 8-1 体系内各组分的情况

组分	编号	n_{i0}/mol	化学反应计量系数	
			ν_{1i}	ν_{2i}
CH_4	1	3	−1	−1
H_2O	2	5	−1	−2
CO	3	0	1	0
H_2	4	0	3	4
CO_2	5	0	0	1
Σ		$n_0=8$	$\nu_1=2$	$\nu_2=2$

由式(8-16)求得各组分摩尔分数与两个反应进度的函数关系为

$$y_1=\frac{3-\varepsilon_1-\varepsilon_2}{8+2\varepsilon_1+3\varepsilon_2} \quad y_2=\frac{5-\varepsilon_1-2\varepsilon_2}{8+2\varepsilon_1+3\varepsilon_2} \quad y_3=\frac{\varepsilon_1}{8+2\varepsilon_1+3\varepsilon_2} \quad y_4=\frac{3\varepsilon_1+4\varepsilon_2}{8+2\varepsilon_1+3\varepsilon_2} \quad y_5=\frac{\varepsilon_2}{8+2\varepsilon_1+3\varepsilon_2}$$

由此可见，该体系各组分是两个独立变数 ε_1 和 ε_2 的函数。

8.2　均相化学反应平衡

化学反应平衡是化学反应工程的前导和基础。通过化学平衡计算，确定化学反应中反应物与产物达到平衡时的组成关系、转化率及产率等，为分析和设计工业反应装置提供必要的理论依据。

8.2.1　化学反应平衡的判据和约束条件

化学反应的方向和平衡的判据为

$$(\mathrm{d}G_{\mathrm{t}})_{T,p} \leqslant 0 \quad 或 \quad (\Delta G_{\mathrm{t}})_{T,p} \leqslant 0 \tag{8-17}$$

式(8-17)表明在恒温、恒压下，若总自由焓变化小于零，则过程能自动进行；而当系统的总自由焓变化等于零，意味着系统的自由焓不能再降低，系统达到自由焓为最低值的稳态，即达到化学反应平衡。因此，化学反应平衡的判据为：系统的自由焓达到极小值，存在 $\mathrm{d}G_{\mathrm{t}}/\mathrm{d}\varepsilon=0$（极值点的一阶导数等于零）。

根据式(6-4)，在恒温、恒压下，有

$$\mathrm{d}G_{\mathrm{t}} = \sum_i \mu_i \mathrm{d}n_i$$

将式(8-7)代入上式，并应用化学反应平衡的判据，对单一化学反应，有

$$\mathrm{d}G_{\mathrm{t}}/\mathrm{d}\varepsilon = \sum_i \mu_i \nu_i = 0 \tag{8-18}$$

混合物中组分 i 的化学位 $\mu_i=\overline{G_i}$，由活度与化学位关系式得

$$\mu_i = G_i^{\ominus} + RT\ln \hat{a}_i \tag{8-19}$$

式中，$\hat{a}_i$ 为活度，由定义知 $\hat{a}_i=\dfrac{\hat{f}_i}{f_i^{\ominus}}$；上标$\ominus$表示标准态，在化学平衡中取纯组分 i 在系统的温度和某一固定压力下的状态作为标准态（这与相平衡中所讲的标准态，压力取系统的压力是不相同的）。联立式(8-18)和式(8-19)得

$$\sum_i \nu_i (G_i^{\ominus} + RT\ln \hat{a}_i) = 0 \text{ 或} \sum_i \nu_i G_i^{\ominus} + RT \sum_i \ln (\hat{a}_i)^{\nu_i} = 0$$

或

$$\ln \Pi\, (\hat{a}_i)^{\nu_i} = -\frac{\sum_i \nu_i G_i^{\ominus}}{RT} \tag{8-20}$$

式中，Π 是个乘积符合，表示由其控制的所有项作连续的乘积。将式(8-20)写成指数形式：

$$\Pi\, (\hat{a}_i)^{\nu_i} = \exp\left(-\frac{\sum_i \nu_i G_i^{\ominus}}{RT}\right) = K_{\mathrm{a}} \tag{8-21}$$

式中，K_{a}称为化学反应平衡常数，又称为化学反应平衡比。式(8-21)给 K_{a}下了定义，即为化学反应平衡的约束条件。

由于 $G_i^{\ominus}$ 为在某固定压力下组分 i 在标准态时的自由焓，仅与温度有关，因此，平衡常数 K_{a}也仅是温度的函数。将式(8-20)写为

$$\Delta G_T^{\ominus} = \sum_i \nu_i G_i^{\ominus} = -RT\ln K_{\mathrm{a}} = -RT\ln[\Pi\, (\hat{f}_i/f_i^{\ominus})^{\nu_i}] \tag{8-22}$$

式中，$\Delta G_T^{\ominus}$ 称为温度 T 时的标准态化学反应自由焓变化，仅是温度的函数。

式(8-19)～式(8-22)中的标准态是任意的，但必须在平衡温度 T 下，虽然没有必要对所有的组分都取相同的标准态，但是对给定的组分，$G_i^{\ominus}$ 的标准态必须和 $f_i^{\ominus}$ 的标准态相同。

注意，$\Delta G_T^{\ominus}$ 和 ΔG_T 是有区别的，$\Delta G_T^{\ominus}$ 是指纯产物和纯反应物在标准态下按化学计量系数计算的吉布斯自由焓的变化，它用来估算化学反应的平衡常数，但本身不能直接指明反应方向；而 ΔG_T 是指在对应的反应条件下(包括温度、压力和组成)，发生反应时，所引起的吉布斯自由焓的变化，由 ΔG_T 的正负判断反应的方向。当化学反应达到平衡时，ΔG_T 必须为零，而 $\Delta G_T^{\ominus}$ 一般不等于零，两者不能混淆。

8.2.2 化学反应平衡常数与温度的关系

由式(8-22)知：

$$K_a = \exp\left(-\frac{\Delta G_T^{\ominus}}{RT}\right)$$

则 K_a 可由所有反应物和产物组分的标准态生成自由焓 $G_{f,i}^{\ominus}$(若选用相同的计算基准，$G_{f,i}^{\ominus} = G_i^{\ominus}$)按计量系数加权后获得的 $\Delta G_T^{\ominus}$ 来计算，即

$$\Delta G_T^{\ominus} = \sum_i \nu_i G_i^{\ominus} = \sum_i \nu_i G_{f,i}^{\ominus} = \sum_P \nu_P G_{f,P}^{\ominus} - \sum_R \nu_R G_{f,R}^{\ominus} \tag{8-23}$$

式中，下标中的指数 P 和 R 分别表示产物组分和反应物组分。式(8-23)中的最后一个等式即为物理化学中常见的表达式。由 $G_{f,i}^{\ominus}$ 出发计算 K_a 的内容在物理化学中已有介绍，在此不再赘述。

为了计算不同温度 T 下的 K_a 值，是否必须要知道所有温度下的 $\Delta G_T^{\ominus}$ 呢？答案显然是否定的。按照经典热力学中自由焓变化的温度效应：

$$\frac{d(\Delta G^{\ominus}/RT)}{dT} = \frac{1}{RT}\frac{d(\Delta G^{\ominus})}{dT} - \frac{\Delta G^{\ominus}}{RT^2}$$

由于 $\Delta S = -\frac{d(\Delta G^{\ominus})}{dT}$，$\Delta G^{\ominus} = \Delta H^{\ominus} - T\Delta S^{\ominus}$，整理得

$$\frac{d(\Delta G^{\ominus}/RT)}{dT} = -\frac{\Delta H^{\ominus}}{RT^2} \tag{8-24}$$

式(8-24)即为化学反应过程中标准焓变与标准吉布斯焓变之间的关系。由式(8-24)和式(8-22)，即可得到化学反应平衡常数与平衡混合物温度的关系：

$$\frac{d\ln K_a}{dT} = \frac{\Delta H^{\ominus}}{RT^2} \tag{8-25}$$

式(8-25)称为范特霍夫(Van't Hoff)等压方程。由此可见，当 $\Delta H^{\ominus}$ 为负值，即放热反应时，平衡常数随温度升高而降低；相反，当 $\Delta H^{\ominus}$ 为正值，即吸热反应时，平衡常数随温度升高而增大。

对式(8-24)从 T_0(通常取 T_0=298.15K)到 T 积分，有

$$\frac{\Delta G_T^{\ominus}}{RT} = \frac{\Delta G_{T_0}^{\ominus}}{RT} - \int_{T_0}^{T} \frac{\Delta H_T^{\ominus}}{RT^2} dT \tag{8-26}$$

由于 $\Delta H_T^{\ominus}$ 也是温度的函数，可从参考温度下的 $\Delta H_{T_0}^{\ominus}$ 和 ΔC_p 计算得到：

$$\Delta H_T^{\ominus} = \Delta H_{T_0}^{\ominus} + \int_{T_0}^{T} \Delta C_p dT \tag{8-27}$$

若将组分 i 的热容可表达为 $C_{p,i} = a_i + b_i T + c_i T^2 + d_i T^3$，代入式(8-27)，有

$$\Delta H_T^{\ominus}=J+\Delta aT+\frac{\Delta b}{2}T^2+\frac{\Delta c}{3}T^3+\frac{\Delta d}{4}T^4 \tag{8-28}$$

式中，$\Delta M=\sum \nu_i M_i(M=a、b、c)$；$J$ 为一个仅与 $\Delta H_T^{\ominus}$ 和 T_0 有关的积分常数，可由 $T=T_0$ 时 $\Delta H_T^{\ominus}=\Delta H_{T_0}^{\ominus}$ 这一已知条件通过式(8-28) 计算。将式(8-28) 代入式(8-26)，得

$$\frac{\Delta G_T^{\ominus}}{RT}=\frac{J}{RT}-\frac{\Delta a}{R}\ln T-\frac{\Delta bT}{2R}-\frac{\Delta cT^2}{6R}-\frac{\Delta dT^3}{12R}+I \tag{8-29}$$

式中，I 为另一个积分常数，可由 $T=T_0$ 时 $\Delta G_T^{\ominus}=\Delta G_{T_0}^{\ominus}$ 这一已知条件通过式(8-29)计算。有了式(8-29)，即可从定义式(8-22)计算平衡常数 K_a。

如果反应的标准热焓变化 $\Delta H_T^{\ominus}$ 在给定的温度区间内可作为常数，也就是假定它不随温度变化而为定值，由式(8-25)出发，可得到一个非常简单的估算任一温度下 K_a 的关系式：

$$\ln\frac{K_a}{K_a^{\ominus}}=\frac{-\Delta H_{T_0}^{\ominus}}{R}\left(\frac{1}{T}-\frac{1}{T_0}\right) \tag{8-30}$$

式中，$K_a^{\ominus}$ 为参考温度 T_0 下的平衡常数。当$(T-T_0)$的绝对值小于 100K 时，式(8-30)的简捷计算精度较高。

例 8-3 试分别计算 418.15K 与 593.15K 时乙烯汽相水合生成乙醇的化学反应平衡常数，并和简捷计算结果比较。已知反应系统中各组分的热力学性质如下表所示：

	$H_{f,298.15}^{\ominus}$ /kJ · mol^{-1}	$G_{f,298.15}^{\ominus}$ /kJ · mol^{-1}	$C_{p,i}=a_i+b_iT+c_iT^2+d_iT^3$/(J · mol^{-1} · K^{-1})			
			a_i	b_i	c_i	d_i
乙烯	52.51	68.43	3.806	0.1566	-8.348×10^{-5}	1.755×10^{-8}
水	−241.835	−228.614	32.24	0.001924	1.055×10^{-5}	-3.596×10^{-9}
乙醇	−234.95	−167.73	9.014	0.2141	-8.390×10^{-5}	1.373×10^{-9}

解 化学反应式为

$$C_2H_4+H_2O\longrightarrow C_2H_5OH$$

设 $T_0=298.15$K，则

$$\Delta H_{298.15}^{\ominus}=\sum_i \nu_i H_{f,298.15}^{\ominus}=-234.98-52.51+241.835=-45.625(\text{kJ}\cdot\text{mol}^{-1})$$

$$\Delta G_{298.15}^{\ominus}=\sum_i \nu_i G_{f,298.15}^{\ominus}=-167.73-68.43+228.614=-7.546(\text{kJ}\cdot\text{mol}^{-1})$$

同理

$$\Delta a=\sum \nu_i a_i=9.014-3.806-32.24=-27.032$$

$$\Delta b=\sum \nu_i b_i=0.2141-0.1566-0.001924=0.05558$$

$$\Delta c=\sum \nu_i c_i=(-8.390+8.348-1.055)\times10^{-5}=-1.097\times10^{-5}$$

$$\Delta d=\sum \nu_i d_i=(0.1373-1.755+0.3596)\times10^{-8}=-1.258\times10^{-8}$$

(1) 将 $T_0=298.15$K 和 $\Delta H_{298.15}^{\ominus}$ 代入式(8-28)，计算积分常数 J：

$$-45.625\times1000=J-27.032\times298.15+\frac{0.05558}{2}\times298.15^2-\frac{1.097\times10^{-5}}{3}\times298.15^3-\frac{1.258\times10^{-8}}{4}\times298.15^4$$

解得

$$J=-39.914\text{kJ}\cdot\text{mol}^{-1}$$

将 $T_0=298.15\text{K}$、J 和 $\Delta H^{\ominus}_{298.15}$ 代入式(8-29)，计算积分常数 I：

$$-7.546\times1000/(8.314\times298.15)=[-39.914\times1000/298.15+27.032\times\ln298.15-0.05558\times298.15/2+1.097\times10^{-5}\times298.15^2/6+1.258\times10^{-8}\times298.15^3/12]/8.314+I$$

解得

$$I=-4.494$$

由式(8-29)，有

$$\Delta G^{\ominus}_T=J-\Delta aT\ln T-\frac{\Delta b}{2}T^2-\frac{\Delta c}{6}T^3-\frac{\Delta d}{12}T^4+IRT$$
$$=-39914+27.032T\ln T-0.02779T^2+1.828\times10^{-6}T^3+1.048\times10^{-9}T^4-37.363T$$

故当 $T_1=418.15\text{K}$ 或 $T_2=593.15\text{K}$ 时，有

$$\Delta G^{\ominus}_{418.15\text{K}}=7997\text{J}\cdot\text{mol}^{-1}\qquad \Delta G^{\ominus}_{593.15\text{K}}=3.104\times10^4\text{J}\cdot\text{mol}^{-1}$$

由式(8-22)得

$$K_{a,1}=\exp[-7997/8.314\times418.15]=0.1002$$
$$K_{a,2}=\exp[-31040/8.314\times593.15]=1.846\times10^{-3}$$

(2) 用简捷计算法计算：

当 $T_0=298.15\text{K}$ 时，由式(8-22)知

$$K^{\ominus}_a=\exp[-7997/8.314\times298.15]=20.99$$

利用式(8-30)，当 $T_1=418.15\text{K}$ 或 $T_2=593.15\text{K}$ 时，有

$$\ln\frac{K'_{a,1}}{20.99}=\frac{45.625\times1000}{8.314}\left(\frac{1}{418.15}-\frac{1}{298.15}\right)$$
$$\ln\frac{K'_{a,2}}{20.99}=\frac{45.625\times1000}{8.314}\left(\frac{1}{593.15}-\frac{1}{298.15}\right)$$

解得

$$K'_{a,1}=0.106\qquad K'_{a,2}=2.220\times10^{-3}$$

可见，当$(T-T_0)$的差值较小时，简捷计算结果与精确计算结果很接近；但如果 T 和 T_0 相差较大，则不宜采用简捷计算法。

8.2.3　化学反应平衡计算

对于给定操作条件下的化学反应，可由各组分的物性数据求得化学反应平衡常数[式(8-22)或式(8-30)]。本节将讨论利用化学反应平衡常数求算平衡组成或平衡分压的方法。化学反应平衡常数的定义由式(8-21)给出：

$$\Pi\ (\hat{a}_i)^{\nu_i}=K_a \tag{8-21}$$

式中，$\hat{a}_i=\hat{f}_i/f_i^{\ominus}$，为 i 组分在反应混合物的活度，对于不同的相态具有不同的计算方法。下面就反应所处不同相态分别进行讨论。

1. 气相反应

若反应物和生成的产物都是真实气体，取系统温度 T、1atm 或 1bar 压力下的纯理想气体为标准态。由于理想气体的逸度等于压力，则对系统中的每个组分有 $f_i^{\ominus}=p_i^{\ominus}=1\text{atm}$，或$f_i^{\ominus}=p_i^{\ominus}=1\text{bar}$，此时式(8-21)简化为

$$K_a=\Pi\ (\hat{a}_i)^{\nu_i}=\Pi\hat{f}_i^{\nu_i}=K_f \tag{8-31}$$

要注意当 $f_i^{\ominus}=1\text{atm}$ 时，逸度 $\hat{f}_i$ 必须以 atm 为单位；$f_i^{\ominus}=1\text{bar}$ 时，逸度 $\hat{f}_i$ 必须以 bar 为单位，K_a为量纲一的量。由于 K_a 只是温度的函数，可见 K_f 也只是温度的函数。

组分逸度反映了平衡混合物的非理想性，它们是温度、压力和组成的函数。因此，当温度恒定时，平衡组成随压力改变而变化，但必须维持 $\Pi\hat{f}_i^{\nu_i}$ 等于常数。把组分逸度的定义 $\hat{f}_i=\hat{\phi}_i y_i p$ 代入式(8-31)，得

$$\Pi\,(y_i\hat{\phi}_i^{\mathrm{V}})^{\nu_i}=p^{-\nu}K_f=K_yK_{\hat{\phi}} \tag{8-32}$$

其中

$$K_{\hat{\phi}}=\Pi\,(\hat{\phi}_i^{\mathrm{V}})^{\nu_i} \tag{8-32a}$$

$$K_y=\Pi\,(y_i)^{\nu_i} \tag{8-32b}$$

$$\nu=\sum_i \nu_i \tag{8-32c}$$

式中，y_i 为平衡混合物中组分 i 的摩尔分数；$\hat{\phi}_i^{\mathrm{V}}$ 为组分 i 的逸度系数；p 为平衡压力。

式(8-32)把以逸度表示的化学反应平衡常数用平衡组成来表达，但从式(8-32)还能看出 $\Pi\hat{f}_i^{\nu_i}$ 也和压力 p 有关。对真实气体的化学平衡来说，与理想气体混合物的差别在于要先计算 $K_{\hat{\phi}}$。可是在用 6.2.4 中 $\hat{\phi}_i^{\mathrm{V}}$ 的计算方程时，因 y_i也是未知数，为此必须进行迭代。

当平衡混合物是理想溶液时，则每个 $\hat{\phi}_i^{\mathrm{V}}$ 变为纯组分 i 在 T、p 时的逸度系数 ϕ_i，则式(8-32)可写为

$$K_f=K_\phi K_y p^{\nu}=p^{\nu}\Pi\,(y_i\phi_i)^{\nu_i} \tag{8-33}$$

或

$$K_\phi=\Pi\,(\phi_i)^{\nu_i} \tag{8-33a}$$

由于 ϕ_i 与组成无关，只要一旦确定了平衡温度与压力，则可由普遍化关联式求出 ϕ_i，无需迭代计算。

当压力足够低或温度足够高时，平衡混合物具有理想气体的性质，此时 $\hat{\phi}_i^{\mathrm{V}}=1$，则式(8-32)简化为

$$K_f=K_y p^{\nu}=p^{\nu}\Pi\,(y_i)^{\nu_i} \tag{8-34}$$

式(8-34)可写为

$$K_f=\Pi\,(y_i p)^{\nu_i}=\Pi\,(p_i)^{\nu_i}=K_p \tag{8-35}$$

也可写为

$$K_f p^{-\nu}=\Pi\,(y_i)^{\nu_i}=K_y \tag{8-36}$$

显然，式(8-34)仅适用于理想气体的反应。对照式(8-35)和式(8-36)可知

$$K_y=K_p p^{-\nu} \tag{8-37}$$

对理想气体反应来说，K_p 只是温度的函数，与压力和组成无关；而 K_y 则除与温度有关外，与压力也有关系。

式(8-32)也可写为

$$K_f=\Pi\,(p y_i\hat{\phi}_i^{\mathrm{V}})^{\nu_i}=\Pi\,(p_i)^{\nu_i}\,(\hat{\phi}_i^{\mathrm{V}})^{\nu_i}=K_pK_{\hat{\phi}} \tag{8-38}$$

若已知反应的平衡常数 K_f，通过式(8-32)可计算反应体系的平衡组成。

例 8-4　试计算 700.15K 和 30.39MPa 下合成氨反应的平衡组成。已知反应物为 75%H_2和 25%N_2(摩尔分数)，该反应的 K_f文献值为 0.0091，其中各组分压力的标准状态均为 1atm。

解　合成氨反应式为

$$\frac{3}{2}H_2+\frac{1}{2}N_2\longrightarrow NH_3$$

反应的化学计量系数为

$$\nu=\sum_i\nu_i=\nu_{H_2}+\nu_{N_2}+\nu_{NH_3}=-1.5-0.5+1=-1$$

假定反应混合物为理想的气体溶液，即 $\hat{\phi}_i^V=\phi_i$。各组分在 700.15K 和 30.39MPa 下的逸度系数由普遍化方法求得

$$\phi_{H_2}=1.10\qquad\phi_{N_2}=1.15\qquad\phi_{NH_3}=0.90$$

由此得

$$K_{\hat{\phi}}=\Pi(\phi_i)^{\nu_i}=\frac{0.90}{(1.10)^{3/2}(1.15)^{1/2}}=0.727$$

取起始反应物的总量为 1mol，设反应平衡时的反应进度为 ε_e，则反应前后各组分的物质的量、摩尔分数等根据式(8-8)和式(8-9)，有

项目	H_2	N_2	NH_3	合计
反应前 n_{i0}	0.75	0.25	0	1
反应后 n_i	$0.75-1.5\varepsilon_e$	$0.25-0.5\varepsilon_e$	ε_e	$1-\varepsilon_e$
反应后 y_i	$\frac{0.75-1.5\varepsilon_e}{1-\varepsilon_e}$	$\frac{0.25-0.5\varepsilon_e}{1-\varepsilon_e}$	$\frac{\varepsilon_e}{1-\varepsilon_e}$	1

将上述各项数据代入式(8-38)，得

$$0.0091=0.727\times\frac{\left(\frac{\varepsilon_e}{1-\varepsilon_e}\right)}{\left(\frac{0.75-1.5\varepsilon_e}{1-\varepsilon_e}\right)^{3/2}\left(\frac{0.25-0.5\varepsilon_e}{1-\varepsilon_e}\right)^{1/2}}\left(\frac{30.39}{0.1013}\right)^{\left(1-\frac{3}{2}-\frac{1}{2}\right)}$$

利用试差法求得 $\varepsilon_e=0.294$，故平衡组成为

$$y_{H_2}=\frac{0.75-1.5\varepsilon_e}{1-\varepsilon_e}=\frac{0.75-1.5\times0.294}{1-0.294}=0.438$$

$$y_{N_2}=\frac{0.25-0.5\varepsilon_e}{1-\varepsilon_e}=\frac{0.25-0.5\times0.294}{1-0.294}=0.146$$

$$y_{NH_3}=\frac{\varepsilon_e}{1-\varepsilon_e}=\frac{0.294}{1-0.294}=0.416$$

此外，压力是影响化学反应平衡的一个重要因素。从式(8-33)可写出：

$$K_y=\frac{K_f}{K_\phi}p^{-\nu}$$

在温度恒定时，K_f 值不变，而 K_ϕ 却是压力的函数。至于压力变化对平衡常数的影响，不能一概而论。首先，要视 ν 是大于零还是小于零。当 $\nu>0$ 时，$p^{-\nu}$ 是在式(8-33b)的分母中，压力提高将导致 K_y 值减小；而当 $\nu<0$，如合成氨反应那样，压力提高将使 K_y 值增加；当 $\nu=0$ 时，$p^{-\nu}$ 将等于 1，对这类反应，总压 p 对平衡组成的影响减少。其次，要看 p 对 K_ϕ 的影响，因为 p 增加时，K_ϕ 可以增加，也可以减小。再次，要看 $p^{-\nu}$ 和 K_ϕ 两个因素对 K_y 的影响是叠加还是相互抵消一部分。根据以上分析，总压对化学反应平衡的影响不是单调的，应该通过必要的热力学计算才能得出正确而有力的回答。

2. *液相反应*

对于液相中的化学反应，常取系统温度和压力为 1atm 或 1bar 下的纯液体作为标准态。

在平衡计算中使用平衡常数定义式(8-21)：

$$K_a = \Pi\ (\hat{a}_i)^{\nu_i}$$

根据活度和活度系数的定义[式(6-64)和式(6-65)]：

$$\hat{a}_i = \frac{\hat{f}_i^L}{f_i^\ominus} \qquad \gamma_i = \frac{\hat{f}_i^L}{x_i f_i^\ominus}$$

从上两式消去 $\hat{f}_i^L$，得

$$\hat{a}_i = \frac{\gamma_i x_i f_i^L}{f_i^\ominus} = \gamma_i x_i \left(\frac{f_i^L}{f_i^\ominus}\right) \tag{8-39}$$

式中，$f_i^\ominus$ 为纯液体 i 在系统温度和标准压力(1atm 或 1 bar)条件下的逸度；f_i^L 是纯液体 i 在系统温度和压力条件下的逸度。由于

$$\mathrm{d}\ln f_i^L = \frac{V_i^L}{RT}\mathrm{d}p \quad (T = 常数)$$

将上式在体系温度 T 下从标准压力(1atm 或 1bar)积分至体系压力 p(atm 或 bar)，并考虑恒温时液体的体积 V_i^L 随压力的变化很小，得

$$\int_{f_i^\ominus}^{f_i^L} \mathrm{d}\ln f_i^L = \frac{V_i^L}{RT}\int_1^p \mathrm{d}p$$

或

$$\ln\frac{f_i^L}{f_i^\ominus} = \frac{V_i^L}{RT}(p-1) \tag{8-40}$$

将式(8-39)和式(8-40)代入式(8-21)，得

$$K_a = \Pi\ (\hat{a}_i)^{\nu_i} = [\Pi\ (x_i\gamma_i)^{\nu_i}]\exp\left[\frac{(p-1)}{RT}\sum(\nu_i V_i^L)\right] \tag{8-41a}$$

或

$$K_a = K_x K_\gamma \exp\left[\frac{(p-1)}{RT}\sum(\nu_i V_i^L)\right] \tag{8-41b}$$

式中，$K_\gamma = \Pi\ (\gamma_i)^{\nu_i}$；$K_x$ 为以组分浓度表达的化学反应平衡常数。

因压力对纯液体逸度的影响小，当系统的压力不太高时，式(8-41)中的指数项接近 1，在这种情况下，式(8-41b)变为

$$K_a = \Pi\ (x_i\gamma_i)^{\nu_i} = K_x K_\gamma \tag{8-42}$$

在运用(8-41)和式(8-42)两式进行液体相反应平衡计算时，关键是求算反应混合物 i 组分的活度系数 γ_i。原则上可用活度系数的关联式或推算式，如威尔逊方程、UNIFAC 方程等。因为 γ_i 是组成的函数，求解时也需要迭代计算。

若平衡混合物是理想溶液，各组分的活度系数都等于 1，则式(8-42)可简化为

$$K_a = \Pi\ (x_i)^{\nu_i} = K_x \tag{8-43}$$

这种简单的关系称为质量作用定律。由于反应的液体往往形成非理想溶液，因此用式(8-43)计算在许多场合下误差较大。但在分解、异构、聚合等反应中还是有其应用场合的。

对于高浓度组分，尤其是对 x_i 接近于 1 的组分，常适用路易斯-兰德尔规则，组分 $\hat{a}_i \to x_i$，近似地可写为 $\hat{a}_i = x_i$。

对于在水溶液中以低浓度存在的组分($x_i \to 0$)，这时溶液常符合或近似符合拉乌尔定律或亨利定律，式(8-43)还可用其他浓度标度来表示，如以质量摩尔浓度标度表示的方程为

$$K_x = \Pi\ (m_i)^{\nu_i} \tag{8-43a}$$

式中，m_i为溶质的质量摩尔浓度。不难证明式(8-43a)中采用了 $m_i^{\ominus}=1\text{mol}\cdot\text{kg}^{-1}$，且符合亨利定律的假想溶液为标准态。

例 8-5 乙酸与乙醇在 373.15K 及常压下液相酯化生成乙酸乙酯，反应式如下：

$$CH_3COOH\ (l)+C_2H_5OH\ (l)\longrightarrow CH_3COOC_2H_5\ (l)+H_2O\ (l)$$

反应开始时，乙酸与乙醇均为 1mol，298.15K 时的有关数据如下：

物质	乙酸	乙醇	乙酸乙酯	水
$\Delta H_f^{\ominus}/(\text{J}\cdot\text{mol}^{-1})$	−484500	−277690	−463250	−285830
$\Delta G_f^{\ominus}/(\text{J}\cdot\text{mol}^{-1})$	−389900	−174780	−318280	−237129

假定反应混合物为理想溶液，试计算平衡时反应混合中乙酸乙酯的摩尔分数。

解 反应在 298.15K 下的标准摩尔生成焓变与标准生成吉布斯焓变为

$$\Delta H_{298.15\text{K}}^{\ominus}=\sum_i \nu_i H_{f,i}^{\ominus}=-463250-285830+484500+277690=13110(\text{J})$$

$$\Delta G_{298.15\text{K}}^{\ominus}=\sum_i \nu_i G_{f,i}^{\ominus}=-318280-237129+389900+174780=9271(\text{J})$$

由式(8-22)，有

$$\ln K_a^{\ominus}=-\frac{\Delta G_T^{\ominus}}{RT}=-\frac{9271}{8.314\times 298.15}=-3.740$$

$$K_a^{\ominus}=0.0238$$

假定温度由 298.15K 至 373.15K 内，该反应的标准焓变内不随温度变化而为定值，则由式(8-30)，得

$$\ln\frac{K_a}{K_a^{\ominus}}=\frac{-\Delta H_{298.15\text{K}}^{\ominus}}{R}\left(\frac{1}{373.15}-\frac{1}{298.15}\right)=\frac{-13110}{8.314}\left(\frac{1}{373.15}-\frac{1}{298.15}\right)=1.063$$

$$K_a=K_a^{\ominus}\exp(1.063)=0.0238\times 2.895=0.0689$$

设反应平衡时的反应进度为 ε_e，则反应前后各组分的计量关系如下：

项目	CH_3COOH	C_2H_5OH	$CH_3COOC_2H_5$	H_2O	合计
组分编号	1	2	3	4	
ν_i	−1	−1	1	1	0
初始物质的量 n_{i0}	1	1	0	0	2
平衡时物质的量 n_i	$1-\varepsilon_e$	$1-\varepsilon_e$	ε_e	ε_e	2
平衡时 x_i	$(1-\varepsilon_e)/2$	$(1-\varepsilon_e)/2$	$\varepsilon_e/2$	$\varepsilon_e/2$	1

将上述各项数据代入式(8-43)，有

$$K_a=K_x=\Pi(x_i)^{\nu_i}=\frac{x_3x_4}{x_1x_2}=\frac{(\varepsilon_e/2)^2}{[(1-\varepsilon_e)/2]^2}=0.0689$$

由此可得

$$\varepsilon_e=0.208$$

$$x_{CH_3COOC_2H_5}=x_4=\varepsilon_e/2=0.208/2=0.104$$

此结果与实验测得平衡时乙酸乙酯的摩尔分数 0.33 相比，偏差较大，表明计算中假设为理想溶液不合理。

8.2.4 影响化学平衡组成的因素

影响化学反应平衡的主要因素有温度、压力、惰性组分及原料组成等。为合理利用原料、提高产率、找出最佳的操作条件，应用热力学的观点来讨论这些因素的影响是十分必要的。

现以气相反应为例进行讨论，在讨论每一因素的影响时都假定其他因素不变。若反应在

较高温度或较低压力下进行，平衡混合物具有理想气体的性质，此时

$$K_y=\Pi(y_i)^{\nu_i}=K_f p^{-\nu} \tag{8-36}$$

K_y是温度、压力的函数。式(8-36)虽只对理想气体适用，但可以在式(8-36)的基础上近似得出某些普遍合理的近似结论，从而导出温度、压力对平衡组成影响的趋势。

1. 温度的影响

因为反应进度 ε 是度量反应进行程度的变量，因而讨论温度对平衡组成的影响，只要讨论温度对平衡反应进度 ε_e的影响即可。

在保持压力 p 不变的条件下，由 K_y对温度求导，得

$$\left(\frac{\partial K_y}{\partial T}\right)_p=\frac{\partial K_y}{\partial \varepsilon_e}\left(\frac{\partial \varepsilon_e}{\partial T}\right)_p \tag{8-44}$$

由式(8-36)，知

$$\left(\frac{\partial K_y}{\partial T}\right)_p=p^{-\nu}\frac{\mathrm{d}K_f}{\mathrm{d}T}=\frac{K_y}{K_f}\frac{\mathrm{d}K_f}{\mathrm{d}T}=K_y\frac{\mathrm{d}\ln K_f}{\mathrm{d}T}$$

同时，由式(8-25)和式(8-31)，知

$$\frac{\mathrm{d}\ln K_f}{\mathrm{d}T}=\frac{\Delta H^\ominus}{RT^2}$$

结合以上两式得

$$\left(\frac{\partial K_y}{\partial T}\right)_p=\frac{K_y\Delta H^\ominus}{RT^2} \tag{8-45}$$

将式(8-45)代入式(8-44)得

$$\left(\frac{\partial \varepsilon_e}{\partial T}\right)_p=\frac{K_y\Delta H^\ominus}{RT^2}\frac{\partial \varepsilon_e}{\partial K_y}=\left(\frac{K_y}{RT^2}\frac{\partial \varepsilon_e}{\partial K_y}\right)\Delta H^\ominus \tag{8-46}$$

式中，K_y、R、T 总是正值，$\frac{\mathrm{d}\varepsilon_e}{\mathrm{d}K_y}$也总是正值，所以$\left(\frac{\partial \varepsilon_e}{\partial T}\right)_p$的符号取决于 $\Delta H^\ominus$。即在给定的温度下，如果 $\Delta H^\ominus$是正值，即标准态反应为吸热反应时，则温度升高，平衡反应进度 ε_e增加，升高温度促使反应向右进行。如果 $\Delta H^\ominus$为负值，即标准态反应为放热反应时，升高温度将降低平衡反应进度 ε_e。

2. 压力的影响

在保持温度 T 不变的情况下，把 K_y对压力 p 求导，得

$$\left(\frac{\partial K_y}{\partial p}\right)_T=\frac{\mathrm{d}K_y}{\mathrm{d}\varepsilon_e}\left(\frac{\partial \varepsilon_e}{\partial p}\right)_T$$

整理得

$$\left(\frac{\partial \varepsilon_e}{\partial p}\right)_T=\frac{\mathrm{d}\varepsilon_e}{\mathrm{d}K_y}\left(\frac{\partial K_y}{\partial p}\right)_T \tag{8-47}$$

由式(8-36)，知

$$\left(\frac{\partial K_y}{\partial p}\right)_T=-\nu p^{-\nu-1}K_f=-\nu K_f p^{-\nu}p^{-1}=-\frac{\nu K_y}{p}$$

将上式代入式(8-47)得

$$\left(\frac{\partial \varepsilon_e}{\partial p}\right)_T=-\frac{\nu K_y}{p}\frac{\mathrm{d}\varepsilon_e}{\mathrm{d}K_y}=\left(\frac{K_y}{p}\frac{\mathrm{d}\varepsilon_e}{\mathrm{d}K_y}\right)(-\nu) \tag{8-48}$$

式(8-48)中括号内的项也总是正值，$\left(\frac{\partial \varepsilon_e}{\partial p}\right)_T$ 的符号取决于 ν。$\nu = \sum \nu_i$，如果 ν 为负值，即为体积缩小的反应，则在温度不变的条件下，增加压力，ε_e 也增加，即反应向右进行；如果 ν 为正号，即为体积增加的反应，增加压力将降低 ε_e，即反应向左进行。

3. 惰性气体的影响

设一个化学反应为

$$aA + bB \longrightarrow lL + mM$$

假定该反应是理想气体体系，且含有惰性气体，在一定的温度和压力下，达到平衡时，体系中各物质的物质的量分别为 n_A、n_B、n_L、n_M、n_I，n_I 为惰性气体的物质的量。

由式(8-35)，对理想气体有

$$K_f = K_p$$

$$\begin{aligned}K_p &= \frac{\left(\frac{n_L}{n_A+n_B+n_L+n_M+n_I}p\right)^l \left(\frac{n_M}{n_A+n_B+n_L+n_M+n_I}p\right)^m}{\left(\frac{n_A}{n_A+n_B+n_L+n_M+n_I}p\right)^a \left(\frac{n_B}{n_A+n_B+n_L+n_M+n_I}p\right)^b} \\ &= \frac{n_L^l n_M^m}{n_A^a n_B^b}\left(\frac{p}{n_A+n_B+n_L+n_M+n_I}\right)^\nu = K_n\left(\frac{p}{n_A+n_B+n_L+n_M+n_I}\right)^\nu\end{aligned}$$

式中，$\nu = (l+m) - (a+b)$，经整理后得

$$K_n = K_p\left(\frac{n_A+n_B+n_L+n_M+n_I}{p}\right)^\nu \tag{8-49}$$

对于理想气体，当温度一定时，K_p 一定，压力是固定的，现在就 n_A、n_B、n_L、n_M 一定时，n_I 对 K_n 的影响作讨论：

当 $\nu > 0$ 时，即体积增大的反应，n_I 增大，式(8-49)中括号项也增大，即增大 n_I 能增大产物的平衡组成；反之，n_I 减小将降低产物的平衡组成。

当 $\nu < 0$ 时，即体积缩小的反应，n_I 增大，式(8-49)中括号项减小，K_p 不变，所以 K_n 也减小，即增加 n_I 要降低产物的平衡组成；反之，降低 n_I，将增大产物的平衡组成。

对于非理想气体体系，惰性气体对平衡组成的影响趋势也是相同的。

4. 反应物组成的影响

欲使产物的产率最大，起始混合物就应按化学反应的计量系数进行配比。如果某种反应物供应因某些原因而受到限制时，增加其他反应物的初始浓度，也会增加产物的量和反应的完善程度。

例 8-6 试证明当反应物的组成为反应式的化学计量系数比时，平衡物系中产物的浓度最高。

解 以 $\frac{3}{2}H_2(1) + \frac{1}{2}N_2(2) \longrightarrow NH_3(3)$ 为例，即要证明当平衡物系中 $n_{H_2} : n_{N_2} = 3 : 1$ 时，NH_3 含量最大。

假定物系中只有 H_2、N_2、NH_3，无其他惰性气体。设 γ 为平衡物系中 H_2、N_2 的摩尔分数之比，$\gamma = \frac{y_1}{y_2}$，有

$$\begin{cases} y_1 + y_2 + y_3 = 1 \\ \frac{y_1}{y_2} = \gamma \end{cases}$$

解得

$$y_1=(1-y_3)\frac{\gamma}{1+\gamma}\qquad y_2=(1-y_3)\frac{1}{1+\gamma}$$

若物系总压为 p，由式(8-35)，得

$$K_f=K_p=\Pi(y_ip)^{\nu_i}=\frac{py_3}{(py_1)^{\frac{3}{2}}(py_2)^{\frac{1}{2}}}=\frac{py_3}{(py_1)^{\frac{3}{2}}(py_2)^{\frac{1}{2}}}=\frac{py_3}{\left[p(1-y_3)\frac{\gamma}{1+\gamma}\right]^{\frac{3}{2}}\left[p(1-y_3)\frac{1}{1+\gamma}\right]^{\frac{1}{2}}}$$

整理后得

$$\frac{y_3}{(1-y_3)^2}=K_pp\left(\frac{1}{1+\gamma}\right)^2\gamma^{\frac{3}{2}}$$

欲求 y_3 最大时的 γ 值，将上式对 γ 求导，并令其等于 0，即

$$\frac{\partial\left[\frac{y_3}{(1-y_3)^2}\right]}{\partial\gamma}=K_pp\left[\frac{\frac{3}{2}\gamma^{\frac{1}{2}}}{(1+\gamma)^2}-\frac{2\gamma^{\frac{3}{2}}}{(1+\gamma)^3}\right]=0$$

因 T、p 恒定，K_p、p 为定值，且不等于 0，故

$$\frac{\frac{3}{2}\gamma^{\frac{1}{2}}}{(1+\gamma)^2}=\frac{2\gamma^{\frac{3}{2}}}{(1+\gamma)^3}$$

解得

$$\gamma=3$$

即说明起始混合时应取 $n_{H_2}:n_{N_2}=3:1$。

例 8-7　在 500K 及如下条件下进行甲醇合成反应：

$$CO(g)+2H_2(g)\longrightarrow CH_3OH(g)$$

试计算平衡混合物中甲醇的含量。已知 $\Delta G^{\ominus}_{500K}=21265J$。

(1) 反应在 10MPa 下进行，反应物中只含 CO 与 H_2，且符合化学计量比。

(2) 反应在常压下进行，其余同(1)。

(3) 反应物中 CO 与 H_2 等物质的量，其余同(1)。

(4) 反应物中含 2mol CO、2mol H_2 及 1mol N_2(惰性组分)，其余同(1)。

解　由式(8-22)求算 500K 时反应的标准平衡常数

$$K_a=\exp\left(-\frac{\Delta G^{\ominus}_{500K}}{RT}\right)=\exp\left(-\frac{21265}{8.314\times500}\right)=6.00\times10^{-3}$$

(1) 设反应物中 CO 和 H_2 的初始量分别为 1mol 和 2mol，且反应平衡时的反应进度为 ε_e，则反应前后各组分的计量关系如下：

项目	CO	H_2	CH_3OH	合计
组分编号	1	2	3	
ν_i	-1	-2	1	-2
初始物质的量 n_{i0}	1	2	0	3
平衡时物质的量 n_i	$1-\varepsilon_e$	$2(1-\varepsilon_e)$	ε_e	$3-2\varepsilon_e$
平衡时 y_i	$\frac{1-\varepsilon_e}{3-2\varepsilon_e}$	$\frac{2(1-\varepsilon_e)}{3-2\varepsilon_e}$	$\frac{\varepsilon_e}{3-2\varepsilon_e}$	1

反应在 10MPa 下进行，假定反应混合物为理想的气体溶液，采用式(8-33)进行简化计算(实践证明这种简化对于多数非超高压的气相系统的平衡计算是可行的)。500K 和 10MPa 下，各组分的逸度系数用普遍化方法求得

$$\phi_1=0.960\qquad\phi_2=1.08\qquad\phi_3=0.530$$

故由式(8-31)和式(8-33)知

$$\Pi(y_i)^{\nu_i}=K_a p^{-\nu}\Pi(\phi_i)^{\nu_i}$$

将上述各项数据代入上式，有

$$\frac{y_3}{y_1y_2^2}=\frac{\dfrac{\varepsilon_e}{3-2\varepsilon_e}}{\dfrac{1-\varepsilon_e}{3-2\varepsilon_e}\left[\dfrac{2(1-\varepsilon_e)}{3-2\varepsilon_e}\right]^2}=\left(\frac{10}{0.1013}\right)^2\left(\frac{0.960\times1.08^2}{0.530}\right)\times6.00\times10^{-3}=123.47$$

整理后得

$$\frac{\varepsilon_e(3-2\varepsilon_e)^2}{(1-\varepsilon_e)^3}=493.88$$

解得

$$\varepsilon_e=0.8580\text{mol}$$

故平衡混合物中甲醇的含量为

$$y_3=\frac{\varepsilon_e}{3-2\varepsilon_e}=0.6682$$

(2) 反应在常压下进行，平衡混合物可视为理想气体。由式(8-34)得

$$\frac{y_3}{y_1y_2^2}=\frac{\dfrac{\varepsilon_e}{3-2\varepsilon_e}}{\dfrac{1-\varepsilon_e}{3-2\varepsilon_e}\left[\dfrac{2(1-\varepsilon_e)}{3-2\varepsilon_e}\right]^2}=6.00\times10^{-3}$$

即

$$\frac{\varepsilon_e(3-2\varepsilon_e)^2}{(1-\varepsilon_e)^3}=0.024$$

解得

$$\varepsilon_e=2.655\times10^{-3}\ \text{mol}$$

故平衡混合物中甲醇的含量为

$$y_3=\frac{\varepsilon_e}{3-2\varepsilon_e}=0.00089$$

由(1)与(2)的计算可见，对ν为负值、体积缩小的反应，在温度不变的条件下，增加压力，ε_e增加，平衡混合物中产物的含量也提高，即有利于反应向右(总体积减小的方向)进行。

(3) 反应物中CO与H_2等物质的量。设反应初始时CO和H_2均为1mol，平衡时的反应进度为ε_e，则反应前后各组分的计量关系如下：

项目	CO	H_2	CH_3OH	合计
初始物质的量 n_{i0}	1	1	0	2
平衡时物质的量 n_i	$1-\varepsilon_e$	$1-2\varepsilon_e$	ε_e	$2-2\varepsilon_e$
平衡时 y_i	$\frac{1}{2}$	$\frac{1-2\varepsilon_e}{2(1-\varepsilon_e)}$	$\frac{\varepsilon_e}{2(1-\varepsilon_e)}$	1

处理方法同(1)，将各项数据代入，有

$$\frac{y_3}{y_1y_2^2}=\frac{\dfrac{\varepsilon_e}{2(1-\varepsilon_e)}}{\dfrac{1}{2}\left[\dfrac{1-2\varepsilon_e}{2(1-\varepsilon_e)}\right]^2}=123.47$$

整理后得

$$\frac{\varepsilon_e(1-\varepsilon_e)}{(1-2\varepsilon_e)^2}=30.87$$

解得

$$\varepsilon_e = 0.4552\text{mol}$$

故平衡混合物中甲醇的含量为

$$y_3 = \frac{\varepsilon_e}{2(1-\varepsilon_e)} = 0.4178$$

比较(1)、(3)可知，反应物组成对产物的平衡组成具有影响，当反应物按化学计量比投料时可使平衡混合物中产物的含量得到提高。

(4) 反应物中含 2mol CO、2mol H_2 及 1mol N_2(惰性组分)。设平衡时的反应进度为 ε_e，反应前后各组分的计量关系如下：

项目	CO	H_2	CH_3OH	N_2	合计
初始物质的量 n_{i0}	2	2	0	1	5
平衡时物质的量 n_i	$2-\varepsilon_e$	$2-2\varepsilon_e$	ε_e	1	$5-2\varepsilon_e$
平衡时 y_i	$\frac{2-\varepsilon_e}{5-2\varepsilon_e}$	$\frac{2-2\varepsilon_e}{5-2\varepsilon_e}$	$\frac{\varepsilon_e}{5-2\varepsilon_e}$	$\frac{1}{5-2\varepsilon_e}$	1

处理方法同(1)，将各项数据代入，有

$$\frac{y_3}{y_1 y_2^2} = \frac{\dfrac{\varepsilon_e}{5-2\varepsilon_e}}{\dfrac{2-\varepsilon_e}{5-2\varepsilon_e}\left[\dfrac{2-2\varepsilon_e}{5-2\varepsilon_e}\right]^2} = 123.47$$

整理后得

$$\frac{\varepsilon_e(5-2\varepsilon_e)^2}{(2-\varepsilon_e)(1-\varepsilon_e)} = 493.88$$

解得

$$\varepsilon_e = 0.8712\text{mol}$$

故平衡混合物中甲醇的含量为

$$y_3 = \frac{\varepsilon_e}{5-2\varepsilon_e} = 0.2674$$

由(3)与(5)计算结果可知，对 ν 为负值、体积缩小的反应，惰性组分的加入会降低产物的平衡组成。

8.3　非均相化学反应平衡

本节研究不同相，如一个气相和一个或多个凝聚相间的化学反应平衡。下面将分两类情况加以讨论。

8.3.1　化学反应系统的相律

对于含有 N 个组分、形成 π 个相的非均相无反应体系，其自由度数为

$$F = N - \pi + 2 \tag{7-7}$$

应用于发生化学反应的系统时，必须加以修正。两种情况下的相律变数是相同的，即 T、p 和各相中的 $N-1$ 个摩尔分数(其中 N 为经检验存在的化学物种数目)。其总的变量数为 $2+(N-1)\pi$，相平衡的方程数为 $(\pi-1)N$。但是式(8-18)为每个独立反应提供了一个平衡时必须满足的补充关系，$\sum \mu_i \nu_i = 0$，μ_i 是温度、压力和组成的函数。在体系内若有 R 个独立反应，则关联强度变量间的方程总数为 $(\pi-1)N+R$。相律中自由度应是总变量数与方程总数间的差值，即

$$F=2+(N+1)\pi-(\pi-1)N-R=2-\pi+N-R \tag{8-50}$$

式(8-50)为化学反应系统相律的基本方程。在某些情况下，有些系统存在某些特殊的约束条件，若这些特殊的约束条件数为S，那么在式(8-50)中应予考虑，则更普遍的反应系统的相律表达式为

$$F=N-R-S-\pi+2=C-\pi+2 \tag{8-51}$$

其中

$$C=N-R-S \tag{8-52}$$

式(8-52)中，C为独立组分数，可视为构成含N个物种系统中最少的物质数。在没有化学反应的体系中，化学物质数N即为独立组分数C；在有化学反应的体系中，因为参与反应的各种物质在一定条件(T,p)下必定保持其平衡比例不变，则$C\neq N$。

8.3.2　不考虑相平衡的非均相化学反应

气固反应常属于这类反应。当一种气体与一纯组分固体发生化学反应时，反应系统中存在固体组分的分压，且该固体组分在气相中的分压(或逸度)应等于其蒸气压，而不随其他组分量的多少而变。只要该固体在反应过程中一直存在，固体量的多少不影响反应进度。反应的标准平衡常数仍可由式(8-22)表示。计算基准采用复合基准，取反应温度与标准压力(1atm或1bar)下的纯气体与纯固体为标准态。若反应是在较低的压力下进行，气相可以按理想气体处理，由式(8-22)和式(8-34)，得

$$\Delta G_T^{\ominus}=\sum_i \nu_i G_i^{\ominus}=-RT\ln K_a=-RT\ln\left[p^{\nu}\Pi(y_i)^{\nu_i}\right] \tag{8-53}$$

例如，碳酸钙分解生产石灰的反应，化学反应方程为

$$CaCO_3(s) = CaO(s)+CO_2(g)$$

由式(8-22)，化学反应平衡常数的方程为

$$K_a=\frac{\hat{a}_{CaO}\hat{a}_{CO_2}}{\hat{a}_{CaCO_3}}$$

取1atm下纯组分固体为标准态，则$\hat{a}_{CaCO_3}$和$\hat{a}_{CaO}$都等于1。若$f_{CO_2}^{\ominus}=1atm$，上式可写为

$$K_a=\hat{f}_{CO_2}$$

在低压下

$$K_a=p_{CO_2}$$

众所周知，K_a只是温度的函数，因此，平衡压力也必然是温度的函数。

例8-8　反应$Ag_2S(s)+H_2(g)\longrightarrow 2Ag(s)+H_2S(g)$在常压及749.15K下达到平衡，$K_a=0.359$。若反应起始时反应器内含$Ag_2S$ 1mol、H_2 3mol，求平衡时H_2S的物质的量。

解　反应前后各组分的计量系数关系如下：

项目	Ag_2S	H_2	Ag	H_2S
组分编号	1	2	3	4
ν_i	-1	-1	2	1
初始物质的量n_{i0}	1	3	0	0
平衡时物质的量n_i	$1-\varepsilon_e$	$3-\varepsilon_e$	$2\varepsilon_e$	ε_e
平衡时y_i		$(3-\varepsilon_e)/3$		$\varepsilon_e/3$

由式(8-53)得

$$K_a = p^{\nu}\Pi(y_i)^{\nu_i} = \frac{y_4}{y_2} = \frac{\varepsilon_e}{3-\varepsilon_e} = 0.359$$

解得

$$\varepsilon_e = 0.7925\text{mol}$$

故平衡时 H_2S 的物质的量为 $n_4 = 0.7925$mol。

8.3.3 考虑相平衡的非均相化学反应

研究和设计化学吸收装置和气液相反应器时，在反应混合物中既有液相，又有气相，形成气液两相共存的相平衡与化学平衡状态。因此，平衡组成的计算既要满足气液平衡，又要满足化学反应平衡的要求，即需要联合运用相平衡和化学平衡的规律，才能解决多相体系平衡的实际问题。

在计算中要满足的条件是

$$\hat{f}_i^{\mathrm{I}} = \hat{f}_i^{\mathrm{II}} = \cdots = \hat{f}_i^{P}(i=1,2,\cdots,N) \tag{8-54}$$

式中，Ⅰ、Ⅱ、…、P 代表每个不同的相。上式对所有的相都要符合，在任一相中又要满足

$$K_{a,j} = \prod_{i=1}^{N} \hat{a}_{i_j}^{\nu_i}(j=\mathrm{I},\mathrm{II},\cdots,P) \tag{8-55}$$

在求取答案时，同时要解许多非线性代数方程，计算相当复杂。若标准态选择得当，可以简化计算。现以某种气体 A 和水 B 进行反应得到水溶液 C 来说明。一种方法是假设反应是在气相中进行的，混合物经过相间的传递而形成气液两相共存的平衡态。这样，可以取每个组分在标准压力(1atm 或 1bar)与系统温度下的纯气体为标准态来计算反应的 $\Delta G_T^{\ominus}$，并由此估算出化学反应平衡常数 K_a。另一种方法是假设反应在液相中进行，取各组分纯液体为标准态对 $\Delta G_T^{\ominus}$ 与 K_a进行计算。或者还可以假设反应按如下方式进行：

$$\text{A(g)} + \text{B(l)} \rightleftharpoons \text{C(aq)}$$

在计算 $\Delta G_T^{\ominus}$ 与 K_a时要采用复合标准态，即取各组分的标准态为：组分 A 是 latm 下的纯气体，组分 B 是 latm 下的纯液体，组分 C 是质量摩尔浓度为 $1\text{mol}\cdot\text{kg}^{-1}$的假想溶液。此时，化学反应平衡常数 K_a称为杂平衡常数，可写为

$$K_a = \frac{\hat{a}_C}{V_B V_A} = \frac{m_C \gamma_C}{(\gamma_B x_B)(\hat{f}_A)} \tag{8-56}$$

K_a的绝对数值和标准态有关。此处 $\hat{a}_C = m_C$，表示组分 C 符合亨利定律，即

$$\hat{a}_C = \frac{\hat{f}_C}{f_C^{\ominus}} = \frac{H_C m_C}{H_C} = m_C$$

否则，$\hat{a}_C = \gamma_C^* m_C$。因此，由式(8-55)计算出的 K_a值与把所有组分用纯气体为标准态的 K_a值是不同的。但从理论可知，按不同的标准态选择所求得的平衡组成应是相同的。

虽然相平衡和化学反应平衡的基本理论在第 7 章和本章已作过详细讨论，但要把这两者联合处理往往还有不少困难，关键在于如何恰当运用基本原理进行合理假设。采用合适的基准态可使计算变得容易与精确。

例 8-9　正丁烷在 311K 下进行异构化反应：

$$n\text{-C}_4(1,\text{g}) \longrightarrow i\text{-C}_4(2,\text{g})$$

假定反应是在气相中发生的，反应混合物在给定操作条件下形成气液两相共存平衡态，试估计平衡时气相与

液相的组成。已知 311K 时，$\Delta G^{\ominus}_{311K}=-2085J$，$p_1^s=0.3577MPa$，$p_2^s=0.5016MPa$。

解 由式(8-50)，反应系统的相律为

$$F=N-\pi+2-R=2-2+2-1=1$$

即自由度为 1，只要给定温度(或压力)，便可确定平衡混合物的状态。由式(8-22)得

$$K_a=\exp\left(-\frac{\Delta G^{\ominus}_{311K}}{RT}\right)=\exp\left(-\frac{-2085}{8.314\times 311}\right)=2.24$$

(1) 液相组成的计算。

已知反应在气相中进行，取 311K 与 1atm 下各纯气体组分为标准态，即 $f_1^{\ominus}=f_2^{\ominus}=1atm$。平衡常数式(8-55)有

$$K_a=\Pi(\hat{a}_i)^{\nu_i}=\Pi(\hat{f}_i^V/f_i^{\ominus})^{\nu_i}=\frac{\hat{f}_2^V}{\hat{f}_1^V}=\frac{\hat{\phi}_2^V y_2 p}{\hat{\phi}_1^V y_1 p} \tag{1}$$

由于气相、液相平衡共存，考虑到压力对液体逸度的影响很小，相平衡关系用式(7-24)表示，有

$$\hat{\phi}_i^V y_i p=\gamma_i x_i \phi_i^s p_i^s \quad (i=1,2)$$

又 $x_1=1-x_2$，代入式(1)，得

$$K_a=\frac{x_2 p_2^s \phi_2^s \gamma_2}{(1-x_2)p_1^s \phi_1^s \gamma_1} \tag{2}$$

由于平衡混合物中两个组分互为同分异构，所形成的溶液为理想溶液，则 $\gamma_1=\gamma_2=1$。已知 $p_1^s=0.3577MPa$，$p_2^s=0.5016MPa$，纯组分的逸度系数用普遍化方法求得 $\phi_1^s=0.91$，$\phi_2^s=0.89$。将各数据代入式(2)，有

$$2.24=\frac{x_2\times\frac{0.5016}{0.1013}\times 0.89\times 1}{(1-x_2)\times\frac{0.3577}{0.1013}\times 0.91\times 1}$$

解得液相组成为

$$x_2=0.6202 \qquad x_1=0.3798$$

(2) 气相组成的计算。

因为液相为理想溶液，$\gamma_1=\gamma_2=1$。由相平衡关系用式(7-24)，有

$$\hat{\phi}_i^V y_i p=x_i \phi_i^s p_i^s (i=1,2)$$

液相组成已经算出，求气相组成。这类似于 7.2.3 中已知平衡温度 T 和液相组成 x_i，求平衡压力 p 和气相组成 y_i 的情况。参照计算框图 7-2。首先取 $\hat{\phi}_1^V=\hat{\phi}_2^V=1$，由于 $y_1+y_2=1$，可得

$$p=x_1\phi_1^s p_1^s+x_2\phi_2^s p_2^s=0.3798\times 0.3577\times 0.91+0.6202\times 0.5016\times 0.89=0.4005(MPa)$$

用此 p 值计算 $\hat{\phi}_i^V$，得

$$\hat{\phi}_1^V=0.903 \qquad \hat{\phi}_2^V=0.913$$

归一化 y_i 求得 p 的第二次迭代值为

$$y_1+y_2=1=\frac{x_1\phi_1^s p_1^s}{\hat{\phi}_1^V p}+\frac{x_2\phi_2^s p_2^s}{\hat{\phi}_2^V p}=\frac{0.3798\times 0.3577\times 0.91}{0.903\times p}+\frac{0.6202\times 0.5016\times 0.89}{0.913\times p}$$

解得

$$p=0.4402MPa$$

用此 p 值计算 $\hat{\phi}_i^V$ 的新值，得

$$\hat{\phi}_1^V=0.894 \qquad \hat{\phi}_2^V=0.904$$

再由上式求得新的 p 值……，直至迭代到收敛。迭代过程见表 8-2。

表 8-2　迭代计算过程

迭代	$\hat{\phi}_1^V$	$\hat{\phi}_2^V$	p/MPa
1	1	1	0.4005
2	0.903	0.913	0.4402
3	0.894	0.904	0.4446

可见，经 3 次迭代，总压已收敛。最后计算气相组成为

$$y_1=\frac{x_1\phi_1^s p_1^s}{\hat{\phi}_1^V p}=\frac{0.3798\times 0.3577\times 0.91}{0.894\times 0.4446}=0.3110$$

$$y_2=\frac{x_2\phi_2^s p_2^s}{\hat{\phi}_2^V p}=\frac{0.6202\times 0.5016\times 0.89}{0.904\times 0.4446}=0.6890$$

故平衡混合物状态为

$$x_1=0.3798\qquad x_2=0.6202\qquad y_1=0.3110\qquad y_2=0.6890$$

习　题

1. 设一体系，下列两个反应同时发生：

$$C_2H_4(g)+1/2O_2(g)\longrightarrow C_2H_4O(g)\qquad C_2H_4(g)+3O_2(g)\longrightarrow 2CO_2(g)+2H_2O(g)$$

已知反应初始时，体系中只有 C_2H_4、O_2，且其物质的量分别为 5mol、2mol。试用反应进度 ε_1 和 ε_2 来表示反应中各组分的摩尔分数。

2. 二氧化硫氧化成三氧化硫后，再用稀硫酸吸收可制得硫酸。在 900K 时 SO_2 和 SO_3 的 $\Delta G_f^\ominus$ 相应为 $-296.3\text{kJ}\cdot\text{mol}^{-1}$ 和 $310.3\text{kJ}\cdot\text{mol}^{-1}$。若初始浓度为：$x_{SO_2}=0.083$，$x_{O_2}=0.125$，$x_{N_2}=0.792$，试求在 900K 和 0.2026MPa 下的平衡组成。

3. 一理想气相反应：A+B ⇌ C+D，已知 400K、1bar 下，若 A、B 的起始物质的量均为 1mol，当反应达平衡时，可以得到 0.75mol 的 C。试求若 A、B 的起始物质的量分别为 3mol、1mol，在同样条件下达到平衡时可以得到 C 的物质的量。

4. 已知合成甲烷气的一个反应为 $3H_2+CO \rightleftharpoons CH_4+H_2O$。若初始时混合物中 H_2 与 CO 的物质的量比为 4∶1，试推导反应平衡常数 K_a 与反应进度 ε 的函数关系。

5. 已知在 308K、101.325kPa 下达到平衡时 N_2O_4 变为 NO_2 的解离分数为 0.27，此条件下气体可当作理想气体处理。试求：(1)该气相反应的平衡常数 K；(2)在 308K、13.33kPa 下达到平衡时的反应进度 ε_e；(3)已知温度分别为 318K、298K 时，N_2O_4 解离的平衡常数分别为 0.664 和 0.141，试计算在此温度范围内的平均反应热。

6. 假设在 400K、101.325kPa 下甲醇按以下反应制取：$CO(g)+2H_2(g)\longrightarrow CH_3OH(g)$，通过分析，从反应器得到的平衡气相产品中，$H_2$ 的含量为 40%(摩尔分数)。已知在 400K 时反应 $K_a=1.52$，$\Delta H^\ominus=-94.54\text{kJ}$。试确定：(1)平衡产品中 CO 与 CH_3OH 的组成；(2)如果反应在 500K、101.325kPa 下进行，初始物料与(1)相同，能否希望平衡产物中的 H_2 的组成大于或小于 40%？(假设气体为理想气体)

7. 氨合成反应式如下：

$$\frac{1}{2}NH_3(g)+\frac{3}{2}H_2(g)\longrightarrow NH_3(g)$$

若反应开始时 N_2 为 0.5mol，H_2 为 1.5mol，且假设平衡混合物为理想气体，试证明反应达到平衡时：$\varepsilon_e=1-(1+1.299K_a p)^{-\frac{1}{2}}$，式中，$K_a$ 为反应平衡常数。

8. 试求算反应 $NH_4Cl(s)\longrightarrow NH_3(g)+HCl(g)$ 在 1000K 时的平衡常数。已知各组分相关热力学性质如下表所示：

化合物	$\Delta H^{\ominus}(291K)/(kJ \cdot mol^{-1})$	$\Delta S(298K)/(J \cdot mol^{-1} \cdot K^{-1})$	$C_p/(J \cdot mol^{-1} \cdot K^{-1})$
$NH_4Cl(s)$	−313.82	133.15	140.68
$NH_3(g)$	−46.06	192.73	47.27
$HCl(g)$	−92.37	187.00	30.36

9. 聚合反应：$nA \longrightarrow A_n$。试用化学反应平衡的观点分析此类聚合反应，为什么在相同的温度下，液相聚合反应的平衡常数要比气相聚合反应的平衡常数高？

10. 473K 和 3.444MPa 时由乙烯和水合成乙醇。反应器的压力由乙烯来维持，始终保持不变。反应条件保证有气、液两相存在。假设没有其他副反应发生，试估算气相和液相组成。已知在气相此反应的$K_a = 0.240MPa^{-1}$。

主要参考文献

陈新志，蔡振云，胡望明. 2005. 化工热力学. 2 版. 北京：化学工业出版社

陈钟秀，顾飞燕，胡望明 . 2012. 化工热力学 . 3 版 . 北京：化学工业出版社

董新法 . 2009. 化工热力学 . 北京：化学工业出版社

马沛生 . 2005. 化工热力学 . 北京：化学工业出版社

施云海 . 2007. 化工热力学 . 上海：华东理工大学出版社

斯坦利 M. 瓦拉斯. 1991. 化工相平衡 . 韩世钧，等译 . 北京：中国石化出版社

杨东华. 1986. 㶲分析和能级分析. 北京：科学出版社

袁一，胡德生. 1985. 化工过程热力学分析法. 北京. 化学工业出版社

张乃文，陈嘉宾，于志家 . 2006. 化工热力学 . 大连：大连理工大学出版社

朱明善. 1988. 能量系统的㶲分析. 北京：清华大学出版社

朱自强，吴有庭. 2010. 化工热力学 . 3 版 . 北京：化学工业出版社

朱自强，徐汛 . 2008. 化工热力学 . 2 版 . 北京：化学工业出版社

朱自强，姚善泾，金彰礼. 1990. 流体相平衡及其应用 . 杭州：浙江大学出版社

Elliott J R, Lira C T. 1999. Introductory Chemical Engineering Thermodynamics. New York: Prentice-Hall PTR

Prausnitz J M, Lichtenthaler R N, Azevedo E G. 1998. Molecular Thermodynamics of Fluid Phase Equilibria. 3rd ed. New Jersey: Prentice-Hall TTR

Smith J M, Van Ness H C, Abbott M M. 2005. Introduction to Chemical Engineering Thermodynamics. 7th ed. New York: McGraw-Hill

附　录

附录1　临界常数和偏心因子

化学物质	T_c/K	p_c/MPa	V_c/($10^{-6}m^3\cdot mol^{-1}$)	Z_c	ω
链烷烃					
甲烷	190.6	4.60	99	0.288	0.008
乙烷	305.4	4.88	148	0.285	0.098
丙烷	369.8	4.25	203	0.281	0.152
正丁烷	425.2	3.80	255	0.274	0.193
异丁烷	408.1	3.65	263	0.283	0.176
正戊烷	469.6	3.37	304	0.262	0.251
异戊烷	460.4	3.38	306	0.271	0.227
季戊烷	433.8	3.20	303	0.269	0.197
正已烷	507.4	2.97	370	0.260	0.296
正庚烷	540.2	2.74	432	0.263	0.351
正辛烷	568.8	2.48	492	0.259	0.394
单烯烃					
乙烯	282.4	5.04	129	0.276	0.085
丙烯	365.0	4.62	181	0.275	0.148
异丁烯	419.6	4.02	240	0.277	0.187
异戊烯	464.7	4.05	300	0.31	0.245
有机化合物					
乙酸	594.4	5.79	171	0.200	0.454
丙酮	508.1	4.70	209	0.232	0.309
氰甲烷(乙腈)	547.9	4.83	173	0.184	0.321
乙炔	308.3	6.14	113	0.271	0.184
苯	562.1	4.89	259	0.271	0.212
1,3-丁二烯	425.0	4.33	221	0.270	0.195
氯苯	632.4	4.52	308	0.265	0.249
环已烷	553.4	4.07	308	0.273	0.213
二乙醚	466.7	3.64	280	0.262	0.281
乙醇	516.2	6.38	167	0.248	0.635
氧化乙烯	469.0	7.19	140	0.258	0.200
甲醇	512.6	8.10	118	0.224	0.559

续表

化学物质	T_c/K	p_c/MPa	$V_c/(10^{-6}m^3 \cdot mol^{-1})$	Z_c	ω
氯甲烷	416.3	6.68	139	0.268	0.156
甲基乙基酮	535.6	4.15	267	0.249	0.329
甲苯	591.7	4.11	316	0.264	0.257
氟利昂-11	471.2	4.41	248	0.279	0.188
氟利昂-12	385.0	4.12	217	0.280	0.176
氟利昂-113	487.2	3.41	304	0.256	0.252
单质气体					
氩	150.8	4.87	74.9	0.291	0.0
溴	584	10.3	127	0.270	0.132
氯	417	7.7	124	0.275	0.073
氦	5.2	0.227	57.3	0.301	−0.387
氢	33.2	1.30	65.0	0.305	−0.22
氪	209.4	5.50	91.2	0.288	0.0
氖	44.4	2.76	41.7	0.311	0.0
氮	126.2	3.39	89.5	0.290	0.04
氧	154.6	5.05	73.4	0.288	0.021
氙	289.7	5.84	118	0.286	0.0
无机化合物					
氨	405.6	11.28	72.5	0.242	0.250
二氧化碳	304.2	7.375	94.0	0.274	0.225
二硫化碳	552	7.9	170	0.293	0.115
一氧化碳	132.9	3.50	93.1	0.295	0.049
四氯化碳	556.4	4.56	276	0.272	0.194
三氯甲烷	536.4	5.5	239	0.239	0.216
肼	653	14.7	96.1	0.260	0.328
氯化氢	324.6	8.3	81	0.249	0.12
氰化氢	456.8	5.39	139	0.197	0.407
硫化氢	373.2	8.94	98.5	0.284	0.100
一氧化氮(NO)	180	6.5	58	0.25	0.607
氧化亚氮(N_2O)	309.6	7.24	97.4	0.274	0.160
二氧化硫	430.8	7.88	122	0.268	0.251
三氧化硫	491.0	8.2	130	0.26	0.41
水	647.3	22.05	56	0.229	0.344

资料来源:Kudchadker A P,Alani G H,Zwolinski B J. Chem Rev,1986,68:659;Mathews J F. Chem Rev,1972,72:71;Reid R C,Prausnitz J M,Sherwood T K. The Properties of Gates and Liquids. 3rd ed. New York:McGraw-Hill,1977;Passut C A,Danner R P. Ind Eng Chem,Process Des Develop,1974,12:365。

附录 2　理想气体热容

$C_p^*/R = A + BT + CT^2 + DT^{-2}$ 式中的常数 A、B、C、D 数据及 T(K)从 298K 到 T_{max}

化学物质	分子式	T_{max}/K	A	10^3B	10^6C	$10^{-5}D$
链烷烃						
甲烷	CH_4	1500	1.702	9.081	−2.164	
乙烷	C_2H_6	1500	1.131	19.225	−5.561	
丙烷	C_3H_8	1500	1.213	28.785	−8.824	
正丁烷	C_4H_{10}	1500	1.935	36.915	−11.402	
异丁烷	C_4H_{10}	1500	1.677	37.853	−11.945	
正戊烷	C_5H_{12}	1500	2.464	45.351	−14.111	
正己烷	C_6H_{14}	1500	3.025	53.722	−16.791	
正庚烷	C_7H_{16}	1500	3.570	62.127	−19.486	
正辛烷	C_8H_{18}	1500	8.163	70.567	−22.208	
单烯烃						
乙烯	C_2H_4	1500	1.424	14.394	−4.392	
丙烯	C_3H_6	1500	1.637	22.706	−6.915	
异丁烯	C_4H_8	1500	1.967	31.630	−9.873	
异戊烯	C_5H_{10}	1500	2.691	39.753	−12.447	
异己烯	C_6H_{12}	1500	3.220	48.189	−15.157	
异庚烯	C_7H_{14}	1500	3.768	56.588	−17.847	
异辛烯	C_8H_{16}	1500	4.324	64.960	−20.521	
有机物						
乙醛	C_2H_4O	1000	1.693	17.978	−6.158	
乙炔	C_2H_2	1500	6.132	1.952	—	−1.299
苯	C_6H_6	1500	−0.206	39.064	−13.301	
1,3-丁二烯	C_4H_6	1500	2.734	26.786	−8.882	
环己烷	C_6H_{12}	1500	−3.876	63.249	−20.928	
乙醇	C_2H_6O	1500	3.518	20.001	−6.002	
苯乙烷	C_8H_{10}	1500	1.124	55.38	−18.476	
氧化乙烯	C_2H_4O	1000	−0.385	23.463	−9.296	
甲醛	CH_2O	1500	2.264	7.022	−1.877	
甲醇	CH_4O	1500	2.211	12.216	−3.450	
甲苯	C_7H_8	1500	0.290	47.052	−15.716	
苯乙烯	C_8H_8	1500	2.050	50.192	−16.662	

续表

化学物质	分子式	T_{max}	A	10^3B	10^6C	$10^{-5}D$
无机物						
空气		2000	3.355	0.575	—	−0.016
氨	NH_3	1800	3.578	3.020	—	−0.186
溴	Br_2	3000	4.493	0.056	—	−0.154
一氧化碳	CO	2500	3.376	0.557	—	−0.031
二氧化碳	CO_2	2000	5.457	1.045	—	−1.157
二硫化碳	CS_2	1800	6.311	0.805	—	−0.906
氯	Cl_2	3000	4.442	0.089	—	−0.344
氢	H_2	3000	3.249	0.422	—	0.083
硫化氢	H_2S	2300	3.931	1.490	—	−0.232
氯化氢	HCl	2000	3.156	0.623	—	0.151
氰化氢	HCN	2500	4.736	1.359	—	−0.725
氮	N_2	2000	3.280	0.593	—	0.040
氧化亚氮	N_2O	2000	5.328	1.214	—	−0.928
一氧化氮	NO	2000	3.387	0.629	—	0.014
二氧化氮	NO_2	2000	4.982	1.195	—	−0.792
四氧化二氮	N_2O_4	2000	11.660	2.257	—	−2.787
氧	O_2	2000	3.639	0.506	—	−0.227
二氧化硫	SO_2	2000	5.699	0.801	—	−1.015
三氧化硫	SO_3	2000	8.060	1.056	—	−2.028
水	H_2O	2000	3.470	1.450	—	0.121

资料来源：Spencer H M. Ind Eng Chem，1948，40：2152；Kelley K K. U S Bur Mines Bull，1960，584；Pankratz L B. U S Bur Mines Bull，1982，672。

附录3　水蒸气热力学性质[①]（水蒸气表）

符号说明

p 压力，kPa（绝）　　U 比内能，kJ · kg^{-1}

T 温度，℃　　h 比焓，kJ · kg^{-1}

$\overline{V}$比容，m^3 · kg^{-1}　　s 比熵，kJ · kg^{-1} · K^{-1}

下标

f 液气平衡时液相性质

g 汽液平衡时气相性质

fg 气化过程性质的变化值

① 资料来源：Keenan，Keyes P W G，Hill P G，et al. “Stean Table” SI Unites. New York：John Wiley & Sons Inc，1978

饱和水蒸气:温度表

T/℃	p/kPa	比容			比内能			比焓			比熵		
		$\bar{V}_f$	$\bar{V}_{fg}$	$\bar{V}_g$	U_f	U_{fg}	U_g	h_f	h_{fg}	h_g	s_f	s_{fg}	s_g
0.01	0.6113	0.001	000	206.14	0.00	2375.3	2375.3	0.01	2501.3	2501.4	0.0000	9.1562	9.1562
5	0.8721	0.001	000	147.12	20.97	2361.3	2382.3	20.98	2489.6	2510.6	0.0761	8.9496	9.0257
10	1.2276	0.001	000	106.38	42.00	2347.2	2389.2	42.01	2477.7	2519.8	0.1510	8.7498	8.9008
15	1.7051	0.001	001	77.93	62.99	2333.1	2396.1	62.99	2465.9	2528.9	0.2245	8.5569	8.7814
20	2.339	0.001	002	57.79	83.95	2319.0	2402.9	83.96	2454.1	2538.1	0.2966	8.3706	8.6672
25	3.169	0.001	003	43.36	104.88	2304.9	2409.8	104.89	2442.3	2547.2	0.3674	8.1905	8.5580
30	4.246	0.001	004	32.89	125.78	2290.8	2416.6	125.79	2430.5	2556.3	0.4369	8.0164	8.4533
35	5.628	0.001	006	25.22	146.67	2276.7	2423.4	146.68	2418.6	2565.3	0.5053	7.8478	8.3531
40	7.384	0.001	008	19.52	167.56	2262.6	2430.1	167.57	2406.7	2574.3	0.5725	7.6845	8.2570
45	9.593	0.001	010	15.26	188.44	2248.4	2436.8	188.45	2394.8	2583.2	0.6387	7.5261	8.1648
50	12.349	0.001	012	12.03	209.32	2234.2	2443.5	209.33	2382.7	2592.1	0.7038	7.3725	8.0763
55	15.758	0.001	015	9.568	230.21	2219.9	2450.1	230.23	2370.7	2600.9	0.7679	7.2234	7.9913
60	19.940	0.001	017	7.671	251.11	2205.5	2456.6	251.13	2358.5	2609.6	0.8312	7.0784	7.9096
65	25.03	0.001	020	6.197	272.02	2191.1	2463.1	272.06	2346.2	2618.3	0.8935	6.9375	7.8310
70	31.19	0.001	023	5.042	292.95	2176.6	2469.6	292.98	2333.8	2626.8	0.9549	6.8004	7.7553
75	38.58	0.001	026	4.131	313.90	2162.0	2475.9	313.93	2321.4	2635.3	1.0155	6.6669	7.6824
80	47.39	0.001	029	3.407	334.86	2147.4	2482.2	334.91	2308.8	2643.7	1.0753	6.5369	7.6122
85	57.83	0.001	033	2.828	355.84	2132.6	2488.4	355.90	2296.0	2651.9	1.1343	6.4102	7.5445
90	70.14	0.001	036	2.361	376.85	2117.7	2494.5	376.92	2283.2	2660.1	1.1925	6.2866	7.4791
95	84.55	0.001	040	1.982	397.88	2102.7	2500.6	397.96	2270.2	2668.1	1.2500	6.1659	7.4159
100	101.35	0.001	044	1.6729	418.94	2087.6	2506.5	419.04	2257.0	2676.1	1.3069	6.0480	7.3549
105	120.82	0.001	048	1.4194	440.02	2072.3	2512.4	440.15	2243.7	2683.8	1.3630	5.9328	7.2958
110	143.27	0.001	052	1.2102	461.14	2057.0	2518.1	461.30	2230.2	2691.5	1.4185	5.8202	7.2387

续表

T/℃	p/kPa	比容			比内能			比焓			比熵		
		$\bar{V}_f$	$\bar{V}_{fg}$	$\bar{V}_g$	U_f	U_{fg}	U_g	h_f	h_{fg}	h_g	s_f	s_{fg}	s_g
115	169.06	0.001	056	1.0366	482.30	2041.4	2523.7	482.48	2216.5	2699.0	1.4734	5.7100	7.1833
120	198.53	0.001	060	0.8919	503.50	2025.8	2529.3	503.71	2202.6	2706.3	1.5276	5.6020	7.1296
125	232.1	0.001	065	0.7706	524.74	2009.9	2534.6	524.99	2188.5	2713.5	1.5813	5.4962	7.0775
130	270.1	0.001	070	0.6685	546.02	1993.9	2539.9	546.31	2174.2	2720.5	1.6344	5.3925	7.0269
135	313.0	0.001	075	0.5822	567.35	1977.7	2545.0	567.69	2159.6	2727.3	1.6870	5.2907	6.9777
140	361.3	0.001	080	0.5089	588.74	1961.3	2550.0	589.13	2144.7	2733.9	1.7391	5.1908	6.9299
145	415.4	0.001	085	0.4463	610.18	1944.7	2554.9	610.63	2129.6	2740.3	1.7907	5.0296	6.8833
150	475.8	0.001	091	0.3928	631.68	1927.9	2559.5	632.20	2114.3	2746.5	1.8418	4.9960	6.8379
155	543.1	0.001	096	0.3468	653.24	1910.8	2564.1	653.84	2098.6	2752.4	1.8925	4.9010	6.7935
160	617.8	0.001	102	0.3071	674.87	1893.5	2568.4	675.55	2082.6	2758.1	1.9427	4.8075	6.7502
165	700.5	0.001	108	0.2727	696.56	1876.0	2572.5	697.34	2066.2	2763.5	1.9925	4.7153	6.7078
170	791.7	0.001	114	0.2428	718.33	1858.1	2576.5	719.21	2049.5	2768.7	2.0419	4.6244	6.6663
175	892.0	0.001	121	0.2168	740.17	1840.0	2580.2	741.17	2032.4	2773.6	2.0909	4.5347	6.6256
180	1002.1	0.001	127	0.19405	762.09	1821.6	2583.7	763.22	2015.0	2778.2	2.1396	4.4461	6.5857
185	1122.7	0.001	134	0.17409	784.10	1802.9	2587.0	785.37	1997.1	2782.4	2.1879	4.3586	6.5465
190	1254.4	0.001	141	0.15654	806.19	1783.8	2590.0	807.62	1978.8	2786.4	2.2359	4.2720	6.5079
195	1397.8	0.001	149	0.14105	828.37	1764.4	2592.8	829.98	1960.0	2790.0	2.2835	4.1863	6.4698
200	1553.8	0.001	157	0.12736	850.65	1744.7	2595.3	852.45	1940.7	2793.2	2.3309	4.1014	6.4323
210	1906.2	0.001	173	0.10441	895.53	1703.9	2599.5	897.76	1900.7	2798.5	2.4248	3.9337	6.3585
220	2318	0.001	190	0.08619	940.87	1661.5	2602.4	943.62	1858.5	2802.1	2.5178	3.7683	6.2861
230	2795	0.001	209	0.07158	986.74	1617.2	2603.9	990.12	1813.8	2804.0	2.6099	3.6047	6.2146
240	3344	0.001	229	0.05976	1033.21	1570.8	2604.0	1037.32	1766.5	2803.8	2.7015	3.4422	6.1437
250	3973	0.001	251	0.05013	1080.39	1522.0	2602.4	1085.36	1716.2	2801.5	2.7927	3.2802	6.073

续表

T/℃	p/kPa	比容			比内能			比焓			比熵		
		$\overline{V}_f$	$\overline{V}_{fg}$	$\overline{V}_g$	U_f	U_{fg}	U_g	h_f	h_{fg}	h_g	s_f	s_{fg}	s_g
260	4688	0.001	276	0.04221	1128.39	1470.6	2599.0	1134.37	1662.5	2796.9	2.8838	3.1181	6.0019
270	5499	0.001	302	0.03564	1177.36	1416.3	2593.7	1184.51	1605.2	2789.7	2.9751	2.9551	5.9301
280	6412	0.001	332	0.03017	1227.46	1358.7	2586.1	1235.99	1543.6	2779.6	3.0668	2.7903	5.8571
290	7436	0.001	366	0.02557	1278.92	1297.1	2576.0	1289.07	1477.1	2766.2	3.1594	2.6227	5.7821
300	8581	0.001	404	0.02167	1332.0	1231.0	2563.0	1344.0	1404.9	2749.0	3.2534	2.4511	5.7045
310	9856	0.001	447	0.01835	1387.1	1159.4	2546.4	1401.3	1326.0	2727.3	3.3493	2.2737	5.6230
320	11274	0.001	499	0.015488	1444.6	1080.9	2525.5	1461.5	1238.6	2700.1	3.4480	2.0882	5.5362
330	12845	0.001	561	0.012996	1505.3	993.7	2498.9	1525.3	1140.6	2665.9	3.5507	1.8909	5.4417
340	14586	0.001	638	0.010797	1570.3	894.3	2464.6	1594.2	1027.9	2622.0	3.6594	1.6763	5.3357
350	16513	0.001	740	0.008813	1641.9	776.6	2418.4	1670.6	893.4	2563.9	3.7777	1.4335	5.2112
360	18651	0.001	893	0.006945	1725.2	626.3	2351.5	1760.5	720.5	2481.0	3.9147	1.1379	5.0520
370	21030	0.002	213	0.004925	1844.0	384.5	2228.5	1890.5	441.6	2332.1	4.1106	0.6865	4.7971
374.14	22090	0.003	155	0.003155	2029.6	0	2029.6	2099.3	0	2099.3	4.4298	0	4.4298

饱和水蒸气:压力表

p/kPa	T/℃	比容			比内能			比焓			比熵		
		$\overline{V}_f$	$\overline{V}_{fg}$	$\overline{V}_g$	U_f	U_{fg}	U_g	h_f	h_{fg}	h_g	s_f	s_{fg}	s_g
0.6113	0.01	0.001	000	206.14	0.00	2375.3	2375.3	0.01	2501.3	2501.4	0.0000	9.1562	9.1562
1.0	6.98	0.001	000	129.21	29.30	2355.7	2385.0	29.30	2484.9	2514.2	0.1059	8.8697	8.9756
1.5	13.03	0.001	001	87.98	54.71	2338.6	2393.3	54.71	2470.6	2525.3	0.1957	8.6322	8.8279
2.0	17.50	0.001	001	67.00	73.48	2326.0	2399.5	73.48	2460.0	2533.5	0.2607	8.4629	8.7237
2.5	21.08	0.001	002	54.25	88.48	2315.9	2404.4	88.49	2451.6	2540.0	0.3120	8.3311	8.6432
3.0	24.08	0.001	003	45.67	101.04	2307.5	2408.5	101.05	2444.5	2545.5	0.3545	8.2231	8.5776

续表

p/kPa	T/℃	比容			比内能			比焓			比熵		
		$\bar{V}_f$	$\bar{V}_{fg}$	$\bar{V}_g$	U_f	U_{fg}	U_g	h_f	h_{fg}	h_g	s_f	s_{fg}	s_g
4.0	28.96	0.001	004	34.8	121.45	2293.7	2415.2	121.46	2432.9	2554.4	0.4226	8.0520	8.4746
5.0	32.88	0.001	005	28.19	137.81	2282.7	2420.5	137.82	2423.7	2561.5	0.4764	7.9187	8.3951
7.5	40.29	0.001	008	19.24	168.78	2261.7	2430.5	168.79	2406.0	2574.8	0.5764	7.6750	8.2515
10	45.81	0.001	010	14.67	191.82	2246.1	2437.9	191.83	2392.8	2584.7	0.6493	7.5009	8.1502
15	53.97	0.001	014	10.02	225.92	2222.8	2448.7	225.94	2373.1	2599.1	0.7549	7.2536	8.0085
20	60.06	0.001	017	7.649	251.38	2205.4	2456.7	251.40	2358.3	2609.7	0.8320	7.0766	7.9085
25	64.97	0.001	020	6.204	271.9	2191.2	2463.1	271.93	2346.3	2618.2	0.8931	6.9383	7.8314
30	69.10	0.001	022	5.229	289.20	2179.2	2468.4	289.23	2336.1	2625.3	0.9439	6.8247	7.7686
40	75.87	0.001	027	3.993	317.53	2159.5	2477.0	317.58	2319.2	2636.8	1.0259	6.6441	7.6700
50	81.33	0.001	030	3.240	340.44	2143.4	2483.9	340.49	2305.4	2645.9	1.0910	6.5029	7.5939
75	91.78	0.001	037	2.217	384.31	2112.4	2496.7	384.39	2278.6	2663.0	1.2130	6.2434	7.4564
100	99.63	0.001	043	1.6940	417.36	2088.7	2506.1	417.46	2258.0	2675.5	1.3026	6.0568	7.3594
125	105.99	0.001	048	1.3749	444.19	2069.3	2513.5	444.32	2241.0	2685.4	1.3740	5.9104	7.2844
150	111.37	0.001	053	1.1593	466.94	2052.7	2519.7	467.11	2226.5	2693.6	1.4336	5.7897	7.2233
175	116.06	0.001	057	1.0036	486.80	2038.1	2524.9	486.99	2213.6	2700.6	1.4849	5.6868	7.1717
200	120.23	0.001	061	0.8857	504.49	2025.0	2529.5	504.70	2201.9	2706.7	1.5301	5.5970	7.1271
250	127.44	0.001	067	0.7187	535.10	2002.1	2537.2	535.37	2181.5	2716.9	1.6072	5.4455	7.0527
300	133.55	0.001	073	0.6058	561.15	1982.4	2543.6	561.47	2163.8	2725.3	1.6718	5.3201	6.9919
350	138.88	0.001	079	0.5243	583.95	1965.0	2548.9	584.33	2148.1	2732.4	1.7275	5.213	6.9405
400	143.63	0.001	084	0.4625	604.31	1949.3	2553.6	604.74	2133.8	2738.6	1.7766	5.1193	6.8959
450	147.93	0.001	088	0.4140	622.77	1934.9	2557.6	623.25	2120.7	2743.9	1.8207	5.0359	6.8565
500	151.86	0.001	093	0.3749	639.68	1921.6	2561.2	640.23	2108.5	2748.7	1.8607	4.9606	6.8213
550	155.48	0.001	097	0.3427	655.32	1909.2	2564.5	655.93	2097.0	2753.0	1.8973	4.8920	6.7893

续表

p/kPa	T/℃	比容			比内能			比焓			比熵		
		$\overline{V}_f$	$\overline{V}_{fg}$	$\overline{V}_g$	U_f	U_{fg}	U_g	h_f	h_{fg}	h_g	s_f	s_{fg}	s_g
600	158.85	0.001	101	0.3157	669.90	1897.5	2567.4	670.56	2086.3	2756.8	1.9312	4.8288	6.7600
700	164.97	0.001	108	0.2729	696.44	1876.1	2572.5	697.22	2066.3	2763.5	1.9922	4.7158	6.7080
800	170.43	0.001	115	0.2404	720.22	1856.6	2576.8	721.11	2048.0	2769.1	2.0462	4.6166	6.6628
900	175.38	0.001	121	0.2150	741.83	1838.6	2580.5	742.83	2021.1	2773.9	2.0946	4.5280	6.6226
1000	179.91	0.001	127	0.19444	761.68	1822.0	2583.6	762.81	2015.3	2778.1	2.1387	4.4478	6.5865
1100	184.09	0.001	133	0.17753	780.09	1806.3	2586.4	781.34	2000.4	2781.7	2.1792	4.3744	6.5536
1200	187.99	0.001	139	0.16333	797.29	1791.5	2588.8	798.65	1986.2	2784.8	2.2166	4.3067	6.5233
1300	191.64	0.001	144	0.15125	813.44	1777.5	2591.0	814.93	1972.7	2787.6	2.2515	4.2438	6.4953
1400	195.07	0.001	149	0.14084	828.70	1764.1	2592.8	830.30	1959.7	2790.0	2.2842	4.1850	6.4693
1500	198.32	0.001	154	0.13177	843.16	1751.3	2594.5	844.89	1947.3	2792.2	2.3150	4.1298	6.4448
1750	205.76	0.001	166	0.11349	876.46	1721.4	2597.8	878.50	1917.9	2796.4	2.3851	4.0044	6.3896
2000	212.42	0.001	177	0.09963	906.44	1693.8	2600.3	908.79	1890.7	2799.5	2.4474	3.8935	6.3409
2250	218.45	0.001	187	0.08875	933.83	1668.2	2602.0	936.49	1865.2	2801.7	2.5035	3.7937	6.2972
2500	223.99	0.001	197	0.07998	959.11	1644.0	2603.1	962.11	1841.0	2803.1	2.5547	3.7028	6.2575
3000	233.90	0.001	217	0.06668	1004.78	1599.3	2604.1	1008.42	1795.7	2804.2	2.6457	3.5412	6.1869
3500	242.60	0.001	235	0.05707	1045.43	1558.3	2603.7	1049.75	1753.7	2803.40	2.7253	3.4000	6.1253
4000	250.40	0.001	252	0.04978	1082.31	1520.0	2602.3	1087.31	1714.1	2801.4	2.7964	3.2737	6.0701
5000	263.99	0.001	286	0.03944	1147.81	1449.3	2597.1	1154.23	1640.1	2794.3	2.9202	3.0532	5.9734
6000	275.64	0.001	319	0.03244	1205.44	1384.3	2589.7	1213.35	1571.0	2784.3	3.0267	2.8625	5.8892
7000	285.88	0.001	351	0.02737	1257.55	1323.0	2580.5	1267.00	1505.1	2772.1	3.1211	2.6922	5.8133
8000	295.06	0.001	384	0.02352	1305.57	1264.2	2569.8	1316.64	1441.3	2758.0	3.2068	2.5364	5.7432
9000	303.40	0.001	418	0.02048	1350.51	1207.3	2557.8	1363.26	1378.9	2742.1	3.2858	2.3915	5.6772
10000	311.06	0.001	452	0.018026	1393.04	1151.4	2544.4	1407.56	1317.1	2724.7	3.3596	2.2544	5.6141

续表

p/kPa	T/℃	比容			比内能			比焓			比熵		
		$\bar{V}_f$	$\bar{V}_{fg}$	$\bar{V}_g$	U_f	U_{fg}	U_g	h_f	h_{fg}	h_g	s_f	s_{fg}	s_g
12000	324.75	0.001	527	0.014263	1473.0	1040.7	2513.7	1491.3	1193.6	2684.9	3.4962	1.9962	5.4924
14000	336.75	0.001	611	0.011485	1548.6	928.2	2476.8	1571.1	1066.5	2637.6	3.6232	1.7485	5.3717
16000	347.44	0.001	711	0.009306	1622.7	809.0	2431.7	1650.1	930.6	2580.6	3.7461	1.4994	5.2455
18000	357.06	0.001	840	0.007489	1698.9	675.4	2374.3	1732.0	777.1	2509.1	3.8715	1.2329	5.1044
20000	365.81	0.002	36	0.005834	1785.6	507.5	2293.0	1826.3	583.4	2409.7	4.0139	0.9130	4.9269
22000	373.8	0.002	742	0.003568	1961.9	125.2	2087.1	2022.2	143.4	2165.6	4.311	0.2216	4.5327
22090	374.14	0.003	155	0.003155	2029.6	0	2029.6	2099.3	0	2099.3	4.4298	0	4.4298

过热水蒸气

T	$\bar{V}$	U	h	s	$\bar{V}$	U	h	s	$\bar{V}$	U	h	s
	p=10kPa(45.81℃)				p=50kPa(81.33℃)				p=100kPa(99.63℃)			
饱和	14.674	2437.9	2584.7	8.1502	3.240	2483.9	2645.9	7.5939	1.6940	2506.1	2675.5	7.3594
50	14.869	2443.9	2592.6	8.1749								
100	17.196	2515.5	2687.5	8.4479	3.418	2511.6	2682.5	7.6947	1.6958	2506.7	2676.2	7.3614
150	19.512	2587.9	2783.0	8.6882	3.889	2585.6	2780.1	7.9401	1.9364	2582.8	2776.4	7.6134
200	21.825	2661.3	2879.5	8.9038	4.356	2659.9	2877.7	8.1580	2.172	2658.1	2875.3	7.8343
250	24.136	2736.0	2977.3	9.1002	4.820	2735.0	2976.0	8.3556	2.406	2733.7	2974.3	8.0333
300	26.445	2812.1	3076.5	8.2813	5.284	2811.3	3075.5	8.5373	2.639	2810.4	3074.3	8.2158
400	35.063	2968.9	3279.6	9.6077	6.209	2968.5	3278.9	8.8642	3.103	2967.9	3278.2	8.5435
500	35.679	3132.3	3489.1	9.8978	7.134	3132.0	3488.7	9.1546	3.565	3131.6	3488.1	8.8342
600	40.295	3302.5	3705.4	10.1608	8.057	3302.2	3705.1	9.4178	4.028	3301.9	3704.7	9.0976
700	44.911	3479.6	3928.7	10.4028	8.981	3479.4	3928.5	9.6599	4.490	3479.2	3928.8	9.3398
800	49.526	3663.8	4159.0	10.6281	9.904	3663.6	4158.9	9.8852	4.952	3663.5	4158.6	9.5652

续表

T	$\bar{V}$	U	h	s	$\bar{V}$	U	h	s	$\bar{V}$	U	h	s
	p=10kPa(45.81℃)				p=50kPa(81.33℃)				p=100kPa(99.63℃)			
900	54.141	3855.0	4396.4	10.8396	10.828	3854.9	4396.3	10.0967	5.414	3854.8	4396.1	9.7767
1000	58.757	4053.0	4640.6	11.0393	11.751	4052.9	4640.5	10.2964	5.875	4052.8	4640.3	9.9764
1100	63.372	4257.5	4891.2	11.2287	12.674	4257.4	4891.1	10.4859	6.337	4257.3	4891	10.1659
1200	67.987	4467.9	5147.8	11.4091	13.597	4467.8	5147.7	10.6662	6.799	4467.7	5147.6	10.3463
1300	72.602	4683.7	5409.7	11.5811	14.521	4683.6	5409.6	10.8382	7.260	4683.5	5409.5	10.5183
	p=200kPa(120.23℃)				p=400kPa(143.63℃)							
饱和	0.8857	2529.5	2706.7	7.1272	0.4625	2553.6	2738.6	6.8959				
150	0.9596	2576.9	2768.8	7.2795	0.4708	2564.5	2752.8	6.9299				
200	1.0803	2654.4	2870.5	7.5066	0.5342	2646.8	2860.5	7.1706				
250	1.1988	2731.2	2971.0	7.7086	0.5951	2726.1	2964.2	7.3789				
300	1.3162	2808.6	3071.8	7.8926	0.6548	2804.8	3066.8	7.5662				
400	1.5493	2966.7	3276.6	8.2218	0.7726	2964.4	3273.4	7.8985				
500	1.7814	3130.8	3487.1	8.5133	0.8893	3129.2	3484.9	8.1913				
600	2.013	3301.4	3704.0	8.7770	1.0055	3300.2	3702.4	8.4558				
700	2.244	3478.8	3927.6	9.0194	1.1215	3477.9	3926.5	8.6987				
800	2.475	3663.1	4158.2	9.2449	1.2372	3662.4	4157.3	8.9244				
900	2.706	3854.5	4395.8	9.4566	1.3529	3853.9	4395.1	9.1362				
1000	2.937	4052.5	4640.0	9.6563	1.4685	4052.0	4639.4	9.3360				
1100	3.168	4257.0	4890.7	9.8458	1.5840	4256.5	4890.2	9.5256				
1200	3.399	4467.5	5147.3	10.0262	1.6996	4467.0	5146.8	9.7060				
1300	3.630	4683.2	5409.3	10.1982	1.8151	4682.8	5408.8	9.8780				

续表

T	$\bar{V}$	U	h	s	$\bar{V}$	U	h	s	$\bar{V}$	U	h	s
	p=600kPa(158.85℃)				p=800kPa(170.43℃)							
饱和	0.3157	2567.4	2756.8	6.7600	0.2404	2576.8	2769.1	6.6628				
200	0.3520	2638.9	2850.1	6.9665	0.2608	2630.6	2839.3	6.8158				
250	0.3938	2720.9	2957.2	7.1816	0.2931	2715.5	2950.0	7.0384				
300	0.4344	2801.0	3061.6	7.3724	0.3241	2797.2	3056.5	7.2328				
350	0.4742	2881.2	3165.7	7.5464	0.3544	2878.2	3161.7	7.4089				
400	0.5137	2962.1	3270.3	7.7079	0.3843	2959.7	3267.1	7.5716				
500	0.5920	3127.6	3482.8	8.0021	0.4433	3126.0	3480.6	7.8673				
600	0.6697	3299.1	3700.9	8.2674	0.5018	3297.9	3699.4	8.1333				
700	0.7472	3477.0	3925.3	8.5107	0.5601	3476.2	3924.2	8.3770				
800	0.8245	3661.8	4156.5	8.7367	0.6181	3661.1	4155.6	8.6033				
900	0.9017	3853.4	4394.4	8.9486	0.6761	3852.8	4393.7	8.8153				
1000	0.9788	4051.5	4638.8	9.1485	0.7340	4051.0	4638.2	9.0153				
1100	1.0559	4256.1	4889.6	9.3381	0.7919	4255.6	4889.1	9.2050				
1200	1.1330	4466.5	5146.3	9.5185	0.8497	4466.1	5145.9	9.3855				
1300	1.2101	4682.3	5408.3	9.6906	0.9076	4681.8	5407.9	9.5575				
	p=1000kPa(179.91℃)				p=1200kPa(187.99℃)				p=1400kPa(195.07℃)			
饱和	0.19444	2583.6	2778.1	6.5865	0.16333	2588.8	2784.8	6.5233	0.14084	2592.8	2790.0	6.4693
200	0.2060	2621.9	2827.9	6.6940	0.16930	2612.8	2815.9	6.5898	0.14302	2603.1	2803.3	6.4975
250	0.2327	2709.9	2942.6	6.9247	0.19234	2704.2	2935.0	6.8294	0.16350	2698.3	2927.2	6.7467
300	0.2579	2793.2	3051.2	7.1229	0.2138	2789.2	3045.8	7.0317	0.18228	2785.2	3040.4	6.9534
350	0.2825	2875.2	3157.7	7.3011	0.2345	2872.2	3153.6	7.2121	0.2003	2869.2	3149.5	7.1360

续表

T	$\bar{V}$	U	h	s	$\bar{V}$	U	h	s	$\bar{V}$	U	h	s
	p=1000kPa(179.91℃)				p=1200kPa(187.99℃)				p=1400kPa(195.07℃)			
400	0.3066	2957.3	3263.9	7.4651	0.2548	2954.9	3260.7	7.3774	0.2178	2952.5	3257.5	7.3026
500	0.3541	3124.4	3478.5	7.7622	0.2946	3122.8	3476.3	7.6759	0.2521	3121.1	3474.1	7.6027
600	0.4011	3296.8	3697.9	8.0290	0.3339	3295.6	3696.3	7.9435	0.2860	3294.4	3694.8	7.8710
700	0.4478	3475.3	3923.1	8.2731	0.3729	3474.4	3922.0	8.1881	0.3195	3473.6	3920.8	8.1160
800	0.4943	3660.4	4154.7	8.4996	0.4118	3659.7	4153.8	8.4148	0.3528	3659.0	4153.0	8.3431
900	0.5407	3852.2	4392.9	8.7118	0.4505	3851.6	4392.2	8.6272	0.3861	3851.1	4391.5	8.5556
1000	0.5871	4050.5	4637.6	8.9119	0.4892	4050.0	4637.0	8.8274	0.4192	4049.5	4636.4	8.7559
1100	0.6335	4255.1	4888.6	9.1017	0.5278	4254.6	4888.0	9.0172	0.4524	4254.1	4887.5	8.9457
1200	0.6798	4465.6	5145.4	9.2822	0.5665	4465.1	5144.9	9.1977	0.4855	4464.7	5144.4	9.1262
1300	0.7261	4681.3	5407.4	9.4543	0.6051	4680.9	5407.0	9.3698	0.5186	4680.4	5406.5	9.2984
	p=1600kPa(201.41℃)				p=1800kPa(207.15℃)				p=2000kPa(212.42℃)			
饱和	0.12380	2596.0	2794.0	6.4218	0.11042	2598.4	2797.1	6.3794	0.09963	2600.3	2799.5	6.3409
225	0.13287	2644.7	2857.3	6.5518	0.11673	2636.6	2846.7	6.4808	0.10377	2628.3	2835.8	6.4147
250	0.14184	2692.3	2919.2	6.6732	0.12497	2686.0	2911.0	6.6066	0.11144	2679.6	2902.5	6.5453
300	0.15862	2781.1	3034.8	6.8844	0.14021	2776.9	3029.2	6.8226	0.12547	2772.6	3023.5	6.7664
350	0.17456	2866.1	3145.4	7.0694	0.15457	2863.0	3141.2	7.0100	0.13857	2859.8	3137.0	6.9563
400	0.19005	2950.1	3254.2	7.2374	0.16847	2947.7	3250.9	7.1794	0.15120	2945.2	3247.6	7.1271
500	0.2203	3119.5	3472.0	7.5390	0.19550	3117.9	3469.8	7.4825	0.17568	3116.2	3467.6	7.4317
600	0.2500	3293.3	3693.2	7.8080	0.2220	3292.1	3691.7	7.7523	0.19960	3290.9	3690.1	7.7024
700	0.2794	3472.7	3919.7	8.0535	0.2482	3471.8	3918.5	7.9983	0.2232	3470.9	3917.4	7.9487
800	0.3086	3658.3	4152.1	8.2808	0.2742	3657.6	4151.2	8.2258	0.2467	3657.0	4150.3	8.1765

续表

T	$\bar{V}$	U	h	s	$\bar{V}$	U	h	s	$\bar{V}$	U	h	s
	p=1600kPa(201.41℃)				p=1800kPa(207.15℃)				p=2000kPa(212.42℃)			
900	0.3377	3850.5	4390.8	8.4935	0.3001	3849.9	4390.1	8.4386	0.2700	3849.3	4389.4	8.3895
1000	0.3668	4049.0	4635.8	8.6938	0.3260	4048.5	4635.2	8.6391	0.2933	4048.0	4634.6	8.5901
1100	0.3958	4253.7	4887.0	8.8837	0.3518	4253.2	4886.4	8.8290	0.3166	4252.7	4885.9	8.7800
1200	0.4248	4464.2	5143.9	9.0643	0.3776	4463.7	5143.4	9.0096	0.3398	4463.3	5142.9	8.9607
1300	0.4538	4679.9	5406.0	9.2364	0.4034	4679.5	5405.6	9.1818	0.3631	4679.0	5405.1	9.1329
	p=3000kPa(233.9℃)											
饱和	0.06668	2604.1	2804.2	6.1869								
225												
250	0.07058	2644.0	2855.8	6.2872								
300	0.08114	2750.1	2993.5	6.5390								
350	0.09053	2843.7	3115.3	6.7428								
400	0.09936	2932.8	3230.9	6.9212								
450	0.10787	3020.4	3344.0	7.0834								
500	0.11619	3108.0	3456.5	7.2338								
600	0.13243	3285.0	3682.3	7.5085								
700	0.14838	3466.5	3911.7	7.7571								
800	0.16414	3653.5	4145.9	7.9862								
900	0.17980	3846.5	4385.9	8.1999								
1000	0.19541	4045.4	4631.6	8.4009								
1100	0.21098	4250.3	4883.3	8.5912								
1200	0.22652	4460.9	5140.5	8.7720								
1300	0.24206	4676.6	5402.8	8.9442								

续表

T	$\bar{V}$	U	h	s	$\bar{V}$	U	h	s
	p=4000kPa(250.4℃)				p=5000kPa(263.99℃)			
饱和	0.04978	2602.3	2801.4	6.0701	0.03944	2597.1	2794.3	5.9734
275	0.05457	2667.9	2886.2	6.2285	0.04141	2631.3	2838.3	6.0544
300	0.05884	2725.3	2960.7	6.3615	0.04532	2698.0	2924.5	6.2084
350	0.06645	2826.7	3092.5	6.5821	0.05194	2808.7	3068.4	6.4493
400	0.07341	2919.9	3213.6	6.7690	0.05781	2906.6	3195.7	6.6459
450	0.08002	3010.2	3330.3	6.9363	0.06330	2999.7	3316.2	6.8186
500	0.08643	3099.5	3445.3	7.0901	0.06857	3091.0	3433.8	6.9759
600	0.09885	3279.1	3674.4	7.3688	0.07869	3273.0	3666.5	7.2589
700	0.11095	3462.1	3905.9	7.6198	0.08849	3457.6	3900.1	7.5122
800	0.12287	3650.0	4141.5	7.8502	0.09811	3646.6	4137.1	7.7440
900	0.13469	3843.6	4382.3	8.0647	0.10762	3840.7	4378.8	7.9593
1000	0.14645	4042.9	4628.7	8.2662	0.11707	4040.4	4625.7	8.1612
1100	0.15817	4248.0	4880.6	8.4567	0.12648	4245.6	4878.0	8.3520
1200	0.16987	4458.6	5138.1	8.6376	0.13587	4456.3	5135.7	8.5331
1300	0.18156	4674.3	5400.5	8.8100	0.14526	4672.0	5398.2	8.7055
	p=6000kPa(275.64℃)				p=8000kPa(295.06℃)			
饱和	0.03244	2589.7	2784.3	5.8892	0.02352	2569.8	2758.0	5.7432
300	0.03616	2667.2	2884.2	6.0674	0.02426	2590.9	2785.0	5.7906
350	0.04223	2789.6	3043.0	6.3335	0.02995	2747.7	2987.3	6.1301
400	0.04739	2892.9	3177.2	6.5408	0.03432	2863.8	3138.3	6.3634
450	0.05211	2988.9	3301.8	6.7193	0.03817	2966.7	3272.0	6.5551

续表

T	$\bar{V}$	U	h	s	$\bar{V}$	U	h	s
	p=6000kPa(275.64℃)				p=8000kPa(295.06℃)			
500	0.05665	3082.2	3422.2	6.8803	0.04175	3064.3	3398.3	6.7240
550	0.06101	3174.6	3540.6	7.0288	0.04516	3159.8	3521.0	6.8778
600	0.06525	3266.9	3658.4	7.1677	0.04845	3254.4	3642.0	7.0206
700	0.07352	3453.1	3894.2	7.4234	0.05481	3443.9	3882.4	7.2812
800	0.08160	3643.1	4132.7	7.566	0.06097	3636.0	4123.8	7.5173
900	0.08958	3837.8	4375.3	7.8727	0.06702	3832.1	4368.3	7.7351
1000	0.09749	4037.8	4622.7	8.0751	0.07301	4032.8	4616.9	7.9384
1100	0.10536	4243.3	4875.4	8.2661	0.07896	4238.6	4870.3	8.1300
1200	0.11321	4454.0	5133.3	8.4474	0.08489	4449.5	5128.5	8.3115
1300	0.12106	4669.6	5396.0	8.6199	0.0908	4665.0	5391.5	8.4812
	p=10000kPa(311.06℃)							
饱和	0.018026	2544.4	2724.7	5.6141				
325	0.019861	2610.4	2809.1	5.7568				
350	0.02242	2699.2	2923.4	5.9443				
400	0.02641	2832.4	3096.5	6.2120				
450	0.02975	2943.4	3240.9	6.4190				
500	0.03279	3045.8	3373.7	6.5966				
550	0.03564	3144.6	3500.9	6.7561				
600	0.03837	3241.7	3625.3	6.9029				
650	0.04101	3338.2	3748.2	7.0398				
700	0.04358	3434.7	3870.5	7.1687				
800	0.04859	3628.9	4114.8	7.4077				

续表

T	$\overline{V}$	U	h	s	$\overline{V}$	U	h	s
	p=10000kPa(311.06℃)							
900	0.05349	3826.3	4361.2	7.6272				
1000	0.05832	4027.8	4611.0	7.8315				
1100	0.06312	4234.0	4865.1	8.0237				
1200	0.06789	4444.9	5123.8	8.2055				
1300	0.07265	4460.5	5387.0	8.3783				
	p=15000kPa(342.24℃)				p=20000kPa(365.81℃)			
饱和	0.010337	2455.5	2610.5	5.3098	0.005834	2293.0	2409.7	4.9269
350	0.011470	2520.4	2692.4	5.4421				
400	0.015649	2740.7	2975.5	5.8811	0.009942	2619.3	2818.1	5.5540
450	0.018445	2879.5	3156.2	6.1404	0.012695	2806.2	3060.1	5.9017
500	0.0208	2996.6	3308.6	6.3443	0.014768	2942.9	3238.2	6.1401
550	0.02293	3104.7	3448.6	6.5199	0.016555	3062.4	3393.5	6.3348
600	0.02491	3208.6	3582.3	6.6776	0.018178	3174.0	3537.6	6.5048
650	0.02680	3310.3	3712.3	6.8224	0.019693	3281.4	3675.3	6.6582
700	0.02861	3410.9	3840.1	6.9572	0.02113	3386.4	3809.0	6.7993
800	0.0321	3610.9	4092.4	7.204	0.02385	3592.7	4069.7	7.0544
900	0.03546	3811.9	4343.8	7.4279	0.02645	3797.5	4326.4	7.283
1000	0.03875	4015.4	4596.6	7.6348	0.02897	4003.1	4582.5	7.4925
1100	0.04200	4222.6	4852.6	7.8283	0.03145	4211.3	4840.2	7.6874
1200	0.04523	4433.8	5112.3	8.0108	0.03391	4422.8	5101.0	7.8707
1300	0.04845	4649.1	5376.0	8.1840	0.03636	4638.0	5365.1	8.0442

续表

T	$\bar{V}$	U	h	s	$\bar{V}$	U	h	s
	p=30000kPa							
375	0.0017892	1737.8	1791.5	3.9305				
400	0.002790	2067.4	2151.1	4.4728				
425	0.005303	2455.1	2614.2	5.1504				
450	0.006735	2619.3	2821.4	5.4424				
500	0.008678	2820.7	3081.1	5.7905				
550	0.010168	2970.3	3275.4	6.0342				
600	0.011446	3100.5	3443.9	6.2331				
650	0.012596	3221.0	3598.9	6.4058				
700	0.013661	3335.8	3745.6	6.5606				
800	0.015623	3555.5	4024.2	6.8332				
900	0.017448	3768.5	4291.9	7.0718				
1000	0.019196	3978.8	4554.7	7.2867				
1100	0.020903	4189.2	4816.3	7.4845				
1200	0.022589	4401.3	5079.0	7.6692				
1300	0.024266	4616.0	5344.0	7.8432				
	p=40000kPa				p=60000kPa			
375	0.0016407	1677.1	1742.8	3.8290	0.0015028	1609.4	1699.5	3.7141
400	0.0019077	1854.6	1930.9	4.1135	0.0016335	1745.4	1843.4	3.9318
425	0.002532	2096.9	2198.1	4.5029	0.0018165	1892.7	2001.7	4.1626
450	0.003693	2365.1	2512.8	4.9459	0.002085	2053.9	2179	4.4121
500	0.005622	2678.4	2903.3	5.4700	0.002956	2390.6	2567.9	4.9321

续表

T	$\bar{V}$	U	h	s	$\bar{V}$	U	h	s
	p=40000kPa				p=60000kPa			
550	0.006984	2869.7	3149.1	5.7785	0.003956	2658.8	2896.2	5.3441
600	0.008094	3022.6	3346.4	6.0114	0.004834	2861.1	3151.2	5.6452
650	0.009063	3158	3520.6	6.2054	0.005595	3028.8	3364.5	5.8829
700	0.009941	3283.6	3681.2	6.3750	0.006272	3177.2	3553.5	6.0824
800	0.011523	3517.8	3978.7	6.6662	0.007459	3441.5	3889.1	6.4109
900	0.012962	3739.4	4257.9	6.9150	0.008508	3681.0	4191.5	6.6805
1000	0.014324	3954.6	4527.6	7.1356	0.009480	3906.4	4475.2	6.9127
1100	0.015642	4167.4	4793.1	7.3364	0.010409	4124.1	4748.6	7.1195
1200	0.016940	4380.1	5057.7	7.5224	0.011317	4338.2	5017.2	7.3083
1300	0.018229	4594.3	5323.5	7.6969	0.012215	4551.4	5284.3	7.4837

①（　　）=在给定压力下的饱和温度。

附录 4 一些物质的热力学函数

附录 4-1 1 个大气压,298.2K 时一些单质和化合物的热力学函数

单质或化合物	$\Delta H_f^\ominus$/(kJ·mol^{-1})	$S^\ominus$/(J·mol^{-1}·K^{-1})	$\Delta G_f^\ominus$/(kJ·mol^{-1})	$C_p^\ominus$/(J·mol^{-1}·K^{-1})
H_2(g)	0.0	130.59	0.0	28.84
H(g)	217.94	114.61	203.24	20.79
Na(c)	0.0	51.0	0.0	28.41
Na(g)	108.70	153.62	78.11	20.79
Na_2O(c)	−415.9	72.8	−376.6	68.2
Na_2O_2(c)	−504.6	(66.9)	−430.1	
NaOH(c)	−426.73	(523)	−377.0	80.3
NaCl(c)	−411.00	72.4	−384.0	49.71
Na_2SO_4(c)	−1384.49	149.49	−1266.83	127.61
$Na_2SO_4 \cdot 10H_2O$(c)	−4324.08	592.87	−3643.97	587.4
$NaNO_3$(c)	−466.68	116.3	−365.89	93.05
Na_2CO_3(c)	−1130.9	136.0	−1047.7	110.50
Mg(c)	0.0	32.51	0.0	23.89
MgO(c)	−601.83	26.8	−569.57	37.40
$Mg(OH)_2$(c)	−924.66	63.14	−833.74	77.03
$MgCl_2$(c)	−641.82	89.5	−592.32	71.30
Ca(c)	0.0	41.63	0.0	26.27
CaO(c)	−635.09	39.7	−604.2	42.80
CaF_2(c)	−1214.6	68.87	−1161.9	67.02
$CaCO_3$(c,方解石)	−1206.87	92.9	−1128.76	81.88
$CaSiO_3$(c)	−1584.1	82.0	−1498.7	85.27
$CaSO_4$(c,无水)	−1432.68	106.7	−1320.30	99.6
$CaSO_4 \cdot 1/2H_2O$(c)	−1575.15	130.5	−1435.20	119.7
$CaSO_4 \cdot 2H_2O$(c)	−2021.12	193.97	−1795.73	186.2
B(c)	0.0	6.53	0.0	11.97
B_2O_3(c)	−1263.6	54.02	−1184.1	62.26
Al(c)	0.0	28.32	0.0	24.34
Al_2O_3(C)	−1669.79	52.99	−1576.41	78.99
C(c,金刚石)	1.90	2.44	2.87	6.05
C(c,石墨)	0.0	5.69	0.0	8.64

续表

单质或化合物	$\Delta H_f^\ominus$/(kJ·mol^{-1})	$S^\ominus$/(J·mol^{-1}·K^{-1})	$\Delta G_f^\ominus$/(kJ·mol^{-1})	$C_p^\ominus$/(J·mol^{-1}·K^{-1})
C(g)	718.38	157.99	672.97	20.84
CO(g)	−110.52	197.91	−137.27	29.14
CO_2(g)	−393.51	213.64	−394.38	37.13
CH_4(g)	−74.85	186.19	−50.79	35.71
C_2H_2(g)	226.75	200.82	209.2	43.93
C_2H_4(g)	52.28	219.45	68.12	43.55
C_2H_6(g)	−84.67	229.49	−32.89	52.65
C_6H_6(g)	82.93	269.20	129.66	81.67
C_6H_6(l)	49.03	124.50	172.80	
CH_3OH(g)	−201.25	237.6	−161.92	
CH_3OH(l)	−238.64	126.8	−166.31	81.6
C_2H_5OH(l)	−277.63	160.7	−174.76	111.46
CH_3CHO(g)	−166.35	265.7	−133.72	62.8
HCOOH(l)	−409.2	128.95	−346.0	99.04
$(COOH)_2$(c)	−826.7	120.1	−697.9	109
HCN(g)	130.5	201.79	120.1	35.90
$CO(NH_2)_2$(c)	−333.19	104.6	−197.15	93.14
CS_2(l)	87.9	151.04	63.6	75.7
CCl_4(g)	−106.69	309.41	−64.22	83.51
CCl_4(l)	−139.49	214.43	−68.74	131.75
CH_3Cl(g)	−81.92	234.18	−58.41	40.79
CH_3Br(g)	−34.3	245.77	−24.69	42.59
$CHCl_3$(g)	−100	296.48	−67	65.81
$CHCl_3$(l)	−131.8	202.9	−71.5	116.3
Si(c)	0.0	18.70	0.0	19.87
SiO_2(c,石英)	−859.4	41.04	−805.0	44.43
N_2(g)	0.0	191.49	0.0	29.12
N(g)	472.64	153.19	455.51	20.79
NO(g)	90.37	210.62	86.69	29.86
NO_2(g)	33.85	240.45	51.84	37.91
N_2O(g)	81.55	219.99	103.60	
N_2O_4(g)	9.66	304.30	98.29	38.71
N_2O_5(c)	−41.84	113.4	133	79.08
NH_3(g)	−46.19	192.51	−16.63	35.66

续表

单质或化合物	$\Delta H_f^\ominus$/(kJ·mol^{-1})	$S^\ominus$/(J·mol^{-1}·K^{-1})	$\Delta G_f^\ominus$/(kJ·mol^{-1})	$C_p^\ominus$/(J·mol^{-1}·K^{-1})
NH_4Cl(c)	−315.39	94.6	−203.89	84.1
HNO_3(l)	−173.23	155.60	−79.91	109.87
O_2(g)	0.0	205.03	0.0	29.36
O(g)	247.52	160.95	230.09	21.91
O_3(g)	142.2	237.6	163.43	38.16
H_2O(g)	−241.83	188.72	−228.59	33.58
H_2O(l)	−285.84	69.94	−237.19	75.30
H_2O_2(l)	−187.61	(92)	−113.97	
S(c,斜方)	0.0	31.88	0.0	22.59
S(c,单斜)	0.3	32.55	0.10	23.64
SO_2(g)	−296.06	248.52	−300.37	39.79
SO_3(g)	−395.18	256.22	−370.37	50.63
H_2S(g)	−20.15	205.64	−33.02	33.97
F_2(g)	0.0	203.3	0.0	21.46
HF(g)	268.6	173.51	−270.7	29.08
Cl_2(g)	0.0	222.95	0.0	33.93
HCl(g)	−92.31	186.68	−95.26	29.12
Br_2(l)	0.0	152.3	0.0	
Br_2(g)	30.71	245.34	3.14	35.98
HBr(g)	−36.23	198.40	−53.22	29.12
I_2(c)	0.0	116.7	0.0	54.98
I_2(g)	62.24	260.58	19.37	36.86
HI(g)	25.9	206.33	1.30	29.16
Cu(c)	0.0	33.30	0.0	24.47
CuO(c)	−155.2	43.51	−127.2	44.4
Cu_2O(c)	−166.69	100.8	−146.36	69.9
$CuSO_4$(c)	−769.86	113.4	−661.9	100.8
$CuSO_4 \cdot 5H_2O$(c)	−2277.98	305.4	−1879.9	281.2
Ag(c)	0.0	42.70	0.0	25.49
Ag_2O(c)	−30.57	121.71	−10.82	65.56
AgCl(c)	−127.03	96.11	−109.12	50.79
$AgNO_3$(c)	−123.14	140.92	−32.17	93.05
Fe(c)	0.0	27.15	0.0	25.23
Fe_2O_3(c,赤铁矿)	−822.2	90.0	−741.0	104.6
Fe_3O_4(c,磁铁矿)	−1120.9	146.4	−1014.2	

注:(g)、(l)、(s)、(c)、(aq)分别表示气态、液态、固态、结晶、水溶液。

资料来源:Barrow G M. Physical Chemistry. New York:McGraw-Hill Inc,1973。

附录 4-2　298.2K 在水溶液中某些物质的标准热力学数据

水溶液中的物质	$\Delta H_f^\ominus$ /(kJ·mol^{-1})	$S^\ominus$ /(J·mol^{-1}·K^{-1})	$\Delta G_f^\ominus$ /(kJ·mol^{-1})	水溶液中的物质	$\Delta H_f^\ominus$ /(kJ·mol^{-1})	$S^\ominus$ /(J·mol^{-1}·K^{-1})	$\Delta G_f^\ominus$ /(kJ·mol^{-1})
H^+(aq)	0.0	0.0	0.0	H_2SO_4(aq)	−907.51	17.1	−741.99
H_3O^+(aq)	−285.85	69.96	−237.19	HSO_4^-(aq)	−885.75	126.85	−752.86
OH^-(aq)	−229.95	−10.54	−157.27	SO_4^{2-}(aq)	−907.51	17.1	−741.99
第一族				第七族			
Li^+(aq)	−278.44	14.2	−293.80	F^-(aq)	−329.11	−9.6	−276.48
Na^+(aq)	−239.66	60.2	−261.88	HCl(aq)	−167.44	55.2	−131.17
K^+(aq)	−251.21	102.5	−282.25	Cl^-(aq)	−167.44	55.2	−131.17
第二族				ClO^-(aq)		43.1	−37.2
Be^{2+}(aq)	−389		356.48	ClO_2^-(aq)	−69.0	100.8	−10.71
Mg^{2+}(aq)	−461.95	−118.0	−456.01	ClO_3^-(aq)	−98.3	163	−2.60
Ca^{2+}(aq)	−542.96	−55.2	−553.04	ClO_4^-(aq)	−131.42	182.0	−8
第三族				Br^-(aq)	−120.92	80.71	−102.80
H_3BO_3(aq)	−1067.8	159.8	−963.32	I_2(aq)	20.9		16.44
H_2BO_3(aq)	−1053.5	30.5	−910.44	I_3^-(aq)	51.9	173.6	−51.50
第四族				I^-(aq)	−55.94	109.36	−51.67
CO_2(aq)	−412.92	121.3	−386.22	过渡金属			
H_2CO_3(aq)	−698.7	191.2	−623.42	Cu^+(aq)	51.9	−26.4	50.2
HCO^{3-}(aq)	−691.11	95.0	−587.06	Cu^{2+}(aq)	64.39	−98.7	64.98
CO_3^{2-}(aq)	−676.26	−53.1	−528.10	$Cu(NH_3)_4^{2+}$(aq)	−334.3	806.7	−256.1
CH_3COOH(aq)	−488.44		−399.61	Zn^{2+}(aq)	−152.42	−106.48	−147.19
CH_3COO^-(aq)	−488.86		−372.46	Pb^{3+}(aq)	1.63	21.3	−24.31
第五族				Ag^+(aq)	105.90	73.93	77.11
NH_3(aq)	−80.83	110.0	−26.61	$Ag(NH_3)_2^+$(aq)	−111.80	241.8	−17.40
NH_4^+(aq)	−132.80	112.84	−79.50	Ni^{2+}(aq)	−64.0		−48.24
HNO_3(aq)	−206.56	146.4	−110.58	$Ni(NH_3)_6^{2+}$(aq)			−251.4
NO_3^-(aq)	−206.56	146.4	−110.58	$Ni(CN)_4^{2-}$(aq)	363.5	138.1	489.9
H_3PO_4(aq)	−1289.5	−176.1	−1147.2	Mn^{2+}(aq)	−218.8	−84	−223.4
$H_2PO_4^-$(aq)	−1302.5	89.1	−1135.1	MnO_4^-(aq)	−518.4	189.9	−425.1
HPO_4^{2-}(aq)	−1298.7	−36.0	−1094.1	MnO_4^{2-}(aq)			−503.8
PO_4^{3-}(aq)	−1284.1	−218	−1025.5	Cr^{2+}(aq)			−176.1
第六族				Cr^{3+}(aq)		−307.5	−215.5
H_2S(aq)	−33.3	122.2	−27.36	$Cr_2O_7^{2-}$(aq)	−1460.6	213.8	−1257.3
HS^-(aq)	−17.66	61.1	12.59	CrO_4^{2-}(aq)	−894.33	38.5	−736.8
S^{2-}(aq)	41.8		83.7				

注：有效浓度为 1mol·L^{-1}时，指定为单位活度，且 H^+(aq)的 $\Delta H_f^\ominus$、$\Delta G_f^\ominus$、$S^\ominus$指定为零。

资料来源：Barrow G M. Physical Chemistry. New York：McGraw-Hill Inc，1973。

附录 4-3　不同温度下某些物质的标准态热力学函数

T/K	$C_p^\ominus$	$\frac{H_T^\ominus - H_0^\ominus}{T}$	$\frac{G_T^\ominus - H_0^\ominus}{T}$	$\Delta H_f^\ominus$	$\Delta G_f^\ominus$
		/(J·K^{-1}·mol^{-1})		/(kJ·mol^{-1})	
			C(s)		
300	8.72	3.56	−2.19	0	0
400	11.93	5.25	−3.46	0	0
500	14.63	6.86	−4.80	0	0
700	18.54	9.69	−7.58	0	0
1000	21.51	12.88	−11.60	0	0
			O_2(g)		
300	29.37	29.11	−176.10	0	0
400	30.10	29.26	−184.51	0	0
500	31.08	29.52	−191.09	0	0
700	32.99	30.26	−201.10	0	0
1000	34.87	31.39	−212.10	0	0
			H_2(g)		
300	28.85	28.4	−102.4	0	0
400	29.18	28.6	−110.6	0	0
500	29.26	28.7	−116.9	0	0
700	29.43	28.9	−126.6	0	0
1000	30.20	29.1	−137.0	0	0
			CO(g)		
300	29.16	29.2	−169.1	−110.5	−137.4
400	29.33	29.2	−177.4	−110.1	−146.5
500	29.79	29.2	−183.9	−110.9	−155.6
700	31.17	29.6	−193.8	−110.5	−173.8
1000	33.18	30.4	−204.5	−112.0	−200.6
			CO_2(g)		
300	37.20	31.5	−182.5	−393.5	−394.4
400	41.30	33.4	−191.8	−393.6	−394.7
500	44.60	35.4	−199.5	−393.7	−394.9
700	49.50	38.8	−211.9	−394.0	−395.4
1000	54.30	42.8	−226.4	−394.6	−395.8
			H_2O(g)		
300	33.6	33.3	−155.8	−241.8	−228.5
400	34.3	33.4	−165.3	−242.8	−223.9
500	35.2	33.7	−172.8	−243.8	−219.1
700	37.4	34.5	−184.3	−245.6	−208.9
1000	41.2	35.9	−196.7	−247.9	−192.6
			HCHO(g)		
300	35.4	33.7	−185.4	−115.9	−109.9
400	39.2	34.6	−195.2	−117.6	−107.6
500	43.8	35.9	−203.1	−119.2	−104.9
700	52.3	39.4	−215.7	−122.0	−98.7
			CH_3OH(g)		
300	44.0	38.4	−201.6	−201.2	−162.3
400	51.4	40.7	−212.9	−204.8	−148.7
500	59.5	43.7	−222.3	−207.9	−134.3
700	73.7	50.3	−238.1	−212.9	−103.9

附录 5 龟山-吉田环境模型的元素化学㶲

图例：H —— 元素符号；117.61 —— 标准化学㶲（10^3 kJ • $kmol^{-1}$）；H_2O(l) —— 基准物；−84.89 —— 温度修正系数（kJ • $kmol^{-1}$）

	ⅠA	ⅡA	ⅢA	ⅣA	ⅤA	ⅥA	ⅦA	Ⅷ			ⅠB	ⅡB	ⅢB	ⅣB	ⅤB	ⅥB	ⅦB	
1	H 117.61 H_2O(l) −84.89																	He 30.125 空气(p= 5.24× 10^{-6}) 101.09
2	Li 371.96 LiCl • H_2O −485.13	Be 594.25 BeO • Al_2O_3 −103.26											B 610.28 H_3BO_3 −185.60	C 410.54 CO_2 (p=0.0003) 57.07	N 0.335 空气 (p=0.756) 1.17	O 1.966 空气 (p=0.203) 6.61	F 308.03 $Ca_{10}(PO_4)_6$ F_2 81.21	Ne 27.07 空气 (p=1.8× 10^{-8}) 90.83
3	Na 360.79 $NaNO_3$ −400.83	Mg 618.23 $CaCO_3$ • $MgCO_3$ −360.58											Al 788.22 Al_2O_3 −166.57	Si 852.74 SiO_2 −195.27	P 865.96 $Ca_3(PO_4)_2$ 86.36	S 602.79 $CaSO_4$ • $2H_2O$ −116.69	Cl 23.47 NaCl 268.82	Ar 11.673 空气 (p=0.009) 39.16
4	K 386.85 KNO_3 −354.97	Ca 712.37 $CaCO_3$ −338.74	Sc 906.76 Sc_2O_3 −159.87	Ti 885.59 TiO_2 −198.57	V 704.88 V_2O_3 −236.27	Cr 547.43 $K_2Cr_2O_7$ 30.67	Mn 461.24 MnO_2 −197.23	Fe 368.15 Fe_2O_3 −147.28	Co 288.40 $CoFe_2O_4$ −19.84	Ni 243.47 $NiCl_2$ • $6H_2O$ −865.63	Cu 143.80 $Cu_4(OH)_6$ Cl_2	Zn 337.44 $Zn(NO_3)_2$ • $6H_2O$ −852.87	Ga 496.18 Ga_2O_3 −162.09	Ge 493.13 GeO_2 −194.10	As 386.27 As_2O_3 −255.27	Se 0 Se 0	Br 34.35 $PtBr_2$ −19.92	Kr
5	Rb 389.57 $RbNO_3$ −353.80	Sr 771.15 SrCl • $6H_2O$ −841.61	Y 932.40 $Y(OH)_3$	Zr 1058.59 $ZrSiO_4$ −215.02	Nb 878.10 Nb_2O_3 −240.62	Mo 714.42 $CaMoO_4$ −45.27	Tc	Ru 0 Ru 0	Rh 0 Rh 0	Pd 0 Pd 0	Ag 86.32 AgCl 326.60	Cd 304.18 CdCl • $5/2H_2O$ −759.94	In 412.42 InO_2 −169.41	Sn 515.72 SnO_2 217.53	Sb 409.70 Sb_2O_5 −255.98	Te 266.35 TeO_2 −188.49	I 25.61 KIO_3 56.82	Xe
6	Cs 390.9 CsCl −364.25	Ba 784.17 $Ba(NO_3)_2$ −697.60	La	Hf 1023.24 HfO_2 −202.51	Ta 950.69 Ta_2O_5 −242.80	W 818.22 $CaWO_4$ −45.44	Re	Os 297.11 OsO_4 −325.22	Ir 0 Ir 0	Pt 0 Pt 0	Au 0 Au 0	Hg 131.71 $HgCl_2$ −690.61	Tl 169.70 Tl_2O_4	Pb 337.27 PbClOH	Bi 296.73 BiOCl −425.68	Po	At	Rn
7	Fr	Ra	Ac	Th 1164.87 ThO_2 −168.78	Pa	U 1117.88 U_3O_6 −247.19	Np	Pu	Am	Cm	Bk	Cf	Es	Fm	Md	No	Lr	
			La 982.57 $LaCl_3$ • $7H_2O$ −1224.45	Ce 1020.73 CeO_2 −227.94	Pr 926.17 $Pr(OH)_3$	Nd 967.05 $NdCl_3$ • $6H_2O$ −1214.78	Pm	Sm 962.86 $SmCl_3$ • $6H_2O$ −1215.74	Eu 872.49 $EuCl_3$ • $6H_2O$ −1231.06	Gd 958.26 $GdCl_3$ • H_2O −1220.26	Tb 947.38 $TbCl_3$ • $6H_2O$ −1230.26	Dy 958.26 $DyCl_3$ • $6H_2O$ −1234.03	Ho 966.63 $HoCl_3$ • $6H_2O$ −1235.20	Er 960.77 $ErCl_3$ • $6H_2O$ −1234.82	Tm 894.29 Tm_2O_3 −167.65	Yb 935.67 $YbCl_3$ • $6H_2O$ −1224.45	Lu 917.68 $LuCl_3$ • $6H_2O$ −1235.20	

附录 6　主要的无机和有机化合物的摩尔标准化学㶲 $E_{xc}^{\ominus}$ 以及温度修正系数 ξ($E_{xc}^{\ominus}$用龟山-吉田环境模型计算)

附录 6-1　主要无机化合物

物质	$E_{xc}^{\ominus}$ /(kJ·mol^{-1})	ξ /(J·mol^{-1}·K^{-1})	物质	$E_{xc}^{\ominus}$ /(kJ·mol^{-1})	ξ /(J·mol^{-1}·K^{-1})	物质	$E_{xc}^{\ominus}$ /(kJ·mol^{-1})	ξ /(J·mol^{-1}·K^{-1})
$AlCl_3$	229.83	892.07	$Fe(OH)_3$	30.29	43.85	Mn_3O_4	108.37	−213.13
$Al_2(SO_4)_3$	308.36	539.44	Fe_2SiO_4	220.41	−125.35	N_2	0.71	2.34
Ar	11.67	39.16	$FeAl_2O_4$	103.18	−66.36	Ne	27.07	90.83
BaO	261.04	−596.01	H_2	235.22	−169.74	NO	88.91	−4.60
$BaSO_4$	32.55	−415.30	H_2O(气)	8.62	−118.78	NH_3(气)	336.69	−154.22
$BaCO_3$	63.01	−356.77	He	30.12	101.09	Na_2O	346.98	−585.76
C	410.53	57.07	HF	152.42	46.61	NaCl	0	0.38
CaO	110.33	−227.74	O_2	3.93	13.22	Na_2SO_4	62.89	−413.50
$Ca(OH)_2$	53.01	−201.46	HCl(气)	45.77	173.72	Na_2CO_3	89.96	−364.22
$CaCl_2$	11.25	349.74	Na_2S	962.86	−798.31	Na_3AlF_6	581.95	138.95
$CaOSiO_2$	21.34	−228.15	$NaHCO_3$	44.69	−39.3	SO_2(气)	306.52	−114.64
$CaOAl_2O_3$	88.03	−251.08	MgO	50.79	−218.78	SO_3(气)	239.70	−14.02
CO	275.35	−25.61	$MgCl_2$	73.39	343.21	H_2S(气)	804.46	−329.66
CO_2	20.13	67.40	$MgCO_3$	22.59	62.30	ZnO	21.09	−745.63
Fe	368.15	−147.28	$MgSO_4$	58.24	−67.8	$ZnSO_4$	73.68	−587.52
FeO	118.66	−71.76	MnO	100.29	−115.94	$ZnCO_3$	22.34	−503.46
Fe_3O_4	96.90	−70.29	Mn_2O_3	47.24	−113.51			

附录 6-2　主要有机化合物

物质	化学分子式	$E_{xc}^{\ominus}$ /(kJ·mol^{-1})	ξ /(J·mol^{-1}·K^{-1})	物质	化学分子式	$E_{xc}^{\ominus}$ /(kJ·mol^{-1})	ξ /(J·mol^{-1}·K^{-1})
甲烷(气)	CH_4(气)	830.19	−201.96	乙烯(气)	C_2H_4(气)	1359.63	−172.38
乙烷(气)	C_2H_6(气)	1493.77	−221.63	丙烯(气)	C_3H_6(气)	1999.95	−196.27
丙烷(气)	C_3H_8(气)	2148.99	−238.36	1-丁烯(气)	$CH_2CHCH_2CH_3$(气)	2654.29	−211.33
丁烷(液)	C_4H_{10}(液)	2803.20	−540.11				
戊烷(气)	C_5H_{12}(气)	3455.61	−270.29	乙炔(气)	C_2H_2(气)	1265.49	−114.43
戊烷(液)	C_5H_{12}(液)	3454.52	−152.38	丙炔(气)	CH_3CCH(气)	1896.48	−138.20
己烷(气)	C_6H_{14}(气)	4109.48	−286.14	环戊烷(液)	C_5H_{10}(液)	3265.11	−86.44
己烷(液)	C_6H_{14}(液)	4105.38	−193.84	环己烷(液)	C_6H_{12}(液)	3901.16	−62.93
庚烷(气)	C_7H_{16}(气)	4763.44	−355.81	苯(液)	C_6H_6(液)	3293.18	85.65
庚烷(液)	C_7H_{16}(液)	4756.45	−209.58	环辛烷(液)	C_8H_{16}(液)	5243.89	−73.51

续表

物质	化学分子式	$E_{xc}^{\ominus}$ /(kJ • mol^{-1})	ξ /(J • mol^{-1} • K^{-1})	物质	化学分子式	$E_{xc}^{\ominus}$ /(kJ • mol^{-1})	ξ /(J • mol^{-1} • K^{-1})
环丁烯(气)	C_4H_6(气)	2522.53	−130.08	丙酮(液)	$(CH_3)_2CO$(液)	1783.85	20.59
乙苯(液)	C_8H_{10}(液)	4580.10	50.92	甲酸(液)	HCOOH(液)	288.24	112.84
辛烷(液)	C_8H_{18}(液)	5407.78	−211.42	乙酸(液)	CH_3COOH(液)	903.58	105.52
壬烷(液)	C_9H_{20}(液)	6058.81	−220.87	苯酚(固)	C_6H_5OH(固)	3120.43	224.05
癸烷(液)	$C_{10}H_{22}$(液)	6710.05	−743.08	苯甲酸(固)	C_6H_5COOH(固)	3338.08	372.50
十一烷(液)	$C_{11}H_{24}$(液)	7361.33	−238.03	甲酸甲酯(气)	$HCOOCH_3$(气)	998.26	−35.82
十二烷(液)	$C_{12}H_{26}$(液)	8013.03	−247.07	乙酸乙酯(液)	$CH_3COOC_2H_5$(液)	2254.26	53.09
甲苯(液)	$CH_3C_6H_5$(液)	3928.36	61.63	甲醚(气)	$(CH_3)_2O$(气)	1415.78	−150.04
甲醇(液)	CH_3OH(液)	716.72	−33.26	乙醚(液)	$(C_2H_5)_2O$(液)	2697.26	88.91
乙醇(液)	C_2H_5OH(液)	1354.57	−43.68	氯化甲烷(气)	CH_3Cl(气)	723.96	206.86
丙醇(液)	C_3H_7OH(液)	2003.76	−52.26	二氯化甲烷(液)	CH_2Cl_2(液)	622.29	480.03
丁醇(液)	C_4H_9OH(液)	2659.10	−61.55	四氯化碳(液)	CCl_4(液)	441.79	1367.83
戊醇(液)	$C_5H_{11}OH$(液)	3304.69	−67.07	α-D-半乳糖(固)	$C_6H_{12}O_6$(固)	2966.92	590.70
甲醛(气)	HCHO(气)	537.81	−86.02	β-乳糖(固)	$C_{12}H_{22}O_{11}$(固)	5968.52	1136.21
乙醛(气)	CH_3CHO(气)	1160.18	−107.95	尿素(固)	$(NH_2)_2CO$	686.47	182.67

附录 7 流体的普遍化数据

附表 7-1 饱和液体和蒸气的普遍化数据

T_r	$-(\lg p_r)^{(0)}$	$-(\lg p_r)^{(1)}$	$[\lg(f/p)]^{(0)}$	$[\lg(f/p)]^{(1)}$	蒸发		蒸气		液体	
					$\Delta S^{(0)}$	$\Delta S^{(1)}$	$Z^{(0)}$	$Z^{(1)}$	$Z^{(0)}$	$Z^{(1)}$
1.00	0.000	0.000	−0.1642	−0.0332	0.00	0.00	0.291	−0.08	0.291	−0.080
0.99	0.025	0.021	−0.1680	−0.0273	2.57	2.83	0.43	−0.030	0.202	−0.090
0.98	0.050	0.042	−0.1648	−0.0201	3.38	3.91	0.47	0.000	0.179	−0.093
0.97	0.076	0.064	−0.1593	−0.0133	4.00	4.72	0.51	+0.020	0.162	−0.095
0.96	0.102	0.086	−0.1540	−0.0074	4.52	5.39	0.54	0.035	0.148	−0.085
0.95	0.129	0.109	−0.1488	−0.0023	5.00	5.96	0.565	0.045	0.136	−0.095
0.94	0.156	0.133	−0.1432	+0.0027	5.44	6.51	0.59	0.055	0.125	−0.094
0.92	0.212	0.180	−0.1329	+0.0122	6.23	7.54	0.63	0.075	0.108	−0.092
0.90	0.270	0.230	−0.1221	0.0213	6.95	8.53	0.67	0.095	0.0925	−0.087
0.88	0.330	0.285	−0.1127	0.0290	7.58	9.39	0.70	0.110	0.0790	−0.080

续表

T_r	$-(\lg p_r)^{(0)}$	$-(\lg p_r)^{(1)}$	$[\lg(f/p)]^{(0)}$	$[\lg(f/p)]^{(1)}$	蒸发		蒸气		液体	
					$\Delta S^{(0)}$	$\Delta S^{(1)}$	$Z^{(0)}$	$Z^{(1)}$	$Z^{(0)}$	$Z^{(1)}$
0.86	0.391	0.345	−0.1031	0.0361	8.19	10.3	0.73	0.125	0.0680	−0.075
0.84	0.455	0.405	−0.0943	0.0418	8.79	11.2	0.756	0.135	0.0585	−0.068
0.82	0.522	0.475	−0.0856	0.0459	9.37	12.1	0.781	0.140	0.0498	−0.062
0.80	0.592	0.545	−0.0774	0.0493	9.97	13.0	0.804	0.144	0.0422	−0.057
0.78	0.665	0.620	−0.0695	0.0512	10.57	13.9	0.826	0.144	0.0360	−0.053
0.76	0.742	0.705	−0.0620	0.0522	11.20	14.9	0.846	0.142	0.0300	−0.048
0.74	0.823	0.800	−0.0551	0.0520	11.84	16.0	0.864	0.137	0.0250	−0.043
0.72	0.909	0.895	−0.0485	0.0510	12.49	17.0	0.881	0.131	0.0210	−0.037
0.70	1.000	1.00	−0.0422	0.0489	13.19	18.1	0.897	0.122	0.0172	−0.032
0.68	1.096	1.12	−0.0366	0.0463	13.89	19.3	0.911	0.113	0.0138	−0.027
0.66	1.198	1.25	−0.0317	0.0432	14.62	20.5	0.922	0.104	0.0111	−0.022
0.64	1.308	1.39	−0.0273	0.0402	15.36	21.8	0.932	0.097	0.0088	−0.018
0.62	1.426	1.54	−0.0234	0.0369	16.12	23.2	0.94	0.09	0.0068	−0.015
0.60	1.552	1.70	−0.0200	0.0333	16.92	24.6	0.947	0.083	0.0052	−0.012
0.58	1.688	1.88	−0.0170	0.0300	17.74	26.2	0.953	0.077	0.0039	−0.009
0.56	1.834	2.08	−0.0142	0.0262	18.64	27.8	0.959	0.07	0.0028	−0.007
0.54	1.965	2.370	—	—	19.56	29.84	—	—	—	—
0.52	2.130	2.660	—	—	20.55	32.00	—	—	—	—
0.50	2.315	2.962	—	—	21.60	34.22	—	—	—	—
0.48	2.515	3.310	—	—	22.70	36.48	—	—	—	—
0.46	2.730	3.695	—	—	24.05	38.80	—	—	—	—
0.44	2.970	4.100	—	—	25.50	41.14	—	—	—	—
0.42	3.240	4.540	—	—	27.05	43.5	—	—	—	—
0.40	3.540	5.010	—	—	28.83	46.0	—	—	—	—
0.38	3.870	5.560	—	—	30.70	49.2	—	—	—	—
0.36	4.220	6.240	—	—	32.80	53.0	—	—	—	—
0.34	4.600	7.080	—	—	35.10	57.4	—	—	—	—
0.32	5.005	8.300	—	—	37.55	63.6	—	—	—	—
0.30	5.450	9.940	—	—	40.20	71.5	—	—	—	—
0.28	5.910	11.960	—	—	—	—	—	—	—	—
0.26	6.380	14.250	—	—	—	—	—	—	—	—

附表 7-2　$Z^{(0)}$ 值

T_r	p_r								
	0.2	0.4	0.6	0.8	1.0	1.2	1.4	1.6	1.8
0.35	0.0557	0.111	0.167	0.222	0.277	0.332	0.387	0.442	0.497
0.40	0.0500	0.100	0.150	0.199	0.249	0.298	0.348	0.395	0.446
0.45	0.0456	0.0912	0.136	0.182	0.227	0.272	0.317	0.362	0.407
0.50	0.0423	0.0844	0.126	0.168	0.210	0.252	0.293	0.335	0.376
0.55	0.396	0.0791	0.118	0.158	0.197	0.235	0.274	0.313	0.351
0.60	0.0375	0.0748	0.112	0.149	0.186	0.222	0.259	0.295	0.331
0.65	0.0359	0.0715	0.107	0.142	0.177	0.212	0.247	0.281	0.315
0.70	0.0346	0.0690	0.103	0.137	0.170	0.204	0.237	0.270	0.303
0.75	0.0338	0.0673	0.100	0.133	0.166	0.198	0.230	0.261	0.293
0.80	0.851	0.066	0.100	0.133	0.164	0.192	0.225	0.258	0.287
0.85	0.882	0.067	0.101	0.134	0.165	0.194	0.226	0.258	0.287
0.90	0.904	0.778	0.102	0.135	0.167	0.198	0.229	0.250	0.288
0.95	0.920	0.819	0.697	0.145	0.176	0.205	0.235	0.262	0.292
1.00	0.932	0.849	0.756	0.638	0.291	0.231	0.250	0.278	0.304
1.05	0.942	0.874	0.800	0.714	0.609	0.470	0.341	0.320	0.332
1.10	0.950	0.893	0.833	0.767	0.691	0.607	0.512	0.442	0.408
1.15	0.958	0.908	0.858	0.805	0.746	0.684	0.620	0.562	0.514
1.20	0.963	0.921	0.879	0.835	0.788	0.737	0.690	0.640	0.598
1.25	0.968	0.930	0.896	0.858	0.820	0.778	0.740	0.702	0.664
1.30	0.971	0.940	0.909	0.878	0.846	0.811	0.780	0.749	0.718
1.4	0.977	0.952	0.929	0.908	0.883	0.859	0.838	0.817	0.795
1.5	0.982	0.963	0.945	0.927	0.909	0.892	0.875	0.859	0.844
1.6	0.985	0.971	0.957	0.944	0.930	0.917	0.904	0.893	0.882
1.7	0.988	0.977	0.966	0.956	0.946	0.936	0.926	0.919	0.911
1.8	0.991	0.982	0.974	0.966	0.958	0.950	0.944	0.937	0.931
1.9	0.933	0.986	0.980	0.974	0.968	0.962	0.958	0.952	0.948
2.0	0.995	0.989	0.984	0.979	0.975	0.971	0.968	0.964	0.961
2.5	1.000	0.999	0.999	0.998	0.998	0.998	0.998	0.997	0.999
3.0	1.001	1.002	1.003	1.004	1.005	1.007	1.008	1.010	1.012
3.5	1.002	1.004	1.006	1.008	1.011	1.013	1.015	1.018	1.020
4.0	1.003	1.005	1.008	1.010	1.013	1.015	1.017	1.020	1.022

T_r	p_r								
	2.0	2.2	2.4	2.6	2.8	3.0	3.2	3.4	3.6
0.35	0.551	0.606	0.665	0.714	0.768	0.822	0.876	0.930	0.993
0.40	0.495	0.544	0.592	0.641	0.690	0.738	0.787	0.835	0.883
0.45	0.451	0.496	0.540	0.584	0.629	0.673	0.717	0.761	0.805
0.50	0.417	0.458	0.499	0.540	0.581	0.622	0.662	0.703	0.743
0.55	0.390	0.428	0.466	0.504	0.542	0.580	0.618	0.655	0.693
0.60	0.368	0.403	0.439	0.475	0.510	0.546	0.581	0.616	0.651
0.65	0.350	0.384	0.417	0.451	0.485	0.518	0.551	0.584	0.617

续表

T_r	p_r								
	2.0	2.2	2.4	2.6	2.8	3.0	3.2	3.4	3.6
0.70	0.335	0.368	0.400	0.432	0.464	0.495	0.527	0.558	0.589
0.75	0.324	0.355	0.386	0.416	0.447	0.477	0.507	0.536	0.566
0.80	0.318	0.347	0.376	0.405	0.433	0.461	0.490	0.519	0.547
0.85	0.316	0.345	0.374	0.403	0.431	0.459	0.487	0.515	0.542
0.90	0.316	0.345	0.373	0.402	0.430	0.458	0.485	0.512	0.538
0.95	0.321	0.347	0.375	0.403	0.430	0.457	0.484	0.510	0.536
1.00	0.329	0.356	0.381	0.407	0.433	0.458	0.484	0.509	0.534
1.05	0.350	0.372	0.393	0.417	0.441	0.466	0.489	0.512	0.535
1.10	0.402	0.405	0.420	0.440	0.462	0.484	0.504	0.525	0.547
1.15	0.484	0.477	0.478	0.485	0.498	0.513	0.529	0.546	0.563
1.20	0.568	0.553	0.545	0.544	0.548	0.554	0.563	0.574	0.587
1.25	0.636	0.618	0.606	0.599	0.597	0.598	0.602	0.609	0.618
1.30	0.691	0.671	0.657	0.649	0.644	0.642	0.642	0.645	0.651
1.4	0.777	0.759	0.745	0.734	0.725	0.720	0.718	0.718	0.722
1.5	0.831	0.819	0.808	0.800	0.794	0.790	0.785	0.784	0.784
1.6	0.872	0.863	0.855	0.848	0.843	0.840	0.836	0.834	0.833
1.7	0.903	0.896	0.889	0.883	0.879	0.875	0.873	0.872	0.872
1.8	0.926	0.921	0.916	0.913	0.910	0.908	0.907	0.906	0.906
1.9	0.944	0.940	0.936	0.933	0.931	0.930	0.929	0.929	0.930
2.0	0.959	0.956	0.954	0.953	0.953	0.952	0.952	0.953	0.954
2.5	1.000	1.001	1.001	1.002	1.004	1.006	1.008	1.009	1.012
3.0	1.014	1.016	1.019	1.022	1.025	1.028	1.03	1.033	1.036
3.5	1.022	1.024	1.027	1.030	1.033	1.036	1.039	1.042	1.045
4.0	1.024	1.026	1.029	1.032	1.035	1.038	1.041	1.044	1.047

T_r	p_r							
	3.8	4.0	4.5	5.0	6.0	7.0	8.0	9.0
0.35	1.04	1.07	1.22	1.36	1.62	1.88	2.14	2.39
0.40	0.931	0.979	1.10	1.22	1.45	1.69	1.92	2.15
0.45	0.848	0.892	1.00	1.11	1.32	1.54	1.75	1.96
0.50	0.783	0.824	0.924	1.02	1.22	1.42	1.61	1.80
0.55	0.730	0.767	0.860	0.952	1.13	1.31	1.49	1.67
0.60	0.686	0.721	0.808	0.893	1.06	1.23	1.40	1.56
0.65	0.650	0.683	0.764	0.845	1.00	1.16	1.31	1.47
0.70	0.620	0.651	0.728	0.804	0.954	1.10	1.25	1.39
0.75	0.596	0.625	0.698	0.769	0.910	1.05	1.18	1.32
0.80	0.576	0.605	0.675	0.746	0.883	1.017	1.15	1.28
0.85	0.569	0.597	0.663	0.730	0.861	0.990	1.115	1.24
0.90	0.565	0.591	0.655	0.718	0.842	0.966	1.089	1.21
0.95	0.561	0.587	0.647	0.709	0.828	0.947	1.066	1.185
1.00	0.557	0.582	0.642	0.702	0.819	0.932	1.048	1.166

续表

T_r	p_r							
	3.8	4.0	4.5	5.0	6.0	7.0	8.0	9.0
1.05	0.557	0.580	0.639	0.700	0.814	0.923	1.032	1.147
1.10	0.567	0.589	0.643	0.699	0.810	0.916	1.019	1.129
1.15	0.581	0.600	0.651	0.705	0.809	0.911	1.008	1.113
1.20	0.601	0.618	0.664	0.714	0.810	0.907	1.000	1.100
1.25	0.629	0.643	0.682	0.726	0.816	0.907	0.994	1.088
1.30	0.659	0.668	0.701	0.740	0.824	0.910	0.992	1.078
1.4	0.727	0.734	0.754	0.781	0.844	0.921	0.994	1.071
1.5	0.786	0.790	0.805	0.826	0.877	0.934	1.000	1.070
1.6	0.834	0.835	0.844	0.860	0.904	0.953	1.010	1.075
1.7	0.873	0.874	0.882	0.895	0.930	0.972	1.023	1.082
1.8	0.907	0.908	0.914	0.925	0.955	0.993	1.039	1.091
1.9	0.932	0.934	0.941	0.950	0.976	1.010	1.051	1.097
2.0	0.954	0.956	0.962	0.972	0.996	1.027	1.064	1.106
2.5	1.014	1.018	1.026	1.035	1.055	1.079	1.105	1.136
3.0	1.038	1.041	1.049	1.058	1.077	1.10	1.124	1.150
3.5	1.048	1.051	1.058	1.067	1.086	1.105	1.126	1.148
4.0	1.050	1.053	1.060	1.068	1.086	1.104	1.124	1.143

附表 7-3　$Z^{(1)}$ 值

T_r	p_r						
	0.2	0.4	0.6	0.8	1.0	1.2	1.4
0.35	−0.027	−0.048	−0.073	−0.100	−0.13	−0.15	−0.17
0.40	−0.025	−0.046	−0.070	−0.094	−0.12	−0.14	−0.16
0.45	−0.024	−0.044	−0.067	−0.089	−0.11	−0.13	−0.15
0.50	−0.022	−0.043	−0.066	−0.085	−0.11	−0.13	−0.15
0.55	−0.021	−0.041	−0.060	−0.080	−0.10	−0.12	−0.14
0.60	−0.020	−0.039	−0.057	−0.075	−0.093	−0.11	−0.13
0.65	−0.020	−0.039	−0.057	−0.075	−0.093	−0.11	−0.12
0.70	−0.020	−0.036	−0.052	−0.068	−0.084	−0.10	−0.12
0.75	−0.020	−0.036	−0.052	−0.068	−0.084	−0.10	−0.11
0.80	−0.095	−0.028	−0.044	−0.058	−0.07	−0.08	−0.10
0.85	−0.067	−0.031	−0.049	−0.064	−0.08	−0.09	−0.11
0.90	−0.042	−0.09	−0.053	−0.068	−0.085	−0.10	−0.11
0.95	−0.025	−0.050	−0.10	−0.072	−0.091	−0.10	−0.11
1.00	−0.012	−0.016	−0.020	−0.05	−0.080	−0.090	−0.099
1.05	0.000	+0.001	+0.005	+0.015	+0.02	+0.01	−0.01
1.10	+0.002	0.008	0.016	0.030	0.055	0.082	+0.11
1.15	0.004	0.012	0.012	0.040	0.064	0.093	0.12
1.20	0.009	0.018	0.028	0.044	0.069	0.10	0.13
1.25	0.011	0.023	0.036	0.050	0.069	0.10	0.13
1.30	0.013	0.027	0.041	0.055	0.072	0.10	0.13

续表

T_r	p_r						
	0.2	0.4	0.6	0.8	1.0	1.2	1.4
1.4	0.016	0.032	0.049	0.065	0.082	0.10	0.13
1.5	0.017	0.035	0.052	0.070	0.088	0.10	0.13
1.6	0.018	0.036	0.054	0.07	0.08	0.10	0.12
1.7	0.018	0.036	0.054	0.07	0.09	0.10	0.11
1.8	0.018	0.036	0.054	0.07	0.09	0.10	0.11
1.9	0.018	0.035	0.05	0.07	0.09	0.10	0.11
2.0	0.016	0.031	0.05	0.07	0.08	0.10	0.11
2.5	0.01	0.02	0.04	0.05	0.07	0.08	0.10
3.0	0.01	0.02	0.03	0.05	0.06	0.07	0.08
3.5	0.01	0.02	0.03	0.04	0.05	0.06	0.07
4.0	0.01	0.02	0.02	0.03	0.04	0.05	0.06
T_r	p_r						
	1.6	1.8	2	2.2	2.4	2.6	2.8
0.35	−0.20	−0.23	−0.26	−0.29	−0.32	−0.35	−0.37
0.40	−0.19	−0.22	−0.25	−0.28	−0.30	−0.33	−0.35
0.45	−0.18	−0.21	−0.24	−0.27	−0.28	−0.31	−0.33
0.50	−0.17	−0.20	−0.22	−0.25	−0.27	−0.29	−0.31
0.55	−0.16	−0.19	−0.21	−0.23	−0.25	−0.27	−0.29
0.60	−0.15	−0.17	−0.19	−0.21	−0.23	−0.25	−0.26
0.65	−0.14	−0.16	−0.17	−0.19	−0.21	−0.22	−0.24
0.70	−0.13	−0.15	−0.16	−0.18	−0.19	−0.20	−0.21
0.75	−0.12	−0.14	−0.15	−0.16	−0.17	−0.18	−0.19
0.80	−0.11	−0.12	−0.13	−0.14	−0.15	−0.16	−0.17
0.85	−0.12	−0.13	−0.14	−0.15	−0.16	−0.17	−0.18
0.90	−0.12	−0.13	−0.14	−0.15	−0.16	−0.17	−0.17
0.95	−0.12	−0.12	−0.13	−0.14	−0.15	−0.15	−0.16
1.00	−1.08	−0.115	−0.123	−0.13	−0.13	−0.14	−0.14
1.05	−0.04	−0.06	−0.07	−0.08	−0.09	−0.10	−0.10
1.10	+0.082	+0.035	0.000	−0.02	−0.03	−0.05	−0.06
1.15	0.140	0.136	+0.100	+0.07	+0.04	+0.02	0.00
1.20	0.16	0.17	0.17	0.16	0.14	0.12	+0.09
1.25	0.16	0.18	0.19	0.19	0.18	0.16	0.14
1.30	0.16	0.18	0.20	0.20	0.20	0.20	0.19
1.4	0.16	0.18	0.19	0.20	0.21	0.21	0.21
1.5	0.15	0.17	0.18	0.20	0.20	0.21	0.21
1.6	0.14	0.16	0.17	0.18	0.19	0.20	0.20
1.7	0.13	0.15	0.16	0.17	0.18	0.18	0.20
1.8	0.13	0.15	0.16	0.17	0.18	0.19	0.20
1.9	0.13	0.15	0.16	0.17	0.18	0.19	0.20
2.0	0.13	0.14	0.15	0.16	0.17	0.19	0.20
2.5	0.11	0.12	0.13	0.15	0.16	0.18	0.19
3.0	0.09	0.10	0.11	0.13	0.14	0.15	0.16
3.5	0.08	0.08	0.09	0.10	0.11	0.12	0.13
4.0	0.06	0.07	0.08	0.09	0.10	0.10	0.11

续表

T_r	p_r						
	3.0	4.0	5.0	6.0	7.0	8.0	9.0
0.35	−0.42	−0.53	−0.65	−0.78	−0.86	−0.95	−1.06
0.40	−0.39	−0.49	−0.60	−0.72	−0.80	−0.88	−0.96
0.45	−0.36	−0.45	−0.55	−0.67	−0.74	−0.82	−0.88
0.50	−0.34	−0.42	−0.51	−0.61	−0.68	−0.75	−0.81
0.55	−0.31	−0.39	−0.47	−0.55	−0.62	−0.68	−0.79
0.60	−0.28	−0.36	−0.43	−0.50	−0.56	−0.62	−0.67
0.65	−0.25	−0.32	−0.38	−0.43	−0.49	−0.54	−0.58
0.70	−0.23	−0.28	−0.33	−0.38	−0.42	−0.47	−0.51
0.75	−0.20	−0.25	−0.29	−0.33	−0.37	−0.40	−0.44
0.80	−0.18	−0.23	−0.26	−0.29	−0.32	−0.35	−0.39
0.85	−0.18	−0.22	−0.25	−0.28	−0.31	−0.34	−0.36
0.90	−0.18	−0.21	−0.24	−0.27	−0.30	−0.32	−0.35
0.95	−0.17	−0.20	−0.22	−0.25	−0.28	−0.31	−0.34
1.00	−0.15	−0.17	−0.20	−0.23	−0.26	−0.30	−0.33
1.05	−0.11	−0.14	−0.17	−0.20	−0.24	−0.28	−0.31
1.10	−0.07	−0.10	−0.13	−0.16	−0.21	−0.25	−0.28
1.15	−0.01	−0.04	−0.08	−0.12	−0.16	−0.20	−0.24
1.20	+0.07	0.00	−0.04	−0.08	−0.12	−0.16	−0.19
1.25	0.12	+0.05	0.00	−0.03	−0.07	+0.11	−0.13
1.30	0.18	0.10	+0.04	0.00	−0.04	−0.07	−0.09
1.4	0.20	0.15	0.11	+0.07	+0.04	+0.01	−0.01
1.5	0.21	0.20	0.17	0.14	0.11	0.09	+0.07
1.6	0.21	0.22	0.21	0.19	0.17	0.15	0.14
1.7	0.21	0.24	0.25	0.26	0.25	0.24	0.22
1.8	0.21	0.26	0.29	0.31	0.32	0.32	0.30
1.9	0.21	0.26	0.30	0.35	0.38	0.40	0.40
2.0	0.21	0.26	0.30	0.35	0.40	0.43	0.45
2.5	0.20	0.25	0.30	0.35	0.40	0.45	0.50
3.0	0.17	0.23	0.28	0.34	0.38	0.45	0.50
3.5	0.14	0.19	0.24	0.28	0.33	0.38	0.42
4.0	0.12	0.16	0.20	0.23	0.27	0.31	0.35

附表 7-4　$[\lg(f/p)]^{(0)}=[\lg\phi]^{(0)}$ 值

T_r	p_r								
	0.2	0.4	0.6	0.8	1.0	1.2	1.4	1.6	1.8
0.35	−3.687	−3.964	−4.116	−4.2165	−4.279	−4.344	−4.382	−4.421	−4.436
0.40	−2.820	−3.100	−3.254	−3.357	−3.432	−3.490	−3.535	−3.572	−3.601
0.45	−2.134	−2.415	−2.571	−2.676	−2.754	−2.813	−2.860	−2.891	−2.930
0.50	−1.604	−1.886	−2.044	−2.151	−2.229	−2.290	−2.339	−2.379	−2.412
0.55	−1.186	−1.470	−1.629	−1.736	−1.816	−1.878	−1.928	−1.969	−2.004
0.60	−0.851	−1.136	−1.296	−1.404	−1.485	−1.548	−1.599	−1.641	−1.676

续表

T_r	p_r								
	0.2	0.4	0.6	0.8	1.0	1.2	1.4	1.6	1.8
0.65	−0.569	−0.855	−1.015	−1.125	−1.206	−1.270	−1.322	−1.364	−1.400
0.70	−0.336	−0.622	−0.783	−0.893	−0.975	−1.039	−1.092	−1.135	−1.171
0.75	−0.140	−0.426	−0.587	−0.698	−0.780	−0.846	−0.897	−0.942	−0.978
0.80	−0.060	−0.262	−0.425	−0.535	−0.618	−0.683	−0.736	−0.780	−0.817
0.85	−0.046	−0.120	−0.281	−0.392	−0.474	−0.539	−0.592	−0.636	−0.673
0.90	−0.042	−0.087	−0.163	−0.273	−0.356	−0.421	−0.474	−0.517	−0.554
0.95	−0.033	−0.070	−0.112	−0.173	−0.255	−0.319	−0.372	−0.415	−0.452
1.00	−0.028	−0.059	−0.094	−0.131	−0.175	−0.237	−0.287	−0.330	−0.367
1.05	−0.024	−0.051	−0.079	−0.109	−0.142	−0.178	−0.218	−0.257	−0.292
1.10	−0.021	−0.044	−0.067	−0.093	−0.120	−0.147	−0.177	−0.207	−0.237
1.15	−0.018	−0.037	−0.058	−0.079	−0.101	−0.123	−0.146	−0.170	−0.194
1.20	−0.016	−0.032	−0.050	−0.067	−0.086	−0.104	−0.124	−0.143	−0.163
1.25	−0.014	−0.029	−0.044	−0.059	−0.075	−0.091	−0.107	−0.123	−0.139
1.3	−0.012	−0.025	−0.038	−0.051	−0.065	−0.078	−0.092	−0.106	−0.119
1.4	−0.010	−0.021	−0.031	−0.041	−0.052	−0.062	−0.072	−0.082	−0.092
1.5	−0.008	−0.016	−0.024	−0.032	−0.040	−0.047	−0.055	−0.063	−0.070
1.6	−0.007	−0.013	−0.019	−0.026	−0.032	−0.038	−0.044	−0.050	−0.056
1.7	−0.005	−0.010	−0.015	−0.020	−0.025	−0.030	−0.034	−0.039	−0.043
1.8	−0.004	−0.008	−0.012	−0.015	−0.019	−0.022	−0.026	−0.030	−0.033
1.9	−0.003	−0.006	−0.009	−0.012	−0.015	−0.018	−0.020	−0.023	−0.025
2.0	−0.002	−0.004	−0.007	−0.009	−0.011	−0.013	−0.015	−0.017	−0.019
2.5	0.000	0.000	0.000	0.000	−0.001	−0.001	−0.001	−0.001	−0.001
3.0	0.000	+0.001	+0.001	+0.002	+0.002	+0.003	+0.003	+0.004	+0.004
3.5	+0.001	0.002	0.003	0.003	0.004	0.005	0.006	0.007	0.008
4.0	0.001	0.002	0.003	0.005	0.006	0.007	0.008	0.009	0.010

T_r	p_r								
	2.0	2.2	2.4	2.6	2.8	3.0	3.2	3.4	3.6
0.35	−4.451	−4.488	−4.501	−4.513	−4.521	−4.527	−4.531	−4.534	−4.534
0.40	−3.626	−3.646	−3.662	−3.675	−3.686	−3.695	−3.701	−3.706	−3.710
0.45	−2.956	−2.978	−2.996	−3.011	−3.024	−3.035	−3.043	−3.050	−3.055
0.50	−2.439	−2.463	−2.482	−2.499	−2.513	−2.525	−2.535	−2.544	−2.550
0.55	−2.032	−2.057	−2.078	−2.096	−2.111	−2.124	−2.135	−2.145	−2.153
0.60	−1.706	−1.731	−1.753	−1.772	−1.788	−1.803	−1.815	−1.826	−1.835
0.65	−1.431	−1.457	−1.480	−1.499	−1.517	−1.532	−1.545	−1.556	−1.566
0.70	−1.203	−1.229	−1.253	−1.273	−1.291	−1.306	−1.320	−1.332	−1.343
0.75	−1.010	−1.038	−1.061	−1.038	−1.100	−1.116	−1.131	−1.44	−1.155
0.80	−0.849	−0.877	−0.901	−0.922	−0.941	−0.957	−0.972	−0.985	−0.997
0.85	−0.705	−0.733	−0.757	−0.779	−0.797	−0.814	−0.829	−0.842	−0.854
0.90	−0.587	−0.614	−0.639	−0.680	−0.679	−0.696	−0.710	−0.724	−0.736
0.95	−0.483	−0.511	−0.535	−0.557	−0.575	−0.592	−0.607	−0.621	−0.632

续表

T_r	p_r								
	2.0	2.2	2.4	2.6	2.8	3.0	3.2	3.4	3.6
1.00	−0.398	−0.425	−0.449	−0.470	−0.489	−0.505	−0.520	−0.534	−0.545
1.05	−0.322	−0.349	−0.372	−0.393	−0.411	−0.428	−0.442	−0.455	−0.467
1.10	−0.264	−0.289	−0.311	−0.331	−0.348	−0.364	−0.378	−0.391	−0.403
1.15	−0.217	−0.238	−0.258	−0.276	−0.293	−0.307	−0.321	−0.333	−0.344
1.20	−0.182	−0.200	−0.217	−0.233	−0.247	−0.261	−0.273	−0.285	−0.295
1.25	−0.155	−0.171	−0.186	−0.199	−0.212	−0.224	−0.236	−0.246	−0.256
1.3	−0.133	−0.146	−0.159	−0.171	−0.182	−0.193	−0.203	−0.212	−0.221
1.4	−0.102	−0.111	−0.120	−0.130	−0.138	−0.146	−0.154	−0.162	−0.169
1.5	−0.078	−0.085	−0.092	−0.099	−0.104	−0.112	−0.117	−0.124	−0.129
1.6	−0.062	−0.067	−0.072	−0.077	−0.082	−0.087	−0.092	−0.096	−0.100
1.7	−0.047	−0.051	−0.056	−0.059	−0.063	−0.067	−0.071	−0.074	−0.077
1.8	−0.036	−0.039	−0.042	−0.045	−0.048	−0.051	−0.053	−0.056	−0.058
1.9	−0.028	−0.030	−0.033	−0.035	−0.037	−0.039	−0.041	−0.043	−0.045
2.0	−0.021	−0.023	−0.025	−0.026	−0.028	−0.029	−0.031	−0.032	−0.033
2.5	−0.001	−0.001	−0.001	−0.001	−0.001	−0.001	−0.001	−0.001	−0.000
3.0	+0.005	+0.005	+0.006	+0.007	+0.007	+0.008	+0.009	+0.010	+0.011
3.5	0.009	0.010	0.011	0.012	0.013	0.014	0.015	0.016	0.017
4.0	0.011	0.012	0.013	0.014	0.015	0.016	0.017	0.019	0.020

T_r	p_r							
	3.8	4.0	4.5	5.0	6.0	7.0	8.0	9.0
0.35	−4.534	−4.534	−4.525	−4.513	−4.474	−4.424	−4.366	−4.296
0.40	−3.712	−3.713	−3.711	−3.704	−3.678	−3.640	−3.593	−3.540
0.45	−3.060	−3.062	−3.065	−3.063	−3.046	−3.017	−2.980	−2.937
0.50	−2.556	−2.560	−2.567	−2.568	−2.559	−2.538	−2.508	−2.472
0.55	−2.160	−2.165	−2.175	−2.179	−2.176	−2.162	−2.138	−2.108
0.60	−1.842	−1.849	−1.861	−1.868	−1.870	−1.860	−1.842	−1.818
0.65	−1.574	−1.582	−1.5961	−1.605	−1.611	−1.606	−1.592	−1.572
0.70	−1.352	−1.360	−1.376	−1.387	−1.397	−1.395	−1.385	−1.369
0.75	−1.165	−1.174	−1.190	−1.202	−1.215	−1.217	−1.210	−1.197
0.80	−1.007	−1.016	−1.035	−1.048	−1.064	−1.067	−1.063	−1.052
0.85	−0.864	−0.874	−0.893	−0.907	−0.924	−0.929	−0.926	−0.917
0.90	−0.746	−0.756	−0.775	−0.789	−0.807	−0.814	−0.813	−0.805
0.95	−0.643	−0.652	−0.672	−0.687	−0.706	−0.713	−0.713	−0.707
1.00	−0.556	−0.566	−0.586	−0.601	−0.620	−0.629	−0.630	−0.624
1.05	−0.478	−0.488	−0.508	−0.523	−0.543	−0.552	−0.553	−0.549
1.10	−0.413	−0.422	−0.442	−0.457	−0.477	−0.487	−0.489	−0.486
1.15	−0.354	−0.363	−0.383	−0.397	−0.417	−0.427	−0.429	−0.426
1.20	−0.305	−0.314	−0.332	−0.346	−0.366	−0.375	−0.378	−0.376
1.25	−0.264	−0.273	−0.290	−0.304	−0.322	−0.331	−0.334	−0.332
1.3	−0.229	−0.237	−0.253	−0.266	−0.283	−0.292	−0.295	−0.294

续表

T_r	p_r							
	3.8	4.0	4.5	5.0	6.0	7.0	8.0	9.0
1.4	−0.175	−0.181	−0.194	−0.205	−0.220	−0.228	−0.231	−0.229
1.5	−0.134	−0.139	−0.149	−0.158	−0.170	−0.176	−0.178	−0.176
1.6	−0.104	−0.108	−0.116	−0.123	−0.132	−0.137	−0.138	−0.136
1.7	−0.080	−0.083	−0.089	−0.094	−0.101	−0.105	−0.105	−0.102
1.8	−0.060	−0.063	−0.067	−0.071	−0.076	−0.078	−0.077	−0.074
1.9	−0.046	−0.048	−0.051	−0.054	−0.057	−0.057	−0.055	−0.051
2.0	−0.034	−0.035	−0.037	−0.039	−0.040	−0.039	−0.038	−0.034
2.5	0.000	0.000	+0.001	+0.003	+0.006	+0.011	+0.016	+0.022
3.0	+0.012	+0.012	0.015	0.017	0.023	0.028	0.035	0.042
3.5	0.018	0.020	0.022	0.025	0.031	0.038	0.044	0.051
4.0	0.021	0.022	0.025	0.028	0.034	0.040	0.047	0.054

附表 7-5　$[\lg(f/p)]^{(1)}=[\lg\phi]^{(1)}$ 值

T_r	p_r						
	0.2	0.4	0.6	0.8	1.0	1.2	1.4
0.35	−6.65	−6.66	−6.68	−6.69	−6.70	−6.71	−6.72
0.40	−5.02	−5.03	−5.04	−5.05	−5.06	−5.07	−5.08
0.45	−3.90	−3.91	−3.92	−3.93	−3.94	−3.95	−3.96
0.50	−2.96	−2.96	−2.97	−2.98	−2.99	−3.00	−3.01
0.55	−2.22	−2.23	−2.24	−2.25	−2.26	−2.27	−2.28
0.60	−1.68	−1.69	−1.70	−1.70	−1.71	−1.72	−1.73
0.65	−1.28	−1.28	−1.29	−1.30	−1.31	−1.31	−1.32
0.7	−0.94	−0.95	−0.96	−0.96	−0.97	−0.98	−0.99
0.75	−0.69	−0.69	−0.70	−0.71	−0.71	−0.72	−0.73
0.80	−0.04	−0.47	−0.48	−0.48	−0.48	−0.49	−0.50
0.85	−0.03	−0.31	−0.31	−0.32	−0.33	−0.33	−0.34
0.90	−0.02	−0.04	−0.18	−0.20	−0.20	−0.21	−0.21
0.95	−0.01	−0.02	−0.03	−0.09	−0.10	−0.11	−0.12
1.00	−0.01	−0.01	−0.01	−0.02	−0.03	−0.03	−0.04
1.05	0.00	0.00	0.00	0.00	+0.01	+0.01	+0.01
1.10	0.00	0.00	0.00	+0.01	0.01	0.02	0.02
1.15	0.00	0.00	0.00	0.01	0.02	0.02	0.03
1.20	0.00	+0.01	+0.01	0.01	0.02	0.03	0.04
1.25	0.00	0.01	0.01	0.02	0.03	0.03	0.04
1.3	+0.01	0.01	0.02	0.02	0.03	0.04	0.04
1.4	0.01	0.01	0.02	0.03	0.04	0.04	0.05
1.5	0.01	0.02	0.02	0.03	0.04	0.05	0.05
1.6	0.01	0.02	0.02	0.03	0.04	0.05	0.05

续表

T_r	p_r						
	0.2	0.4	0.6	0.8	1.0	1.2	1.4
1.7	0.01	0.02	0.02	0.03	0.04	0.05	0.05
1.8	0.01	0.02	0.02	0.03	0.04	0.05	0.05
1.9	0.01	0.02	0.02	0.03	0.04	0.05	0.05
2.0	0.01	0.01	0.02	0.03	0.04	0.05	0.05
2.5	0.01	0.01	0.02	0.02	0.03	0.04	0.04
3.0	0.00	0.01	0.01	0.02	0.02	0.03	0.04
3.5	0.00	0.01	0.01	0.02	0.02	0.02	0.03
4.0	0.00	0.01	0.01	0.02	0.02	0.02	0.02

T_r	p_r						
	1.6	1.8	2.0	2.2	2.4	2.6	2.8
0.35	−6.73	−6.74	−6.75	−6.76	−6.78	−6.79	−6.80
0.40	−5.09	−5.10	−5.11	−5.12	−5.13	−5.14	−5.15
0.45	−3.97	−3.98	−3.98	−3.99	−4.00	−4.01	−4.02
0.50	−3.02	−3.03	−3.04	−3.05	−3.06	−3.07	−3.08
0.55	−2.28	−2.29	−2.30	−2.31	−2.32	−2.33	−2.34
0.60	−1.74	−1.74	−1.75	−1.76	−1.77	−1.77	−1.78
0.65	−1.33	−1.34	−1.34	−1.35	−1.36	−1.36	−1.37
0.70	−0.99	−1.00	−1.01	−1.01	−1.02	−1.03	−1.03
0.75	−0.73	−0.74	−0.75	−0.75	−0.76	−0.76	−0.76
0.80	−0.50	−0.51	−0.51	−0.52	−0.52	−0.53	−0.53
0.85	−0.35	−0.35	−0.36	−0.37	−0.37	−0.38	−0.38
0.90	−0.22	−0.23	−0.23	−0.24	−0.24	−0.25	−0.26
0.95	−0.12	−0.13	−0.13	−0.14	−0.15	−0.15	−0.16
1.00	−0.05	−0.05	−0.06	−0.06	−0.07	−0.07	−0.08
1.05	+0.01	0.00	0.00	0.00	0.00	−0.01	−0.01
1.10	0.03	+0.03	+0.03	+0.03	+0.03	+0.03	+0.03
1.15	0.04	0.04	0.05	0.05	0.05	0.06	0.06
1.20	0.05	0.05	0.06	0.07	0.07	0.08	0.08
1.25	0.05	0.06	0.07	0.07	0.08	0.09	0.09
1.3	0.05	0.06	0.07	0.08	0.08	0.09	0.10
1.4	0.06	0.07	0.08	0.08	0.09	0.10	0.11
1.5	0.06	0.06	0.07	0.08	0.08	0.09	0.10
1.6	0.06	0.06	0.07	0.08	0.08	0.09	0.10
1.7	0.06	0.06	0.07	0.08	0.08	0.09	0.10
1.8	0.06	0.06	0.07	0.08	0.08	0.09	0.10
1.9	0.06	0.06	0.07	0.08	0.08	0.09	0.10
2.0	0.06	0.07	0.07	0.08	0.08	0.09	0.09

续表

T_r	p_r						
	1.6	1.8	2.0	2.2	2.4	2.6	2.8
2.5	0.05	0.06	0.06	0.07	0.07	0.08	0.08
3.0	0.04	0.05	0.05	0.05	0.06	0.06	0.07
3.5	0.03	0.04	0.04	0.04	0.05	0.05	0.06
4.0	0.03	0.03	0.03	0.04	0.04	0.04	0.05
T_r	p_r						
	3.0	4.0	5.0	6.0	7.0	8.0	9.0
0.35	−6.81	−6.86	−6.92	−6.96	−7.02	−7.06	−7.11
0.40	−5.16	−5.21	−5.26	−5.30	−5.34	−5.39	−5.43
0.45	−4.03	−4.07	−4.11	−4.15	−4.19	−4.23	−4.27
0.50	−3.09	−3.13	−3.17	−3.22	−3.26	−3.30	−3.34
0.55	−2.34	−2.38	−2.43	−2.46	−2.50	−2.53	−2.57
0.60	−1.79	−1.82	−1.86	−1.89	−1.93	−1.96	−1.99
0.65	−1.38	−1.41	−1.44	−1.47	−1.50	−1.53	−1.55
0.70	−1.04	−1.07	−1.09	−1.12	−1.15	−1.17	−1.19
0.75	−0.77	−0.80	−0.83	−0.85	−0.87	−0.89	−0.91
0.80	−0.54	−0.56	−0.59	−0.61	−0.63	−0.65	−0.67
0.85	−0.39	−0.41	−0.44	−0.46	−0.48	−0.50	−0.51
0.90	−0.26	−0.29	−0.31	−0.33	−0.35	−0.36	−0.38
0.95	−0.16	−0.18	−0.20	−0.22	−0.24	−0.26	−0.27
1.00	−0.08	−0.10	−0.12	−0.13	−0.15	−0.17	−0.18
1.05	−0.01	−0.03	−0.05	−0.06	−0.07	−0.09	−0.11
1.10	+0.03	+0.02	0.00	−0.01	−0.02	−0.03	−0.05
1.15	0.06	0.05	+0.05	+0.04	+0.02	+0.01	0.00
1.20	0.08	0.09	0.09	0.08	0.07	0.07	+0.06
1.25	0.10	0.11	0.11	0.11	0.10	0.10	0.09
1.3	0.10	0.12	0.13	0.13	0.13	0.12	0.12
1.4	0.11	0.13	0.15	0.15	0.16	0.16	0.16
1.5	0.11	0.13	0.15	0.16	0.17	0.17	0.18
1.6	0.11	0.14	0.16	0.18	0.19	0.20	0.21
1.7	0.11	0.14	0.16	0.18	0.20	0.21	0.23
1.8	0.11	0.14	0.16	0.19	0.21	0.23	0.24
1.9	0.11	0.14	0.16	0.19	0.21	0.23	0.25
2.0	0.10	0.13	0.16	0.19	0.21	0.23	0.26
2.5	0.09	0.12	0.14	0.17	0.19	0.22	0.24
3.0	0.07	0.10	0.12	0.15	0.17	0.20	0.22
3.5	0.06	0.08	0.10	0.13	0.15	0.17	0.19
4.0	0.05	0.07	0.09	0.10	0.12	0.14	0.15

附录 8　单位换算表

单位名称	换算成 SI 单位的换算因子
	长度
1cm	$=0.01\text{m}$
1ft	$=0.3048\text{m}$
1in	$=2.54\times10^{-2}\text{m}$
1 尺	$=0.3333\text{m}$
	面积
1cm^2	$=10^{-4}\text{m}^2$
1mm^2	$=10^{-6}\text{m}^2$
1ft^2	$=9.2903\times10^{-2}\text{m}^2$
1in^2	$=6.4516\times10^{-4}\text{m}^2$
1 尺^2	$=0.1111\text{m}^2$
	体积
1L	$=10^{-3}\text{m}^3$
1mL	$=10^{-6}\text{m}^3$
1ft^3	$=2.83168\times10^{-2}\text{m}^3$
1gal	$=3.7853\times10^{-3}\text{m}^3$
	质量
1g	$=10^{-3}\text{kg}$
1t	$=10^{3}\text{kg}$
1lb	$=0.4536\text{kg}$
	力
$1\text{kg}\cdot\text{m}\cdot\text{s}^{-2}$	$=1\text{N}$
1dyn	$=10^{-5}\text{N}$
1gf	$=9.807\times10^{-3}\text{N}$
1kgf	$=9.807\text{N}$
1lbf	$=4.44823\text{N}$
	压力
$1\text{N}\cdot\text{m}^{-2}$	$=1\text{Pa}$
1bar	$=10^{5}\text{Pa}$
$1\text{dyn}\cdot\text{cm}^{-2}$	$=0.1\text{Pa}$
1atm	$=1.0133\times10^{5}\text{Pa}$
$1\text{kg}\cdot\text{cm}^{-2}$	$=0.9807\times10^{5}\text{Pa}$
1mmHg	$=1.3332\times10^{2}\text{Pa}$
$1\text{mmH}_2\text{O}$	$=9.806\text{Pa}$
$1\text{lb}\cdot\text{in}^{-2}$ 或 Psia	$=6894.8\text{Pa}$
	密度
$1\text{g}\cdot\text{cm}^{-3}$	$=10^{3}\text{kg}\cdot\text{m}^{-3}$
$1\text{g}\cdot\text{mL}^{-1}$	$=0.99997\times10^{3}\text{kg}\cdot\text{m}^{-3}$
$1\text{t}\cdot\text{m}^{-3}$	$=10^{3}\text{kg}\cdot\text{m}^{-3}$
$1\text{lb}\cdot\text{ft}^{-3}$	$=16.0185\text{kg}\cdot\text{m}^{-3}$
$1\text{lb}\cdot\text{gal}^{-1}$	$=119.8\text{kg}\cdot\text{m}^{-3}$
	能量
$1\text{kg}\cdot\text{m}^2\cdot\text{s}^{-2}$	$=1\text{J}$
$1\text{N}\cdot\text{m}$	$=1\text{J}$
$1\text{W}\cdot\text{s}$	$=1\text{J}$
$1\text{dyn}\cdot\text{cm}$	$=10^{-7}\text{J}$
1erg	$=10^{-7}\text{J}$
$1\text{bar}\cdot\text{cm}^3$	$=0.1\text{J}$
$1\text{bar}\cdot\text{L}$	$=100\text{J}$
$1\text{bar}\cdot\text{m}^3$	$=10^{5}\text{J}$
1cal	$=4.1868\text{J}$
$1\text{atm}\cdot\text{L}$	$=101.33\text{J}$
$1\text{Psia}\cdot\text{ft}^3$	$=195.338\text{J}$
1Btu	$=1.055\times10^{3}\text{J}$
	比热容与熵
$1\text{kJ}\cdot\text{kg}^{-1}\cdot\text{K}^{-1}$	$=1\text{J}\cdot\text{g}^{-1}\cdot\text{K}^{-1}$
$1\text{kcal}\cdot\text{kg}^{-1}\cdot\text{K}^{-1}$	$=4.1840\text{J}\cdot\text{g}^{-1}\cdot\text{K}^{-1}$
$1\text{Btu}\cdot\text{lb}^{-1}\cdot\text{R}^{-1}$	$=4.1840\text{J}\cdot\text{g}^{-1}\cdot\text{K}^{-1}$